炼油装置技术问答丛书

加氢精制装置技术问答

(第二版)

史开洪　主　编
艾中秋　副主编

中国石化出版社

内 容 提 要

本书从生产实际出发,以问答的方式详细介绍了加氢精制装置操作人员应知应会的基本知识、操作技术和分析处理事故的基本方法。主要内容包括:加氢基础知识、加氢精制催化剂、加氢精制装置的操作、加氢精制装置的开停工、加氢精制装置的设备、事故处理、安全环保以及仪表和电气等。

本书可作为加氢精制装置的生产管理人员、技术人员、操作人员的岗位培训教材,也可供相关院校的师生阅读参考。

图书在版编目(CIP)数据

加氢精制装置技术问答/史开洪主编;艾中秋编.
—2 版.—北京:中国石化出版社,2014.1(2024.2 重印)
ISBN 978-7-5114-2464-8

Ⅰ.①加… Ⅱ.①史… ②艾… Ⅲ.①石油炼制-加氢精制-化工设备-问题解答 Ⅳ.①TE624.4-44

中国版本图书馆 CIP 数据核字(2013)第 275835 号

未经本社书面授权,本书任何部分不得被复制、抄袭,或者以任何形式或任何方式传播。版权所有,侵权必究。

中国石化出版社出版发行

地址:北京市东城区安定门外大街 58 号
邮编:100011 电话:(010)57512500
发行部电话:(010)57512575
http://www.sinopec-press.com
E-mail:press@sinopec.com
北京科信印刷有限公司印刷
全国各地新华书店经销

*

850×1168 毫米 32 开本 15.125 印张 341 千字
2014 年 1 月第 2 版 2024 年 2 月第 8 次印刷
定价:42.00 元

前言

为了满足我国炼油事业快速发展的需求，中国石化出版社组织编写《炼油装置技术问答丛书》，《加氢精制装置技术问答》是其中的一本。

随着环保问题越来越受到世界各国的重视，改善车用油品质量、降低其中污染环境的杂质的要求越来越高，油品质量升级步伐加快。加氢技术作为生产环境友好的清洁燃料的主要技术手段，应用越来越广泛。

《加氢精制装置技术问答》一书着重实际操作，辅以理论知识，以技术问答的形式介绍了加氢精制技术的相关知识，本书可以满足岗位职工的培训和一线技术人员的学习，可以作为炼油企业加氢精制装置的培训参考书。

本书由史开洪主编，由艾中秋、潘勇、贺晓军、王晓哲、陈觉明、黄叔儒等共同编写并审核。

本书自第一版问世以来，深受广大读者的欢迎。此次为第二版，在上一版的基础上删旧补新，以适应加氢精制技术的发展要求。参加修订工作的还有梁文萍、王卿、刘劲松等。

由于我们的水平有限，经验不足，知识的涵盖面不很全面，书中难免有不足之处，敬请读者批评指正。

编 者

目 录

第一章 加氢反应基础 ……………………………………（1）
  1. 什么是石油馏分？ ………………………………………（1）
  2. 什么是油品的馏程？有何意义？ ……………………（1）
  3. 国内原油和中东原油相比各有何特点？ ……………（2）
  4. 石油馏分中各族烃类有什么分布规律？ ……………（2）
  5. 石油馏分烃类组成如何表示？ ………………………（2）
  6. 什么是不饱和烃？ ……………………………………（3）
  7. 什么叫烷烃？如何表示？ ……………………………（3）
  8. 什么叫烯烃？如何表示？ ……………………………（3）
  9. 原油中硫以什么形态存在？各形态的含硫化合物的分布有何特点？ ……………………………………………（3）
  10. 原油中氮以什么形态存在？分布规律是什么？ …（4）
  11. 原油中氧以什么形态存在？在不同馏分中如何分布？ …（4）
  12. 石油馏分中芳烃有哪些分布特点？ …………………（5）
  13. 油品的商品牌号是如何划分的？ ……………………（5）
  14. 测试油品馏分的方法主要有哪些？ …………………（5）
  15. 什么是油品的凝点？凝点的测定方法是什么？ ……（6）
  16. 什么是油品的相对密度和密度？有何意义？ ………（6）
  17. 什么是原料油的残炭？它是怎么生成的？ …………（7）
  18. 什么是油品的黏度？有何意义？与温度压力的关系如何？什么是油品的黏温性质？ …………………………（7）
  19. 油品的残炭如何测定（康氏残炭法）？ ……………（8）
  20. 什么是油品的闪点？有何意义？ ……………………（9）
  21. 什么是油品的燃点？什么是油品的自燃点？ ………（9）
  22. 什么叫油品的浊点、冰点、倾点和凝点？ …………（10）
  23. 什么是油品的酸度和酸值？ …………………………（10）
  24. 什么是溴价？油品的溴价代表什么？ ………………（10）

25. 什么叫做汽油辛烷值? ……………………………………… （10）
26. 什么叫做马达法辛烷值和研究法辛烷值? ………………… （11）
27. 什么是油品的平均沸点?平均沸点有几种表示方法? ……… （12）
28. 什么是油品的苯胺点? ………………………………………… （12）
29. 什么是油品的泡点和泡点压力? ……………………………… （12）
30. 什么是油品的露点和露点压力? ……………………………… （13）
31. 加氢脱氮反应的特点是什么? ………………………………… （13）
32. 加氢精制反应器内的主要反应有哪些? ……………………… （14）
33. 什么是抗爆性? ………………………………………………… （15）
34. 什么是十六烷值? ……………………………………………… （15）
35. 柴油的牌号用什么表示?轻柴油有哪几种牌号? …………… （15）
36. 什么叫柴油的安定性? ………………………………………… （15）
37. 反映油品热性质的物理量有哪些? …………………………… （15）
38. 加氢精制的定义是什么? ……………………………………… （16）
39. 加氢精制脱硫反应主要有哪些? ……………………………… （16）
40. 加氢精制脱氮反应主要有哪些? ……………………………… （17）
41. 加氢精制脱氧反应主要有哪些? ……………………………… （18）
42. 加氢精制不饱和烃加氢饱和反应主要有哪些? ……………… （18）
43. 在各种加氢精制反应中,其反应速度大小有什么规律? …… （18）
44. 脱硫反应的特点是什么? ……………………………………… （19）
45. 根据油品分子结构分析碱性氮化物和苯并硫化物脱除速度慢
   的原因是什么? ………………………………………………… （20）
46. 简述4,6-DMDBT的加氢脱硫的可行途径是什么? ……… （21）
47. 压力对加氢反应有何影响? …………………………………… （21）
48. 温度对加氢反应有何影响? …………………………………… （22）
49. 什么叫氢油比? ………………………………………………… （23）
50. 氢油比对加氢反应有什么影响? ……………………………… （23）
51. 什么叫空速?空速对反应操作有何影响? …………………… （23）
52. 哪些途径可提高反应系统中的氢分压? ……………………… （24）
53. 影响反应深度的因素有哪些? ………………………………… （24）

第二章 催化剂 …………………………………………………… （25）
1. 什么是催化剂?催化剂作用的基本特征是什么? …………… （25）
2. 什么叫多相催化剂作用?什么叫多相催化反应?什么状态下

能使反应处于接近理想和高效状态? ……………………（25）
3. 什么是活化能? 活化能大小对化学反应有何影响? ………（25）
4. 催化剂由哪几部分组成? 有何作用? ………………………（26）
5. 催化反应的过程有哪几步? 常规操作可调整的有哪些? …（26）
6. 什么是催化剂活性? 活性表示方法有哪些? ………………（27）
7. 催化剂初期和末期相比较有什么变化? 为什么? …………（27）
8. 什么是催化剂失活? 失活的原因有哪些? …………………（27）
9. 什么是催化剂的选择性? ……………………………………（28）
10. 加氢催化剂积炭的机理及规律是什么? ……………………（28）
11. 什么是催化剂的比表面积? …………………………………（28）
12. 什么是催化剂的平均孔径? 孔径大小对反应有何影响?
 …………………………………………………………………（29）
13. 如何评价催化剂的活性? ……………………………………（29）
14. 什么是催化剂的堆积密度? …………………………………（29）
15. 催化剂应具备哪些稳定性? …………………………………（29）
16. 加氢精制催化剂表征包括哪些内容? ………………………（30）
17. 催化剂载体有什么作用? ……………………………………（30）
18. 助催化剂有哪些作用? ………………………………………（31）
19. 催化剂活性与微孔孔径的关系是什么? ……………………（31）
20. 催化剂表面积反映催化剂哪些性能及如何测定? …………（31）
21. 加氢催化剂活性金属有何特点? ……………………………（32）
22. 催化剂的活性与选择性之间的关系是怎样的? ……………（32）
23. 如何表示催化剂的密度? ……………………………………（32）
24. 催化剂的孔分布、比孔容对催化剂有什么影响? …………（33）
25. 影响催化剂装入量的因素是什么? …………………………（33）
26. 催化剂预硫化前为什么要进行催化剂干燥脱水? …………（34）
27. 加氢催化剂干燥时的主要注意事项有哪些? ………………（34）
28. 在催化剂干燥过程中为什么要用氮气介质,而不使用氢气
 介质? …………………………………………………………（34）
29. 为什么新催化剂升温至150℃以前,应严格控制 10~15℃/h
 的升温速度? …………………………………………………（35）
30. 什么是催化剂的预硫化? ……………………………………（35）
31. 加氢精制催化剂为什么要预硫化? …………………………（35）

32. 催化剂预硫化时为什么要先预湿？ …………………………（36）
33. 催化剂预硫化过程的注意事项是什么？ ………………………（36）
34. 为什么催化剂预硫化时，在硫化氢未穿透之前，床层温度不能高于230℃？ ……………………………………………（37）
35. 催化剂的预硫化有几种？ …………………………………（37）
36. 在催化剂预硫化时，怎样选择硫化油？ ……………………（37）
37. 二甲基二硫（DMDS）有何危害及如何预防？ ……………（37）
38. 预硫化过程为什么要严格控制循环氢的露点？ ……………（38）
39. 预硫化终止的标志是什么？ ………………………………（38）
40. 为什么要计量硫化阶段水的生成量？如何操作？ …………（38）
41. 预硫化过程中，注入的硫消耗在哪些地方？ ………………（38）
42. 影响催化剂硫化的因素有哪些？ …………………………（39）
43. 开始注硫的温度对催化剂活性的影响有哪些？ ……………（39）
44. 器内硫化温度对硫化结果有什么影响？ ……………………（39）
45. 催化剂预硫化压力对活性有什么影响？ ……………………（39）
46. 不同硫化油与催化剂活性的关系如何？ ……………………（40）
47. 如何选用硫化剂？ …………………………………………（40）
48. 新旧催化剂开工进油有何区别？ …………………………（41）
49. 衡量催化剂硫化好坏的标志，除催化剂上硫率外，和生成水等有关吗？ ………………………………………………（41）
50. 加氢催化剂进行初活稳定的目的是什么？ …………………（41）
51. 加氢精制催化剂使用时应注意什么问题？ …………………（42）
52. 催化剂装填分为哪几种形式？有何区别？ …………………（42）
53. 如何根据原料性质选择催化剂装填方法和形状？ …………（43）
54. 布袋装填时如何防止催化剂破碎？ …………………………（43）
55. 最底层催化剂装填时先装瓷球，有何要求？反应器最上层瓷球装填有何要求？为什么？ ………………………………（44）
56. 没有侧面卸料口的反应器，每床层中间设有卸料管，该卸料管内装填有何要求？为什么？ ………………………………（44）
57. 如何调整密相装填的速度？对催化剂密度有何影响？ ……（44）
58. 如何评价催化剂强度的好坏？ ……………………………（44）
59. 催化剂装填以前，对反应器及内构件检查有哪些项目？ ……………………………………………………………（45）

60. 密相装填时，催化剂装填密度和料面形状是如何调节的? …………………………………………………………………………（46）
61. 催化剂装填质量的重要性有哪些? ………………………………（46）
62. 反应器催化剂的装填操作步骤是什么? …………………………（47）
63. 从反应器卸出催化剂有几种方法? ………………………………（47）
64. 未再生的催化剂卸出时应注意什么? ……………………………（48）
65. 如何进行未再生催化剂的卸剂操作? ……………………………（48）
66. 催化剂不需要再生的停工与需要再生的停工处理过程有何异同? ……………………………………………………………（49）
67. 什么叫催化剂中毒? ………………………………………………（50）
68. 催化剂中毒分为几类? ……………………………………………（50）
69. 水对催化剂有何危害? ……………………………………………（50）
70. 什么叫催化剂结焦? 如何防止? …………………………………（50）
71. 失活过程各个阶段有什么特点? …………………………………（51）
72. 导致催化剂失活的因素有哪些? …………………………………（51）
73. 催化剂为什么要再生? ……………………………………………（51）
74. 催化剂再生时为什么要控制氧含量? ……………………………（52）
75. 催化剂再生过程中，过高的再生温度可能对催化剂造成什么影响? …………………………………………………………（52）
76. 加氢精制催化剂再生形式有哪几种? 各有何优缺点? …………（53）
77. 加氢精制催化剂器内再生过程中，为什么要注氨、注碱、注水? ………………………………………………………………（53）
78. 催化剂再生的方式有哪两种? 对比优缺点, 现使用哪种方式? …………………………………………………………………（53）
79. 催化剂器外再生工艺流程是怎么样的及如何控制? ……………（54）
80. 在外观上如何判别催化剂再生质量的好坏? ……………………（54）
81. 催化剂再生后应做哪些分析和评价工作? ………………………（54）
82. 催化剂器外预硫化有什么好处? 存在什么问题? ………………（55）
83. 羰基镍有什么危害? ………………………………………………（55）
84. 根据催化剂床层中油品扩散速度公式，加氢精制动力学有什么特征? …………………………………………………………（55）
85. 什么叫甲烷化反应? 对反应操作有何危害? ……………………（56）
86. 什么是流体的径向分布? 什么是轴向分布?

　　　　影响流体径向分布的因素有哪些？ …………………………（56）
　　87. 流体分布为什么会影响床层温度的分布和产品的质量？
　　　　………………………………………………………………（57）
　　88. 为什么说流体的初始分布是影响流体径向分布的最关键
　　　　因素？ …………………………………………………………（57）
　　89. 什么是边壁效应？催化剂径向空隙率分布有什么规律？
　　　　如何降低边壁效应？ …………………………………………（57）
　　90. 催化剂床层形成热点的原因有哪些？ ………………………（57）
　　91. 催化剂床层径向温差对反应操作有何影响？ ………………（58）
　　92. 引起催化剂床层径向温差的原因和后果是什么？ …………（59）
　　93. 加氢深度脱硫与催化剂失活的关系是什么？ ………………（59）
　　94. 加氢保护剂开发的总体原则是什么？ ………………………（59）
　　95. 加氢保护剂的作用是什么？ …………………………………（60）
　　96. 反应器内保护剂装填有何特点？ ……………………………（60）
　　97. 催化剂制备方法有哪几种？优缺点是什么？现今常用的是
　　　　哪种？ …………………………………………………………（61）
　　98. 催化剂的典型制备方法是什么？ ……………………………（61）

第三章　加氢精制装置的操作 ………………………………………（62）
　第一节　反应系统的操作 …………………………………………（62）
　　1. 加氢精制的特点是什么？ ……………………………………（62）
　　2. 汽油加氢精制的作用是什么？ ………………………………（62）
　　3. 煤油加氢的作用是什么？ ……………………………………（62）
　　4. 柴油加氢精制的作用是什么？ ………………………………（63）
　　5. 加氢精制装置采用热高分流程有什么优缺点？ ……………（63）
　　6. 在加氢反应过程中，除去各类不同的杂质有不同的难度，这些
　　　 规律是怎样的？ ………………………………………………（64）
　　7. 原料油性质对柴油加氢精制有什么影响？ …………………（64）
　　8. 原料油性质对反应温升有何影响？ …………………………（64）
　　9. 二次加工柴油与直馏柴油性质上有何差异？ ………………（65）
　　10. 氢气在加氢精制反应中起什么作用？ ………………………（65）
　　11. 加氢氢气循环的作用与重整有什么不同？ …………………（65）
　　12. 循环氢在加氢反应中的主要作用是什么？ …………………（65）
　　13. 氢纯度高低对加氢精制耗氢有何影响？ ……………………（65）

14. 加氢精制反应对循环氢浓度有何要求？对反应操作有何影响？
　　……………………………………………………………（66）
15. 加氢精制氢气消耗在哪几方面？ ………………………（66）
16. 何为化学耗氢？ …………………………………………（66）
17. 什么是氢气的溶解损失？ ………………………………（66）
18. 加氢反应系统的开工步骤有哪些？ ……………………（67）
19. 正常操作中提高加氢反应深度的措施有哪些？以哪个为主？
　　……………………………………………………………（67）
20. 如何控制反应温度？ ……………………………………（67）
21. 各主要操作参数对加氢处理反应的影响如何？ ………（67）
22. 炉前混氢和炉后混氢各有什么特点？ …………………（68）
23. 氢分压对加氢反应有何影响？ …………………………（68）
24. 如何提高氢分压？ ………………………………………（68）
25. 加氢精制过程中生成的硫化氢、氨、水是如何脱除的？
　　……………………………………………………………（68）
26. 加氢装置规定的升温速度和降温速度各是多少？升降温的
　　速度过快有何影响？ ……………………………………（69）
27. 含硫化合物对石油加工过程有什么危害？ ……………（69）
28. 装置使用氮气有什么作用？ ……………………………（69）
29. 反应系统为什么要进行抽空和氮气置换？置换后含氧量
　　控制为多少？ ……………………………………………（70）
30. 加氢精制装置分几个系统？各系统的作用是什么？ …（70）
31. 原料油缓冲罐的作用是什么？ …………………………（70）
32. 如何做好原料油缓冲罐的操作？ ………………………（70）
33. 影响原料油缓冲罐液位的因素有哪些？如何调整？ …（71）
34. 原料油缓冲罐压力一般控制指标是多少？其压力过低时
　　有何危害？ ………………………………………………（71）
35. 原料油缓冲罐界面控制指标是多少？其界面过高时有何
　　危害？ ……………………………………………………（71）
36. 原料油为什么要采取气体保护措施？ …………………（72）
37. 原料油为什么要过滤？ …………………………………（72）
38. 原料油为什么要脱水？ …………………………………（72）
39. 为什么要注入阻垢剂？ …………………………………（72）

40. 合理控制冷高压分离器液位的作用是什么？ …………（73）
41. 合理控制冷高压分离器界位有什么作用？ ……………（73）
42. 加氢精制高压分离器起什么作用？ ……………………（73）
43. 冷高压分离器进料温度高于45℃有何危害？ …………（73）
44. 高分液面是如何控制的？高分液位波动过高对系统有何影响？ ……………………………………………………（74）
45. 低分压力是如何控制的？低分压力波动对系统有何影响？ ………………………………………………………（74）
46. 冷高分界面是如何控制的？冷高分界面过高对系统有何影响？ ……………………………………………………（74）
47. 低分界面是如何控制的？低分界面过高对系统有何影响？ ………………………………………………………（74）
48. 低分液面是如何控制的？低分液面过高对系统有何影响？ ………………………………………………………（74）
49. 冷高分液面超高或过低(压空)对操作有什么危害？怎样防止？ …………………………………………………（75）
50. 冷低分的作用是什么？ …………………………………（75）
51. 加氢装置的急冷氢有何作用？正常操作时，使用急冷氢应注意什么？ ……………………………………………（75）
52. 加氢反应系统为什么要在高压空冷前注入脱盐水？ …（75）
53. 为什么控制高压空冷出口温度？ ………………………（76）
54. 如何合理控制加氢装置的反应温度？ …………………（76）
55. 如何合理控制加氢装置的反应压力？ …………………（76）
56. 如何合理控制加氢装置的空速？ ………………………（77）
57. 合理控制加氢装置氢油比的作用是什么？ ……………（78）
58. 如何保护加氢装置的催化剂活性？ ……………………（78）
59. 如何合理控制加氢装置的循环氢纯度？ ………………（79）
60. 为什么要严格控制反应器入口温度？为什么正常生产中调整反应进料量时，应以先提量后提温、先降温后降量为原则？ ………………………………………………（79）
61. 为什么要控制反应器床层温度？怎样控制？ …………（80）
62. 为什么要监测反应器压差？它有什么意义？ …………（80）
63. 如何监测反应器的压降？ ………………………………（80）

64. 加氢精制装置中产品质量的影响因素是什么？如何调整？ …… （81）
65. 引起加氢反应器压降增加的因素及措施是什么？ ………… （82）
66. 改造国内柴油加氢精制装置，实现超低硫柴油生产的途径
   有哪些？ …………………………………………………… （83）
67. 降低加氢装置能耗有哪些措施？ ………………………… （84）
68. 影响反应器入口温度的主要因素及处理方法是什么？ …… （84）
69. 影响反应器催化剂床层温升波动的主要因素及处理方法
   是什么？ …………………………………………………… （85）
70. 临氢系统压差波动的原因及处理方法是什么？ …………… （86）
71. 热高压分离器液位波动的原因及处理方法是什么？ ……… （86）
72. 热高分入口温度波动的原因及处理方法是什么？ ………… （87）
73. 装置进料量过低有什么危害？ ……………………………… （87）

第二节　分馏系统的操作 …………………………………… （87）

1. 缓蚀剂的作用机理是什么？ ………………………………… （87）
2. 脱硫化氢汽提塔顶为什么要注缓蚀剂？ …………………… （88）
3. 脱硫化氢汽提塔为什么要吹入过热蒸汽？ ………………… （88）
4. 脱硫化氢汽提塔的吹汽量控制指标是多少？过热蒸汽的
   吹入量大小对汽提效果有何影响？ ………………………… （88）
5. 如何合理控制脱硫化氢汽提塔的塔顶压力？ ……………… （89）
6. 如何合理控制脱硫化氢汽提塔的进料温度？ ……………… （89）
7. 如何做好脱硫化氢汽提塔回流罐操作？ …………………… （89）
8. 产品分馏塔塔底液面波动对装置有何影响？ ……………… （89）
9. 如何调节产品分馏塔塔顶温度？ …………………………… （90）
10. 如何确保产品分馏塔塔顶压力的稳定？ …………………… （90）
11. 如何做好分馏塔顶回流罐的操作？ ………………………… （90）
12. 精制柴油溴价偏高的原因是什么？如何处理？ …………… （90）
13. 精制柴油硫含量偏高的原因是什么？如何调整？ ………… （91）
14. 精制柴油含氮量偏高的原因是什么？如何调整？ ………… （91）
15. 分馏塔顶温度波动的原因是什么？如何调整？ …………… （92）
16. 分馏塔底温度波动的原因是什么？如何调整？ …………… （92）
17. 分馏塔顶压力波动的原因是什么？如何调整？ …………… （92）
18. 脱硫化氢汽提塔进料温度波动的原因是什么？如何处理？
   ……………………………………………………………… （93）

19. 脱硫化氢汽提塔压力波动的原因是什么？如何处理？ …… （93）
20. 精制柴油闪点不合格的原因是什么？如何处理？ …… （93）
21. 精制柴油腐蚀不合格的原因是什么？如何处理？ …… （94）
22. 分馏塔底液面波动的原因是什么？如何处理？ ………… （94）
23. 塔板上有哪些不正常现象？如何防止？ ……………… （95）
24. 调节阀有故障时，如何改副线操作？ …………………… （95）
25. 如何进行副线阀改调节阀控制的操作？ ………………… （95）
26. 在切水过程中，应如何操作切水阀？ …………………… （95）
27. 如何选用压力表？ ………………………………………… （95）
28. 加热炉燃料压力控制阀采用气开阀，为什么？ ………… （96）
29. 热高分液控调节阀为何采用气开阀？ …………………… （96）
30. 发生安全阀起跳后，如何处理？ ………………………… （96）
31. 阀门为何不能速开速关？ ………………………………… （96）

第三节　脱硫及溶剂再生系统的操作 （97）

1. 什么叫吸收和解吸？ ……………………………………… （97）
2. 硫化氢有哪些化学性质？ ………………………………… （97）
3. 目前脱硫溶剂的品种有哪些？ …………………………… （98）
4. 脱硫溶剂的选用依据有哪些？ …………………………… （98）
5. 醇胺类脱硫剂的特点有哪些？ …………………………… （98）
6. 复合型甲基二乙醇胺（MDEA）溶剂与传统的其他醇胺脱硫剂
   （MEA、DEA、DIPA）相比，其主要特点是什么？ ……… （98）
7. 甲基二乙醇胺（MDEA）有什么危害？ ………………… （99）
8. 甲基二乙醇胺（MDEA）脱硫的原理是什么？ ………… （99）
9. 脱硫装置使用高效复合脱硫剂有哪些主要特性？使用过程
   中怎样维护？有哪些指标？ ……………………………… （99）
10. 温度对脱硫有什么影响？ ……………………………… （100）
11. 压力高低对脱硫有什么影响？ ………………………… （101）
12. 胺液循环量如何控制？ ………………………………… （101）
13. 如何控制合理的贫液温度？ …………………………… （101）
14. 如何控制脱硫系统的 MDEA 浓度？ ………………… （102）
15. 溶剂再生塔底重沸器的蒸汽流量如何进行调节？ …… （102）
16. 配制胺液或向系统内补液时为什么要用除氧水，而不用
    过滤水？ ………………………………………………… （102）

17. 怎样防止甲基二乙醇胺氧化、变质? ……………………（102）
18. 配制胺液浓度的计算公式是什么? ……………………（102）
19. 胺液配制有哪些步骤? ……………………………………（102）
20. 溶剂吸收和解析的条件有什么不同? …………………（103）
21. 为什么要在加氢装置内设脱硫系统? …………………（103）
22. 溶剂再生装置开工转入正常生产后，需检查和确保哪些参数的正常以保证正常生产? ……………………………（103）
23. 影响溶剂再生塔再生效果的主要因素有哪些? ………（104）
24. 溶剂再生塔重沸器的温度控制对装置生产有何影响? …（104）
25. 脱硫塔内溶剂起泡的现象有哪些? ……………………（104）
26. 为了减少溶剂损失，脱硫系统设计中采用哪些措施? …（104）
27. 脱硫系统的防腐措施有哪些? …………………………（105）
28. 为什么设富液闪蒸罐? 富液闪蒸罐顶对罐顶闪蒸出的气体如何处理? ………………………………………………（105）
29. 溶剂再生塔底温度的主要影响因素是什么? 有何影响? …（105）
30. 再生塔顶温度如何控制? 塔顶温度高低对操作有何影响? ……………………………………………………………（106）
31. 溶剂再生装置停工吹扫时应注意什么问题? …………（106）
32. 在胺储罐顶通入氮气形成氮封保护的目的是什么? …（106）
33. 再生后贫液中 H_2S 含量超高的原因是什么? 如何处理? ……………………………………………………………（106）
34. 再生塔顶回流量过大的原因是什么? …………………（106）
35. 在胺液浓度正常范围内，胺液循环量与浓度存在什么关系? ……………………………………………………………（107）
36. 温度对燃料气脱硫塔有何影响? ………………………（107）
37. 影响脱硫效果的主要因素有哪些? ……………………（107）
38. 影响燃料气脱硫塔液位的因素有哪些? 应做哪些相应调节? ……………………………………………………………（108）
39. 燃料气以及低分气脱硫效果差的原因是什么? 采取哪些处理办法? ……………………………………………………（108）
40. 以低分气脱硫塔、燃料气脱硫塔为例简述冷胺循环的步骤，如何进行热胺循环? ………………………………………（109）
41. 脱硫系统开工步骤有哪些? 如何进行正常停工? ……（109）

42. 脱硫剂中有机物污染物的主要来源有哪些？解决溶液污染的可能途径有哪些？ ……………………………………………（110）
43. 气体夹带造成胺液损失的主要原因有哪些？ ……………（110）
44. 降低胺液发泡损失的措施有哪些？ ………………………（111）
45. 胺液发生物理损失有哪些途径？ …………………………（111）
46. 胺液循环量对气体脱硫效果有何影响？ …………………（111）
47. 胺液发生化学损失有哪些途径？ …………………………（111）
48. 脱硫设备的腐蚀形式有哪些？脱硫设备腐蚀的主要部位有哪些？ ………………………………………………………（112）
49. 贫液储罐液位升高的原因有哪些？ ………………………（112）
50. 分析压力对再生塔操作有何影响？ ………………………（112）
51. 试分析脱后气体中 H_2S 含量超标的原因，如何调节？ …（112）
52. 贫液中硫化氢含量超标有何原因？如何处理？ …………（113）
53. 脱硫塔为什么要排烃？ ……………………………………（113）
54. 溶剂发泡的原因、危害、消除手段是什么？ ……………（113）
55. 脱硫塔内气相负荷过大，会造成什么后果？ ……………（113）
56. 溶剂再生塔压力升高的原因是什么？如何处理？ ………（114）
57. 活性炭过滤器的作用是什么？ ……………………………（114）
58. 富液过滤器的作用是什么？ ………………………………（114）
59. 在日常操作中为什么要间断向贫液中补入除氧水？ ……（114）
60. 酸性气管线为什么要保温？ ………………………………（114）
61. 燃料气脱硫塔、低分气脱硫塔串再生塔的原因是什么？ ……………………………………………………………（115）
62. 溶剂再生塔安全阀为什么装在再生塔的中下部，而不装在塔顶？ ……………………………………………………（115）
63. 燃料气或低分气脱硫系统压力升高的原因是什么？如何进行调节？ ………………………………………………（115）
64. 溶剂再生系统压力升高的原因是什么？如何进行调节？ ……………………………………………………………（115）
65. 脱硫系统液面上升的原因是什么？如何进行调节？ ……（115）
66. 燃料气或低分气带胺的原因是什么？如何进行调节？ …（116）
67. 脱硫系统跑胺的现象、原因是什么？如何处理？ ………（116）
68. 串气(脱硫塔液面压空，大量气体串入溶剂再生塔，严重

时溶剂再生塔超压)的现象、原因是什么？如何处理？……（116）
　　69. 溶剂再生塔发生冲塔的现象、原因是什么？如何处理？
　　　………………………………………………………………（117）
　　70. 脱硫塔进料中断的现象、原因是什么？如何处理？………（117）
　第四节　蒸汽发生系统的操作 ………………………………（118）
　　1. 什么是饱和水蒸气？ ………………………………………（118）
　　2. 什么是过热蒸汽？什么是过热度？ ………………………（118）
　　3. 为什么发生蒸汽的脱盐水要进行除氧？ …………………（118）
　　4. 软化水与除盐水有何区别？ ………………………………（118）
　　5. 热力除氧的原理是什么？ …………………………………（118）
　　6. 对除氧器运行有何要求？ …………………………………（119）
　　7. 怎样启运除氧器？ …………………………………………（119）
　　8. 怎样停运除氧器？除氧器的正常维护工作有哪些？ ……（119）
　　9. 怎样投用蒸汽发生器？ ……………………………………（120）
　　10. 蒸汽发生器的正常停用步骤有哪些？ …………………（120）
　　11. 蒸汽发生器发生液空的处理方法是什么？ ……………（121）
　　12. 蒸汽发生系统为什么要排污？有几种方法？ …………（121）
　　13. 汽包的两种排污方法各有什么目的？ …………………（121）
　　14. 定期排污有何规定？ ……………………………………（121）
　　15. 蒸汽除氧器正常操作的步骤是什么？ …………………（122）
　　16. 低压汽包水位的影响因素是什么？如何调节？ ………（122）
　　17. 低压汽包压力控制的影响因素是什么？如何调节？ …（122）
　　18. 影响除氧器除氧效果的因素和调节方法是什么？ ……（123）
　　19. 影响蒸汽发生器发汽量的因素及调节方法是什么？ …（123）
　　20. 影响蒸汽发生器发汽压力的因素和调节方法是什么？ （123）
　　21. 除氧器水封的投运与退出的步骤是什么？ ……………（123）
　　22. 如何进行蒸汽发生器的排污操作？ ……………………（124）
　　23. 汽包水位计的冲洗及叫水法？ …………………………（125）
　　24. 如何进行汽包的加药操作？ ……………………………（125）
　　25. 什么是硬水、软水、除盐水、冷凝水？ ………………（126）
　　26. 什么叫汽水共沸？ ………………………………………（126）
　　27. 锅炉发生汽水共沸的原因是什么？ ……………………（126）
　　28. 锅炉停炉阶段如何防腐？ ………………………………（126）

29. 废热锅炉投产前应具备哪些条件？ ………………………（126）
30. 汽包安全阀的定压一般取多少？ ……………………………（126）
31. 锅炉的间断排污为什么装两道排污阀？ ……………………（127）
32. 锅炉间断排污的两道排污阀如何操作？ ……………………（127）
33. 锅炉的八大附件是什么？ ……………………………………（127）
34. 首次开车为什么要煮炉？ ……………………………………（127）
35. 汽包升降压及升降温要注意些什么？ ………………………（127）
36. 什么叫汽包水位的三冲量调节？ ……………………………（127）
37. 锅炉炉水为何要加药，起何作用？ …………………………（128）
38. 锅炉满水有何危害？ …………………………………………（128）
39. 蒸汽发生器或锅炉给水为何要用软化水和除氧水？ ………（128）
40. 防止锅炉系统腐蚀最常用的方法有哪些？ …………………（128）
41. 怎样防止蒸汽带水？ …………………………………………（128）
42. 除氧器超压的现象、原因是什么？ …………………………（129）
43. 除氧器发生水击的原因有哪些？ ……………………………（129）
44. 什么情况下锅炉应立即停止运行？ …………………………（129）
45. 蒸汽管道水击原因及处理方法？ ……………………………（129）
46. 煮炉时应注意哪些事项？ ……………………………………（129）

第五节　加氢精制装置异常工况时的操作 …………………（130）
  1. 新氢中断时加氢精制装置的现象是什么？如何处理？ ……（130）
  2. 装置原料中断的现象是什么？如何处理？ …………………（130）
  3. 高压换热器发生内漏的现象是什么？如何处理？ …………（131）
  4. 热高分液控失灵的现象是什么？如何处理？ ………………（131）
  5. 热高分串压至热低分的现象是什么？如何处理？ …………（131）
  6. 冷高分串至冷低分的现象是什么？如何处理？ ……………（132）
  7. 冷高分排气带油的现象、原因是什么？如何处理？ ………（132）
  8. 热高分气相负荷太大的现象、原因是什么？如何处理？ …（132）
  9. 热油管线法兰泄漏着火的原因是什么？如何处理？ ………（132）
  10. 分馏塔底泵抽空的现象、原因是什么？如何处理？ ………（133）
  11. 分馏塔回流泵抽空的现象、原因是什么？如何处理？ ……（133）
  12. 分馏塔发生冲塔的现象、原因是什么？如何处理？ ………（134）
  13. 进料泵故障停车的现象是什么？如何处理？ ………………（134）
  14. 加氢新氢压缩机泄漏着火如何处理？ ………………………（135）

15. 7.0bar/min 紧急泄压联锁系统的启动原则是什么？ ……… （135）
16. 氢气大量泄漏或火灾事故如何处理？ ……………… （135）
17. 高压氮气中断的现象及处理措施是什么？ ………… （136）
18. 低压氮气中断的现象及处理措施是什么？ ………… （136）
19. 新氢带液的现象及应急处理措施是什么？ ………… （137）
20. 系统联锁自保出现故障的现象及处理措施是什么？ …… （137）
21. 反应注水中断有何现象？如何操作？ ……………… （138）
22. 导致分馏加热炉出口温度波动的主要原因是什么？如何预防？
 …………………………………………………………… （138）
23. 什么是锅炉缺水？如何处理？ ………………………… （138）
24. 什么是锅炉满水？有何危害？如何处理？ ………… （139）
25. 湿法预硫化期间进料泵中断如何处理？ …………… （140）
26. 预硫化期间硫化剂注入中断如何处理？ …………… （140）

第四章 加氢精制装置开停工操作 ……………………… （141）
1. 新建装置开工准备阶段的主要工作有哪些？ ……… （141）
2. 加氢精制装置开车方案的主要内容有哪些？ ……… （141）
3. 反应系统开车前的检查内容有哪些？ ……………… （141）
4. 试车工作的原则和要求是什么？ …………………… （142）
5. 装置开工吹扫的目的和注意事项是什么？ ………… （142）
6. 水冲洗的原则和注意事项是什么？ ………………… （142）
7. 水联运的原则和注意事项是什么？ ………………… （143）
8. 原料、低压系统水冲洗及水联运应注意事项是什么？ …… （144）
9. 原料和分馏系统试压及注意事项是什么？ ………… （145）
10. 塔类强度和气密试验各有什么要求？ ……………… （145）
11. 加氢装置固定床反应器在装填催化剂前的主要检查内容是
 什么？ …………………………………………………… （145）
12. 开工时注意的问题是什么？ ………………………… （146）
13. 反应系统为什么要进行抽空和氮气置换？置换后氧含量
 控制多少？ ……………………………………………… （146）
14. 气密的目的是什么？用什么方法进行检验？ ……… （147）
15. 如何判断各压力阶段的气密合格与否？ …………… （147）
16. 用蒸汽气密完成后，为什么要把低点排凝和放空阀打开？
 ……………………………………………………………… （147）

17. 装置引入系统氢气的操作步骤是什么? …………………（147）
18. 分馏系统充氮点有何作用? ……………………………（148）
19. 分馏塔气密操作步骤是什么? …………………………（148）
20. 脱硫化氢汽提塔垫油流程的改通如何操作? …………（148）
21. 脱硫化氢汽提塔塔底吹汽的操作步骤是什么? ………（148）
22. 紧急泄压试验目的是什么? ……………………………（149）
23. 反应系统如何进行紧急泄压试验? ……………………（149）
24. 操作中对反应器的使用有哪些限定? …………………（149）
25. 解决加氢过程因原料中含颗粒物等杂质引起的压降快速增大有什么方法? ……………………………………（150）
26. 停工吹扫、开工投用转子流量计、质量流量计等时应如何处理? …………………………………………………（150）
27. 如何进行开车盲板的拆装? ……………………………（150）
28. 分馏系统开工一般程序是什么? ………………………（150）
29. 脱硫系统开工前应做哪些准备? ………………………（151）
30. 分馏系统开工准备工作有哪些? ………………………（151）
31. 冷油运时,为何要加强各塔和容器脱水? ……………（151）
32. 分馏系统热油运操作目的和方法是什么? ……………（151）
33. 开工时为什么要在250℃时热紧? ……………………（152）
34. 分馏接收反应生成油前要达到的条件是什么? ………（152）
35. 停工方案编写的主要内容有哪些? ……………………（153）
36. 停工中发生反应炉管结焦的原因是什么? ……………（153）
37. 停工检修时对分馏塔应做哪些工作? 检修结束至开工前应如何保养? ……………………………………………（153）
38. 停工期间如何保护反应炉的炉管? ……………………（153）
39. 反应器开大盖时的安全措施有哪些? …………………（153）
40. 反应、分馏故障紧急停工时,脱硫岗位应如何调整操作? …………………………………………………………（154）
41. 紧急泄压后开工应注意什么? …………………………（154）
42. 装置检修时按什么顺序开启人孔? 为什么? …………（154）
43. 停工时需注意的事项有哪些? …………………………（155）
44. 冷换设备在开工过程中为何要热紧? …………………（155）
45. 为什么开工时冷换系统要先冷后热的开? 停工时又要先热后

冷的停？……………………………………………………（156）
　46. 开工过程中塔底泵为什么要切换？何时切换？…………（156）
　47. 反应器在正常运行和开停工中应注意些什么？…………（156）
　48. 停工扫线的原则及注意事项是什么？……………………（157）
　49. 汽油扫线前为什么要用水顶？……………………………（157）
　50. 蒸塔的目的是什么？………………………………………（157）
　51. 装置停工后催化剂未再生，装置重新开工的主要操作要
　　　点是什么？…………………………………………………（158）
　52. 简述在装置停工操作中应注意哪些问题？………………（158）
　53. 加氢装置紧急停工如何处理？……………………………（158）
　54. 加氢装置非正常紧急停工的处理原则和主要注意点是什么？
　　　…………………………………………………………………（159）

第五章　加氢精制装置的设备 ……………………………………（160）
　第一节　压缩机及其操作 ………………………………………（160）
　1. 压缩机是如何分类的？……………………………………（160）
　2. 容积式压缩机的工作原理及其分类如何？………………（160）
　3. 速度式压缩机的工作原理及其分类如何？………………（160）
　4. 通风机、鼓风机、压缩机是怎样划分的？…………………（161）
　5. 离心式压缩机有什么优缺点？……………………………（161）
　6. 离心式压缩机的主要性能参数有哪些？…………………（162）
　7. BCL－408A 压缩型号的含义是什么？……………………（162）
　8. 为什么离心式压缩机一般转速都很高？…………………（162）
　9. 涡轮压缩机常用的调节方法有几类？……………………（162）
　10. 何为透平压缩机的变转速调节法？………………………（163）
　11. 压缩机飞动怎样处理？……………………………………（163）
　12. 什么是离心式气压机的特性曲线？在实际使用上有什么用途？
　　　…………………………………………………………………（163）
　13. 压缩机进气条件的变化对性能的影响如何？……………（163）
　14. 离心式压缩机的主要构件有哪些？基本工作原理如何？……（164）
　15. 循环氢压缩机组主要设备有哪些？………………………（164）
　16. 什么是离心式气压机？……………………………………（165）
　17. 离心式压缩机的工作原理是什么？………………………（165）
　18. 压缩机组停机时要注意哪些问题？………………………（165）

19. 循环氢压缩机发生停电时机组如何处理? …………………（165）
20. 什么是轴流式气压机? ………………………………………（166）
21. 什么叫临界转速现象及临界转速? …………………………（166）
22. 什么叫硬轴? 什么叫软轴? …………………………………（166）
23. 压缩机操作为何入口压力不能太低? ………………………（166）
24. 机组发生振动的原因有哪些? ………………………………（166）
25. 压缩机轴承温度升高的原因是什么? ………………………（167）
26. 为何汽轮机轴承的润滑油压比压缩机高? …………………（167）
27. 油箱为什么要装透气管? 若油箱为密闭的又有什么影响?
   ………………………………………………………………（167）
28. 轴承进油管上的节流孔起何作用? …………………………（167）
29. 齿轮泵、螺杆泵如何启动? …………………………………（168）
30. 冷却器投用要注意什么? ……………………………………（168）
31. 滤油器切换要注意什么问题? ………………………………（168）
32. 停润滑油泵要注意什么? ……………………………………（168）
33. 机组油系统为什么会着火? 危害性如何? …………………（168）
34. 润滑油泵不上量是什么原因? ………………………………（169）
35. 调节油蓄能器有什么作用? 使用中要注意什么? …………（169）
36. 机组为何要进行外跑油? ……………………………………（169）
37. 机组停运后为什么润滑油泵要再运行一段时间? …………（169）
38. 为什么轴承进油管细, 出油管粗? …………………………（169）
39. 压缩机高位油箱如何充油? …………………………………（170）
40. 汽轮机油的作用是什么? ……………………………………（170）
41. 汽轮机油质劣化对机组有什么危害? ………………………（170）
42. 压缩机防喘振方法有哪些? …………………………………（170）
43. 为什么机组油系统会缺油、断油, 危害性是什么? …………（171）
44. 机组运行时, 油箱内的润滑油液面为什么要有一定限制?
   ………………………………………………………………（171）
45. 机组平衡管道的作用是什么? ………………………………（171）
46. 如何切换润滑油泵(假设 A 泵为运行泵, B 泵为辅助泵)?
   ………………………………………………………………（171）
47. 润滑油系统的油压控制阀如何改副线? ……………………（171）
48. 离心式压缩机转子的轴向推力是如何产生的? 其平衡方法

有几种？………………………………………………………（172）
49. 运行中引起离心式压缩机轴向推力增加的原因有哪些？……（172）
50. 干气密封系统中的气体泄漏监测系统有何作用？…………（172）
51. 什么是机组轴承的强制润滑？………………………………（173）
52. 离心式压缩机的油路系统如何分类？各有什么作用？……（173）
53. 轴承上的润滑油油膜是怎样形成的？影响油膜的因素有哪些？
　　………………………………………………………………（173）
54. 支撑轴承有哪些种类？………………………………………（174）
55. 推力轴承的构造和作用是什么？……………………………（174）
56. 什么叫多油楔轴承？有何特点？……………………………（175）
57. 滑动轴承有什么特点？………………………………………（175）
58. 压缩机轴承在运行中会出现哪些故障？引起故障的
　　原因有哪些？…………………………………………………（175）
59. NK25/28/25 汽轮机型号的含义是什么？…………………（176）
60. 汽轮机工作原理如何？它有什么优点？……………………（176）
61. 凝汽式与背压式汽轮机热力过程有什么不同？……………（176）
62. 何谓汽轮机的级？……………………………………………（177）
63. 汽轮机本体的结构由哪几部分组成？喷嘴和动叶片有什么
　　作用？…………………………………………………………（177）
64. 汽轮机保安系统由哪几部分组成？各有什么作用？………（177）
65. 危急保安器有几种形式？它们是怎样动作的？……………（178）
66. 汽轮机危急保安装置动作的途径有哪些？…………………（178）
67. 汽轮机危急保安器因超速动作后，必须待转速降低到一定值
　　后才能复置，这是为什么？…………………………………（179）
68. 汽轮机油封环有什么作用？其结构如何？…………………（179）
69. 造成汽轮机汽缸温差大的原因有哪些？有什么危害？……（179）
70. 汽轮机的启动系统由哪些部件组成？各有何作用？………（180）
71. 错油门、油动机是怎样工作的？……………………………（180）
72. 汽轮机速关阀的试验装置有什么作用？……………………（180）
73. 汽轮机调节系统中阻尼器有什么作用？……………………（180）
74. 背压汽轮机启动前为什么要先开启汽封抽气器？…………（181）
75. 背压汽轮机启动前为什么要将背压汽引到汽轮机排汽隔离
　　阀后？…………………………………………………………（181）

76. 汽轮机的正压汽封有什么作用? …………………………（181）
77. 汽轮机的负压汽封有什么作用? …………………………（181）
78. 汽轮机为何要设置汽封装置? ……………………………（181）
79. 根据汽封装置部位的不同可分为哪几类汽封? 每一类汽封的作用是什么? ……………………………………………（182）
80. 凝汽器热井有什么作用? …………………………………（182）
81. 热井液位过低对凝结水泵运行有何影响? ………………（182）
82. 凝汽式汽轮机在启动前为什么要先抽真空? ……………（183）
83. 凝汽式汽轮机启动时为什么不需要过高的真空? ………（183）
84. 启动抽气器时,为什么要先启动第二级后再启动第一级? …………………………………………………………（183）
85. 凝汽式汽轮机启动前为什么要先启动凝结水泵? ………（183）
86. 凝汽式汽轮机启动前向轴封供汽要注意什么? …………（184）
87. 凝汽式汽轮机停机时,为什么要等转子停止时才将凝汽器真空降到零? ……………………………………………（184）
88. 凝汽式汽轮机停机时为什么不立即关闭轴封供汽,而必须等真空降低到零才停止向轴封供汽? ………………（184）
89. 凝汽式汽轮机的凝汽器真空降到一定数值为什么要停机? ………………………………………………………（184）
90. 机组启动冲动转子,有时转子冲不动是什么原因? ……（185）
91. 汽轮机的暖机及升速时间是由哪些因素来决定的? ……（185）
92. 背压式汽轮机停机时,为什么要维持背压不变? ………（185）
93. 停机后为什么油泵尚需运行一段时间? …………………（186）
94. 汽轮机叶片断裂有什么征象? ……………………………（186）
95. 汽轮机背压增高有何危害? ………………………………（186）
96. 汽轮机超负荷运行会产生什么问题? ……………………（186）
97. 润滑油箱中油位过高或过低对机组润滑有什么影响? …（186）
98. 油箱为什么要装放水管? 放水管为什么要装在油箱底部? …………………………………………………………（186）
99. 油箱加油后,有时为什么会造成备用泵自启动? ………（187）
100. 油箱加油时,若备用泵自启动是否可以继续加油? ……（187）
101. 当转子轴向位移超过正常值时,应注意哪些事项? ……（187）
102. 机组油系统缺油、断油的危害性是什么? ………………（187）

103. 造成机组润滑油量不足或中断的原因有哪些? ……… (187)
104. 机组润滑油中带水由哪些原因造成? ……………… (188)
105. 机组在启动时,为什么油温不能小于35℃? ……… (188)
106. 汽轮机轴瓦温度突然升高原因是什么?怎样处理? … (188)
107. 油的循环倍率为多少合适? ………………………… (188)
108. 油系统进入了气体怎么办? ………………………… (189)
109. 油在日常维护和操作中要注意哪些问题? ………… (189)
110. 油箱为什么要脱水?如何进行脱水? ……………… (190)
111. 油箱液面增高的原因以及处理方法? ……………… (190)
112. 油为什么要充氮气保护? …………………………… (190)
113. 油动机作用是什么? ………………………………… (190)
114. 离心式压缩机设置防喘振系统的目的是什么? …… (190)
115. 造成压缩机喘振原因有哪些? ……………………… (191)
116. 机组发生强烈振动的危害性如何? ………………… (191)
117. 压缩机喘振时,对机械有哪些危害? ……………… (191)
118. 喘振现象有什么特征? ……………………………… (191)
119. 机组为什么会超速飞车? …………………………… (192)
120. 一旦转速表失灵,如何判断转速? ………………… (192)
121. 压缩机运行中常见哪些事故? ……………………… (192)
122. 压缩机发生倒转的原因及危害是什么? …………… (192)
123. 汽轮机为何要设置滑销系统? ……………………… (192)
124. 汽轮机的滑销系统有何作用? ……………………… (193)
125. 什么是汽轮机组的差胀?差胀变化过大与哪些因素有关?
 …………………………………………………………… (193)
126. 差胀与轴向位移有什关系? ………………………… (193)
127. 汽轮机的暖机及升速时间由哪些因素决定? ……… (193)
128. 抽气器主要结构有哪些? …………………………… (194)
129. 二次油管线上阻尼装置的作用是什么? …………… (194)
130. 重锤式危急保安器是如何工作的? ………………… (194)
131. 蒸汽通过汽轮机做功的原理是什么? ……………… (194)
132. 调速与润滑油系统由哪几部分组成? ……………… (194)
133. 汽轮机暖机时转速为何不能太低? ………………… (195)
134. 汽轮机的振动是怎样监控的? ……………………… (195)

135. 危急遮断阀的作用是什么? …………………………（195）
136. 机出口单向阀有撞击声是怎么回事? ………………（195）
137. 压缩机介质为易燃易爆物质时,为什么在开车前要进行惰性气体置换? …………………………………………（195）
138. 何为压缩机的"滞止工况"? …………………………（196）
139. 调速系统晃动的原因有哪些? …………………………（196）
140. 主蒸汽压力过高对汽轮机运行有何影响? ……………（196）
141. 调速系统在空负荷下为什么维持不了额定转速?是什么原因? …………………………………………………（197）
142. 汽轮机在启动前为什么要暖管? ………………………（197）
143. 什么是机组的惰走时间?惰走时间变化说明了什么? ……………………………………………………（197）
144. 汽轮机通流部分结垢有何危害? ………………………（198）
145. 调速系统与负荷变化有什么关系? ……………………（198）
146. 什么是调速系统的静态特性曲线? ……………………（198）
147. 汽轮机运行中常见哪些事故? …………………………（198）
148. 汽轮机的速关阀有什么作用? …………………………（198）
149. 调速系统的主要构成是什么? …………………………（199）
150. 为什么工业汽轮机有调节级和压力级之分? …………（199）
151. 汽轮机-压缩机组为什么采用滑动轴承而不采用滚动轴承? ……………………………………………………（199）
152. 在汽轮机-压缩机组中轴承的作用是什么?它有哪些类型? ……………………………………………………（200）
153. 推力轴承的构造是怎样的? ……………………………（200）
154. 机组运行中引起轴承故障的常见原因有哪些? ………（200）
155. 轴向推力是怎样产生的?在运行中怎样变化? ………（201）
156. 什么是轴向位移?轴向位移变化有什么危害? ………（202）
157. 汽轮机发生水冲击的原因及征象是什么?危害性如何? …（202）
158. 主蒸汽带水如何判断?有何危害? ……………………（202）
159. 暖管时为什么会产生水冲击?怎样消除? ……………（203）
160. 暖管过程为什么要分低压暖管和升压暖管两步进行?怎样确定暖管合格? ………………………………………（203）
161. 工业汽轮机单体试车的目的是什么? …………………（204）

- 162. 暖机时汽轮机排汽温度为什么会升高？排汽温度过高怎么处理？ …………………………………………………………（205）
- 163. 什么叫热态启动？ …………………………………（205）
- 164. 热态启动有何意义？ ………………………………（206）
- 165. 机组停车后要注意哪些问题？ ……………………（206）
- 166. 机组的盘车装置有哪几种形式？盘车装置起什么作用？ …………………………………………………………（207）
- 167. 开车前为什么需要盘车一段时间？ ………………（207）
- 168. 在哪些情况下机组停车后不能连续盘车？ ………（207）
- 169. 进汽温度过高或过低，对汽轮机运行有什么影响？ …（208）
- 170. 进汽压力过高或过低，对汽轮机运行有什么影响？ …（208）
- 171. 汽轮机超负荷运行会产生什么危害？ ……………（208）
- 172. 何谓真空？它与大气压力、绝对压力有何关系？ …（209）
- 173. 影响真空度的因素有哪些？ ………………………（209）
- 174. 凝汽器真空度下降可做哪些调节？ ………………（209）
- 175. 凝汽式汽轮机真空下降的原因是什么？有什么危害？ …（209）
- 176. 汽轮机为什么要低速暖机？为什么要严格控制第一阶梯转速？ …………………………………………………（210）
- 177. 射汽抽气器的结构特点和原理是什么？ …………（211）
- 178. 启动抽气器与主抽气器有何差别？ ………………（211）
- 179. 影响抽气器正常工作的因素有哪些？ ……………（212）
- 180. 机组冲转时，为什么要控制冷凝器内合适的真空？ …（212）
- 181. 汽轮机为何要设置汽封？ …………………………（213）
- 182. 凝汽式汽轮机停机时，何时才停止向轴封供汽？ …（213）
- 183. 蒸汽压力下降时，汽轮机为什么要降负荷？ ……（213）
- 184. 凝结水泵为什么要有空气管？ ……………………（213）
- 185. 为什么当凝结水泵运行时，水位过低会发生噪音？ …（214）
- 186. 汽轮机有哪些保护装置？ …………………………（214）
- 187. 为什么危急保安器动作后，须待转速降下后才能复位？ …………………………………………………………（215）
- 188. 主蒸汽管道汽水分离器起什么作用？ ……………（215）
- 189. 凝汽式汽轮机开车的主要步骤是什么？ …………（215）
- 190. 直接空冷器的冷凝过程是什么？ …………………（215）

191. 汽轮机启动和停机时如何进行疏水？……………………（216）
192. 直接空冷器的作用是什么？内部真空是怎样形成的？……（216）
193. 直接空冷器如何做到调节汽轮机的排汽压力？…………（217）
194. 干气密封的工作原理是什么？……………………………（217）
195. 干气密封操作的注意事项是什么？如何判断干气密封
工作的好坏？………………………………………………（217）
196. 活塞式压缩机的工作原理是什么？………………………（218）
197. 活塞式压缩机的一个工作循环分哪几个过程？…………（218）
198. 活塞式压缩机的优点有哪些？……………………………（218）
199. 活塞式压缩机的缺点有哪些？……………………………（218）
200. 对称平衡型活塞式压缩机的优点有哪些？………………（219）
201. 活塞式压缩机的基本结构由哪些部分组成？各有什么作用？
……………………………………………………………（219）
202. 活塞式压缩机的润滑油系统分哪两类？油路走向如何？…（220）
203. 活塞环是如何起密封作用的？……………………………（220）
204. 活塞式压缩机飞轮的作用是什么？………………………（221）
205. 汽缸冷却水套的作用是什么？……………………………（221）
206. 导向环起何作用？…………………………………………（221）
207. 平衡铁作用是什么？………………………………………（221）
208. 连杆的作用是什么？………………………………………（221）
209. 十字头的作用是什么？……………………………………（221）
210. 活塞式压缩机的排气量调节方法有哪些？………………（222）
211. 活塞式压缩机排量不足的原因有哪些？…………………（222）
212. 影响活塞式压缩机出口温度的因素有哪些？是怎样影响的？
……………………………………………………………（222）
213. 何为有油润滑压缩机？何为无油润滑压缩机？…………（222）
214. 活塞式压缩机的气阀主要有哪些形式？…………………（222）
215. 环状阀的特点有哪些？适用在什么场合？………………（222）
216. 网状阀的特点有哪些？适用在什么场合？………………（223）
217. "MAGNUM"阀与传统片状金属阀相比，具有什么优点？
……………………………………………………………（223）
218. 使用 PEEK 塑料阀片和金属阀片相比，有什么优点？……（223）
219. 活塞式压缩机振动大的原因有哪些？……………………（223）

220. 润滑油的主要质量指标有哪些? ……………………（223）
221. 为什么往复压缩机的汽缸冷却水的进口温度必须高于工艺气的入口温度? ………………………………………（224）
222. 直流无刷电动机的工作原理和基本组成是什么? ………（224）
223. 异步电动机的调速方式分几种? ………………………（224）
224. 压缩机进气条件的变化对性能的影响如何? …………（225）
225. 气阀的作用是什么? 何为自动阀? ……………………（225）
226. 压缩机排气温度超过正常温度的原因是什么? 如何处理? …………………………………………………………（225）
227. 压缩机汽缸发生异常声音的原因是什么? 如何处理? …………………………………………………………（226）
228. 往复式压缩机润滑油压力低的原因是什么? 如何处理? …………………………………………………………（226）
229. 往复式压缩机排气压力降低的原因是什么? 如何处理? …………………………………………………………（226）
230. 在往复式压缩机的开车、停车之初为何要适当减少注入汽缸的冷却水量? ……………………………………（226）
231. 润滑的原理是什么? ……………………………………（226）
232. 润滑油(脂)有哪些作用? ………………………………（226）
233. 往复式压缩机的传动部分结构示意图是怎样的? ……（227）
234. 压缩机的绝热温升怎样计算? …………………………（228）
235. 什么叫余隙? 余隙有什么作用? 余隙负荷调节器为何可以调节负荷? ……………………………………………（228）
236. 什么叫压缩比? …………………………………………（228）
237. 什么叫多变压缩? 什么叫等温压缩? 什么叫绝热压缩? …………………………………………………………（229）
238. 往复式压缩机各级压缩比调节不当有什么影响? ……（229）
239. 为什么压缩后的气体需冷却与分离? …………………（229）
240. 为什么往复式压缩机出口阀片损坏或密封不严会造成出口温度升高? ……………………………………………（230）
241. 活塞杆过热的原因有哪些? ……………………………（230）
242. 往复压缩机什么地方需要润滑? 各采用什么润滑方式? …（230）
243. 往复式压缩机排气阀和吸气阀有哪些动作过程? ……（230）

244. 压缩机排气量达不到设计要求的原因和处理方法是什么? … (231)
245. 吸、排气阀有异常响声的可能原因是什么?消除方法? … (231)
246. 循环氢压缩机的不正常现象及处理方法是什么? ……… (231)
247. 新氢机的不正常现象及处理方法有哪些? ………… (233)
248. 循环氢压缩机工艺系统的投用操作步骤是什么? …… (236)
249. 循环压缩机开机前如何进行常规检查? …………… (236)
250. 循环氢压缩机润滑油系统如何准备? ……………… (236)
251. 循环氢压缩机蒸汽系统如何进行暖管? …………… (237)
252. 循环氢压缩机如何进行开车操作? ………………… (237)
253. 循环氢压缩机正常停运的操作步骤是什么? ……… (238)
254. 循环氢压缩机紧急停运如何操作? ………………… (238)
255. 循环氢压缩机润滑油泵备泵自启后如何操作? …… (239)
256. 循环氢压缩机如何进行正常维护? ………………… (239)
257. 新氢压缩机润滑油系统如何进行准备? …………… (239)
258. 新氢压缩机冷却水系统投用操作步骤是什么? …… (240)
259. 新氢压缩机开机前如何进行常规检查? …………… (241)
260. 新氢压缩机如何进行正常停机? …………………… (241)
261. 新氢压缩机如何进行正常切换? …………………… (241)
262. 新氢压缩机紧急停车操作步骤是什么? …………… (242)
263. 新氢压缩机如何进行正常维护? …………………… (242)
264. 新氢压缩机如何进行气密操作? …………………… (242)

第二节 泵及其操作 …………………………………………… (242)
1. 什么叫泵? ……………………………………………… (242)
2. 什么叫泵的流量? ……………………………………… (243)
3. 什么叫泵的扬程? ……………………………………… (243)
4. 什么叫做泵的效率? …………………………………… (243)
5. 泵的效率有什么意义? ………………………………… (243)
6. 按工作原理,炼油厂常用泵可分为哪几类? ………… (243)
7. 离心泵的工作原理是什么? …………………………… (244)
8. 如何对离心泵进行分类? ……………………………… (244)
9. 什么叫离心泵的特性曲线?它有什么作用? ………… (244)
10. 从离心泵的特性曲线图上能够表示离心泵的哪些特征?
 ……………………………………………………………… (244)

11. 液体的密度变化对泵的性能有什么影响? ……………………（245）
12. 当液体黏度改变时,对泵的性能有什么影响? ………………（245）
13. 什么叫做泵的允许汽蚀余量? …………………………………（246）
14. 请以图示单级单吸离心泵为例,指出所标各部件的名称。
 ……………………………………………………………………（247）
15. 下列泵型号的含义是什么? ……………………………………（247）
16. 卧式双壳体多级高压离心泵结构有何特点? …………………（248）
17. 多级泵常用的轴向平衡措施有哪几种? ………………………（248）
18. 冷油泵和热油泵有什么区别? …………………………………（249）
19. 启动离心泵前应做哪些准备工作? ……………………………（249）
20. 如何正确启动离心泵? …………………………………………（250）
21. 机泵带负荷正常运行的验收,应符合什么技术要求? ………（250）
22. 离心泵首次开泵前为什么要灌泵? ……………………………（251）
23. 运行泵应如何维护? 做到哪些维护工作? ……………………（251）
24. 备用泵应如何维护? 做哪些维护工作? ………………………（252）
25. 备用泵为什么要定期盘车? ……………………………………（252）
26. 备用的热油泵启动前为什么要预热? …………………………（252）
27. 备用泵预热要注意哪些问题? …………………………………（252）
28. 热油泵停运后需要降温时要注意什么? ………………………（253）
29. 为什么离心泵要关闭出口阀启动? ……………………………（253）
30. 离心泵如何正确停运? …………………………………………（253）
31. 离心泵如何正确切换? …………………………………………（254）
32. 什么叫汽蚀现象? ………………………………………………（254）
33. 离心泵抽空有什么现象? ………………………………………（254）
34. 抽空对泵有什么危害? …………………………………………（254）
35. 抽空时端面密封为什么容易漏? ………………………………（255）
36. 备用泵盘不动车时为什么不能启动? …………………………（255）
37. 轴承箱发热的原因有哪些? 应怎样处理? ……………………（255）
38. 泵抱轴是怎么一回事? 它和轴承发热有关系吗? ……………（255）
39. 哪些原因会引起泵窜轴? 怎样处理? …………………………（256）
40. 挡油环或挡水环有什么作用? 它们松动后有什么危害?
 ……………………………………………………………………（256）
41. 热油泵的冷却水中断后有什么危害? …………………………（256）

42. 泵冻了以后怎样解冻? ……………………………………（257）
43. 泵在冬天为什么要防冻? 怎样防冻? 防冻的主要部位? …（257）
44. 冷油泵为什么不能打热油? ………………………………（257）
45. 轴、轴承、轴套起什么作用? ……………………………（257）
46. 对轮起什么作用? …………………………………………（258）
47. 什么是机械密封? …………………………………………（258）
48. 机械密封是由哪几部分组成的? …………………………（258）
49. 机械密封是怎样实现密封的? ……………………………（258）
50. 冲洗可以分为哪几种类型? ………………………………（259）
51. 冲洗油的作用有哪些? ……………………………………（259）
52. 电机为什么要装接地线? …………………………………（260）
53. 电机尾部为什么要有风扇? ………………………………（260）
54. 电机声音不正常有哪些原因? ……………………………（260）
55. 机身温度超过正常值的原因有哪些? ……………………（260）
56. 电机轴承发热的原因有哪些? ……………………………（260）
57. 电机电流增高有哪些原因? ………………………………（260）
58. 运转中的电机为什么会跳闸? ……………………………（261）
59. 运转中的电机应检查哪些项目? …………………………（261）
60. 机泵等机械设备为什么要进行润滑? 怎样进行润滑? ……（261）
61. 往复泵的主要结构和工作原理是什么? …………………（262）
62. 齿轮泵的工作原理是什么? ………………………………（262）
63. 螺杆泵的结构特点是什么? ………………………………（263）
64. 润滑油(脂)的作用是什么? ………………………………（263）
65. 润滑油的黏度比小好吗? …………………………………（264）
66. 什么叫机械杂质? 润滑油中含有机械杂质有什么危害?
…………………………………………………………（264）
67. 如何选用润滑油? …………………………………………（265）
68. 如何鉴别轴承润滑是否正常? ……………………………（265）
69. 引起润滑油变质的原因有哪些? …………………………（265）
70. 润滑油的三级过滤是指哪三级? …………………………（266）
71. 什么是润滑油的"五定"? …………………………………（266）
72. 机泵的润滑方式有哪些? …………………………………（266）
73. 巡检泵时应注意哪些内容? ………………………………（267）

74. 原料泵的不正常现象及处理方法是什么？ …………………（267）
75. 原料油泵润滑油系统的准备操作步骤是什么？ ……………（268）
76. 原料油泵的正常维护操作有哪些？ …………………………（269）
77. 加氢原料泵的正常切换操作步骤是什么？ …………………（269）
78. 立式高速离心泵启动前的准备工作是什么？ ………………（269）

第三节 加热炉及其操作 ………………………………………（270）
1. 什么叫加热炉？管式加热炉有什么特征？ …………………（270）
2. 管式加热炉的一般结构如何？其各部分的作用是什么？ …（270）
3. 管式加热炉有哪些类型？ ……………………………………（270）
4. 管式加热炉主要的技术指标有哪些？ ………………………（271）
5. 什么叫自然通风加热炉？ ……………………………………（271）
6. 什么叫强制通风加热炉？ ……………………………………（271）
7. 什么叫引风机？有几种形式？ ………………………………（271）
8. 燃烧的化学反应式有哪些？ …………………………………（272）
9. 加热炉的烟囱排出的烟道气有哪些组成？为什么还有大量的氮和氧？ ……………………………………………………（272）
10. 燃烧的过程是什么？ ………………………………………（272）
11. 什么是燃烧、完全燃烧和不完全燃烧？ …………………（272）
12. 炼油厂中圆筒炉的基本构造及特点是什么？ ……………（272）
13. 立式油气联合燃烧器由哪三部分组成？ …………………（273）
14. 加热炉炉管的材质有什么要求？ …………………………（273）
15. 对加热炉炉墙有什么要求？ ………………………………（273）
16. 什么叫加热炉有效热负荷？ ………………………………（273）
17. 什么叫燃料的发热值？什么叫燃料的高发热值和低发热值？ …………………………………………………………（274）
18. 什么是理论空气用量？如何计算？ ………………………（274）
19. 什么叫过剩空气系数？如何计算？影响过剩空气系数的因素有哪些？ ………………………………………………（274）
20. 测定烟气中含氧量的方法有几种？过剩空气系数如何确定？ …………………………………………………………（275）
21. 什么叫加热炉热效率？影响加热炉热效率的主要因素有哪些？ ……………………………………………………………（275）
22. 什么叫冷油流速？计算公式怎样？ ………………………（276）

23. 烟囱的作用是什么? ……………………………………（276）
24. 影响加热炉平稳操作的因素有哪些? ………………（277）
25. 什么是二次燃烧? 如何判断二次燃烧? 怎样避免二次燃烧?
    ……………………………………………………………（277）
26. 什么是一次风、二次风? 其作用是什么? ……………（277）
27. 铜网式阻火器的构造及作用原理是什么? ……………（277）
28. 正确的看火姿势是怎样的? ……………………………（277）
29. 如何启用瓦斯加热器? …………………………………（278）
30. 影响炉管使用寿命的因素有哪些? ……………………（278）
31. 为什么开车过程中要控制加热炉的升温速度? ………（278）
32. 炉管烧焦的原理及方法是什么? ………………………（278）
33. 加热炉内为什么会积灰? ………………………………（279）
34. 积灰有什么危害? ………………………………………（279）
35. 加热炉吹灰器有哪几种形式? 操作方法如何? ………（279）
36. 加热炉火盆外壁温度过高是什么原因造成的? ………（279）
37. 氧化锆测氧仪的工作原理是什么? ……………………（280）
38. 为什么要控制排烟温度? ………………………………（280）
39. 怎样控制排烟温度? ……………………………………（280）
40. 炉膛内燃料正常燃烧的现象是什么? 正常燃烧取决于哪些
    条件? …………………………………………………（280）
41. 为什么烧油时要用雾化蒸汽? 其量多少有何影响? …（281）
42. 雾化蒸汽压力高低对加热炉的操作有什么影响? ……（281）
43. 燃料油性质变化及压力高低对加热炉操作有什么影响? …（281）
44. 火嘴漏油的原因是什么? 如何处理? …………………（282）
45. 燃料油中断的现象及其原因是什么? 怎样处理? ……（282）
46. 炉用瓦斯入炉前为什么要经分液罐切液? ……………（283）
47. 多管程的加热炉怎样防止流量偏流? 偏流会带来什么后果?
    ……………………………………………………………（283）
48. 加热炉有可能发生哪些事故? …………………………（283）
49. 加热炉在哪些情况下需要紧急停炉? …………………（283）
50. 如何搞好"三门一板"操作? 它们对加热炉的燃烧有何影响?
    ……………………………………………………………（284）
51. 加热炉进料中断的现象、原因有哪些? ………………（285）

52. 加热炉炉墙坍塌如何处理? ……………………………………(285)
53. 日常操作中采取哪些措施防止加热炉发生火灾和爆炸? …(285)
54. 加热炉负压过大或过小有何危害? 造成压力增高的原因有哪些? 如何调节? ………………………………………(286)
55. 当鼓风机发生故障时, 应如何处理? ………………………(286)
56. 烟道引风机停运原因及处理方法是什么? …………………(287)
57. 加热炉的炉墙外壁温度一般要求不超过多少度? …………(287)
58. 加氢反应炉炉管破裂的处理步骤是什么? …………………(287)
59. 加氢分馏炉管穿孔如何处理? ………………………………(288)
60. 炉膛内局部过热的原因及处理方法是什么? ………………(288)
61. 正常生产中清理瓦斯阻火器如何操作? 要注意些什么? …(288)
62. 瓦斯控制阀后压力很高, 炉温上不去是什么原因? 如何处理? ……………………………………………………(289)
63. 引起炉膛爆炸的原因是什么? 如何避免? …………………(289)
64. 传热的三种基本方式是什么? ………………………………(289)
65. 加热炉的热负荷是怎样分配的? 以什么方式传热? ………(290)
66. 加热炉结构由哪些部件组成? ………………………………(290)
67. 加热炉是如何分成上、中、下三部分的? 每部分各有哪些主要部件组成? ………………………………………(290)
68. 加热炉为什么要设置防爆门? ………………………………(290)
69. 烟囱为什么会产生抽力? ……………………………………(291)
70. 加热炉的负压是怎样产生的? 为什么在负压下操作? ……(291)
71. 一座合理的加热炉设计有何要求? …………………………(291)
72. 加热炉烘炉的操作要点是什么? ……………………………(291)
73. 加热炉烘炉的目的是什么? …………………………………(292)
74. 加热炉的烘炉步骤是什么? …………………………………(292)
75. 加热炉烘干后的处理? ………………………………………(293)
76. 烘炉分几阶段? 每个阶段温度控制在多少? 时间多长? ……………………………………………………………(293)
77. 加热炉操作的原则及要求是什么? …………………………(294)
78. 加热炉的"三门一板"是指什么? 加热炉的烟道挡板和风门开度大小对操作有何影响? …………………………(294)
79. 在什么情况下调节烟道挡板及火嘴风门? …………………(294)

80. 点火操作应注意什么？如何避免回火伤人？ ……………（295）
81. 在燃料气管网中为什么要设阻火器？阻火器分为哪几类？
　　…………………………………………………………（295）
82. 加热炉回火的原因有哪些？ …………………………（295）
83. 如何防止加热炉发生回火？ …………………………（296）
84. 炉子为什么会出现正压？其原因如何？ ……………（296）
85. 加热炉正常操作时，检查和维护内容有哪些？ ……（296）
86. 在操作中加热炉的过剩空气系数一般控制在多少？过剩空气
　　系数大小对加热炉有何影响？ ………………………（296）
87. 空气量及气候变化时对炉子操作有何影响（考虑火焰、热
　　效率、炉管氧化）？ …………………………………（297）
88. 怎样判断加热炉燃烧的好坏？ ………………………（297）
89. 提高炉子热效率有哪些手段？ ………………………（297）
90. 测量烟道气温度和烟道压力有什么作用？ …………（297）
91. 炉出口温度如何控制？ ………………………………（298）
92. 影响炉温波动的原因有哪些？ ………………………（298）
93. 进料量及进料温度变化时对炉子的操作有什么影响？ …（298）
94. 燃料气切水不净会产生什么现象？ …………………（298）
95. 烧燃料气为什么不能带油？如何防止燃料气带油？ …（298）
96. 烧燃料气与烧燃料油如何相互切换？ ………………（299）
97. 加热炉进料中断怎样处理？ …………………………（299）
98. 加热炉燃料气不足或中断如何处理？ ………………（300）
99. 加热炉负荷变化怎样调节？ …………………………（300）
100. 为什么规定加热炉炉膛温度≯800℃？ ……………（300）
101. 炉膛负压过大或出现正压怎样处理？ ……………（300）
102. 对流室压降太大怎样处理？ ………………………（300）
103. 烟气中一氧化碳含量过高怎么办？ ………………（300）
104. 烟气中氧含量和一氧化碳含量都高怎样处理？ …（301）
105. 炉子壁温超高的原因及处理方法是什么？ ………（301）
106. 加热炉冒烟反映出操作上什么问题？ ……………（301）
107. 火焰发飘、轻而无力是什么原因？ ………………（302）
108. 火焰发白、硬、闪光、火焰跳动，都是什么原因？ …（302）
109. 炉膛内颜色过于暗，并且烟很多如何调节？ ……（302）

110. 炉膛内火焰上下翻滚如何处理? …………………………（302）
111. 加热炉烟囱冒黑烟是什么原因? 如何处理? ……………（302）
112. 引起炉管结焦的原因是什么? ……………………………（302）
113. 什么是局部过热? 局部过热有什么危害? ………………（303）
114. 加热炉炉管破裂如何处理? ………………………………（303）
115. 炉管更换的标准是什么? …………………………………（303）
116. 燃料气火嘴点不着的原因及处理方法怎样? ……………（303）
117. 刮大风或阴天下雨加热炉如何操作? ……………………（303）
118. 雷雨天操作要注意什么? …………………………………（303）
119. 回收加热炉烟气余热的途径有哪些? ……………………（303）
120. 空气预热器的作用是什么? ………………………………（304）
121. 如何判断加热炉的操作好坏? ……………………………（304）
122. 加热炉的低温露点腐蚀是怎样发生的? 有何危害? ……（304）
123. 影响低温露点腐蚀因素有哪些? …………………………（305）
124. 防止和减轻加热炉低温露点腐蚀有哪些措施? …………（305）
125. 影响加热炉热效率的因素有哪些? ………………………（306）
126. 如何判断炉管是否结焦? 造成结焦的原因是什么? 有什么防止措施? ……………………………………………（306）
127. 如何判断炉子烧得好坏? …………………………………（306）
128. 加热炉系统有哪些安全防爆措施? ………………………（307）
129. 空气预热器有哪几种形式? ………………………………（308）
130. 扰流子空气预热器有什么结构特点? ……………………（308）
131. 加热炉火焰调节原则是什么? ……………………………（308）
132. 加热炉燃料气烧嘴调节方法是什么? ……………………（308）
133. 如何做好加热炉火嘴的燃烧控制? ………………………（309）
134. 加热炉烟道挡板的调节原则是什么? ……………………（309）
135. 加热炉烟道挡板的调节方法是什么? ……………………（309）
136. 如何控制炉管表面温度? …………………………………（309）
137. 加热炉出口温度波动的原因是什么? 如何处理? ………（310）
138. 炉膛温度的控制指标如何确定? …………………………（310）
139. 加热炉空气预热系统的操作步骤是什么? ………………（310）
140. 加热炉的正常停炉步骤是什么? …………………………（310）
141. 加热炉紧急停炉的步骤是什么? …………………………（311）

142. 高压燃料气带油的现象是什么？如何处理？ ……………（311）
143. 加热炉熄火的原因是什么？如何处理？ ……………（311）
144. 炉出口温度烧不上去的原因是什么？如何处理？ ……（312）
145. 炉膛温度不均匀的原因是什么？如何处理？ …………（312）
146. 加热炉回火的原因是什么？如何处理？ ………………（312）
147. 加热炉炉管结焦的原因是什么？有什么现象？如何处理？
　………………………………………………………………（312）
148. 加热炉炉管烧穿的现象是什么？原因？如何处理？ …（313）

第四节　反应器及其操作 ……………………………………（313）
1. 何为压力容器？其压力来源于什么？ …………………（313）
2. 按压力容器的设计压力可分为哪几类压力等级？如何表示？
　………………………………………………………………（313）
3. 压力容器有哪几种破坏形式？ …………………………（313）
4. 什么叫反应器？如何分类？ ……………………………（314）
5. 何为轴向和径向反应器？其各有什么优缺点？ ………（314）
6. 反应器的结构设计应满足哪几个条件？ ………………（314）
7. 什么叫热壁和冷壁反应器？它们各有什么优缺点？ …（314）
8. 热壁反应器可能发生的损伤有哪些？分别发生在什么部位？
　………………………………………………………………（315）
9. 反应器有哪些类型？ ……………………………………（315）
10. 反应器的基本结构是怎样的？各内构件有什么作用？ …（316）
11. 什么是氢腐蚀？什么叫潜伏期？影响氢腐蚀的因素有哪些？
　如何防止？ ………………………………………………（319）
12. 如何防止连多硫酸对奥氏体不锈钢设备的腐蚀？ ……（320）
13. 什么叫应力腐蚀？它是怎样产生的？有什么预防措施？
　………………………………………………………………（320）
14. 反应器内的奥氏体不锈钢堆焊层，为什么要控制铁素体
　含量？指标是多少？ ……………………………………（321）
15. 防止 2¼Cr－1Mo 钢制设备发生回火脆性破坏的措施？ …（321）
16. 什么是堆焊层的氢致剥离？其主要原因是什么？影响堆
　焊层氢致剥离的主要因素是什么？ ……………………（322）
17. 在操作中如何防止堆焊层出现剥离？ …………………（323）

第五节　塔及其操作 ……………………………………（324）
　1. 什么叫亨利定律? ……………………………………（324）
　2. 什么是油品的泡点和泡点压力? ……………………（324）
　3. 什么是油品的露点和露点压力? ……………………（324）
　4. 泡点方程和露点方程是什么? ………………………（324）
　5. 什么是拉乌尔定律和道尔顿定律?它们有何用途? ………（325）
　6. 什么叫饱和蒸气压?饱和蒸气压的大小与哪些因素有关?
　　　…………………………………………………………（326）
　7. 什么是传质过程? ……………………………………（326）
　8. 气液相平衡以及相平衡常数的物理意义是什么? …（327）
　9. 气液两相达到平衡后是否能一直保持不变?为什么?
　　　…………………………………………………………（328）
　10. 什么叫一次汽化,什么叫一次冷凝? ………………（328）
　11. 什么是塔?其主要包括哪几个部分? ………………（329）
　12. 按结构分塔设备可分为几大类? ……………………（329）
　13. 什么叫板效率?它有哪些影响因素? ………………（329）
　14. 什么是雾沫夹带?与哪些因素有关? ………………（330）
　15. 什么叫液泛?产生的原因是什么?怎样防止? ……（330）
　16. 浮阀塔板的结构有何特点? …………………………（331）
　17. 浮阀塔的工作原理是什么? …………………………（331）
　18. 从塔板上溢流方式分,塔板可分为哪几种? ………（331）
　19. 什么是空塔气速? ……………………………………（332）
　20. 什么是液相负荷? ……………………………………（332）
　21. 什么是液面落差? ……………………………………（332）
　22. 什么是清液高度? ……………………………………（333）
　23. 什么叫冲塔?淹塔?泄漏和干板? …………………（333）
　24. 什么叫回流比?它的大小对精馏操作有何影响? …（333）
　25. 什么叫最小回流比? …………………………………（334）
　26. 什么是理论塔板? ……………………………………（334）
　27. 什么是内回流? ………………………………………（334）
　28. 分馏的依据是什么? …………………………………（335）
　29. 分馏塔塔板或填料的作用是什么? …………………（335）
　30. 采用蒸汽汽提的作用原理是什么? …………………（335）

31. 分馏塔顶回流作用？塔顶温度与塔顶回流有何关系？ …… （335）
32. 圆形浮阀塔有哪些优缺点？ ………………………………… （336）
33. 圆形泡罩塔板有哪些优缺点？ …………………………… （336）
34. 只有轻重两组分的体系在发生一次汽化后，轻重两组分的浓度是怎样变的？ …………………………………………… （336）
35. 精馏的必要条件是什么？ ………………………………… （336）
36. 为什么在精馏塔上回流是必不可少的？ ………………… （337）
37. 在分馏塔内的分馏过程是怎样的？ ……………………… （337）
38. 什么是分馏塔产品的重叠和脱空（间隙）？ …………… （337）
39. 分馏塔中吹入水蒸气为什么会降低油气分压？ ………… （337）
40. 分馏塔的双溢流和单溢流有什么区别？ ………………… （338）
41. 造成分馏塔冲塔的原因及处理方法是什么？ …………… （338）
42. 分馏塔淹塔的现象、原因及处理措施是什么？ ………… （338）
43. 板式塔在操作中会出现哪些不正常的现象？ …………… （338）
44. 填料塔内气液相负荷过低或过高会产生哪些问题？ …… （339）
45. 原料性质变化对分馏塔操作有什么影响？如何处理？ … （340）
46. 塔顶石脑油干点变化是什么原因？如何调节？ ………… （340）
47. 举例说明浮阀塔盘型号表示方法是什么意思？ ………… （341）
48. 什么叫挥发度和相对挥发度？ …………………………… （341）
49. 石油有哪些不同的蒸馏过程？ …………………………… （342）
50. 不同类型的塔板，它们气、液传质的原理有何区别？ … （343）
51. 在蒸馏过程中经常使用哪些种类的填料？如何评价填料的性能？ ……………………………………………………… （343）
52. 板式塔的溢流有哪些不同的形式？适用于什么场合？ … （344）
53. 如何确定填料塔的填料层高度？ ………………………… （346）
54. 塔的安装对精馏操作有何影响？ ………………………… （346）
55. 精馏塔的操作中应掌握哪三个平衡？ …………………… （347）
56. 分馏塔底泵密封泄漏应急处理预案是什么？ …………… （348）
57. 注缓蚀剂时要注意什么？ ………………………………… （349）

第六节　冷换设备及其操作 ……………………………………… （349）
1. 传热系数 K 的物理意义是什么？强化传热应考虑以下哪些方面？ ……………………………………………………… （349）
2. 什么叫对数平均温差？ …………………………………… （350）

3. 什么叫换热器？按用途可分为哪几类？……………………（351）
4. 炼油厂常用的间壁式换热器按结构分为哪几类？…………（351）
5. 常用的管式换热器有哪几种？它们各有什么特点？………（351）
6. 换热器壳程为什么要加折流板？有什么作用？……………（352）
7. 常见的换热管规格为多少？……………………………………（353）
8. 换热设备的工作原理如何？重要的工艺指标有哪些？有哪些因素影响？……………………………………………………（353）
9. 换热器中何处要用密封垫片？一般用什么材料？…………（354）
10. 换热介质走壳程还是走管程是如何确定的？………………（354）
11. 换热器管束一般有几种排列方式？各有什么特点？………（355）
12. 重沸器有什么作用？有哪些形式？一般用什么加热介质？
 ………………………………………………………………（355）
13. 换热器在使用中应注意什么事项？…………………………（355）
14. 换热器如何进行泄漏检查？…………………………………（356）
15. 如何确定在工作的换热器中，管子、管子与管板的连接处是否泄漏？……………………………………………………（356）
16. 高压换热器的密封结构和原理如何？………………………（356）
17. 高压换热器采用螺纹形锁紧式密封结构有何特点？………（358）
18. 换热器为什么开始时换热效果好，后来逐渐变差？………（358）
19. 空气冷却器由哪几部分组成？………………………………（359）
20. 空气冷却器的调节方法有哪些？……………………………（359）
21. 空冷器为什么要用翅片管？…………………………………（359）
22. 空冷器是如何使空气流过管子的？…………………………（360）
23. 标准国产空冷器管束的型号如何表示？……………………（360）
24. 空冷器风机的型号如何表示？………………………………（360）
25. 比较空冷器和水冷器有什么优缺点？………………………（361）
26. 换热器操作的注意事项是什么？……………………………（362）
27. 空气冷却器操作的注意事项是什么？………………………（362）
28. 空气冷却器的操作要点是什么？……………………………（363）
29. 水冷却器的操作方法是什么？………………………………（363）
30. 水冷却器水量是控制入口好还是出口好？…………………（363）
31. 换热器的操作方法是什么？…………………………………（363）
32. 如何正确安装法兰？…………………………………………（364）

33. 如何进行法兰换垫检修？ …………………………………（364）
34. 阀门的盘根泄漏怎么处理？ ………………………………（364）
35. 如何选择液体走管程还是走壳程？ ………………………（364）
36. 如何投用高压空冷器？应注意什么？ ……………………（365）

第六章　装置事故处理 ………………………………………………（366）
1. 原料带水的危害是什么？如何处理？ ……………………（366）
2. 原料油缓冲罐进料中断如何处理？ ………………………（366）
3. 原料罐底部泄漏事故如何处理？ …………………………（366）
4. 循环氢脱硫塔发生循环氢带液严重如何处理？ …………（367）
5. 加热炉进料中断如何处理？ ………………………………（368）
6. 加热炉事故紧急停炉程序是怎样的？ ……………………（368）
7. 加热炉炉墙坍塌如何处理？ ………………………………（368）
8. 流淌式火灾如何处理？ ……………………………………（369）
9. 反应器床层飞温如何处理？ ………………………………（369）
10. 反应器顶头盖大面积泄漏着火如何处理？ ………………（369）
11. 反应炉炉管破裂的处理步骤是什么？ ……………………（369）
12. 加氢装置事故处理原则是什么？ …………………………（370）
13. 加氢装置紧急停工如何处理？ ……………………………（370）
14. 加氢装置停仪表风如何处理？ ……………………………（371）
15. 加氢装置瞬间停电如何处理？ ……………………………（372）
16. 加氢装置长时间停电如何处理？ …………………………（372）
17. 停循环氢压缩机的现象有哪些？如何处理？ ……………（373）
18. 停新氢压缩机事故的现象有哪些？如何处理？ …………（373）
19. 装置循环水中断如何处理？ ………………………………（374）
20. 停1.0MPa蒸汽如何处理？ ………………………………（374）
21. 仪表UPS失电如何处理？ …………………………………（375）
22. DCS故障如何处理？ ………………………………………（375）
23. 装置紧急泄压阀打开后，除临氢系统压力急剧下降外，还将
    发生哪些现象？ ……………………………………………（376）
24. 紧急泄压阀误动作如何处理？ ……………………………（376）

第七章　安全环保 ……………………………………………………（378）
1. 一级（厂级）安全教育的主要内容是什么？ ……………（378）
2. 车间安全教育的主要内容是什么？ ………………………（378）

3. 班组安全教育的主要内容是什么？……………………（378）
4. "三级安全教育"的程序如何进行？…………………（378）
5. 安全活动日的主要内容是什么？……………………（379）
6. 工人安全职责是什么？………………………………（379）
7. 在事故的成因中，人本身错误有哪些表现？…………（379）
8. 何谓安全技术作业证？………………………………（380）
9. 什么叫燃烧？燃烧必须具备哪些条件？……………（380）
10. 什么叫"燃点"、"自燃点"、"闪点"？………………（381）
11. 引起着火的直接原因有哪些？………………………（381）
12. 引起火灾的主要原因有哪些？………………………（381）
13. 常见物质的自燃点是多少？…………………………（382）
14. 做好防火工作的主要措施有哪些？…………………（382）
15. 影响燃烧性能的主要因素有哪些？…………………（382）
16. 灭火的基本原理及方法是什么？……………………（383）
17. 什么叫爆炸？什么叫爆破？…………………………（383）
18. 发生爆炸的基本因素是什么？………………………（383）
19. 什么是爆炸极限？……………………………………（383）
20. 常见物质的爆炸极限是多少？………………………（383）
21. 影响爆炸极限的主要因素有哪些？…………………（384）
22. 爆炸破坏作用的大小与哪些因素有关？……………（384）
23. 爆炸的破坏力主要有哪几种表现形式？……………（385）
24. 石油化工原料及产品的特点是什么？………………（385）
25. 有火灾、爆炸危险的石油化工原料和产品可分为哪几类？
   ……………………………………………………（385）
26. 爆炸危险物质怎样分类？……………………………（385）
27. 什么是安全装置？……………………………………（386）
28. 安全装置如何进行分类？……………………………（386）
29. 为什么在易燃易爆作业场所不能穿用化学纤维制作的工作服？
   ……………………………………………………（386）
30. 装置区内加热用明火应如何控制？…………………（387）
31. 在易燃易爆的生产设备上动火检修，应遵守哪些安全要求？
   ……………………………………………………（387）
32. 用火监护人的职责是什么？…………………………（387）

33. 动火设备置换合格的标准是什么? …………………………（387）
34. 如何预防摩擦与撞击? ………………………………………（388）
35. 灭火的基本方法有哪些? ……………………………………（388）
36. 常用的灭火物质有哪些? ……………………………………（388）
37. 常用的灭火装置有哪些? ……………………………………（388）
38. 泡沫灭火器的结构、灭火原理、使用方法及其注意事项是什么? …………………………………………………………（389）
39. 二氧化碳灭火机的结构、灭火原理、使用方法及注意事项是什么? ………………………………………………………（389）
40. 四氯化碳灭火机的结构、灭火原理、使用方法及注意事项是什么? ………………………………………………………（390）
41. "1211"灭火器的结构、灭火原理、使用方法及注意事项是什么? …………………………………………………………（390）
42. 干粉灭火机的结构、灭火原理、使用方法及注意事项是什么? …………………………………………………………………（391）
43. 工厂一般灭火方法及注意事项是什么? ……………………（391）
44. 生产装置初起火灾的扑救方法是什么? ……………………（392）
45. 高压高温设备着火后,救火应注意什么? …………………（393）
46. 当人身着火时应如何扑救? …………………………………（393）
47. 引起电动机着火的原因主要有哪些? ………………………（394）
48. 为什么硫化亚铁渣能引起火灾? ……………………………（395）
49. 触电后的急救原则是什么? …………………………………（396）
50. 电流对人体有哪些危害? ……………………………………（396）
51. 加氢精制装置紧急泄压联锁系统内容是什么? ……………（397）
52. 环境保护中的"环境"指什么? ……………………………（397）
53. 水污染指什么? ………………………………………………（397）
54. "三废"指的是什么? ………………………………………（397）
55. 为有效防止污染,炼油厂要做到的"五不准"是什么? ……（397）
56. 车间空气中有毒物质的最高允许浓度是多少? ……………（398）
57. 工业企业噪声卫生标准是什么? ……………………………（398）
58. 污染事故的定义是什么? ……………………………………（399）
59. 何为环境保护? ………………………………………………（399）
60. 水污染主要有哪几类物质? …………………………………（399）

61. 噪声对人体有何影响? ……………………………………（399）
62. 加氢装置设计中如何防止噪声? ………………………（399）
63. 加氢装置的废渣如何处理? ……………………………（399）
64. 什么是职业病? …………………………………………（400）
65. 国家规定的职业病范围分哪几类? ……………………（400）
66. 什么是中毒? ……………………………………………（400）
67. 毒物是如何进入人体的? ………………………………（400）
68. 硫化氢中毒的原因及作用机理是什么? ………………（400）
69. 硫化氢中毒的症状及急救办法有哪些? ………………（401）
70. 炼油企业常用防毒器材有哪些? ………………………（401）
71. 过滤式防毒面具的组成、使用范围及如何维护保养? …（401）
72. 空气呼吸器的组成、使用方法和注意事项是什么? …（402）
73. 什么是高温作业? ………………………………………（403）
74. 发现中暑病人以后如何抢救治疗? ……………………（403）
75. 惰性气体的特性和毒害原因是什么? …………………（404）
76. 预防惰性气体中毒的措施有哪些? ……………………（404）
77. 遇到惰性气体中毒如何急救? …………………………（404）
78. 如何预防氮气中毒? ……………………………………（404）
79. 什么叫人工呼吸? 什么叫现场急救方法? 中毒应如何急救?
 …………………………………………………………（405）
80. 氢气燃烧的特点是什么? ………………………………（405）

第八章 仪表和电气 ………………………………………（407）

1. 什么是测量误差? …………………………………………（407）
2. 什么是精度? ………………………………………………（407）
3. 什么是仪表的灵敏度和分辨率? …………………………（407）
4. 什么是基地式仪表? ………………………………………（408）
5. 弹簧体压力计的工作原理是什么? ………………………（408）
6. 压力变送器的工作原理是什么? …………………………（408）
7. 流量检测有哪些主要方法? ………………………………（409）
8. 节流式流量计在使用过程中开孔截面积出现变化时对流量
 测量有何影响? …………………………………………（409）
9. 节流式流量计使用和安装有哪些注意事项? ……………（410）
10. 转子流量计的工作原理是什么? …………………………（410）

11. 涡轮流量计测流量的原理是什么? ………………………… (411)
12. 电磁流量计的工作原理是什么? ………………………… (412)
13. 旋涡流量计的工作原理是什么? ………………………… (412)
14. 超声波流量计的工作原理是什么? ……………………… (413)
15. 椭圆齿轮流量计的工作原理是什么? …………………… (413)
16. 热电偶测温度的原理是什么? …………………………… (413)
17. 普通型热电偶由哪些部件组成? 各部件有何作用? …… (414)
18. 铠装热电偶由哪些部件组成? 有何特点? ……………… (414)
19. 热电偶为什么要进行补偿? 其补偿原理是什么? ……… (414)
20. 热电阻测温度的原理是什么? …………………………… (415)
21. 差压式液位计的工作原理是什么? ……………………… (415)
22. 浮球式液位计的工作原理是什么? ……………………… (416)
23. 沉筒式液位计的工作原理是什么? ……………………… (416)
24. 超声波液位计的工作原理是什么? ……………………… (416)
25. 磁翻转式液位计的工作原理是什么? …………………… (417)
26. 执行器有什么作用? ……………………………………… (417)
27. 什么叫阀门定位器? 它在什么场合使用? ……………… (417)
28. 气动薄膜调节阀结构和动作原理是什么? ……………… (418)
29. 什么叫单座阀和双座阀? 其优缺点是什么? …………… (419)
30. 调节阀的"风开"和"风关"是怎么回事? 如何选择? …… (419)
31. 调节阀的"正"、"反"作用是什么意思? 调节器的"正"、
    "反"作用是什么意思? ………………………………… (419)
32. 调节阀的分类有哪些? …………………………………… (419)
33. 调节阀的作用形式有哪几种? 如何选用? ……………… (420)
34. 调节阀的结构形式是什么? ……………………………… (420)
35. 如何根据过渡过程变化曲线调整控制器参数? ………… (421)
36. 什么叫串级调节系统? …………………………………… (421)
37. 串级控制系统的特点是什么? …………………………… (422)
38. 什么是均匀调节? 它与一般的串级控制系统有何异同? … (423)
39. 分程控制的特点是什么? ………………………………… (423)
40. 反馈调节是按照什么进行控制的? ……………………… (424)
41. 前馈调节是按照什么进行控制的? ……………………… (424)
42. 什么是选择性控制? ……………………………………… (424)

43. 什么是比值调节? ……………………………………………（425）
44. 磁氧分析仪的作用原理是什么? ……………………………（425）
45. 如何用氧化锆测氧含量? ……………………………………（426）
46. 燃料气报警仪的工作原理是什么? …………………………（426）
47. 什么叫集散控制系统(DCS)? ………………………………（427）
48. 什么叫多变量控制? …………………………………………（428）
49. 什么是专家系统? ……………………………………………（428）
50. 什么叫 ESD? …………………………………………………（428）
51. 仪表的信号传输流程是怎样的? ……………………………（428）
52. 压缩机防喘振控制有哪几种方法?各自的原理是什么? …（429）
53. 三相异步电动机由哪些主要部件组成? ……………………（429）
54. 异步电动机的工作原理是什么? ……………………………（430）
55. 三相同步电动机由哪些主要部件组成? ……………………（430）
56. 三相同步电动机的工作原理是什么? ………………………（430）
57. 三相同步电动机有何特性? …………………………………（431）
58. 什么是继电保护装置? ………………………………………（431）
59. 交流变频调速器的工作原理是什么? ………………………（431）
60. 什么是功率因数? ……………………………………………（432）
61. 什么是同步电动机? …………………………………………（432）
62. 什么是异步电动机? …………………………………………（432）
63. 同步电动机与异步电动机有什么不同? ……………………（432）
64. 对运行中的电动机应注意哪些问题? ………………………（432）
65. 感应电动机启动时为什么电流大? …………………………（433）
66. 感应电动机启动后为什么电流会小于启动电流? …………（433）
67. 电压变动对感应电动机的运行有什么影响? ………………（433）

第一章 加氢反应基础

☞ **1. 什么是石油馏分?**

　　石油是一个多组分的复杂混合物,每个组分有其各自不同的沸点。在加工过程中,人们把石油按不同沸点范围切割成不同的石油馏出部分。一定沸点范围内的石油馏出部分为一种石油馏分。如150~280℃的喷气燃料馏分,200~350℃的柴油馏分等。从原油直接分馏得到的馏分称为直馏馏分。

☞ **2. 什么是油品的馏程?有何意义?**

　　对于纯物质,在一定的外压下,当加热到某一温度时,其饱和蒸气压等于外界压力,此时气液界面和液体内部同时出现汽化现象,这一温度即称为沸点。对于一种纯的化合物,在一定的外压条件下,都有它自己的沸点,例如纯水在1个标准大气压力下,它的沸点是100℃。

　　油品与纯化合物不同,它是复杂的混合物,因而其沸点表现为一段连续的沸点范围,简称沸程。

　　在规定的条件下蒸馏切割出来的油品,以初馏点到终馏点(或干点)的温度范围,亦即馏程(即"沸程")来表示其规格。

　　我们可以从馏程数据来判断油品轻重及其蒸发性能的好坏。

　　发动机燃料的初馏点和10%点馏出温度的高低将影响发动机的起动性能,过高冷车不易起动,过低易形成"气阻"中断油路(特别是夏季)。50%点馏出温度的高低将影响发动机的加速性能。90%点和干点馏出温度的高低表示油品不易蒸发和不完全燃烧的重质馏分含量高低。

☞ **3. 国内原油和中东原油相比各有何特点?**

在杂元素含量方面,国内原油含硫一般较低,含氮较高,金属总含量较低,金属镍/钒比值(Ni/V)高,中东原油一般含硫较高,含氮较低,金属总含量高,但镍/钒比值比国内油低;在组成上,国内大部分原油轻油组分少,重馏分油组分多,中东油轻油组分多,芳烃含量高。一般来说,陆相沉积生成的原油,镍含量高于钒含量的几倍,而海相沉积生成的原油,钒含量高于镍含量的 2~3 倍。

☞ **4. 石油馏分中各族烃类有什么分布规律?**

大体上低于 180℃ 的馏分(汽油馏分)含有 C_5~C_{10} 烷烃、单环环烷烃、单环芳烃,180~350℃ 的馏分含有 C_{10}~C_{20} 的烷烃、长侧链或多侧链的单环以及双环、三环的环烷烃和芳烃,减压馏分(350~500℃)含有 C_{20}~C_{36} 左右的烷烃、更长或更多侧链和环数的环烷烃和芳烃。

☞ **5. 石油馏分烃类组成如何表示?**

组成表示法有四种:①元素组成。即表明馏分中各种元素的含量,如 C%、H%、S%、N% 等,此方法过于简单。②单体烃组成。即表明石油馏分中每一种烃(单体化合物)的含量,一般用于阐述石油气及低沸点馏分。③族组成。即以烃的种类含量来表述,如烷烃、环烷烃、芳烃、不饱和烃的含量。对于轻馏分一般采用气相或液相色谱法分析,重馏分采用质谱分析法或硅胶柱色谱分析法。④结构族组成。即把整个石油馏分看作是一个大的"平均分子",这一"平均分子"是由某些结构单元(例如芳香环、环烷环、烷基侧链等)所组成。一般地,可用"平均分子"上的芳香环和环烷环以及总环数,或者某类型的碳(芳香碳、环烷碳、链烷碳)原子在某一结构单元上的百分数来表示。常用符号:R_A、R_N、R_T、$C_A\%$、$C_N\%$、$C_R\%$、$C_P\%$。

6. 什么是不饱和烃?

不饱和烃就是分子结构中碳原子间有双键或三键的开链烃和脂环烃。与相同碳原子数的饱和烃相比,分子中氢原子要少。烯烃(如乙烯、丙烯)、炔烃(如乙炔)、环烯烃(如环戊烯)都属于不饱和烃。不饱和烃几乎不存在于原油和天然气中,而存在于石油二次加工产品中。

7. 什么叫烷烃?如何表示?

分子中各个碳原子以单键连接成链状,而每个碳原子余下的化合价都与氢原子相连接,这类化合物叫烷烃。

烷烃包括一系列性质相近的化合物,随着烷烃分子中含碳原子数目增加,它们的性质呈规律性变化,相邻的烷烃分子组成上仅差一个—CH_2—原子团,因此,这一类烃的通式可以用C_nH_{2n+2}($n=1$、2、3、4……)来表示。分子结构式中没有支链的习惯上叫做正构烷烃,带有支链的叫做异构烷烃。对于正构烷烃,凡分子中碳原子数在10个以下的用甲、乙、丙、丁、戊、己、庚、辛、壬、癸表示。碳原子数在10个以上的则用中文数字来表示,例如十六烷。

8. 什么叫烯烃?如何表示?

分子结构式中含有一个双键的叫烯烃,分子通式为C_nH_{2n}。含有两个双键的叫二烯烃,分子通式为C_nH_{2n-2}。

9. 原油中硫以什么形态存在?各形态的含硫化合物的分布有何特点?

硫在原油馏分中的分布一般是随着馏分沸程的升高而增加,大部分集中在重馏分和渣油中,硫在原油中的存在形态已经确定的有:单质硫(S)、硫化氢(H_2S)、硫醇类(RHS)、硫醚类(RSR′)、二硫化物(RSSR′)、杂环化合物(噻吩、苯并噻吩、二苯并噻吩、萘苯并噻吩及其烷基衍生物)。含硫化合物按性质划分，可分为活性硫化物和非活性硫化物。活性硫化物主要包括单质硫、硫化氢和硫醇等，它们的共同特点是对金属设备有较强的腐蚀作用；非活性硫化物主要包括硫醚、二硫化物和噻吩等对金属设备无腐蚀作用的硫化物，一些非活性硫化物经受热分解可以转化为活性硫化物。

硫的浓度一般随着馏分沸点的升高而增加。硫醇通常集中在低沸点馏分中，随着沸点的上升，硫醇含量显著下降，>300℃的馏分几乎不含硫醇。硫醚主要分布在中沸点馏分中，300～350℃馏分中的硫醚含量可占到该馏分硫含量的50%，重质馏分硫醚含量一般较少。二硫化物一般分布在沸点110℃以上的馏分中，300℃以上馏分则含量极少。杂环硫化物主要分布在中沸点以上馏分。

10. 原油中氮以什么形态存在？分布规律是什么？

原油中氮含量均低于万分之几至千分之几，我国大多数原油含氮量均低于千分之五。氮在原油中的存在形态已经确定的有：①杂环芳烃，如吡咯、吲哚、吡啶、喹啉等单双环杂环氮化物及咔唑、吖啶及其衍生物等稠环氮化物；②非杂环化合物苯胺类。氮含量一般随馏分沸点的升高而增加，较轻的馏分氮化物主要是单双环杂环氮化物，较重馏分主要含稠环氮化物。

原油中氮的分布随着馏分沸点的升高，其氮含量迅速升高，约有80%的氮集中在400℃以上的重油中。我国原油中氮含量偏高，且大多数原油的渣油中浓集了约90%的氮。大部分氮也是以胶状、沥青状物质形态存在于渣油中。原油中的氮化物可分为碱性和非碱性两类。所谓碱性氮化物是指能用高氯酸（$HClO_4$）在醋酸溶液中滴定的氮化物。非碱性氮化物则不能。原油馏分中碱性含氮化合物主要有吡啶系、喹啉系、异喹啉系和吖啶系；弱碱性和非碱性含氮化合物主要有吡咯系、吲哚系和咔唑系。

11. 原油中氧以什么形态存在？在不同馏分中如何分布？

原油中的氧大部分集中在胶状、沥青状物质中，除此之外，原油中氧均以有机化合物状态存在，这些含氧化合物可分为酸性氧化物和中性氧化物两类。酸性氧化物中有环烷酸、脂肪酸以及酚类，总称为石油酸。中性氧化物有醛、酮等，它们在原油中含量极少。

在原油的酸性氧化物中，以环烷酸为最重要，它约占原油酸性氧化物的90%左右。环烷酸的含量因原油产地不同而异，一般多在1%以下。环烷酸在原油馏分中的分布规律很特殊，在中间馏分中(沸程约为250～350℃左右)环烷酸含量最高，而在低沸轻馏分以及高沸重馏分中环烷酸含量比较低。

☞ **12. 石油馏分中芳烃有哪些分布特点？**

多环芳烃主要存在于高沸点馏分(＞350℃)中，中间馏分主要含单、双和三环芳烃；直馏瓦斯油的芳烃含量相对较低，催化裂化轻循环油芳烃含量较高。

☞ **13. 油品的商品牌号是如何划分的？**

汽油的牌号是按马达法辛烷值进行划分的，如：$90^\#$、$93^\#$、$97^\#$；柴油牌号按凝点进行划分，如：$0^\#$、$-10^\#$、$-20^\#$；重质燃料油按黏度进行划分，如：$60^\#$、$100^\#$、$200^\#$；石蜡按熔点进行划分，如：$60^\#$、$64^\#$、$70^\#$；道路和建筑沥青则以针入度为划分依据。

☞ **14. 测试油品馏分的方法主要有哪些？**

测试油品馏分的方法主要有恩氏蒸馏、实沸点蒸馏和平衡汽化三种方法。

平衡汽化曲线又称一次汽化曲线，指在某一压力下，石油馏分在一系列不同温度下进行平衡蒸发所得到汽化率和温度的关系曲线。汽化率以馏出体积分数表示，不同压力可得到不同的平衡汽化曲线。平衡蒸发的初馏点即0%馏出温度，为该馏分的泡点；终馏点即100%馏出温度，为该馏分的露点。平衡蒸发曲线是炼油工艺的基本数据之一。

实沸点蒸馏是一种实验室间歇精馏过程，主要用于评价原油。实沸点馏程设备由蒸馏釜和相当于具有一定理论塔板数(一般为30块)的精馏柱组成，是一种规格化蒸馏设备。蒸馏时以较大的回流液来控制馏出速度，使每一馏出温度比较接近于该馏出物的真实沸点。

恩氏蒸馏是一种测定油品馏分组成的经验性标准方法，属于简单蒸馏。其规定的标准方法是取100mL油样，在规定的恩氏蒸馏装置中按规定条件进行蒸馏以收集到第一滴馏出液时的气相温度作为试样的初馏点，然后按每馏出10%(体积分数)记录一次气相温度，直到蒸馏终了时的最高气相温度作为终馏点。恩氏蒸馏由于没有精馏柱，组分分离粗糙，但设备和操作方法简易，试验重复性较好，故现在仍广泛应用。

三种蒸馏曲线中实沸点蒸馏曲线斜率最大，表明分离精度最高；平衡汽化曲线斜率最小，表明分离精度最低。为获得相同汽化率时，实沸点蒸馏温度液相温度最高，平衡汽化液相温度最低，恩氏蒸馏居中。

☞ **15. 什么是油品的凝点？凝点的测定方法是什么？**

凝点就是按照GB/T 510规定的测定条件，试油开始失去流动性的最高温度。凝点和冷凝点是评定试油的低温流动性能的指标。

试验方法就是将试样装在规定的试管内，并冷却到预期的温度时，将试管倾斜45°时经过1min，观察液面是否移动。直至确定某温度能使试样的液面停留不动，而提高2℃又能够使液面移动时，该点就可以视为该试样的凝点。

☞ **16. 什么是油品的相对密度和密度？有何意义？**

物质的密度是该物质单位体积的质量，以符号ρ表示，单位为kg/m^3。

液体油品的相对密度为其密度与规定温度下水的密度之比，

无因次单位，常以字母 d 表示。我国以油品在 20℃ 时的单位体积质量与同体积的水在 4℃ 时的质量之比作为油品的标准相对密度，以 d_4^{20} 表示。

由于油品的实际温度并不正好是 20℃，所以需将任意温度 t 下测定的相对密度换算成 20℃ 的标准相对密度。

换算公式：$d_4^{20} = d_4^t + r(t-20)$

式中　r——温度校正值。

欧美各国油品的相对密度通常用比重指数或称 API 度表示。可利用专用换算表，将 API 度换算成 $d_{15.6}^{15.6}$，再换算成 d_4^{20}；也可反过来查，将 d_4^{20} 换算成 API 度或比重指数。

油品的相对密度取决于组成它的烃类分子大小和分子结构，也反映了油品的轻重。馏分组成相同，相对密度大，环烷烃、芳烃含量多；相对密度小，烷烃含量较多。同一种原油的馏分，密度大说明该馏分沸点高和相对分子质量大。

☞ **17. 什么是原料油的残炭？它是怎么生成的？**

残炭是实验室破坏蒸馏（油样在不充足的空气中燃烧）后残留的物质，是用来衡量加氢原料的非催化焦生成倾向的一种特性指标，得到非常普遍的使用。作为加氢原料的馏分油的残炭值很低，一般不超过 0.2%（质量分数），其胶质、沥青质含量也很少。渣油的残炭值较高，在 5%~27%（质量分数）之间，胶质、沥青质含量也很高。

残炭一般由多环芳烃缩合而成，而渣油中不仅含有大量芳烃，而且含有大量的胶质和沥青质，而胶质和沥青质也含有大量多环芳烃和杂环芳烃，因而实验室中分析出来的残炭，也是一些加工过程中生焦的前身物质。

☞ **18. 什么是油品的黏度？有何意义？与温度压力的关系如何？什么是油品的黏温性质？**

液体受外力作用时，分子间产生的内摩擦力。分子间的内摩擦阻力越大，则黏度也越大。黏度是评定油品流动性的指标，是油品尤其是润滑油的重要质量指标。润滑油必须具有适当的黏度，若黏度过大，则流动性差，不能在机器启动时迅速流到各摩擦点去，使之得不到润滑；黏度过小，则不能保证润滑效果，容易造成机件干摩擦，对于油品来说，黏度合适，则喷射的油滴小而均匀，燃烧完全。黏度的表示方法很多，可归纳分为绝对黏度和条件黏度两类。绝对黏度分动力黏度和运动黏度两种。

动力黏度的单位为 Pa·s，旧用单位是 P(泊)和 cP(厘泊)，换算关系为 $1Pa·s = 10P = 1000cP$。

运动黏度是液体的动力黏度 η 与同温度下密度 ρ 之比，在温度 t℃时，运动黏度以符号 ν_1 表示。运动黏度的单位是 m^2/s，或用 mm^2/s 和 cSt(厘沲)，换算关系为 $1mm^2/s = 10^{-6} m^2/s$。石油产品的规格中，大都采用运动黏度，润滑油的牌号很多是根据其运动黏度的大小来规定的。

条件黏度有恩氏黏度、赛氏通用黏度、赛氏重油黏度、雷氏 1 号黏度、雷氏 2 号黏度等几种，在欧美各国比较通用。

油品在流动和输送过程中，黏度对流量和阻力降有很大的影响。黏度是一种随温度而变化的物理参数。温度升高时，油品的黏度减小，而温度降低时，黏度则增大，油品这种黏度随温度变化的性质称为黏温性质。有的油品的黏度随温度变化小，有的则变化大，随温度变化小的油品黏温性能就好。油品的黏温性质常用的有两种表示法：一种是黏度比，即油品在两个不同温度下的运动黏度的比值；另一种是黏度指数。通常压力小于 40atm 时(1 大气压 = 101325Pa)，压力对黏度影响可忽略，但在高压下，黏度随压力升高而急剧增大。特别要说明的是油品混合物的黏度是没有可加性的。

19. 油品的残炭如何测定(康氏残炭法)？

将油品放入残炭测定器中，在不通入空气的条件下加热，油中的多环芳烃、胶质和沥青质等受热蒸发，分解并缩合，排出燃烧气体后所剩的鳞片状黑色残余物称为残炭，以质量百分数表示，残炭的多少主要决定于油品的化学组成，残炭多还说明油品容易氧化生胶或生成积炭。残炭不完全是碳而是一种会进一步热解变化的焦炭。

试样或10%蒸余物的康氏残炭值 $X[(\%)$ 质量/质量] 按照下式计算：

$$X = \frac{m_1}{m_0} \times 100$$

式中　m_1——残炭的质量，kg；
　　　m_0——试样的质量，kg。

☞ **20. 什么是油品的闪点？有何意义？**

闪点是在规定试验条件下，加热油品时逸出的蒸气和空气组成的混合物与火焰接触发生瞬间闪火时的最低温度，用℃表示。

根据测定方法和仪器的不同，分开口（杯）和闭口（杯）两种测定方法，前者用以测定重质油品，后者用以测定轻质油品。

闪点常用来划定油品的危险等级，例如闪点在45℃以上称为可燃品，45℃以下称为易燃品。汽油的闪点相当于爆炸上限温度，煤油、柴油的闪点相当于下限浓度的油温。闪点与油品蒸发性有关，与油品的10%馏出点温度关联极好。

☞ **21. 什么是油品的燃点？什么是油品的自燃点？**

燃点是油品在规定条件下加热到能被外部火源引燃并连续燃烧不少于5s时的最低温度。

油品在加热时，不需外部火源引燃，而自身能发生剧烈的氧化产生自行燃烧，能发生自燃的最低油温称为自燃点。

油品愈轻，其闪点和燃点愈低，而自燃点愈高。烷烃比芳香烃易自燃。

22. 什么叫油品的浊点、冰点、倾点和凝点？

浊点是指油品在试验条件下，开始出现烃类的微晶粒或水雾而使油品呈现浑浊时的最高温度。油品到达浊点后，继续冷却，直到油中呈现出肉眼能看得见的晶体，此时的温度就是油品的结晶点，俗称冰点。倾点是指石油产品在冷却过程中能从标准形式的容器中流出的最低温度。凝点是指油品在规定的仪器中，按一定的试验条件测得油品失去流动性（试管倾斜45°角，经1min后，肉眼看不到油面有所移动）时的温度。凝点的实质是油品低温下黏度增大，形成无定形的玻璃状物质而失去流动性，或含蜡的油品蜡大量结晶，连接成网状结构，结晶骨架把液态的油包在其中，使其失去流动性。同一油品的浊点要高于冰点，冰点高于凝点。

浊点和结晶点高，说明燃料的低温性较差，在较高温度下就会析出结晶，堵塞过滤器，妨碍甚至中断供油。因此，航空汽油和喷气燃料规格对浊点和结晶点均有严格规定。

23. 什么是油品的酸度和酸值？

酸度是指中和100mL试油所需的氢氧化钾毫克数[mg(KOH)/100mL]，该值一般适用于轻质油品；酸值是指中和1g试油所需的氢氧化钾毫克数[mg(KOH)/g]，该值一般适用于重质油品。测试方法是用沸腾的乙醇抽出试油中的酸性成分，然后再用氢氧化钾乙醇溶液进行滴定。根据氢氧化钾乙醇溶液的消耗量，算出油品的酸度或酸值。

24. 什么是溴价？油品的溴价代表什么？

将一定量的油品试样用溴酸钾－溴化钾标准溶液滴定，滴定完成时每100g油品所消耗的溴的克数表示溴价。溴价越高，代表油品中不饱和烃含量越高。

25. 什么叫做汽油辛烷值？

汽油辛烷值是汽油在与空气组成稀混合气情况下抗爆性的表

示单位。在数值上等于在规定条件下与试样抗爆性相同时的标准燃料中所含异辛烷的体积百分数。

辛烷值的测定是在专门设计的可变压缩比的单缸试验机中进行。标准燃料由异辛烷(2,2,4-三甲基戊烷)和正庚烷的混合物组成。异辛烷用作抗爆性优良的标准,辛烷值定为100;正庚烷用作抗爆性低劣的标准,辛烷值定为0。将这两种烃按不同体积比例混合,可配制成辛烷值由0~100的标准燃料。混合物中异辛烷的体积百分数愈高,它的抗爆性能也愈好。在辛烷值试验机中测定试样的辛烷值时,提高压缩比到出现标准爆燃强度为止,然后,保持压缩比不变,选择某一成分的标准燃料在同一试验条件下进行测定,使发动机产生同样强度的爆燃。当确定所取标准燃料的抗爆性与未知辛烷值试油的抗爆性相同时,所选择的标准燃料如恰好是由70%异辛烷和30%正庚烷(体积百分数)组成的,则可评定出此试油的辛烷值等于70。

26. 什么叫做马达法辛烷值和研究法辛烷值?

马达法辛烷值是指用马达法测得的辛烷值。代表辛烷值低于或等于100的车用汽油在节气门全开和发动机高速运转时的抗爆性能。测定马达法辛烷值时,使用发动机汽缸工作容积为652mL或612mL的辛烷值试验机,由压缩比可改变的单缸发动机、制动设备(同步电动机)及测爆震仪器(包括爆震发讯器和爆震指示计)所组成。测定条件是在较高的混合气温度(149℃)和较高的发动机转速(900r/min)下进行测定。用马达法辛烷值表示的车用汽油抗爆性,适应汽车在高速公路上行驶和高功率重载汽车在超车或爬山时的情况。

研究法辛烷值是指用研究法测得的辛烷值。代表辛烷值低于或等于100的车用汽油在发动机由低速至中速运行时燃料的抗爆性能。测定研究法辛烷值所使用的试验机基本上和马达法相同。试验是在较低的混合气温度(不加热)和比马达法低的发动机转速(600r/min)的条件下进行的。用研究法辛烷值表示的车用汽油抗爆性，适应公共汽车和轻载汽车行驶时速度较慢但常要加速的情况。

马达法和研究法辛烷值都属于实验室辛烷值。实验室辛烷值用于炼油厂测定车用汽油的抗爆性，并调和产品，以决定车用汽油的牌号，它与多缸发动机运转时燃料的实际抗爆性状况有所不同。

27. 什么是油品的平均沸点？平均沸点有几种表示方法？

石油及其产品是复杂的混合物，在某一定压力下，其沸点不是一个温度，而是一个温度范围。在加热过程中，低沸点的轻组分首先汽化，随着温度的升高，较重组分才依次汽化。因此，要用平均沸点的概念说明。

平均沸点有几种不同的表示方法：①体积平均沸点，是恩氏蒸馏10%、30%、50%、70%、90%五个馏出温度的算术平均值。用于求定油品其他物理常数。②分子平均沸点（实分子平均沸点），是各组分的摩尔分数与各自沸点的乘积之和。用于求定平均相对分子质量。③质量平均沸点，是各组分的质量分数与各自馏出温度的乘积之和。④立方平均沸点，是各组分体积分数与各自沸点立方根乘积之和的立方。用于求定油品的特性因数和运动黏度等。⑤中平均沸点，是分子平均沸点和立方平均沸点的算术平均值。用于求定油的氢含量、燃烧热和平均相对分子质量等。除体积平均沸点可直接用恩氏蒸馏数据求得外，其他平均沸点通常都由体积平均沸点查图求出。

28. 什么是油品的苯胺点？

所谓苯胺点是指以苯为溶剂与油品按体积1∶1混合时的临界溶解温度。苯胺点是表示油品中芳烃含量的指标，苯胺点越低说明油品烃类结构与苯胺越相似，油品中芳烃含量越高。

29. 什么是油品的泡点和泡点压力？

多组分流体混合物在某一压力下加热至刚刚开始沸腾，即出现第一个小气泡时的温度为该混合物的泡点温度。泡点温度也是该混合物在此压力下平衡气化曲线的初馏点，即0%馏出温度。泡点压力是在恒温条件下逐步降低系统压力，当液体混合物开始气化出现第一个气泡的压力。

☞ **30. 什么是油品的露点和露点压力？**

多组分气体混合物在某一压力下冷却至刚刚开始冷凝，即出现第一个小液滴时的温度即为该混合物的露点温度。露点温度也是该混合物在此压力下平衡气化曲线的终馏点，即100%馏出温度。露点压力是在恒温条件下压缩气体混合物，当气体混合物开始冷凝出现第一个液滴时的压力。

☞ **31. 加氢脱氮反应的特点是什么？**

加氢脱氮的作用：①将原料中的氮脱到符合工艺要求的程度，以便充分发挥加氢裂化催化剂的功能；②生产符合规格要求的产品（油品安定性等使用性能与氮含量有关）。

碱性氮化物脱氮反应的速率常数差别不大（在一个数量级），其中以喹啉脱氮速率最高，随着芳环的增加，速率有所降低。不同氮化物受空间位阻的影响大致相同。在脱氮反应时氮化物不是通过氮原子的端点吸附到催化剂表面的，而是通过芳环的 π 键吸附到催化剂上，在 C—N 键氢解前，先进行杂环的加氢饱和。因此，脱氮反应应该是先进行加氢饱和芳环，再进一步开环脱氮。所以加氢脱氮比加氢脱硫氢耗更高。

含氮化合物的加氢活性特点：①单环氮化物加氢活性：吡啶 > 吡咯 ≈ 苯胺 > 苯环；②多环氮化物：多环 > 双环 > 单环；杂环 > 芳环。

含氮化合物加氢反应在热力学上的特征：加氢过程常用温度范围内，加氢反应平衡常数小，且杂环加氢反应是放热反应，温度升高对杂环的加氢饱和不利；但对杂环氮化物的氢解和脱氮反应在这一温度范围则属于热力学有利的。总之，在较低反应温度下操作，平衡有利于环加氢反应，但此时氢解反应速率较低，总的加氢脱氮速率较低；随着反应温度上升，一方面氮解速率提高，有利于脱氮速率提高，另一方面则是加氢反应平衡常数下降杂环加氢产物浓度减小，从而导致总的脱氮速率下降。因此，温度升高，总的加氢脱氮速率会出现一个最大值，在此之前反应受动力学控制，之后受热力学控制。在某些情况下杂环氮化物与其加氢产物的热力学平衡能够限制和影响总的加氢脱氮速率。以吡啶为例，随着反应温度的升高，吡啶加氢饱和后的中间产物哌啶氢解的反应速率常数增加，但是达到一定高的温度后，由于哌啶的平衡浓度下降造成的影响大于哌啶氢解反应速率常数增加的影响，因而总的加氢脱氮反应速率下降。达到最高转化率的温度与操作压力有关，压力越高达到最高转化率的温度也越高，这个特点与多环芳烃加氢的特点非常相似。只有在相当高的压力下，吡啶与哌啶之间的平衡限制才可以忽略。低温高压有利于杂环氮化物的脱氮反应。

其他杂原子的存在对加氢脱氮影响是由于氮化物在活性位的吸附平衡常数比其他杂原子大得多，其他杂原子对加氢脱氮反应的阻滞效应很小，相反，噻吩、硫化氢的存在，在高温条件下还会促进 C—N 键的氢解反应。以噻吩对吡啶脱氮的影响为例：在低温下由于竞争吸附使吡啶的加氢反应受到中等程度的抑制；在高温下因 HDS 反应生成硫化氢促进了 C—N 键断裂速度，从而使总的 HDN 反应速度增加。但是氮化物之间的自阻滞和彼此阻滞效应要明显得多。

☞ 32. 加氢精制反应器内的主要反应有哪些？

加氢精制的主要反应是除去原料油中的硫化物、氮化物、同时使烯烃和稠环芳烃饱和，为裂化部分提供合格进料，这些反应是生成不含杂质的烃类，以及硫化氢和氨（H_2S 和 NH_3）。其他精制反应包括脱除氧、金属和卤素。在所有这些反应中，均需消耗氢气，并且均有放热。主要的反应类型是加氢和氢解反应，氢解反应主要目的是脱硫、脱氮、脱氧,加氢反应主要目的是使烯烃和芳烃等不饱和烃以及含氮化合物加氢饱和。

33. 什么是抗爆性?

发动机燃料在汽缸燃烧时会发生剧烈震动,出现敲击声和输出功率下降的现象,这种现象称为爆震。抗爆性表示发动机燃料可能发生的爆震程度,如果不易产生爆震,则认为该燃料的抗爆性好。抗爆性是发动机燃料的重要指标之一。汽油的抗爆性以辛烷值表示,轻柴油的抗爆性以十六烷值或柴油指数表示。辛烷值或十六烷值越高,表示燃料的抗爆性越好。燃料的抗爆性与其化学组成有关。

34. 什么是十六烷值?

十六烷值是评定柴油着火性能的一种指标。在规定试验条件下,用标准单缸试验机测定柴油的着火性能,并与一定组成的标准燃料(由十六烷值定为 100 的十六烷和十六烷值定为 0 的 α-甲基萘组成的混合物)的着火性能相比而得到的实际值,当试样的着火性能和在同一条件下用来比较的标准燃料的着火性能相同时,则标准燃料中的十六烷所占的体积百分数,即为试样的十六烷值。柴油中正构烷烃的含量越大,十六烷值越高,燃烧性能和低温起动性也越好,但沸点凝点将升高。

35. 柴油的牌号用什么表示?轻柴油有哪几种牌号?

柴油的牌号用凝点来表示。凝点 0℃就是 0 号柴油,轻柴油牌号有 10 号、0 号、20 号、35 号。

36. 什么叫柴油的安定性?

柴油的安定性是指柴油的化学稳定性,即在储存过程中抗氧化性能的大小。柴油中有不饱和烃,特别是二烯烃,发生氧化反应后颜色变深,气味难闻,产生一种胶质物质。

37. 反映油品热性质的物理量有哪些?

反映油品热性质的物理量主要是指焓、比热容、汽化潜热。

油品的焓是指 1kg 油品在基准状态(1 个大气压下的基准温度)下加热到某一温度、某一压力时所需的热量(其中包括发生相变的热量)。压力变化对液相油品的焓值影响很小,可以忽略;而压力对气相油品的焓值却影响很大,必须考虑压力变化的影响因素,同一温度下,密度小及特性因数大的油品则焓值相对也高。焓值单位以 kJ/kg 表示。

比热容是指单位物质(按质量或摩尔计)温度升高 1℃所需的热量,液体油品的比热容低于水的比热容,油气的比热容也低于水蒸气的比热容。

汽化潜热又称蒸发潜热,它是指单位物质在一定温度下由液态转化为气态所需的热量,单位以 kJ/kg 表示。当温度和压力升高时,汽化潜热逐渐减少,到临界点时,汽化潜热等于零。

☞ **38. 加氢精制的定义是什么?**

加氢精制是各种油品在氢压下进行催化改质的统称。是在一定的温度、压力、氢油比和空速条件下,原料油、氢气通过反应器内催化剂床层,在加氢精制催化剂的作用下,把油品中所含的硫、氮、氧等非烃类化合物转化成为相应的烃类及易于除去的硫化氢、氨和水。

☞ **39. 加氢精制脱硫反应主要有哪些?**

石油馏分中有代表性的含硫化合物主要有硫醇、硫醚、二硫化物和噻吩等。

(1) 硫醇

硫醇加氢反应时,发生 C—S 键断裂:

$$RSH + H_2 \longrightarrow RH + H_2S$$

(2) 硫醚

硫醚加氢反应时,首先生成硫醇,再进一步脱硫。

(3) 二硫化物

二硫化物加氢反应时,首先发生 S—S 键断裂生成硫醇,再进一步发生 C—S 键断裂脱去硫化氢。在氢气不足的条件下，硫醇也可以转化成硫醚。

(4) 噻吩

噻吩加氢反应时，首先是杂环加氢饱和，然后是 C—S 键开环断裂生成硫醇，最后生成丁烷。

$$\text{[S环]} + 2H_2 \longrightarrow \text{[S环饱和]} \xrightarrow{H_2} C_4H_6 + H_2S \xrightarrow{H_2} C_4H_{10}$$

40. 加氢精制脱氮反应主要有哪些？

含氮化合物对产品质量的稳定性有较大危害，并且在燃烧时会排放出 NO_x 污染环境。

石油馏分中的含氮化合物主要是杂环化合物，非杂环化合物较少。杂环氮化物又可分为非碱性杂环化合物（如吡咯）和碱性杂环化合物（如吡啶）。

(1) 非杂环化合物

非杂环氮化合物加氢反应时脱氮比较容易，如脂族胺类（RNH_2）：

$$R—NH_2 + H_2 \longrightarrow RH + NH_3$$

(2) 非碱性杂环氮化物（如吡咯）

吡咯加氢脱氮包括五员环加氢、四氢吡咯中的 C—N 键断裂以及正丁胺的脱氮等步骤。

$$\text{[吡咯]} + 2H_2 \longrightarrow \text{[四氢吡咯]} + H_2 \longrightarrow C_4H_9NH_2 + H_2 \longrightarrow C_4H_{10} + NH_3$$

(3) 碱性杂环氮化物如（吡啶）

吡啶加氢脱氮也经历六员环加氢饱和、开环和脱氮等步骤。

$$\text{吡啶} + 3H_2 \longrightarrow \text{哌啶} + H_2 \longrightarrow C_5H_{11}NH_2 + H_2 \longrightarrow C_5H_{12} + NH_3$$

41. 加氢精制脱氧反应主要有哪些？

石油馏分中的含氧化合物主要是环烷酸和酚类。这些氧化物加氢反应时转化成水和烃。

（1）环烷酸

环烷酸在加氢条件下进行脱羧基或羧基转化为甲基的反应。

$$R\text{-C}_6H_{10}\text{-COOH} + 3H_2 \longrightarrow R\text{-C}_6H_{10}\text{-CH}_3 + H_2O$$

（2）苯酚

苯酚中的 C—O 键较稳定，要在较苛刻的条件下才能反应。

$$R\text{-C}_6H_4\text{-OH} + H_2 \longrightarrow R\text{-C}_6H_5 + H_2O$$

42. 加氢精制不饱和烃加氢饱和反应主要有哪些？

不饱和烃加氢可以提高油品的安定性。

① 烯烃都很容易加氢饱和，但烯烃加氢饱和反应是放热反应，不饱和烃含量高的油品加氢，要注意反应器床层温度的控制。

$$RCH=CHR' + H_2 \longrightarrow RCH_2-CH_2R'$$

② 芳烃加氢饱和反应。芳烃加氢反应主要是指稠环芳烃加氢反应，因为单环芳烃是较难发生加氢饱和反应的。

$$\text{萘-R} + H_2 \longrightarrow \text{十氢萘-R}$$

43. 在各种加氢精制反应中，其反应速度大小有什么规律？

加氢反应总体上有如下规律（按反应速率大小排）：

脱金属＞二烯烃饱和＞脱硫＞脱氧＞单烯烃饱和＞脱氮＞芳烃饱和。

44. 脱硫反应的特点是什么？

含硫化合物的C—S键是比较容易断的，其键能比C—C或C—N键的键能小许多（C—S键能为272kJ/mol，C—C键能为348kJ/mol，C—N键能为305kJ/mol），因此，在加氢过程中，一般含硫化合物的C—S键先行断裂而生成相应的烃类和硫化氢。

各种硫化物加氢脱硫反应活性与分子大小和结构有关。

①分子大小相同，则脱硫活性：硫醇＞二硫化物＞硫醚＞噻吩类。

②类型相同，则脱硫活性：相对分子质量大结构复杂的硫化物＜相对分子质量小结构简单的硫化物。

噻吩＜四氢噻吩≈硫醚＜二硫化物＜硫醇

噻吩类：噻吩＞苯并噻吩＞二苯并噻吩

③ 噻吩类衍生物：多取代基＜少取代基＜无取代基；取代基数量相同，则：与硫原子位置远＞与硫原子位置近（空间位阻）。

加氢脱硫热力学特点：加氢脱硫是放热反应，在工业操作条件下（不大于427℃），反应基本不可逆，不存在热力学限制，但随着温度的升高，某些硫化物的反应受热力学影响，平衡常数变小，对反应不利，故较低的温度和较高的操作压力有利于加氢脱硫反应。

其他杂原子对加氢脱硫影响：其他杂原子与溶剂一样对加氢脱硫有阻滞效应，主要通过与硫化物对活性位竞争吸附，阻滞加氢脱硫反应，尤其是碱性氮化物。

深度脱硫的主要问题是噻吩类物质，平衡常数小，反应温度高（4，6-二甲基二苯并噻吩在420℃温度下脱硫率不足60%）。噻吩类硫化物的反应活性最低，而且随着环烷环数目和芳香环数目的增加，其加氢反应活性下降，到二苯并噻吩时最低。脱硫反应随温度上升速度加快，脱硫转化率提高（化学平衡常数在627℃以前均大于0）。对于噻吩脱硫反应，压力越低，温度的影响越明显；温度越高时，压力的影响也越显著。对于噻吩而言，若想达到深度脱硫的目的，反应压力应不低于4MPa，反应温度应不高于700K（约427℃）。噻吩类硫化物脱硫有两条途径：① 加氢饱和环上的双键，然后开环脱硫；②先开环脱硫生成二烯烃，然后二烯烃再加氢饱和。一般认为这两种反应均发生。噻吩的加氢脱硫反应是通过加氢和氢解两条平行途径进行的，由于硫化氢对C—S键氢解有强抑制作用，而对加氢影响不大，因此认为，加氢和氢解是在催化剂的不同活性中心上进行的。

45. 根据油品分子结构分析碱性氮化物和苯并硫化物脱除速度慢的原因是什么？

碱性氮化物和苯并硫化物脱除速度慢的主要原因在于分子结构空间位阻大，反应困难。其中苯并硫化物主要问题是噻吩类物质，化学平衡常数小，反应温度高，如4，6－二甲基二苯并噻吩（4，6－DMBT）在420℃温度下脱硫率不足60%。在氢分压较低的情况下，反应受热力学平衡的限制，再提高反应温度对深度脱硫无帮助，反而会降低脱硫深度。

碱性氮化物和苯并硫化物的脱除一般采用"加氢饱和杂环－氢解脱氮（硫）"的反应途径。可大大提高脱除速度，故宜采用加氢活性高的Ni－W或Ni－Mo系催化剂。脱除过程首先是芳烃环进行饱和加氢，然后进行环的氢解反应，最后进行脱氮（硫）反应。

碱性氮化物和苯并硫化物脱除首先选用高加氢活性的催化剂；采用高的氢分压和氢油比对芳烃饱和有利；芳烃加氢反应是摩尔数减少（耗氢）的放热反应，随着反应温度的提高，芳烃加氢转化率会出现一个最高点，此最高点对应的温度是最优加氢温度,低于这一温度为动力学控制区,高于这一温度为热力学控制区;在一定的压力下对芳烃饱和反应有一最佳的反应温度。

☞ **46. 简述 4,6 – DMDBT 的加氢脱硫的可行途径是什么?**

① C—S 键断裂,脱除硫原子直接脱硫;②一个苯环加氢饱和,消除立体障碍后再进行 C—S 键断裂,脱除硫原子;③甲基取代物异构,消除立体障碍后再进行 C—S 键断裂,脱除硫原子;④噻吩环上的 C—C 键断裂,形成双苯基硫醚,然后再进行 C—S 键断裂;⑤甲基取代物断链,形成单取代或无甲基取代的苯并噻吩,直接脱硫。

☞ **47. 压力对加氢反应有何影响?**

反应压力的影响是通过氢分压来体现的。系统中的氢分压决定于操作压力、氢油比、循环氢纯度以及原料的汽化率。

提高氢分压有利于加氢反应的进行,加快反应速度。氢分压提高对催化反应有益。提高氢分压一方面可抑制结焦反应,降低催化剂失活速率;另一方面可提高硫、氮和金属等杂质的脱除率,同时又促进稠环芳烃加氢饱和反应。所以,应当在设备和操作允许的范围内,尽量提高反应系统的氢分压。

对于硫化物的加氢脱硫和烯烃的加氢饱和反应,在压力不太高时就有较高的转化深度。汽油在氢分压高于 $2.5 \sim 3.0$ MPa 压力下加氢精制时,深度不受热力学平衡控制,而取决于反应速度和反应时间。汽油在加氢精制条件下一般处于气相,提高压力使汽油的停留时间延长,从而提高了汽油的精制深度。氢分压高于 3.0 MPa 时,催化剂表面上氢的浓度已达到饱和状态,如果操作压力不变,通过提高氢油比来提高氢分压则精制深度下降。因为这时会使原料油的分压降低。压力对于柴油馏分($180 \sim 360$ ℃)加氢精制的影响要复杂一些。柴油馏分在加氢精制条件下可能是气相,也可能是气液混相。在处于气相时,提高压力使反应时间延长,从而提高了反应深度。提高反应压力使精制深度增大,对加氢脱硫反应和脱氮反应都有促进作用，但对两者的影响程度不同。提高反应压力脱氮率显著提高，而对脱硫率影响较小，这是由于脱氮反应速度较低，脱硫反应速度较高，在较低的压力时已有足够的反应时间。对于精制氮含量较高的原料，为了保证达到一定的脱氮率而不得不提高压力或降低空速。如果条件不变，将反应压力提高到某个值时，反应系统会出现液相，再继续提高压力，则加氢精制的效果反而变坏。有液相存在时，氢通过液膜向催化剂表面扩散的速度往往是影响反应速度的控制因素。这个扩散速度与氢分压成正比，而随着催化剂表面上液层厚度的增加而降低。因此，在出现液相之后，提高反应压力会使催化剂表面上的液层加厚，从而降低了反应速度。如果压力不变，通过采用提高氢油比来提高氢分压，则加氢精制的深度会出现一个最大值，效果会更好。

☞ **48. 温度对加氢反应有何影响？**

反应温度也是加氢过程的主要工艺参数之一。加氢反应为放热反应，从热力学来看，提高温度对放热反应是不利的，但是从动力学角度来看，提高温度能加快反应速度。由于在加氢精制通常的操作温度下硫、氮化物的氢解属于不可逆反应，不受热力学平衡的限制，反应速度随温度的升高而加快，所以提高反应温度，可以促进加氢反应，提高加氢精制的深度，使生成油中的杂质含量减少。但温度过高，容易产生过多的裂化反应，增加催化剂的积炭，产品的液收率降低，甚至增加产品中的烯烃含量。对于硫、氮杂环化合物，由于受芳环加氢热力学的限制，在不同压力下存在极限反应温度，当超过这一极限反应温度时，脱硫或脱氮率开始下降。

工业上加氢装置的反应温度与装置的能耗以及氢气的耗量有直接关系，最佳的反应温度应是使产品性质达到要求的最低温度。因此，在实际应用中应根据原料性质和产品要求来选择适宜的反应温度。

49. 什么叫氢油比？

在工业装置上通用的是体积氢油比，是指工作氢在标准状态下（1atm，0℃）体积流率与原料油体积流率之比。氢气量为循环气流量与循环气中氢浓度的乘积。

精制反应器氢油比＝精制反应器入口循环氢流量×循环气中氢浓度/新鲜进料体积。

50. 氢油比对加氢反应有什么影响？

在加氢精制过程中，维持较高的氢分压，有利于抑制缩合生焦反应。为此，加氢过程中所用的氢油比远远超过化学反应所需的数值。

大量的循环氢和冷氢可以提高反应系统的热容量，从而减少反应温度变化的幅度，以及把大量的反应热带出反应器，缓和反应器催化剂床层的温升，从而增加催化剂使用的温度范围。增大氢油比虽然有多方面的有利条件，但是却增加了动力消耗和操作费用。

51. 什么叫空速？空速对反应操作有何影响？

反应器中催化剂的装填数量的多少取决于设计原料的数量和质量，以及所要求达到的转化率。通常将催化剂数量和应处理原料数量进行关联的参数是液体时空速度。空速是指单位时间内，单位体积（或质量）催化剂所通过原料油的体积（或质量）数。

对于一定量的催化剂，加大新原料的进料速率将增大空速，与此同时，为确保恒定的转化率，就需要提高催化剂的温度。提高催化剂的温度将导致结焦速度的加快，因此，会缩短催化剂的运行周期。如果空速超出设计值很多，那么催化剂的失活速度将很快，变得不可接受。空速小，油品停留时间长，在温度和压力不变的情况下，则裂解反应加剧、选择性差，气体收率增大，而且油分子在催化剂床层中停留的时间延长，综合结焦的机会也随之增加。

52. 哪些途径可提高反应系统中的氢分压?

①提高整个系统的压力;②提高补充氢的纯度;③提高循环氢的流量;④提高循环氢的纯度;⑤提高废氢的排放量;⑥减少低分气去新氢机入口的量。

53. 影响反应深度的因素有哪些?

①反应温度升高,深度变大;②催化剂活性提高,深度增大;③原料油性质变化;④循环氢纯度提高,深度增大;⑤反应器压力增大,深度增大;⑥反应器空速增大,深度减小。

第二章 催化剂

☞ **1. 什么是催化剂？催化剂作用的基本特征是什么？**

催化剂是指能够参与反应并加快或降低化学反应速度，但化学反应前后其本身性质和数量不发生变化的物质。催化剂作用的基本特征是改变反应历程，改变反应的活化能，改变反应速率常数，但不改变反应的化学平衡。

☞ **2. 什么叫多相催化剂作用？什么叫多相催化反应？什么状态下能使反应处于接近理想和高效状态？**

在石油工业中广泛采用固态催化剂，而反应则往往是气态、液态和气液共存的状态，催化剂和反应均有明显的相界面，这种情况称为多相催化剂作用。在多相催化情况下发生的反应为多相催化反应。如加氢催化剂为固态，原料为液态和气态，它所发生的催化反应为多相催化反应。

固定床多相催化反应，只有在接近活塞流的状态下进行，才能使化学反应过程处于接近理想和高效状态。只有当固定床反应器的物流近似于活塞流且径向温差又很小时，工业装置操作参数的变化对转化深度、产品分布和质量产生的影响，才具有典型性和规律性，才能较好地代表化学过程的真实情况。反之，如果存在着严重的返混、沟流、径向温差大等反应工程问题，则操作参数如温度、压力、空速、氢油比等对反应过程的影响将与理想情况相偏离。

☞ **3. 什么是活化能？活化能大小对化学反应有何影响？**

在化学反应中使普通分子变成活化分子所需提供的最小能量就是活化能。

在一定的温度下，活化能越大，反应越困难，反应速度越慢，反之，则相反。活化能大，需要的反应温度也高。

☞ **4. 催化剂由哪几部分组成？有何作用？**

工业催化剂大多不是单一的化合物，而是多种化合物组成的，按其在催化反应中所起的作用可分为主活性组分、助剂和载体三部分。

① 主活性组分是催化剂中起主要催化作用的组分，加氢精制催化剂的主活性组分主要是金属，是加氢活性的主要来源。

② 助剂添加到催化剂中用来提高主活性组分的催化性能，提高催化剂的选择性或热稳定性。

③ 载体是负载活性组分并具有足够的机械强度的多孔性物质。其作用是：作为担载主活性组分的骨架，增大活性比表面积，改善催化剂的导热性能以及增加催化剂的抗毒性，有时载体与活性组间发生相互作用生成固溶体和尖晶石等，改变结合形态或晶体结构，载体还可通过负载不同功能的活性组分制取多功能催化剂。

☞ **5. 催化反应的过程有哪几步？常规操作可调整的有哪些？**

催化反应的过程包括：①反应物通过催化剂颗粒外表面的膜扩散到催化剂的外表面；②反应物自催化剂外表面向内表面扩散；③反应物在催化剂内表面上吸附；④反应物在催化剂内表面上反应生成产物；⑤产物在催化剂内表面上脱附；⑥产物自催化剂内表面扩散到催化剂外表面；⑦产物自催化剂外表面通过膜扩散到外部。以上七个步骤可以归纳为外扩散、内扩散、吸附和反应四个阶段，如其中某一步骤比其他步骤速率慢，则整个反应速率取决于该步骤的速率，该步骤成为整个反应的控制步骤。常规操作调整的手段有温度调整、氢分压的调整以及催化剂的改进等。常规操作中可以调节的主要是①和⑦，即改变空速或氢油比可以改变催化剂的润湿分率，改变油膜厚度，从而改变扩散速度；循环氢的纯度对氢分子的扩散有一定影响。

6. 什么是催化剂活性?活性表示方法有哪些?

衡量一个催化剂的催化效能采用催化剂活性来表示。催化剂活性是催化剂对反应速度影响的程度，是判断催化剂效能高低的标准。

对于固体催化剂的催化活性，多采用以下几种表示方法：

① 催化剂的比活性。催化剂比活性常用表面比活性或体积比活性表示，即所测定的反应速度常数与催化剂表面积或催化剂体积之比表示。②反应速率表示法。反应速率表示法即用单位时间内反应物或产物的量的摩尔数变化来表示。③工业上常用转化率来表示催化剂活性。即在一定反应条件下，已转化掉反应物的量(n_A)占进料量(n_{AO})的百分数。④用每小时每升催化剂所得到的产物质量的数值，即空速时的量 $Y_{V·T}$ 来表示活性。

上述③、④活性表示法，都是生产上常用的，除此之外，还有用在一定反应条件下反应后某一组分的残余量来表示催化剂活性，例如烃类蒸气转化反应中用出口气残余甲烷量表示。这些方法直观但不确切，因为它们不但和催化剂的化学组成、物理结构、制备的条件有关，并且也和操作条件有关。但由于直观简便，所以工业上经常采用。

7. 催化剂初期和末期相比较有什么变化?为什么?

催化剂在使用过程中，会产生催化剂表面生焦积炭、催化剂上金属和灰分沉积、金属聚集及晶体大小和形态的变化等现象，因此其活性、选择性会逐步下降，为了达到预期的精制要求和裂解转化深度，必须通过逐步提高相应的操作温度来补偿其活性、选择性的下降。

8. 什么是催化剂失活?失活的原因有哪些?

对大多数工业催化剂来说，它的物理性质及化学性质随催化反应的进行发生微小的变化，短期很难察觉，然而，长期运行过程中，这些变化累积起来，造成催化剂活性、选择性的显著下降，这就是催化剂的失活过程。另外，反应物中存在的毒物和杂质，上游工艺单元带来的粉尘，或在反应过程中原料结焦等外部原因也引起催化剂活性和选择性下降。

催化剂失活的主要原因：原料中的毒物，催化剂超温引起热老化，进料比例失调、工艺条件波动以及长期使用过程中由于催化剂的固体结构状态发生变化或遭到破坏而引起的活性、选择性衰减。

9. 什么是催化剂的选择性？

当化学反应在热力学上可能有几个反应方向时，一种催化剂在一定条件下只对其中的一个反应起加速作用，这种专门对某一个化学反应起加速作用的性能，称为催化剂的选择性。

$$选择性 = \frac{预耗于预期生成产物的量}{原料的总转化量}$$

催化剂的选择性主要取决于催化剂的组分、结构及催化剂反应过程中的工艺条件，如压力、温度、介质等。

10. 加氢催化剂积炭的机理及规律是什么？

由于酸性中心的存在，在催化剂表面会逐渐形成积炭。积炭会使催化剂活性下降，原因是易生炭化合物在酸性中心上强烈吸附，覆盖了活性中心，并且由于焦炭积累，堵塞孔道，使反应物不能接近活性中心上发生吸附，大大降低了催化剂的表面利用率。在反应初期，积炭量开始迅速增加，催化剂的活性下降也很迅速。随着时间的延长，积炭量接近稳定，催化剂活性也进入稳定期。反应后期，由于过多的积炭堵塞了催化剂的孔道，活性下降太多，需要提高温度来进行补偿。

11. 什么是催化剂的比表面积？

催化剂的比表面积是指单位质量催化剂的内外表面积，以 m^2/g 表示。一般来说，催化剂的活性随着比表面积的增加而升高，但增加比表面积的同时，又会降低孔径。多相催化反应在催化剂表面上，所以催化剂比表面积的大小会影响到催化剂活性的高低。但是比表面积的大小一般并不与催化剂活性直接成比例，因为第一，我们测得的比表面积是催化剂的总表面积，具有催化活性的面积(活性表面)只占总表面积的一部分，为此催化剂的活性还与活性组分在表面上的分散度有关。第二，催化剂的比表面积绝大部分是颗粒的内表面，孔结构不同，传质过程也不同，尤其是内扩散控制的反应，孔结构直接与表面积利用率有关，为此催化剂的活性还与表面积利用率有关。

总之，比表面积虽不能直接表征催化剂的活性，却能相对反映催化剂活性的高低，是催化剂基本性质之一。

12. 什么是催化剂的平均孔径？孔径大小对反应有何影响？

催化剂的平均孔径是催化剂孔体积与比表面积的比值，以埃($Å$)表示($1Å = 10^{-10}m$)，催化剂的孔径大小不但影响催化剂活性，而且影响到催化剂的选择性。当比表面积增大时，由于孔径相应变小，而反应物的分子直径大于孔径，则反应物不仅不容易扩散到孔内去而且进去分子反应后的中间产物也不易扩散出来，停留在孔内发生二次反应，结果会生成我们不希望的产物，使催化剂选择性降低。

13. 如何评价催化剂的活性？

良好的催化剂的活性表现在反应速度快，生产效率高，反应器容积小，催化剂用量少，空速大，操作条件缓和，操作温度低。

14. 什么是催化剂的堆积密度？

催化剂的堆积密度又叫填充密度，即单位体积内所填充的催化剂的质量，单位是kg/m^3。

15. 催化剂应具备哪些稳定性？

催化剂应具备的稳定性：

① 化学稳定性——保持稳定的化学组成和化合状态。

② 热稳定性——能在反应条件下，不因受热而破坏其物理-化学状态，同时，在一定的温度变化范围内能保持良好的稳定性。

③ 机械稳定性——具有足够的机械强度，保证反应床处于适宜的流体力学条件。

④ 活性稳定性——对于毒物有足够的抵抗力，有较长的使用周期。

16. 加氢精制催化剂表征包括哪些内容？

催化剂表征的内容：①孔结构，由于反应是在催化剂固体表面上进行的，而且主要是内表面，所以孔结构是十分重要的因素。②表面积，因为催化反应是在催化剂表面上进行，表面积对分散催化剂活性组分起重要作用，它与催化剂活性密切相关。③孔径，用来表示催化剂平均孔径的大小。④孔体积，是单位质量催化剂所有细孔体积的总和。⑤孔体积对孔径的分布，即不同孔径的孔体积占催化剂总孔体积的比例。⑥金属分散和活性相结构，要使较少的金属发挥更高的活性，使催化剂上的金属组分尽量分散得好，促使多生成加氢活性相。

17. 催化剂载体有什么作用？

单独存在的高度分散的催化剂活性组分，受降低表面自由能的热力学趋势的推动，存在着强烈的聚集倾向，很容易因温度的升高而产生烧结，使活性迅速降低。如果将活性组分担载到载体上，由于载体本身具有好的热稳定性，而且对高度分散的活性组分颗粒的移动和彼此接近起到阻隔作用，会提高活性组分产生烧结的温度，从而提高了催化剂的热稳定性。不同的载体因表面性质不同，会不同程度地提高活性组分的烧结温度。此外，活性组分分散到载体上后，增加了催化剂的体积和散热面积，从而改善了催化剂的散热性能，同时载体又增加了催化剂的热容，这些都能减小因反应放热所引起的催化剂床层的温度提高，特别是在强放热反应中，良好的导热性能有利于避免因反应热的积蓄使催化剂床层超温而引起催化剂活性组分烧结。

18. 助催化剂有哪些作用？

助催化剂的作用：①有利于金属分散（加入 Si、B），使之更好地转化为 Ni－Mo－S(Co－Mo－S)活性相。②加入 P、Ti 抑制尖晶石的生成。③加入 F、Si 提高酸性。

19. 催化剂活性与微孔孔径的关系是什么？

活性组分活性发挥的高低与催化剂载体内孔孔径有着直接的关系，决定催化反应速度是由表面反应控制还是由内扩散控制。活性组分的活性越高、孔径越小，催化反应速度越容易被内扩散所控制；活性组分越低、孔径越大，表面反应越可能是控制步骤。当催化反应受内扩散控制时，催化剂表面利用率和活性降低，催化剂反应的表观动力学参数及催化剂的选择性多数情况下也会改变，也可能加快催化剂的失活。一般情况下，应尽量避免内扩散成为催化反应速度的控制步骤。如果活性组分的活性比较高，应选用比表面积小一些、孔径大一些的载体；当活性组分的活性比较低时，就可以选用比表面积大一些、孔径小一些的载体。反应物分子或产物分子的有效直径和相对分子质量越大，选用的载体的孔径应越大。特别是当反应物中存在容易在催化剂表面生成沉淀物、并造成内孔的孔道和孔口阻塞的大分子时，必须选择大孔的载体，如渣油加氢所用的脱金属催化剂和蜡油加氢所用保护剂（脱金属催化剂）。催化反应是复杂的反应体系，反应途径多，同时伴有不需要的副反应发生，在这种情况下，根据目的产品的要求选择合适的催化剂孔径，减少或抑制副反应的发生。

20. 催化剂表面积反映催化剂哪些性能及如何测定？

催化反应在催化剂表面进行，催化剂表面积对分散催化剂活性组分起重要作用，它与催化剂活性相关，但并不与活性成正比，因为活性表面积只占总表面积的一部分，还有一部分表面积由于孔径太小或传质方面原因没有发挥作用。催化剂表面积通过测定恒温下对惰性气体物理吸附量计算出来，也可以用 X 光小角散射强度来测定，单位是 m^2/g。

☞ **21. 加氢催化剂活性金属有何特点？**

加氢活性金属中，金属原子间或晶粒间距离 0.24916～0.27746nm，晶粒为六方或立方，与 C—N、C—C 等键长相近，容易吸附到活性金属中心上反应，也就是说加氢反应至少占有两个活性金属中心。

加氢催化剂中金属活性次序：Ni—W＞Ni—Mo＞Co—W。

☞ **22. 催化剂的活性与选择性之间的关系是怎样的？**

催化剂活性是催化剂的催化能力，在石油工业中常用一定反应条件下原料转化率来反映，催化剂的选择性是催化剂对主反应的催化能力。高选择性的催化剂能加快生成目的产品的反应速度，而抑制其他副反应的发生，所以催化剂的活性好，但选择性差就会使副反应增加，增加原料成本和产物与副产物分离的费用，也不可取，所以活性和选择性都好的催化剂对工艺最有利，但两者不能同时满足，应根据生产过程的要求加以评选。

☞ **23. 如何表示催化剂的密度？**

催化剂密度可以表示为堆积密度、颗粒密度和真密度。

堆积密度是单位堆积体积的物质具有的质量：

$$\rho_{堆} = m/V_{堆} = m/(V_{隙} + V_{孔} + V_{真})$$

颗粒密度是单位颗粒体积的物质具有的质量：

$$\rho_{颗} = m/(V_{孔} + V_{真}) = m/(V_{堆} - V_{隙})$$

真密度是单位骨架体积的物质具有的质量：

$$\rho_{真} = m/V_{真}$$

在工业应用中，一般采用堆积密度即装填密度来表示催化剂的密度。

☞ **24. 催化剂的孔分布、比孔容对催化剂有什么影响?**

1 克催化剂颗粒内部所有孔体积的总和称为比孔容,单位是 mL/g。

孔分布指孔容按孔径大小不同而分布的情况,由此来决定催化剂中所包含大孔、过渡孔和细孔的数量和分布。一般情况下,孔径大于 200nm 的孔称为大孔,孔径小于 10nm 的孔称为细孔,孔径为 10～200nm 的孔称为过渡孔。

对某一催化反应有相应最佳孔结构:

① 当反应为动力学控制时,具有小孔大比表面的催化剂对活性有利。

② 当内扩散控制时,催化剂的最优孔径应等于反应物或生成物分子的平均自由径。

③ 对于较大的有机化合物分子,则根据反应物或生成物分子的大小决定催化剂的最优孔分布。

另外,孔结构也对催化剂的选择性及催化剂的强度有一定的影响。

☞ **25. 影响催化剂装入量的因素是什么?**

催化剂是促进反应的载体,它能有效地降低化学反应的活化能,使反应在较低的温度下进行。在加氢反应中,以反应氢分压、反应温度、空速和氢油比来表示反应条件。而其中的空速则间接表明需要催化剂的装填量。空速有质量空速和体积空速之分。

装填催化剂的好坏,影响反应器的生产效率和产品质量,因为装催化剂不均匀,会造成流体和反应温度分布不均匀。应避免在下雨天装卸催化剂。不应把含粉尘、即粉碎的催化剂装到反应器中,避免催化剂床层压力降过大或造成管线、换热器、高压分离器的堵塞。

反应热的大小决定注入冷氢量的多少和催化剂床层的数量。多设置催化剂床层可以保持较低的反应床层温差,但催化剂床层多,反应器容积利用率低,投资增加。单床层反应器容积利用率可大于90%,但反应器进出口温差过大,对维持催化剂稳定性及装置长周期运转不利。

☞ **26. 催化剂预硫化前为什么要进行催化剂干燥脱水?**

①绝大多数加氢催化剂都以氧化铝或含硅氧化铝作为载体,属多孔物质,吸水性强,一般吸水可达1%~3%,最高可达5%以上。②当潮湿的催化剂与热的油气接触时,其中的水分迅速汽化,导致催化剂孔道内水汽压力急剧上升,容易引起催化剂骨架结构被挤压崩塌;这时反应器底部催化剂床层是冷的,下行的水蒸气被催化剂冷凝吸收要放出大量的热,又极易导致下床层催化剂机械强度受损,严重时发生催化剂颗粒粉化现象,从而导致床层压降增加。因此,催化剂预硫化前要进行催化剂干燥脱水。

☞ **27. 加氢催化剂干燥时的主要注意事项有哪些?**

①为了能使催化剂中的水分能在较低的温度下释放出来,催化剂干燥阶段反应系统压力应维持在1.5MPa;②在压缩机能力范围内,气剂比应尽量大些,反应床层温波推进快,温度分布均匀,催化剂上的水脱除得快;③升温和恒温阶段有专人对脱水量进行称重记录;④升温速度不可过快,在250℃恒温阶段时间不小于6h;⑤当床层温度高于催化剂供应商给定的进氢最高温度时,不能引氢;⑥当高压分离器释放不出水及循环气中水含量不变时,可以认为催化剂干燥结束,否则,可适当延长催化剂恒温时间。

☞ **28. 在催化剂干燥过程中为什么要用氮气介质,而不使用氢气介质?**

在催化剂干燥过程中,如果使用了氢气介质干燥,且干燥温度超过了200℃,那么催化剂上的活性氧化物将会被氢气还原而成为低价的金属氧化物或金属,这样在下一步预硫化步骤中将会遇到困难,因为被还原后的金属很难被硫化,从而降低了催化剂的活性。

☞ **29. 为什么新催化剂升温至150℃以前,应严格控制10~15℃/h的升温速度?**

在催化剂床层从常温开始升温时,分为两个阶段,常温~150℃和150~250℃。新装催化剂温度<150℃时属于从催化剂微孔向外脱水阶段,如此阶段升温速度过快,水汽化量大,易破坏催化剂微孔,严重时很可能使催化剂破碎,造成床层压降过大,缩短开工周期。150~250℃提温阶段可以适当提高升温速度。催化剂中的大多数水分经150℃恒温已逸出催化剂,但是仍应保证升温速度≯20℃/h。

☞ **30. 什么是催化剂的预硫化?**

初始装入反应器内的加氢催化剂都以氧化态存在,不具有反应活性,只有以硫化物状态存在时才具有加氢活性、稳定性和选择性。所以对新鲜的或再生后的加氢催化剂在使用前都应进行硫化。湿法硫化的起始温度通常控制在150~160℃;一般国内装置根据硫化剂确定干法硫化的起始温度:二硫化碳注硫温度为175℃,DMDS注硫温度为195℃。

☞ **31. 加氢精制催化剂为什么要预硫化?**

新出厂或再生的加氢精制催化剂的活性物多数为W、Mo、Ni、Co的氧化态,而加氢精制催化剂的高加氢活性态为硫化态,催化剂经过硫化以后,其加氢活性和热稳定性都大大提高,因此,催化剂在接触油之前必须进行预硫化,使其与硫化物反应转化为硫化态,才能发挥催化剂的高加氢活性。

硫化反应通常为:

$$3NiO + H_2 + 2H_2S \longrightarrow Ni_3S_2 + 3H_2O$$

$$MoO_3 + H_2 + 2H_2S \longrightarrow MoS_2 + 3H_2O$$
$$9CoO + 8H_2S + H_2 \longrightarrow Co_9S_8 + 9H_2O$$
$$CS_2 + 4H_2 \longrightarrow 2H_2S + CH_4$$

32. 催化剂预硫化时为什么要先预湿？

催化剂的预湿，通过试验研究和工业实践，已成为加氢精制催化剂开工必需的步骤，特别是滴流床加氢反应器中，必须使用催化剂的预湿技术，其主要作用有两点：一是使催化剂颗粒均处于润湿状态，防止催化剂床层中"干区"的存在，而"干区"的存在将降低催化剂的总活性；另一作用是使含硫油中的硫化物吸附在催化剂上，防止活性金属氧化物被氢气还原为硫化带来困难，有利于提高硫化催化剂的活性。另外，预湿还可避免水对催化剂质量的影响。

33. 催化剂预硫化过程的注意事项是什么？

①为防止催化剂发生氢还原，引氢进装置时床层最高点温度应低于150℃。在H_2S未穿透催化剂床层前，床层最高点温度不应超过230℃。避免高温氢气对催化剂金属组分的还原作用。②硫化过程中，一定要严格控制升温速度及各阶段硫化温度，硫化反应是放热反应，若升温太快或硫化剂注入过多，则反应剧烈，会导致床层超温。因此，引入硫化剂后，要密切注意床层温升，升温速度要缓慢，一旦温升超过25℃，则减少硫化剂注入量或适当采取降低反应器入口温度的措施。如果分馏部分热油循环时，影响预硫化升温要求，则适当调整部分指标，以满足预硫化的要求。③当循环氢中硫化氢含量(体积分数)大于1%时，适当减少DMDS注入量。如循环气中硫化氢浓度低于0.5%，可适当提高DMDS注入量。④在催化剂预硫化期间，各工艺参数每小时记录一次，脱水、称量必须有专人负责。⑤要注意二甲基二硫液面，正确辨别真假界面，掌握真正的注入速度，同时不能把水压至反应器中。需向硫化剂罐补充硫化剂时，应暂停预硫化，

并将反应器床层温度降至230℃以下。如中断时间较长，则应将反应器床层温度降至150℃。待硫化剂罐重新装入硫化剂后，再升温继续硫化。⑥注入点阀门需要在硫化剂罐压力控制稳定后再打开，防止倒串。对注硫管线需要在投用前用氮气吹扫干净。冷高分脱水操作要特别注意 H_2S 中毒的预防，水包中的水不要一次排放完。

☞ **34. 为什么催化剂预硫化时，在硫化氢未穿透之前，床层温度不能高于230℃？**

这是因为在催化剂预硫化过程中，硫化氢未穿透催化剂之前，如果温度高于230℃，则处于氧化态下的催化剂会被还原成金属单体，从而降低了催化剂的活性，影响催化剂的硫化效果。

☞ **35. 催化剂的预硫化有几种？**

催化剂预硫化可分为湿法硫化和干法硫化两种。湿法硫化是在氢气存在下，采用含有硫化物的馏分油在液相和半液相的状态下的预硫化；湿硫化法又分为两种，一种为催化剂硫化过程中的硫来自外加入硫化物，另一种是依靠硫化油本身的硫进行预硫化。干法硫化是在氢气存在下，直接用一定浓度的硫化氢或直接向循环氢中注入有机硫化物进行硫化。

☞ **36. 在催化剂预硫化时，怎样选择硫化油？**

在湿式硫化的方法中，选择硫化油一般遵循以下原则：①硫化油的馏分范围应接近或略轻于被加氢原料油；②硫化油中不应含有大量的烯烃，以防止硫化时在催化剂上发生聚合结焦，影响催化剂的活性，因此，一般选用直馏和加氢生成油作为硫化油是比较合适的；③硫化油一般不希望含有大量的氮化物，因为氮化物生焦的倾向较大。

☞ **37. 二甲基二硫（DMDS）有何危害及如何预防？**

二甲基二硫是一种呈灰黄色液体的有机硫化物，它对人体的危害主要表现为：①DMDS 是一种刺激物质，重复或长时间接触会刺激皮肤和眼睛,如接触了皮肤和眼睛,应立即用清水冲洗。②吸入 DMDS 蒸气时会感到头痛、呕吐等症状。预防措施:①装填时,要戴好化学眼镜,戴好防护手套,穿防护服,戴供氧式防毒面具。②储存与处理,要存放在一个通风比较好的地方,用后的器具应进行处理,或用水封,或用水冲洗,置换干净不可裸露于空气中。

38. 预硫化过程为什么要严格控制循环氢的露点?

反应器出口气体的露点在催化剂硫化中是一个非常重要的控制值,这是因为露点是判断硫化效果和硫化速度的一个标志,露点过高水含量高,这不仅对催化剂结构有害,且表示催化剂硫化速度过快,在各个阶段上,硫化得不够充分。同时露点也是控制硫化过程的一个有效参数,硫化期间,CS_2 注入量大小、床层温度及提温速度都和反应器出口露点有关。

39. 预硫化终止的标志是什么?

催化剂硫化终止的标志:①反应器出入口气体露点差在 3℃ 以内;②反应器出入口气体的 H_2S 浓度相同;③高分无水生成;④床层没有温升。

40. 为什么要计量硫化阶段水的生成量?如何操作?

硫化结束后,可以通过实际出水量与理论生成水量的比较来判断预硫化过程的进行程度,因此,需要对催化剂的生成水量进行计量。计量时先开注水泵往反应系统注水,直至高分见水后停泵,记录水位高度,催化剂开始硫化有水生成后,记录每次排水的水位高度,待硫化结束时,把高分水排至原有高度,即可根据排水的总高度和高分截面积计算出排水量,即硫化时生成的水量。

41. 预硫化过程中,注入的硫消耗在哪些地方?

硫化过程中,注入的硫消耗在下面几方面:①催化剂上取代氧元素消耗了最大量的硫;②系统泄漏一部分硫;③高分酸性水中溶解硫；④残留在反应系统中的硫。

☞ **42. 影响催化剂硫化的因素有哪些?**

影响催化剂硫化的因素：在催化剂硫化过程中，影响最终催化剂性能的因素是开始注硫化剂时床层的温度、硫化反应最终温度和压力，对于湿法硫化还与硫化剂携带油有关。其他操作如气剂比、注硫速度、硫化时间只是影响硫化反应速度和完全程度，而其中注硫速度主要从安全角度考虑，以免发生超温事故。一般催化剂硫化都选择器内硫化，器外催化剂预硫化国内应用较少。

☞ **43. 开始注硫的温度对催化剂活性的影响有哪些?**

为了避免高温氢气将催化剂中的活性金属还原成单质金属或低价位金属(低价位金属很难硫化)，应保证催化剂床层足够低的温度。不同催化剂厂商对此温度认识不同，目前没有一致的意见，但是温度低对于催化剂的伤害最小是大家一致认可的。一般国内装置根据硫化剂确定注硫温度：二硫化碳注硫温度为175℃，DMDS 注硫温度为195℃。

☞ **44. 器内硫化温度对硫化结果有什么影响?**

随着温度的升高，催化剂上硫率逐渐提高，当温度升高到一定程度时，催化剂上硫率开始下降。选择最终硫化温度要考虑两点，一是保证上硫率，达到较高的整体硫化效果；二是保证每一种金属组分的硫化效果，综合考虑硫化温度，既能保证相对高的硫化效果，又能缩短硫化时间。

☞ **45. 催化剂预硫化压力对活性有什么影响?**

催化剂的上硫率及催化剂的活性与硫化压力有很大关系，硫化压力越高上硫率和催化剂活性越高，湿法硫化压力一般为装置的操作压力。否则，催化剂硫化速度将明显减小，催化剂硫化效果受到影响，并且延误开工时间。在实际硫化过程中，高的压力意味着高的氢分压，有利于抑制积炭的生成，从而有利于催化剂活性的发挥。在较低压力下硫化，随硫化温度的提高，催化剂的脱硫脱氮活性下降，低压下的最佳硫化温度较低；压力升高，最佳硫化温度也提高。

☞ **46. 不同硫化油与催化剂活性的关系如何？**

对于以氧化铝、含硅氧化铝和无定形硅铝为载体的加氢催化剂，多采用湿法硫化方案，选择使用的硫化油对硫化效果有一定影响。重硫化油不利于催化剂的硫化，对催化剂的活性有一定的影响。轻硫化油在反应温度下容易汽化，使床层硫化进行得均匀，而且轻硫化油成分比较简单，那些易生成积炭的重质成分少。此外，选择硫化油还与是否是热高分有关。但从可操作性上讲，大多数装置采用直馏喷气燃料作为硫化油，能够满足硫化要求。

催化剂在器内硫化的过程中，硫化氢的浓度控制至关重要，一般催化剂厂商都提供相应硫化各个阶段的数据，这里只对硫化的最大起始注硫速度作一下说明。一般按反应器入口循环氢中硫化氢浓度（体积分数）为 0.30% ~ 0.33% 来估算，对于常用的硫化剂来说，就是 $65kgDMDS/10000Nm^3H_2$ 或 $56kgCS_2/10000Nm^3H_2$。

☞ **47. 如何选用硫化剂？**

催化剂硫化时，要求在硫化氢穿透反应器前，床层最高点温度应控制在230℃以下，目的是防止催化剂上的活性金属氧化物被氢气还原成低价位的金属氧化物甚至成为单质金属，造成催化剂永久失活。加氢装置硫化时一般选用二硫化碳和二甲基二硫（DMDS）作为催化剂的硫化剂。但是在新催化剂硫化时，选用二甲基二硫作为硫化剂的最多。有几点原因：一是二甲基二硫的毒性比二硫化碳低得多，使用起来安全一些；二是二硫化碳的分解温度低，大量二硫化碳进入系统后分解为硫化氢，吸附到催化剂表面，而此时催化剂的硫化（氧化态变为硫化态）过程并未大量进行，造成大量硫化氢在催化剂上积聚，随着温度的升高，硫化还原反应急剧加快,因为硫化过程为放热反应,大量反应的结果是容易造成催化剂床层超温事故。一般二硫化碳作为正常生产时循环氢中硫化氢含量低时($<300\mu g/g$)补硫的备用硫化剂。对于现在大多数装置来讲,加工的原料硫含量越来越高,无需注硫,而且基本都设置循环氢脱硫系统。

☞ **48. 新旧催化剂开工进油有何区别?**

新催化剂与旧催化剂的最直接的区别是,新催化剂的反应活性非常高,而且不稳定、操作不当易造成飞温,经过半个月左右操作才会趋于平稳。旧催化剂活性相对稳定,因为停工时经过热氢气提,催化剂的活性也会得到小幅度提高,但进油后很快会恢复正常。

☞ **49. 衡量催化剂硫化好坏的标志,除催化剂上硫率外,和生成水等有关吗?**

最主要的标志是催化剂上硫率,一般说上硫率(质量分数)达到7%~8%就可以认为硫化完成,当然催化剂中金属含量的不同,与之结合的硫量也会不同,高金属含量的催化剂上硫率可能超过8%,但根据经验上硫率达到8%就满意了。由于每套装置的泄漏量相差很大,所以很难定出确切的统一标准。至于生成水量,那是不能作为硫化终点的标准的,因为计量可能存在较大误差。露点也只能作为参考标志。

☞ **50. 加氢催化剂进行初活稳定的目的是什么?**

预硫化过程在高浓度的硫化氢环境中进行,造成预硫化结束后催化剂的活性金属与过量的硫阴离子键接触,当反应气相中硫化氢浓度下降时,这些过量的硫阴离子将脱附出来,形成硫阴离子空穴,构成催化剂活性中心。因此,刚硫化的催化剂具有很高的活性。另一方面,预硫化结束时系统中仍存在大量的硫化氢,吸附在催化剂表面,并解离成 H^+ 和 HS^-,增加了催化剂的酸性功能。如果此时和劣质原料,特别是二次加工馏分油接触,将发生剧烈的加氢反应，甚至烃类的裂解反应，引起反应超温，同时催化剂表面的积炭速度非常快，使催化剂失活，影响催化剂的正常活性水平。

为了避免催化剂初活阶段发生超温和快速失活，通常需要用质量较好的直馏馏分油先行和催化剂接触，使催化剂缓慢结焦失活，直至催化剂活性稳定下来。这一过程称为催化剂的初活稳定。

☞ **51. 加氢精制催化剂使用时应注意什么问题？**

①防止已硫化的催化剂与空气接触，若与空气接触，将容易着火或氧化失活；②避免大量毒物与催化剂接触；③防止催化剂床层超温，引起催化剂表面熔融，原料油结焦，催化剂表面积炭，活性下降；④保持适当的氢油比避免原料油结焦；⑤升降温操作应缓慢，防止催化剂破碎；⑥使用催化剂前要对催化剂进行质量检查(合格证，使用说明，有否受潮、污染，根据破碎程度决定是否进行除尘去粉)；⑦反应器在装剂前须进行烘干；⑧做好催化剂的装填。

☞ **52. 催化剂装填分为哪几种形式？有何区别？**

催化剂装填分为普通装填(疏相装填、袋式装填)和密相装填两种。其区别在于装填过程中有无使用外界推动力来提高催化剂的装填量和装填均匀性。

普通装填方法因其多采用很长的帆布袋作为催化剂从反应器顶部向床层料位的输送管而被称为布袋装填法。实际上，普通装填法中也有较多厂家不用帆布袋而改用金属舌片管来输送催化剂的。由于普通装填法简单易行，人员上几乎不需要特别的培训，设备上不需要专利技术，因此，被国内许多炼油企业所采用。密相装填法由 ARCO 技术公司、法国 TOTAL 公司、UOP 公司、Chevron 公司等发明，采用密相装填法，可以将催化剂在反应器内沿半径方向呈放射性规整地排列，从而减少催化剂颗粒间的空隙，提高催化剂的装填密度，通常可以比普通装填法多装10%~25%的催化剂。密相装填除了可以多装催化剂外，由于装填过程中催化剂颗粒在反应器横截面上规整排列，因此，其沿反应器纵向、径向的装填密度也非常均匀。

密相装填与普通(稀相)装填相比，催化剂堆积密度大，反应器内装填催化剂量增大，脱硫起始温度低，脱氮相对体积活性增加7%~22%。采用密相装填时压降会相对增加，但密相装填压降升速比稀相装填要低，故在使用中期或末期压降可能比稀相装填要低。催化剂的密相装填，可以确保物料的流量分布均匀，最大限度地、充分地利用催化剂。与传统的布袋装填方法相比较，催化剂的密实装填具有如下优点：①反应器可多装填催化剂，提高加工能力或延长周期、提高产品质量；②处理量相同时，密相装填的质量空速较小，可以使催化剂的运转温度降低；③处理量相同时，密相装填运转周期更长；④催化剂床层装填均匀，紧密一致，可避免床层塌陷、沟流等现象的发生，从而避免"热点"的产生；⑤催化剂床层径向温度均匀，可以提高反应的选择性；⑥装填时采用专门机械，连续化作业，装填速度大大提高。也就是因为这些优点，密相装填法比袋式装填法更具有应用前景。

☞ **53. 如何根据原料性质选择催化剂装填方法和形状？**

原料处于低扩散限制操作条件下(反应速度不由扩散控制)，粒度对活性影响不大，宜采用密相装填提高活性；中等扩散限制操作条件下，应在压降允许范围内减小粒径；高扩散限制操作条件下，选择具有高表面积、粒度小的异形催化剂稀相装填。

☞ **54. 布袋装填时如何防止催化剂破碎？**

布袋装填时防止催化剂破碎的措施：①控制好帆布管出口与催化剂床层料面之间的自由落体高度，一般不宜超过1.5m。

②装填人员不能直接踩踏催化剂，脚下要用一定规格的支承板支承。

☞ **55. 最底层催化剂装填时先装瓷球，有何要求？反应器最上层瓷球装填有何要求？为什么？**

催化剂底部瓷球要起到支撑催化剂床层，防止反应器中小颗粒的催化剂下漏，堵塞出口捕积器网孔的作用。反应器最上层的瓷球，应起到容纳杂质，防止或延缓运行中催化剂床层压力降增大的作用，同时还可以防止高速物流冲刷造成催化剂料面变化，避免沟流发生。

☞ **56. 没有侧面卸料口的反应器，每床层中间设有卸料管，该卸料管内装填有何要求？为什么？**

装填催化剂前应在卸料管内装满惰性瓷球，一般使用 $\phi 3mm$ 惰性瓷球。其理由一是 $\phi 3mm$ 惰性瓷球不会渗透入下一催化剂床层（卸料管设计插入下催化剂床层），引起上床层塌陷，堵塞下床层空隙；二是采用小直径瓷球尽可能增加卸料管压力降，不使物料走短路直接流到下床层。卸料管内不能用催化剂或活性瓷球，以防止物料在卸料管内发生反应，造成催化剂结焦甚至结块，卸剂时无法畅通。

☞ **57. 如何调整密相装填的速度？对催化剂密度有何影响？**

调整催化剂装填装置的喷嘴间隙来调整装填速度，间隙大，装填速度快，反之，装填速度慢。调整密相装填的速度来调整催化剂的密度，如密度过大，则加快装填速度，反之，则减慢装填速度。

☞ **58. 如何评价催化剂强度的好坏？**

催化剂的强度用压碎强度和耐磨强度来表示，一般指的是催化剂的机械强度。许多工业催化剂是以较稳定的氧化态形式出厂，在使用之前要进行还原处理。一般情况下，氧化态的催化剂强度较好，而经过还原之后或在高温、高压和高气流冲刷下长期使用内部结构发生变化而破坏催化剂的强度。为此评价催化剂强度的好坏，不能只看催化剂的初始机械强度，更重要的是考察催化剂在还原之后，在使用过程中的热态破碎强度和耐磨强度是否能够满足需要。催化剂在使用状态下具有较高的强度才能保证催化剂较长使用寿命。

工业固体催化剂的颗粒应有承受以下几种应力而不致破碎的强度：①它必须经得起在搬运包装桶时引起的磨损和撞击，以及催化剂在装填时能承受从一定高度抛下所受的冲击和碰撞。②催化剂必须承受其自身重量以及气流冲击。

催化剂吸水后机械强度变坏，故需要严加保管，如发现被水浸过，就决不要装入反应器。在硫化过程中要生成大量的水，所以要严格控制循环氢中的含水量和床层的升温速度。

☞ **59. 催化剂装填以前，对反应器及内构件检查有哪些项目？**

催化剂装填以前，应对反应器及内构件检查的项目：①反应器内是否有存水、灰尘、铁锈、施工期间带进的杂物或者废旧的催化剂颗粒物。②反应器底部出口收集器上的不锈钢丝网与出口接头的器壁之间安装应紧密，缝隙宽度应小于3mm。③出口收集器上包裹的不锈钢丝网的网孔应无堵塞物（包括瓷球或者催化剂碎片），保证100%的网孔畅通无阻。不锈钢丝网没有发生弯曲、断丝等现象。如果有钢丝弯曲或断丝以致某些网孔直径变大时，应加以修补。④反应器内壁、内构件上面没有积攒催化剂、瓷球的碎片或者颗粒，没有泥垢，保证所有部件已经清扫干净。⑤确认冷氢管及其喷嘴畅通，没有被异物堵塞。⑥分配盘安装水平度符合设计要求。⑦确认所有的带O形环或者石棉垫等密封材料都安装就位并符合设计要求，分配盘的水密性试验符合要求。尤其要注意催化剂床层之间的卸料管与支撑盘、分配盘、冷氢盘等设备之间的环隙密封符合要求，如果有缝隙存在，用石棉绳加以密封。⑧按照上述第②、③项要求对催化剂支撑盘上覆盖的不锈钢丝网进行安装质量检查。⑨对冷氢箱的水平度和水密性进行检查，确认误差在要求范围。

☞ 60. 密相装填时，催化剂装填密度和料面形状是如何调节的？

密相装填密度的大小取决于装填速度和密相装填器喷嘴到催化剂料面的距离。速度小，距离大，则密度大；速度大，距离小，则密度小。装填速度由喷嘴间隙决定。开始装填时，喷嘴到料面的距离最大，通常选用较大的间隙，随着料面的上升，逐步减小间隙。喷嘴处的风压决定料面水平还是凸凹，如出现凹形，应降低风压，如出现凸形，则应加大风压。

☞ 61. 催化剂装填质量的重要性有哪些？

加氢催化剂的装填质量在发挥催化剂性能、提高装置处理量、保证装置安全平稳运行，延长装置操作周期方面具有重要作用。

催化剂装填质量主要指反应器内床层径向的均匀性和轴向的紧密性和级配性。

反应器内径向装填的均匀性不好，将会造成反应物料在催化剂床层内出现沟流、贴壁等走短路现象发生，也会导致部分床层塌陷。大部分加氢处理工艺为滴流床反应器，采用较大的氢油比。气相物流速度远大于液相物流速度，容易导致相的分离。一旦床层出现径向疏密不均，床层内存在不同阻力通道时，以循环氢为主的气相物流更倾向于占据阻力小、易于通过的通道，而以原料油为主体的液体物流则被迫流经装填更加紧密的催化剂床层，造成气液相分离。传质速率变差，反应效果变差。另外循环氢的带热效果差，容易使床层出现高温热点，使催化剂结焦加速，该区域压力降增大，反过来使该区域的循环氢气相流量更少，反应热不能及时带走，该点温度更高，形成恶性循环，影响装置安全，缩短装置运行周期。

轴向紧密性影响装置的催化剂装填量和系统压降。催化剂的装填量与装置的处理量有关，影响产品质量和催化剂寿命。轴向的级配性指不同催化剂种类以及瓷球之间的粒度级配关系。入口的级配性好坏决定床层压降增大速度，出口级配性好坏决定催化剂床层是否会发生迁移。改善级配性的有效措施是采用床层空隙率逐步变化的分级装填法。

因此，对于催化剂的装填必须高度重视，严格按照要求进行。

62. 反应器催化剂的装填操作步骤是什么？

①确认装剂前所有的准备工作已就绪，在装填催化剂前，再次核对瓷球和催化剂的装填尺寸。②先在反应器底部卸料管填充一层石棉条，然后用瓷球填充卸料口的其余空间。③将反应器底部瓷球按规格及标好的尺寸从下往上逐层加入，每加完一种规格的瓷球均要进人耙平；记录好加入各种瓷球的数量和反应器内的实际装填位置；装完底部的瓷球后，按装填图要求加入催化剂。④催化剂加入到为装上部瓷球所留出的高度，按要求规格装入床层上部瓷球。⑤及时安装热电偶、分配盘、冷氢箱、冷氢管、支撑格栅等该层反应器的内构件；内构件装填完毕后，及时清除杂物，不得遗留任何工具在反应器内。⑥在床层之间的卸料管内装填瓷球；进行上床层瓷球、催化剂的装填，直至反应器顶部；按装填图要求在预定高度处装入各种规格的保护剂、积垢篮、顶部覆盖的瓷球等；装好反应器顶部分配盘和头盖。⑦整理好各种催化剂和各种规格瓷球的装入量，核对记录好加入催化剂的总量，并与现场剩余的各种催化剂及瓷球进行数量核对。

63. 从反应器卸出催化剂有几种方法？

有如下方法：①器内烧焦再生后卸出催化剂，此种方法较为安全。②向反应器内注碱液后卸出未再生催化剂，此种方法仅限于卸出报废催化剂，对冷壁反应器不适用，避免碱液烧伤。③油洗后卸出未再生催化剂。④热氢气提后卸出未再生催化剂，应采取严密的安全防范措施,有效杜绝硫化铁自燃着火。⑤氮气保护真空抽吸卸出未再生催化剂,应确保惰性环境和定时分析气体中烃类、硫化氢、羰基镍等含量。⑥抽卸顶部催化剂(撇头)。

☞ **64. 未再生的催化剂卸出时应注意什么?**

卸出催化剂时存在不容忽视的安全技术问题,必须注意:①防止未再生的催化剂和硫化铁自燃。将催化剂床层降温至40℃甚至更低,保持氮气掩护杜绝空气进入反应器。②预防硫化氢中毒。在打开反应器及含硫化氢的设备、管线时,都应使用硫化氢检测器,佩戴有效的防毒面具,工作人员必须"结伴"作业。③严防羰基镍中毒。加氢精制和加氢装置过程中广泛应用的含金属镍组分的催化剂经过长期运转后失活或其他故障需卸出处理时,如操作不当,很可能产生羰基镍致癌物质而伤害操作人员和毒化环境。

羰基镍是一种挥发性液体,被人们吸入体内或接触皮肤后,都有严重的致癌性。羰基镍的生成主要是卸出的废催化剂中的元素镍与一氧化碳在低温下化合的产物。一般在149~204℃的降温冷却过程中,必须确保惰性再生气中的一氧化碳浓度低于10μg/g,以防止羰基镍的生成。同时,在反应器温度降至149~204℃以前,必须将循环氢气中的一氧化碳含量降至10μg/g以下,才能继续降温。

由于卸出的废催化剂在空气中会自燃,故必须在氮气存在下卸出,卸出时反应器内应保持微正压的氮气流,其入口前面加上盲板,以杜绝空气进入反应器。在氮气中卸出或处理催化剂,可以避免催化剂闷烧,也就能防止羰基镍生成,在卸剂之前和卸出过程中,都要检测反应器中有无羰基镍存在。所有站在卸出口附近的人员都要戴上防毒面具,穿上全套防护服。

☞ **65. 如何进行未再生催化剂的卸剂操作?**

①联系环保及医务人员在现场作好急救准备。②反应器置换

合格后，确认反应器与其他系统隔离，充氮气保持系统微正压。③拆除反应器顶部大盖、入口分配器，确保反应器顶部人孔处有氮气流动；检查反应器达到可进入条件，签发器内作业许可证。④打开反应器头盖，卸剂人员进入反应器内拆除分配器和积垢篮，检查反应器表层催化剂床层情况，用真空泵将顶部瓷球卸出，并对催化剂进行撇头处理，拆除的内构件立即进行中和清洗；确认催化剂床层疏松没有结块现象，没有催化剂团块，撇头结束。⑤在催化剂卸料口加装插板阀，用帆布袋固定在卸料口上开始卸剂；控制好卸剂时的速度，避免下料太多导致瓷球和催化剂分离不清。⑥卸下的催化剂装入带塑料袋桶内，并在装满催化剂后上面洒干冰密封，立即盖上盖子，拉至仓库。⑦催化剂卸完后，反应器内经充分置换并化验分析检测氧含量、硫化氢合格后，方可进器内检查。

☞ **66. 催化剂不需要再生的停工与需要再生的停工处理过程有何异同？**

两种情况下加氢装置的停工过程基本相同，都需要经过先降温降量、切换进料冲洗置换、氢气吹扫降温等过程。

如不需要再生，为逐渐改变系统的热平衡状态，停工前先进行降温降量。为避免降量过程出现反应炉出口温度超温，床层迅速结焦，降量前先降温。在320℃左右，原料切换为直馏煤油或柴油继续降温，并维持一定的时间，对系统进行彻底置换，可以避免低温下原料中的结焦前驱物大量沉积在催化剂表面，否则，重新开工后易使催化剂迅速结焦失活。200℃左右可切断进料。

装置继续氢气循环吹扫一定时间，尽可能吹尽催化剂上的烃类残留物，降温到80～90℃，可以停机熄炉。卸压后用氮气进行保护。

如果需要再生，则在切断进料后需要将反应入口温度升高到360℃或更高，用循环氢对催化剂进行热氢气提6～8h，然后缓慢降温停工，并用氮气对系统进行吹扫置换，直至吹扫气中烃＋

氢含量合格为止。

67. 什么叫催化剂中毒？

具有高度活性的催化剂经过短时间工作后就丧失了催化能力，这种现象往往是由于在反应原料中存在着微量能使催化剂失掉活性的物质所引起的，这种物质称为催化毒物，这种现象叫做催化剂中毒。

68. 催化剂中毒分为几类？

催化剂中毒分为可逆中毒、不可逆中毒和选择性中毒。

可逆中毒是毒物在活性中心上吸附或化合时，生成的键强度相对较弱，可以采取适当的方法去除，使催化剂活性恢复，而不影响催化剂的性质。不可逆中毒是毒物与催化剂活性组分相互形成很强的化学键，难于用一般方法将毒物去除，催化剂活性降低。选择性中毒是一个催化剂中毒之后可能失去对某一反应的催化能力，但对别的反应仍具有催化活性。选择中毒有可以利用的一面，如在串联反应中，如果毒物仅使催化后继反应的活性中心中毒，可以使反应停留在中间产物上，获得所希望的高产率中间产物。

69. 水对催化剂有何危害？

少量的水在反应系统中绝大部分为汽态，浓度较低对催化剂的活性、稳定性基本没影响，但液态水或水蒸气与催化剂接触时，会造成催化剂上的金属聚结、晶体变形及催化剂外形改变，从而破坏催化剂的机械强度及活性、稳定性。

70. 什么叫催化剂结焦？如何防止？

催化剂使用过程中，反应系统中某些组分的分子经脱氢聚合形成高聚物，进而脱氢形成氢含量很低的焦类物质沉积在催化剂表面，减少了可利用的催化剂表面积，同时由于孔口堵塞，降低了内表面利用率，引起活性衰退，这种现象称为结焦，结焦是催化剂失活最普遍的形式，可以再生，因此，是一个可逆过程。

防止催化剂结焦应从以下几方面做工作：①控制好原料的密度、干点、比色等指标，防止胶质、沥青质的大量带入。②保持在较高的氢油比下操作，抑制结焦反应。③严防催化剂超温。

71. 失活过程各个阶段有什么特点？

失活过程通常分三个阶段：①初期失活。这一阶段为期约数天。在这一阶段激烈炭沉积，活性下降快速，最后达到结焦的动态平衡，活性稳定。初期失活需提高温度来补偿活性损失。②中期失活。这一阶段催化剂失活是由于金属硫化物沉积引起。由于重金属与炭沉积稳定，活性下降缓慢。③末期失活。运转末期操作温度高，加剧炭沉积和金属沉积，催化剂迅速失活。

72. 导致催化剂失活的因素有哪些？

主要有：催化剂表面生焦积炭；催化剂上金属和灰分沉积；金属聚集及晶体大小和形态的变化。①在加氢过程中，原料油中烃类的裂解和不稳定化合物的缩合，都会在催化剂的表面生焦积炭，导致其金属活性中心被覆盖和微孔被堵塞封闭，是催化剂失活的重要原因。②原料油中的金属特别是 Fe、Ni、V、Ca 等，以可溶性有机金属化合物的形式存在，它们在加氢过程中分解后会沉积在催化剂表面，堵塞催化剂微孔；As、Pb、Na 等与催化剂活性中心反应，导致沸石结构破坏。另外，石墨、氧化铝、硫酸铝、硅凝胶等灰分物质，它们堵塞催化剂孔口，覆盖活性中心，并且当再生温度过高时与载体发生固相反应，这些属于永久失活。③非贵金属的加氢催化剂，在长期的运转过程中出现金属聚集、晶体长大、形态变化及沸石结构破坏等问题。

以上三种失活机理中，只有因生焦积炭引起的催化剂失活，才能通过含氧气体进行烧焦的方法来恢复其活性。

73. 催化剂为什么要再生？

催化剂经过一定时间的使用，由于积炭、金属沉积或活性组分状态的变化,催化剂的活性将逐步降低,以致不能再符合生产的要求。为充分利用催化剂,必须对失活的催化剂实施再生,使其基本恢复活性,再继续使用。催化剂的生焦(或结炭)是一种氢含量少、碳氢比很高的固体缩合物覆盖在催化剂的表面上,可以通过含氧气体对其进行氧化燃烧,生成二氧化碳和水而除去;由于绝大多数的加氢催化剂都是在硫化态下使用,因此失活催化剂再生烧焦的同时,金属硫化物也发生燃烧,生成二氧化硫和金属氧化物,烧焦和烧硫都是放热反应。

74. 催化剂再生时为什么要控制氧含量?

催化剂再生是通过烧掉催化剂表面的积炭来恢复活性的,而烧焦就需要氧,并且硫、碳与氧反应要放出大量的热,如果不控制循环氮气中的氧含量,短时间内氧化反应放出大量的热,不能被热载体带走,床层温度就会飞升,甚至会造成超温事故,烧坏设备及催化剂。

75. 催化剂再生过程中,过高的再生温度可能对催化剂造成什么影响?

再生过程中,过高的再生温度可能对催化剂造成如下影响:①在过高的温度和水蒸气作用下,分散的活性金属组分可能要发生熔结,使活性金属表面降低,催化剂活性下降或丧失,这种现象一般在427℃以上便有发生;而在氮-氧气氛中,也不能避免,因积炭中也有氢与氧反应生成水,在454℃以上也会发生熔结。②过高的再生温度,如在水蒸气的环境中,316~427℃以上,在氧-氮气氛中,温度在538℃以上,会使活性金属组分与载体形成化合物,降低催化剂的活性。③过高的再生温度(高于550℃)会导致铂化合物升华流失。④600℃以上高温时,水蒸气的存在使载体的晶相发生变化,晶粒增大,表面积缩小。故再生温度多数控制在450~480℃,不应超过530℃。

76. 加氢精制催化剂再生形式有哪几种？各有何优缺点？

加氢精制催化剂再生形式有氮气-氧气再生、水蒸气-氧气再生两种形式。

水蒸气-氧气再生法：过热蒸汽和空气一次通过，废气直接排空，不需对废气进行专门的处理，但污染环境，再生活性不高，操作也容易。

氮气-氧气再生法：氮气循环利用，需对废气中的含硫气体作中和处理，注氨、注碱、注水，操作费用大，操作复杂，但不污染环境，再生活性好。

77. 加氢精制催化剂器内再生过程中，为什么要注氨、注碱、注水？

催化剂器内再生过程中，活性金属硫化物要与氧反应生成二氧化硫、三氧化硫和二氧化碳，注碱是为了中和二氧化硫和二氧化碳，注氨是为了中和三氧化硫，但注氨后会形成碳酸氢铵，堵塞管道，故又要注水，对铵盐进行水洗。

78. 催化剂再生的方式有哪两种？对比优缺点，现使用哪种方式？

工业上使用的催化剂再生方法有两种，一种为器内再生，即催化剂不卸出，直接采用含氧气体介质再生，另一种是器外再生，它是将催化剂从反应器中卸出，运送到专门的再生工厂进行再生。

器内再生缺点较多，如：装置停工时间长、再生条件难以控制、催化剂活性恢复不理想、腐蚀设备、污染环境。同器内再生相比，器外再生则具有如下优点：①装置停工时间短；②可以准确控制再生条件，对催化剂的损伤最小化；③再生前经过过筛分离，粉末、瓷球等杂质除净，催化剂活性恢复较好；④再生质量有保证，分析、评价准确，对催化剂的再次应用有足够的认识；⑤催化剂活性恢复程度高，可达到新剂的90%~98%；⑥安全、污染少。使用器外再生的催化剂使床层压降与生产周期较好匹配，节省了时间，免除催化剂床层上部结块、粉尘堵塞，减少设备腐蚀，技术经济效益好，质量有保证。目前主要采用器外再生的方法。

79. 催化剂器外再生工艺流程是怎么样的及如何控制？

再生工艺流程分脱油、再生、冷却：①脱油。催化剂过筛后进入油网带，用液化气与空气、氮气混合，控制脱油气的氧含量（体积分数）<4%，在网带上燃烧，入口温度控制在150～300℃，出口温度控制在300～330℃。脱油的目的是减少再生放热，有利于再生温度控制，同时抑制硫酸盐生成（分三段燃烧降低SO_2分压）。②再生。分四个隔离带，控制再生温度和氧含量，第一段烧硫（300～350℃），第二段烧炭（400～450℃），第三段烧炭（恒温450℃），第四段烧炭（450～500℃烧残炭）。③冷却。催化剂冷却，除去大粒和粉尘。再生温度控制不超过500℃。

80. 在外观上如何判别催化剂再生质量的好坏？

①粒度要保持完整，破碎少。②再生催化剂的颜色要好。再生催化剂颜色发黑说明催化剂再生不完全，焦炭烧得不够彻底；颜色发白表示再生温度过高，可能影响催化剂的使用性能；颜色发红说明催化剂有铁的氧化物覆盖；颜色发蓝说明催化剂再生后包装密封不好，催化剂吸水；催化剂五颜六色，说明再生温度不均匀。再生质量好的催化剂颜色呈灰白色。

81. 催化剂再生后应做哪些分析和评价工作？

①表征参数和金属含量。如果这些数据与新鲜催化剂差别较大，表明再生催化剂的使用性能可能与新鲜催化剂差异较大。②XRD（X光粉末衍射）晶相分析。通过新旧催化剂XRD谱图的衍射峰对比，可以了解两种催化剂载体的高活性相、低活性相和非活性相的变化及金属相态的变化情况。③使用性能评价。如催

化剂的活性、选择性和失活速度评价。

82. 催化剂器外预硫化有什么好处?存在什么问题?

催化剂器外预硫化的优点:开工时间大大缩短;预硫化催化剂含硫量适中,开工现场不需再准备硫化剂;开工阶段不用注硫泵等注硫设备;可相对减少对所在地区的环境污染;开工简便,开工条件相对宽松;可靠性好。

早期预硫化催化剂在开工过程中,存在硫被开工油冲洗流失和放热较为集中等不足之处,近几年经过国内科研部门的研究开发,已基本解决了该问题,并已得到实际应用。

83. 羰基镍有什么危害?

羰基镍 $Ni(CO)_4$ 是一种毒性很强的易挥发的物质,人们与相对低浓度的羰基镍短时间接触即能引起严重的中毒或者死亡,允许暴露浓度是 $0.001\mu L/L$,人员暴露在低浓度的羰基镍的环境下,会出现头痛晕眩、呕吐及咳嗽。人吸入高浓度羰基镍时会出现抽筋、昏迷甚至死亡。如发现有羰基镍中毒者应迅速将病人移到新鲜空气处,对呼吸困难者应立即进行人工呼吸,同时送医院作进一步治疗。另外,它对人的皮肤和眼睛都有严重的刺激作用和损坏作用。在装置催化剂再生后卸剂时进入反应器内有羰基镍中毒的可能。

84. 根据催化剂床层中油品扩散速度公式,加氢精制动力学有什么特征?

多相催化反应分外扩散、内扩散、吸附和反应四个阶段(反应速率由最慢的阶段控制),七个步骤:①反应物通过催化剂颗粒外表面的膜扩散到催化剂外表面;②反应物自催化剂外表面向内表面扩散;③反应物在催化剂内表面上吸附;④反应物在催化剂内表面上反应生成产物;⑤产物在催化剂内表面上脱附;⑥产物自催化剂内表面扩散到催化剂外表面;⑦产物自催化剂外表面通过膜扩散到外部。

加氢精制反应通常遵守一级反应动力学。尽管原料中不同组分的反应速度可以综合在一起得到一个总体的反应速度，但是各个不同组分的反应速度是各不相同的。通常情况下，不同组分的相对反应速度取决于组分吸附到催化剂表面的难易程度，因此，可以根据各组分的吸附难易，从易到难列出其反应速度大小的排序。

在加氢精制过程中，各类反应的难易程度或反应速率是有差异的。一般情况下，各类反应的反应速率按大小排序如下：

脱金属＞二烯烃饱和＞脱硫＞脱氧＞单烯烃饱和＞脱氮＞芳烃饱和

实际上，各类化合物中的各种化合物由于结构不同其反应活性仍有相当大的差别，但总的来说，加氢脱氮比加氢脱硫要困难得多。

85. 什么叫甲烷化反应？对反应操作有何危害？

CO 和 CO_2 在氢气的存在下、在催化剂表面的活性位置可以转化为甲烷和水。这就叫甲烷化反应。CO 和 CO_2 的甲烷化反应与普通烃类反应物的反应造成对催化剂竞争。因此，如果放任 CO 和 CO_2 的积累，那么催化剂的温度就需要提高。在极端的情况下，若极短时间内有大量的 CO 和 CO_2 进入加氢精制装置，因为甲烷化反应是高放热反应，在理论上来说就有可能发生飞温。在实际操作中要求，如果 $CO+CO_2$ 的含量超过最大设计允许值，不允许提高催化剂的温度以补偿由此造成的转化率的降低。催化剂的温度应给予维持或者降低，直至造成 $CO+CO_2$ 含量升高的问题得到解决为止。只有这样催化剂的活性才不至于由于温度的升高而受到损害，同时也可避免由于甲烷化反应可能造成的飞温过程。

86. 什么是流体的径向分布？什么是轴向分布？影响流体径向分布的因素有哪些？

径向分布是指反应器某截面上流体的分布均匀性；轴向分布

指反应器轴向流体的分布均匀性，表示流体的轴向分散或返混程度。

影响因素：①液体的初始分布即反应器入口的液体分布；②催化剂床层装填的方式及催化剂的形状、粒度等因素，即床层空隙率分布的影响；③污垢堵塞床层，造成空隙率分布的不均匀。

☞ 87. 流体分布为什么会影响床层温度的分布和产品的质量？

流体的分布性能直接影响反应物与催化剂接触时间的均衡性，影响催化剂内、外表面被液体润湿程度以及分布不均形成的沟流和短路等，从而会影响最终床层温度的分布和产品的质量。

☞ 88. 为什么说流体的初始分布是影响流体径向分布的最关键因素？

流体经过入口扩散器和液体分配盘后分散进入催化剂床层，如果两者选择合适，液体能均匀喷洒到催化剂床层上。如果初始分布不均匀，会造成液体偏流，局部地方出现干床，催化剂不能发挥作用；而另一些地方空速过高造成转化率下降。这种流体初始分布不均匀造成的偏流要经过一定深度的催化剂后才能逐步缓解。流体初始分布不均匀同时影响到催化剂均匀湿润。

☞ 89. 什么是边壁效应？催化剂径向空隙率分布有什么规律？如何降低边壁效应？

在反应器器壁，床层催化剂空隙率最大，流体流量也最大，这就是边壁效应。空隙率分布从器壁到中心呈周期性减幅振荡的规律。减小催化剂粒度、降低空隙率可以相应减少边壁效应。当 $D/d_p = 18 \sim 25$ 以上时（D 代表反应器直径，d_p 代表催化剂当量直径）可以忽略边壁效应。另外，催化剂形状对边壁效应也有影响：异形＜球形＜圆柱形。

☞ 90. 催化剂床层形成热点的原因有哪些？

反应器内催化剂径向装填的均匀性不好，将会导致反应物料在催化剂床层内"沟流"、"贴壁"等走"短路"现象的发生，也会导致部分床层的塌陷。大部分加氢处理工艺的反应器为滴流床反应器，而加氢操作通常又采用较大氢油比，反应器中气相物料的流速远大于液相物料的流速，这种气液物料流速上的差别导致相的分离。一旦催化剂床层径向疏密不匀，也就是说床层内存在不同阻力的通道时，以循环氢为主体的气相物流更倾向于占据阻力小、易于通过的通道，而以原料油为主体的液体物流则被迫流经装填更加紧密的催化剂床层，从而造成气液相分离，使气液间的传质速率降低，反应效果变差。另外，由于在此状态下循环氢带热效果差，易造成床层高温热点的出现。热点一旦出现，将会造成热点区的催化剂结焦速度加快，使得该区域的床层压力降增大，又反过来使得流经该热点床层的气相物料流量更少，反应热量不能及时带走，使得该点温度更高，形成恶性循环。这样一来，一方面影响装置的操作安全，另一方面由于高温点的存在而缩短装置的操作周期。

☞ **91. 催化剂床层径向温差对反应操作有何影响？**

催化剂床层内除了沿反应器轴向存在温差外，床层的某一横截面不同位置的温度也有可能不一样，同一截面上最高点温度与最低点温度之差称为催化剂床层的径向温差。在催化剂床层入口分配器设计不好、催化剂部分床层塌陷、床层支撑结构损坏等情况下，将直接引发催化剂床层径向温差。反应器入口分配盘上不均匀积垢、床层顶部结盖、催化剂经过长时间运转、装置紧急停工后重新投运、有大的工艺条件变动（如进油量、循环气量大幅度变化）等情况下，催化剂床层也可能出现径向温差。径向温差的大小反映了反应物流在催化剂床层里分布均匀的好坏。一旦催化剂床层出现较大的径向温差，其对催化剂的影响几乎与轴向温升相同，而对质量、选择性方面造成的影响远大于轴向温升。可接受的催化剂床层径向温差取决于反应器直径的大小和反应器类型。反应器直径越大，容许的径向温差也越大，加氢裂化工艺容许的径向温差比加氢处理工艺的小。

☞ **92. 引起催化剂床层径向温差的原因和后果是什么?**

催化剂床层内除了沿反应器轴向存在温度梯度外。床层某一截面上不同位置的温度也可能不同。将同一截面上最高点温度与最低点温度之差称为催化剂床层径向温差。催化剂床层入口分配器设计不好，催化剂装填不均匀，催化剂部分床层塌陷，床层支撑结构损坏等情况下，将直接引发催化剂床层径向温差。反应器入口分配不均积垢，床层顶部结盖，催化剂经过长期运转，装置紧急停工后重新投运，有大的工艺条件变动(如进料量、循环气量等大幅变化)等情况下，催化剂床层也有可能出现径向温差。径向温差的大小反映了反应物流在催化剂床层分布均匀性的好坏。一旦出现催化剂床层较大的径向温差，其对催化剂的影响几乎与轴向温升相同，对产品质量、选择性方面所造成的影响则远远大于轴向温升。

☞ **93. 加氢深度脱硫与催化剂失活的关系是什么?**

加氢深度脱硫与催化剂失活的关系密切相关。脱硫的深度越深，所需要的温度越高。大家都知道，深度脱硫所去除的硫基本上应该是4，6-二甲基二苯并噻吩及少量的4-甲基二苯并噻吩和其他双甲基取代的二苯并噻吩化合物，这类硫化物因空间位阻的影响难于脱除。有研究结果表明，对于柴油生产30mg/L和500mg/L硫含量的产品，前者操作温度比后者高30℃，催化剂失活速度快7倍。从研究数据可以看出，油品硫含量的控制越低，相应对催化剂的要求越高，操作条件越苛刻。因此，在实际操作过程中，脱硫深度应控制在一定范围内，产品硫含量过高达不到环保要求，但硫含量过低会影响催化剂的使用寿命，缩短装置的运行周期。

☞ **94. 加氢保护剂开发的总体原则是什么?**

①尽可能容纳较多的杂质，同时保持较低的床层压降；②在有限的反应器空间内，充分考虑保护剂之间的粒度级配与活性级

配。③既要有高的床层空隙率,空隙率又要沿床层逐渐降低,并在和主剂接触处做到空隙率相近。④沿保护剂装填顺序活性逐渐增加,避免最早接触原料油的保护剂活性过高,脱除杂质过快,引起压降增大过快。另外,有利于原料油在主催化剂上的均匀分布,具有填料效应。

95. 加氢保护剂的作用是什么?

加氢保护剂的作用:① 渣油加氢过程中由于杂质含量很高,金属杂质、胶质和颗粒物等很容易沉积在催化剂的外表面以及催化剂颗粒之间,堵塞催化剂孔口,造成催化剂失活。床层压降增大导致频繁停工和更换催化剂,缩短了运行周期,降低了经济效益,增加了卸剂难度。因此,加工这种劣质原油时,为了消除这些影响,在主催化剂前装填保护剂。脱除原料中的结垢物,这些保护剂需要较高的容垢能力,延缓压降增大。

② 由于催化裂化原料掺渣油比例越来越高,掺炼渣油的质量日趋变差,其生产的馏分油烯烃含量和胶质含量越来越高。

③ 减压蜡油在分离效果不好时易夹带重金属和 C_7 不溶物。

④ 如果原料的环烷酸含量高,将腐蚀设备,产生环烷酸铁。馏分中的铁沉积在催化剂床层顶部造成压降增大。

⑤ 脱硅。因焦化工艺中注入含硅消泡剂,以及油井中注入硅油,硅将沉积在催化剂床层顶部引起压降增大和催化剂失活。

96. 反应器内保护剂装填有何特点?

保护剂的作用在于改善加氢进料质量,抑制杂质对主催化剂孔道的堵塞与活性中心被覆盖,保护主催化剂活性和稳定性,延长催化剂运行周期。

在反应器催化剂床层顶部,装填不同粒度、形状、不同空隙率和反应活性低的催化剂,实行分级装填,对于克服顶部催化剂床层结焦和使沉积金属较均匀地分布在整个脱金属催化剂床层十分有效。目前,国内大型加氢装置一般都放置具有较大孔隙率和较低活性的大颗粒催化剂。

97. 催化剂制备方法有哪几种？优缺点是什么？现今常用的是哪种？

催化剂制备方法一般有三种：浸渍法、共沉淀法和混捏法。

浸渍法。优点：活性组分都分散在催化剂表面，因而在催化反应中活性组分的利用率最高；载体制备和催化剂的制备可以在各自最佳的条件下进行，从而获得催化剂的最好性能。缺点：催化剂上活性组分的最大量受载体对浸渍液中含活性组分的分子（或离子）的吸附能力、孔容大小以及浸渍液中活性组分最大浓度的限制。

共沉淀法。优点：催化剂活性组分与载体之间结合紧密，有强的化学作用，催化剂中活性组分的量原则上不受限制。缺点：催化剂表面上活性组分比例小，活性组分利用率低，需要经过多次洗涤和过滤。

混捏法。优点：生产过程比较简单，而且容易生产含多种活性组分和活性组分含量高的催化剂。缺点：活性组分的分散程度和与载体结合的紧密及充分程度较低，活性组分利用率低，活性组分通常以盐的形态存在，会影响催化剂颗粒的机械强度。

目前常用的是浸渍法。

98. 催化剂的典型制备方法是什么？

主要包括：①沉淀，通过酸性和碱性溶液在特定条件下混合，形成水凝胶沉淀物即基质；②过滤，将基质与母液分离；③洗涤，用脱盐水除去沉积在基质微孔或颗粒间隙中的母液和表面杂质；④干燥，将孔隙及表面物理吸附的水除去；⑤成型，将基质制备成催化剂基本形状；⑥焙烧，使载体或催化剂得到固定结构和孔结构以及良好的强度；⑦浸渍，将活性金属组分分散到载体上。

第三章 加氢精制装置的操作

第一节 反应系统的操作

☞ **1. 加氢精制的特点是什么？**

加氢精制是炼油厂提高油品质量的重要手段，主要用于生产满足标准规范的最终产品或满足下游装置对原料的需求。加氢精制能有效地使原料油中的含硫、氮、氧等非烃化合物氢解，使烯烃、芳烃加氢饱和并能脱除金属和沥青质等杂质，具有处理原料范围广、液体收率高、产品质量好等优点。

☞ **2. 汽油加氢精制的作用是什么？**

焦化汽油加氢精制后，可作为调合汽油使用。但是随着人们对清洁汽油需求的增加，焦化汽油加氢精制后作为汽油调合组分越来越不经济，现在焦化汽油通常经过不同深度加氢精制后作为乙烯裂解原料，或作为重整原料等。

直馏石脑油馏分一般经加氢预精制作为催化重整原料，其作用是脱出原料油中对重整催化剂有害的杂质，其中包括硫、氮、氧、烯烃以及砷、铅、铜和水分等，改进安定性，满足催化重整原料的要求。

催化裂化汽油加氢主要是降低含硫量，适当降低烯烃含量。

☞ **3. 煤油加氢的作用是什么？**

喷气燃料的组成中最理想的组分是环烷烃及支链烷烃。他们都有良好的燃烧性、热安定性和低温流动性。芳烃的燃烧性能不好，而且含量高时对以聚合物弹性体为材料的密封件有负面影响；烯烃易氧化、聚合生成胶质；硫化物是煤油馏分中常见的含量较高的非烃化合物，其含量过高时会对发动机燃烧室的清洁性产生影响；硫醇的存在会对飞机的零件产生腐蚀，并且会使油品产生臭味。

喷气燃料加氢精制的作用主要是降低硫、氮含量，以减少对设备元件的腐蚀和改善储存安定性，降低芳烃含量，从而减少对机械零件的损害。

灯用煤油加氢精制的作用主要是降低含硫量、脱除臭味，饱和部分芳烃以及改善其燃料性能，增大无烟火焰高度，减少灯芯上的积炭量。

☞ **4. 柴油加氢精制的作用是什么？**

柴油调合组分有多种来源，其中主要是直馏柴油、焦化柴油和催化裂化柴油。这些柴油馏分都不同程度含有一些杂质和各种非理想组分，他们的存在对柴油的使用性能产生很大的影响，柴油加氢精制的目的是生产优质柴油或优质柴油的调合组分。

焦化柴油馏分的硫、氮含量都较高，溴价、实际胶质也明显高于催化裂化柴油。氮化物的存在将影响油品的颜色和安定性。通过加氢精制可以降低氮、硫含量，产品储存安定性明显改善。

催化裂化柴油当中含有相当数量的硫、氮等杂质和一定数量的烯烃和芳烃，硫、氮等杂质影响柴油的安定性，是造成油品储存不安定与变色的主要原因。催化裂化柴油加氢不仅能显著降低硫、氮的含量，改善其安定性，而且可以在催化剂的作用下，使催化裂化柴油馏分中的双环、三环芳烃加氢部分开环而不发生脱烷基反应，达到了原料烃类分子不变小，提高了十六烷值的目的。

☞ **5. 加氢精制装置采用热高分流程有什么优缺点？**

采用热高分流程优点：

① 可节约能量，可利用反应热直接去分馏作热进料，这样可不必冷却后再加热，节省了冷却水和热量。

② 可节省高压空冷器，降低设备投资费。

缺点：

① 氢耗高。氢气的溶解度在油中随温度增高而增大，所以热高分中溶解氢多了后，就从热低分中逸出，而不作循环氢使用。

② 氢纯度低。采用热高分后烃类因温度高而容易挥发，所以循环氢纯度下降。

③ 临氢系统设备压力等级提高。采用热高分后氢纯度下降，为保证一定的氢分压，需提高反应器的反应压力，这样高压设备的压力等级需提高。

6. 在加氢反应过程中，除去各类不同的杂质有不同的难度，这些规律是怎样的？

根据科学工作者多年研究结果，各类加氢反应由易到难的程度顺序如下：①C—O、C—S 及 C—N 键的断裂远比 C—C 键断裂容易；②脱硫＞脱氧＞脱氮；③环烯＞烯≫芳烃；④多环＞双环≫单环。

7. 原料油性质对柴油加氢精制有什么影响？

原料油的性质决定加氢精制的反应方向和放出热量的大小，是决定氢油比和反应温度的主要依据。原料油中烯烃含量和干点上升，会加速催化剂的结焦；杂质含量特别是氮含量上升，则要降低空速或提高温度以保证精制产品质量；烯烃和硫化物则反应热大，温升高，耗氢大，要适当提高氢油比。

8. 原料油性质对反应温升有何影响？

原料油性质对反应温升的影响：①含硫、氮和干点高的原料油产生的温升大，要求精制条件苛刻。②原料油中有直馏汽油或惰性油，温升变小。③原料油中有焦化汽油，温升变大。④溴价高，温升大，但容易精制，烯烃饱和在催化剂床层上部进行。⑤若原料油带水，则会降低反应温度。

9. 二次加工柴油与直馏柴油性质上有何差异？

相对于直馏柴油来说，二次加工柴油的十六烷值较低，烯烃、芳烃含量较多，硫氮含量也较直馏柴油高（同类原油），储存安定性和热安定性较直馏柴油差。在进行加氢精制时，含不饱和烃较多的二次加工柴油反应放热量比直馏柴油也要多，在实际操作中，针对不同的原料油配比，要对反应器入口温度作相应的调整。

10. 氢气在加氢精制反应中起什么作用？

①在加氢反应中，氢气作为反应物参加反应。②大量的氢气通过反应器带走反应热，防止催化剂结焦、原料油结焦、催化剂积炭，起到保护催化剂的作用。③大量氢气存在，使油品形成良好的分散系，和催化剂的接触更均匀，反应更完全。④大量氢气存在，能维持加氢精制反应所需的氢分压。

11. 加氢氢气循环的作用与重整有什么不同？

加氢的氢气循环，主要是满足反应中所需要的氢和带走生成的热量，保证一定的氢分压，有利于保护催化剂。而重整反应是脱氢吸热反应，氢气的循环主要是保护催化剂防止结焦。

12. 循环氢在加氢反应中的主要作用是什么？

①使反应系统保持高的氢分压，由于大部分的补充氢被化学反应所消耗，如果没有循环氢则氢分压很低。②循环氢作为热传递载体，可限制催化剂床层的温升。加氢精制反应释放出大量的热，必须在催化剂床层之间加入足够的急冷氢，把热量及时带走，以控制催化剂床层的温升。③促使液体进料均匀分布在整个催化剂床层，以抑制热点形成，从而提高反应性能。

13. 氢纯度高低对加氢精制耗氢有何影响？

对不同的原料油和油的加工过程，耗氢量是不一样的。循环氢纯度高则耗氢量低一些，因为循环氢纯度低，其中必含有较多的甲烷、乙烷等轻组分，这些组分不能溶于生成油品中，而是有相当大的部分存在循环氢中，降低了氢气纯度，影响了产品质量，为了维持循环氢纯度，需要释放一些循环氢，并同时补充一部分新氢，在生产中循环氢纯度越高越好，在一定范围内可以提高油品反应深度。

☞ 14. 加氢精制反应对循环氢浓度有何要求？对反应操作有何影响？

循环氢纯度的高低，直接影响装置反应氢分压的高低，而加氢装置反应压力的选择一般是根据该工艺过程所需最低氢分压和该工艺的理论氢纯度（设计值）来确定的。因此，如果氢纯度低于设计值，则装置的反应氢分压将得不到保证，氢纯度偏离设计值较多时，将直接影响装置的加工能力、所能处理原料油的干点、催化剂的运转周期和产品质量等。加氢精制装置设计的循环氢纯度一般为不小于80%（体积分数）。因此，在实际操作中，装置一般不作循环氢纯度的调节，如果循环氢纯度低于80%（体积分数），则从装置中排出部分废氢。同时补充一部分新氢来维持装置的氢纯度。

☞ 15. 加氢精制氢气消耗在哪几个方面？

①化学反应耗氢。②排放废氢耗氢。③溶解损失耗氢。④机械泄漏耗氢。

☞ 16. 何为化学耗氢？

加氢精制反应中，置换脱除油品中的硫、氮、氧等杂质，烯烃饱和、芳烃饱和及生成的硫化氢、氨、水等所需的氢气为化学耗氢。化学耗氢与原料油的性质和反应温度有关。

☞ 17. 什么是氢气的溶解损失？

溶解损失是指在高压下溶解于生成油中的氢气，在生成油减压时这部分氢气排出时造成的损失。溶解损失与生成油的性质、高压分离器的操作温度和压力有关。

☞ **18. 加氢反应系统的开工步骤有哪些?**

加氢反应系统的开工步骤:①开工前的准备工作;②氮气置换;③氮气气密;④催化剂干燥;⑤催化剂预硫化;⑥切换原料油,调整操作。

☞ **19. 正常操作中提高加氢反应深度的措施有哪些?以哪个为主?**

正常操作中提高加氢反应深度的措施:①提高反应器入口温度;②提高反应压力;③提高循环氢纯度;④降低空速;⑤提高氢油比;⑥更换高活性催化剂。其中,以提高反应温度为主要手段。

☞ **20. 如何控制反应温度?**

通过调节进料加热炉出口温度,继而调节反应器入口温度;通过调节催化剂床层冷氢注入量,控制催化剂床层温升在合理的范围内。在操作过程中,必须严格遵守"先提量后提温和先降温后降量"的操作原则。加氢精制系强放热反应,一般说来,加氢的反应热和反应物流从催化剂床层上所携带走的热量两者是平衡的,即在正常情况下,加氢催化剂床层的温度是稳定的。如果由于某些原因导致反应物流从催化剂床层携带出的热量少于加氢的反应热时,这种不平衡一旦出现,若发现不及时或处理不妥当,就可能会发生温度升高-急剧放热-温度飞升的连锁反应,对人身、设备和催化剂构成严重的威胁。为满足类似这种特殊紧急情况的要求,加氢精制装置的反应系统设有 0.7MPa/min 的紧急泄压系统,必要时装置必须启动紧急泄压系统,通过快速放空带走大量热量并终止反应,达到温度降低的目的。

☞ **21. 各主要操作参数对加氢处理反应的影响如何?**

各主要操作参数对加氢处理反应的影响:①系统压力:压力高有利于加氢反应,但受到设备工作压力的限制。②氢分压:

氢分压升高，可抑制结焦反应，促进加氢饱和反应，降低催化剂失活速率，所以在设备和操作允许的范围内，尽可能提高氢分压。③循环氢流量：其作用是保持高的氢分压和带走催化剂床层的反应热，尽可能维持高的循环氢流量将有利于加氢反应。④循环氢纯度：循环氢纯度提高可保证足够的氢分压，有利于加氢处理反应。⑤反应温度：温度升高可加快反应速度，提高反应深度；但高温下催化剂的失活速度也加快，特别是局部高温对催化剂的使用寿命最不利。应该根据各床层催化剂性能控制合理的温度，尽可能保证最佳的温度分布，使催化剂有最长的使用寿命。

22. 炉前混氢和炉后混氢各有什么特点？

炉前混氢和炉后混氢的特点：①炉前混氢要求炉管材质高，同时炉管要加粗，炉子负荷大，增加了设备的投资费用。炉前混氢同时有油气混合均匀、反应平稳、容易控制反应温度等优点。②炉后混氢可降低设备投资费用，但油气混合不均匀，反应温度不容易控制平稳，同时操作也稍为复杂。

23. 氢分压对加氢反应有何影响？

加氢反应是放热、消耗氢气和体积缩小的反应过程，提高氢分压有利于反应化学平衡向正方向移动，从而提高加氢反应深度，防止催化剂结焦，提高产品质量，延长催化剂使用寿命。氢分压低，则作用相反，原料油结焦、催化剂积炭的速度加大。

24. 如何提高氢分压？

①提高系统压力。②维持系统压力，加大废氢排放量，加大新氢补充量。

25. 加氢精制过程中生成的硫化氢、氨、水是如何脱除的？

加氢过程中生成的硫化氢、水、氨部分随循环氢排出系统，部分溶解在加氢生成油中的硫化氢、水和氨在高分、低分中和，在汽提塔中脱除。

☞ **26. 加氢装置规定的升温速度和降温速度各是多少？升降温的速度过快有何影响？**

升温速度 $\not> 30℃/h$，降温速度 200℃ 以上 $\not> 30℃/h$。

从工艺上来说，温度升得太快，不仅对催化剂活性有影响，而且易引起催化剂床层超温，对催化剂不利，同时也不利于加热炉的平稳操作。

从设备材质上来说，因加氢系统均为厚壁设备，为了避免设备壁内形成过大的温度梯度和应力梯度，缓慢升温和降温可使热量有充足时间从金属内壁内扩散出来，同时也可避免热胀冷缩引起的设备法兰面的泄漏，所以升温和降温速度不能太快。

☞ **27. 含硫化合物对石油加工过程有什么危害？**

炼制含硫石油时，含硫化合物分解产生硫化氢，它在与水共存时对金属设备造成严重的腐蚀。石油产品中含有的硫化物在储存和使用过程中同样要腐蚀金属，同时由于含硫化合物燃料燃烧后生成的 SO_2 及 SO_3 遇水后生成 H_2SO_4 或 H_2SO_3，对机器零件造成强烈的腐蚀。含硫化合物对汽油的抗爆性及感铅性都有不良的影响。因此，对发动机燃料的含硫量有严格的限制。此外，在炼油厂加工中生成的 H_2S 及低分子硫醇等恶臭有毒的气体，造成有碍健康的空气污染。硫化物的存在严重影响油品的储存安定性，加速油品的变质。硫还是某些金属催化剂的毒物。

☞ **28. 装置使用氮气有什么作用？**

在下列情况下需要使用氮气：①紧急降压后冷却反应器催化剂床层；②氢气中断后系统需要补压时；③反应系统停工吹扫置换；④压缩机及其他系统置换；⑤装置停工的反应器补压；⑥催化剂再生后或反应系统停工时漏入空气造成局部燃烧时；⑦装置开工时反应部分的吹扫、气密和新催化剂干燥；⑧循环氢压缩机隔离氮及油箱用氮。

☞ **29. 反应系统为什么要进行抽空和氮气置换？置换后含氧量控制为多少？**

因为装置在建成或检修后系统内存有空气，所以在开工引氢气前须用氮气进行置换，置换前先抽真空可节省氮气用量，另一方面也可检验装置的气密性。

置换后循环气采样氧含量(体积分数)<0.5%时为合格。

☞ **30. 加氢精制装置分几个系统？各系统的作用是什么？**

加氢精制装置一般分三个系统：反应、分馏、脱硫。①反应系统：主要有加氢精制反应器、氢气压缩机等。加氢精制反应器作用是将原料油中的硫、氮、氧等化合物转化为易于从最终产品中除去的硫化氢、氨、水等，原料油中的烯烃也得到饱和。②分馏系统：将从低压分离器出来的生成油分成燃料气、粗汽油和精制柴油。③脱硫系统：包括循环氢脱硫、低分气脱硫、燃料气脱硫及溶剂再生系统，采用二甲基二乙醇胺溶液将循环氢、低分气、燃料气中的硫化氢脱除。

☞ **31. 原料油缓冲罐的作用是什么？**

原料缓冲罐的作用主要有四点：①让直馏柴油、催化裂化柴油、焦化汽油充分混合均匀；②在原料因外系统原因中断的情况下起到缓冲作用，避免加氢高压反应进料泵抽空，造成装置进料中断和机泵损坏；③可以通过延长外来原料的停留时间，让原料中夹杂的水分充分分层脱除，避免大量明水进入反应系统对催化剂造成粉碎性影响；④为防止原料中的烯烃接触氧气氧化，造成反应器压降上升，对该罐进行燃料气或氮气保护。

☞ **32. 如何做好原料油缓冲罐的操作？**

①控制好原料油缓冲罐的液面，防止冒罐或因液位过低造成加氢进料泵抽空。其液面由装置外来原料柴油进料控制阀控制，由原料进装置的流量大小来调节原料缓冲罐液位的高低。正常生产时控制液面60%~80%，液面低于控制值时增加原料进装置

量，液面高时则相反。在装置原料因突发性外因引起进料中断时，需要立即将装置进料量降低到装置负荷的60%，赢得缓冲时间，联系生产管理部门和相关单位尽快恢复正常生产。②控制好原料油缓冲罐的压力，防止压力过高及过低，甚至负压。压力过高会跳安全阀或损坏设备，过低（甚至负压）不仅可能造成加氢进料泵抽空或使加氢进料波动，而且造成氧气进入罐内，烯烃氧化结焦。压力由分程控制来调节燃料气的补入或排放平衡。正常生产时控制压力为(0.1 ± 0.02)MPa。③加强原料油缓冲罐脱水，严防加氢进料带水。脱水时操作人员不得离开现场。④原则上不容许原料过滤器走跨线直接进罐。

33. 影响原料油缓冲罐液位的因素有哪些？如何调整？

影响因素：①高压进料泵流量变化或泵故障；②进罐流量的变化；③反冲洗过滤器故障；④仪表失灵；⑤原料油缓冲罐压力波动。

查清原因，分别处理：①联系原料罐区，调节入罐流量；②仪表失灵立即改手动，控制好正常液面，并通知仪表工处理；③稳定原料油缓冲罐压力；④稳定进料泵出口流量，同时检查原料泵运行情况，有问题联系相关部门处理。

34. 原料油缓冲罐压力一般控制指标是多少？其压力过低时有何危害？

原料油缓冲罐压力一般控制指标为0.2MPa。若其压力过低则会造成反应进料泵入口压头不足，从而导致反应进料泵抽空，反应进料中断，直接影响装置的平稳运转。

35. 原料油缓冲罐界面控制指标是多少？其界面过高时有何危害？

原料油缓冲罐界面控制指标为≥40%，若界面过高，则会使反应进料带水，引起系统压力波动，降低催化剂活性，导致产品质量不合格，同时影响装置平稳操作。

36. 原料油为什么要采取气体保护措施？

原料柴油（特别是二次加工柴油）接触空气时会吸氧，加热这些原料油时，氧就和某些不饱和烃反应生成聚合物——胶质。如果原料在室温下与空气长期接触，聚合物其原始化合物也会形成，烯烃比饱和烃更易和氧反应。这些聚合物及其原始化合物，在换热器中容易沉积和结垢，大大降低传热效率。此外，这些聚合物和原始化合物进入反应器中会沉积在催化剂床层上，增大床层压降，降低催化剂活性，缩短装置运转周期，故对原料油要采取隔氧保护措施。

37. 原料油为什么要过滤？

因原料（特别是二次加工柴油）中含有各种杂质、焦粉及系统管线腐蚀的铁锈，进到装置后一方面会使换热器或其他设备结垢或堵塞，增大设备的压力降及降低换热器的换热效果；另一方面也会污染催化剂，使床层压降增大，降低催化剂活性。由此可见，原料油中的杂质会缩短装置运转周期，在进装置前必须经过滤。

38. 原料油为什么要脱水？

水对催化剂的活性和强度有影响，严重时影响催化剂的微孔改变，危及其使用寿命。水在炉管内汽化要吸收较大热量，增加加热炉的负荷；水汽化后增加装置系统的压力，引起压力波动。

39. 为什么要注入阻垢剂？

随着生产周期的延长，原料油/反应产物换热器管束内壁易生成一层结垢物，主要成分是稠环芳烃，而且难溶于水、油、酸、碱等溶液，影响了长周期运行。为了解决这个问题，在换热器前注入一种阻垢剂，它能在空冷管束内壁形成一层保护膜，通常把它注到反应进料泵入口，从而防止结垢。实践证明通过注阻垢剂，换热效果能保持在较好的水平。

40. 合理控制冷高压分离器液位的作用是什么？

高分油气分离器液位控制对装置安全操作很重要，为了提高高压分离器液位控制系统的可靠性，一般装置采用了两套液位变送器：一套差压式，作为高低液位超限报警的测量；一套浮筒式，用作液位调节测量。冷高压分离器的液位调节阀，使用双参数进行调节，从而使液面调节稳定。如果冷高分液位偏高，则减少了高分上部的气液分离空间，导致气液分离不完全，引起冷高分循环氢中带油，液位过低，则会导致高分气高压氢气窜至低压分离器。在正常生产时控制液面40%~60%，液面低于控制值时，减少控制阀开度减少液体流量，使高分液面上升，低时则相反，从而使液面恢复到正常值。

41. 合理控制冷高压分离器界位有什么作用？

界位过低会引起含硫污水带油，超过环保指标，界位过高时则生成油中含水量高，会引起分馏系统操作困难，影响产品质量。界位高低由含硫污水的排量来控制，一般控制界位在40%~60%，界面高于控制值要开大控制阀，增加污水的排量，界面低时则相反。

42. 加氢精制高压分离器起什么作用？

高压分离器主要是在较高压力下将纯度较高的循环氢气体从冷却到45℃以下的油气水混合物中分离出来循环利用，避免循环氢带液，热高分使反应部分得以实现气体单独循环；同时，加氢装置的高分还能脱除反应流出物中的部分水分。

43. 冷高压分离器进料温度高于45℃有何危害？

因为氢气在油品中的溶解度在一定的范围内是随着温度的上升而增大的，所以高压分离器进料温度高于45℃时，溶解在油品中的氢气增多，造成氢气溶解损失增大；同时，油品中的轻组分也因温度过高而挥发在循环氢中，再经冷却，则可能造成循环氢带液，致使循环氢脱硫塔产生泡沫，危及循环氢压缩机平稳运转。

☞ 44. 高分液面是如何控制的？高分液位波动过高对系统有何影响？

高分液面是通过液控控制向低分减油量来进行调节的。高分液面过高会引起循环氢带油，影响循环氢脱硫塔及循环氢压缩机平稳操作。液面过低会引起排低分油带气严重，甚至造成高压串低压事故。

☞ 45. 低分压力是如何控制的？低分压力波动对系统有何影响？

低分压力是通过压控控制气体排放量来调节的。在紧急情况下，可以打开手动放空阀向火炬放空总管泄压。需要补压时，可以在罐顶充入氮气。低分压力超高，影响安全生产；压力太低，低分油不能正常压入脱硫化氢汽提塔。

☞ 46. 冷高分界面是如何控制的？冷高分界面过高对系统有何影响？

冷高分界面是通过界控控制排污水量来调节的。界面过高，导致向低分减油带水，影响平稳操作；界面过低，污水带油，影响污水处理装置的平稳操作，甚至造成跑油事故。

☞ 47. 低分界面是如何控制的？低分界面过高对系统有何影响？

低分界面是通过界控阀控制污水排放量来调节的。界面过高，导致脱硫化氢汽提塔进料带水，影响平稳操作，严重时产品质量不合格；界面过低，污水带油，严重时造成跑油事故。

☞ 48. 低分液面是如何控制的？低分液面过高对系统有何影响？

低分液面是通过液控控制向脱硫化氢汽提塔减油量来调节的。液面过高，容易造成排气带油；液面过低，脱硫化氢汽提塔带气太多，影响平稳操作和产品质量，严重时造成串压事故。

☞ **49. 冷高分液面超高或过低(压空)对操作有什么危害？怎样防止？**

如果高分液面超高，会使气体携带泡沫或液滴，而这些液态物质到了循环氢压缩机，会造成压缩机震动；携带严重时，甚至会损坏机件，并影响反应系统的平稳操作及安全生产；如液面过低甚至压空，会使高压气体串入低分，造成低压部位超压，严重时压力没法控制而发生爆炸。

在正常生产时，应加强岗位检查，注意液面波动情况，掌握进出高分的物料平衡，如遇液面达到上下限值报警时，则应迅速、正确地处理。事故后开工，在循环氢压缩机提速时也应特别注意热高分液位。

☞ **50. 冷低分的作用是什么？**

冷低分的作用是将进入低分的反应生成油闪蒸出贫气，经过压力调节器送入燃料气脱硫部分，减轻脱硫化氢汽提塔的负荷，将分离出的污水通过界面调节器从水包排出送往污水汽提，分出的生成油经液面调节器进入分馏部分。

☞ **51. 加氢装置的急冷氢有何作用？正常操作时，使用急冷氢应注意什么？**

加氢装置设计用急冷氢主要是向催化剂下床层注入冷介质，限制催化剂下床层反应温度在一定的范围内，防止"飞温"现象的发生，保护催化剂，保护设备。

正常操作中，要注意急冷氢调节阀的开度不能太大，应留有一定的余度以备突发事故时使用。

☞ **52. 加氢反应系统为什么要在高压空冷前注入脱盐水？**

加氢精制反应生成物中含有一定量的氨、硫化氢、二氧化碳等气体，这些物质在一定的低温下(其中 NH_4HCO_3 结晶温度为 35℃)，便会反应生成固体晶粒，沉积在空冷换热器和其他换热器的管子中，既降低了冷换设备的换热能力，又引起压力降增大。严重时会堵塞冷换设备的管子，造成装置的停工，故需在170℃之前在反应流出物中注入脱盐水对反应流出物进行水洗，除去氨或硫化氢或冲洗溶解已经结晶的铵盐，根据装置流程的温降特点，一般注水点设在空冷高压空冷之前。

53. 为什么控制高压空冷出口温度？

空冷出口温度越低，高分内气体的线速度越小，越不易带液；出口温度越高则反之。控制空冷出口温度过低，能耗增加；高压空冷器出口温度高，可以降低空冷的电耗，从而降低能耗。但并不是高压空冷出口温度越高越好，过高温度造成线速度增加，带液量增加，不利于循环氢压缩机的安全运行。控制高压空冷器出口温度≤50℃（设计）的目的是防止高分的气体线速度过大而夹带液体破坏循环。对于设计循环氢脱硫的装置，高压空冷出口温度过高，使得循环氢中携带烃类导致胺液发泡，脱硫效果变差，严重时出现循环氢带液，影响循环氢压缩机的安全运行。

54. 如何合理控制加氢装置的反应温度？

柴油加氢精制是一个放热反应，从反应热力学上考虑，提高温度不利于加氢反应，而从动力学上则可加快反应速度。而温度过高，就会发生单环和环烷烃的脱氢反应而使十六烷值降低，导致柴油的燃烧性能变坏。同时使加氢精制反应加剧，氢耗增大，催化剂易结焦。并且因受热力学的限制，柴油的脱硫率和烯烃的饱和率也就下降。因此，柴油加氢精制的反应温度，一般不宜太高，但是过低的反应温度影响了反应速度，使加氢深度不够，导致产品质量下降。所以，在现有的加氢精制装置中，使用不同的催化剂和不同的原料油，采用不同的反应温度。一般反应温度控制在280~370℃左右。

55. 如何合理控制加氢装置的反应压力？

反应压力的影响是通过氢分压来体现的，系统中的氢分压决定于操作压力、氢油比、循环氢纯度以及原料的汽化率。通常为便于计算，反应系统的氢分压仅指系统高分压力和循环氢纯度的乘积。

柴油在加氢精制条件下可能是气相，也可能是气液混合相。因此，压力对柴油加氢精制的影响与汽油、煤油相比要复杂些。柴油处于气相时，提高反应压力，导致反应时间延长（解释：压力提高后，反应器在体积不变的情况下，反应器内油气气体藏量随压力变化等比例增大，从而延长了油气停留时间，故反应时间得以延长），从而增加了加氢精制的深度，特别是对氮的脱除率有明显的提高，而对脱硫在达到一定压力后影响不太显著。当加氢精制压力逐渐提高到反应系统出现液相时，再继续提高压力，则加氢精制的效果反而变坏。由于催化剂表面扩散速度控制了反应速度，采用增加操作压力来提高氢分压的同时也使催化剂表面的液膜加厚，使扩散困难，降低了反应速度。但是，如果采用提高氢油比来提高氢分压，则有利于原料油的汽化，降低了催化剂表面上的液膜厚度，提高了反应速度。因此，为了使柴油加氢精制达到最佳效果，应选择刚好使原料油完全汽化的氢分压。

☞ **56. 如何合理控制加氢装置的空速？**

空速反映了催化剂的处理能力，也就是装置的操作能力。空速的单位是时间的倒数，所以，空速的倒数即是反应物料在催化剂上的假反应时间。空速越大，反应时间越短，反应物料和催化剂接触反应的时间短，反应不完全，深度较低，反之亦然。空速的大小受到了催化剂性能的制约，根据催化剂的活性，原料油的性质和反应速度的不同，空速在较大范围内波动。提高空速，加大了装置的处理能力，但加氢反应深度下降，对脱氮、脱硫均有影响，特别是对脱氮率影响很大，可导致产品质量不合格。降低空速，固然可以取得质量较高的产品，但降低了装置的处理能力。另外，空速与反应温度这两个因素是相辅相成的，提高空速相当于降低反应温度，提高反应温度也相当于降低空速，正常生产中，在保证产品质量的前提下，尽可能地提高空速，以增加装置的处理能力。一般柴油加氢装置的设计空速为 $2.0h^{-1}$。空速大小的调节是通过提高或降低原料油进反应器的流量来实现的。

57. 合理控制加氢装置氢油比的作用是什么？

在加氢系统中，氢分压高对加氢反应在热力学上有利，同时也能抑制生成积炭的缩合反应。维持较高的氢分压是通过大量氢气循环来实现的。因此，加氢过程所用的氢油比大大超过化学反应所需要的数值，提高氢油比可以提高氢分压。有利于传质和加氢反应的进行；另外，大量的氢气还可以把加氢过程放出的热量从反应器内带走，有利于床层温度的平稳。但是氢油比的提高也有一个限度，超过了这个限度，使原料在反应器内停留时间缩短（解释：与压力的概念相同，氢油比高，即反应器内的油气分压低，系统内的油气藏量少，停留时间短，故反应时间缩短），加氢深度下降，同时增加了动力消耗，使操作费用增大。氢油比也不能过小，太小的氢油比会使加氢深度下降，催化剂积炭率增加；同时，换热器、加热炉管内的气体和液体流动变得不稳定，会造成系统内的压力、温度波动。因此，要根据具体操作条件选择适宜的氢油比。氢油比在正常生产中一般不作较大的调节。如由于客观原因循环量达不到要求，那么，只能通过降低进反应器的原料油来满足氢油比的需要。

58. 如何保护加氢装置的催化剂活性？

催化剂活性对加氢操作、产品收率和产品性质有着显著的影响，提高活性可以降低反应温度和压力，提高空速或降低氢油比。随着开工周期延长，催化剂活性逐渐下降，此时，必须相应提高反应温度，以保持一定的催化剂活性。在生产过程中，操作水平的高低及各种不正确的操作方法，均对催化剂活性有较大影响。为保护催化剂活性，在生产过程中要贯彻先提量再提温，先降温再降量的原则。而且反应空速、氢油比要保持在最低限以上，避免损坏催化剂。各类停工过程必须对系统进行热氢带油，避免催化剂处于超低空速下损坏催化剂。开工过程要严格执行脱水和低温进油，防止催化剂破碎和还原。

59. 如何合理控制加氢装置的循环氢纯度？

循环氢纯度与催化剂床层的氢分压有直接的关系，保持较高的循环氢纯度则可保持较高的氢分压，有利于加氢反应，是提高产品质量关键的一环。同时，保持较高的循环氢纯度，还可以减少油料在催化剂表面缩合结焦，起到保护催化剂表面的作用，有利于提高催化剂的活性和稳定性，延长使用周期。但是如果要求过高的循环氢纯度，就得大量地排放部分循环氢，这样氢耗增大，成本提高，一般循环氢纯度控制在80%以上。

60. 为什么要严格控制反应器入口温度？为什么正常生产中调整反应进料量时，应以先提量后提温、先降温后降量为原则？

反应器入口温度是正常操作中的主要控制参数，反应温度的高低直接影响催化剂性能的发挥和加氢精制反应效果的好坏。反应温度指标的选择视催化剂的性质和原料油的性质而定。反应温度过高时，反应速度加快，反应深度加深，反应放热增大，脱硫率和脱氮率有一定量的增加，但油品裂解反应也增多，化学耗氢增多，催化剂积炭速度增快，使反应生成油液体收率下降，反应生成油溴价上升，由于反应放热增大，导致反应温度恶性循环上升，甚至产生"飞温"，缩短催化剂的使用周期，损坏设备。而反应器入口温度过低，则不能发挥催化剂的活性，反应转化率低，脱硫率、脱氮率达不到要求，不饱和烃的加氢饱和率不足，使产品的质量全面不及格。

正常生产中，反应器进口温度和催化剂床层温升是要严格控制的参数，应尽量保持其平稳。提高反应进料量时，由于初期反应器进口的温度调节有一定的滞后，反应器进口的温度会有所下降，但随着反应进料量的加大，加氢反应放热的增多，会使催化剂床层的温度上升，若先提温，则会加大这种温升，不利于平稳操作。因此，生产中待反应器入口温度及床层温度平稳后再提温；而先降量，则会由于反应器进口温度调节的滞后，在初期会使反应器进口温度上升，同样不利于反应温度的平稳控制，故降量时，应先降温。

61. 为什么要控制反应器床层温度？怎样控制？

因为反应温度对产品质量和收率起着较大的作用，需要维持一定的反应温度。但由于加氢过程是放热过程，必须及时将反应热从反应器内带出，否则热量积累，将导致催化剂床层温度升高，随着温度升高又会促进加氢反应加速进行，放出更多的热量，如此恶性循环，致使温度骤升，导致催化剂床层严重超温，以致油料过分裂解，降低精制油收率，油料结焦及高温又可能降低催化剂的活性，缩短运转周期。为充分发挥催化剂的效能和有效地利用催化剂活性温度范围，必须对床层温度加以控制。

反应器床层温度的控制包括反应器入口温度控制及反应器床层的温度控制两方面。反应器床层温度控制主要是根据床层测温信号注入冷氢，从而带走反应热来实现的。

62. 为什么要监测反应器压差？它有什么意义？

加氢精制装置虽严格地控制了原料的过滤及反应器催化剂床层的温度，但随着运转周期的延长，催化剂床层也会有结焦、积炭、结垢及杂质堵塞的现象。为了随时知道床层内的结焦、结垢及堵塞的程度，需要监测反应器床层的进出口及上下床层内的压差，这样便能合理地分析原因，采取措施控制及掌握装置的开工周期。

63. 如何监测反应器的压降？

监测反应器的压降可以及时地了解反应器内催化剂床层的堵塞情况，为装置停工检修提供依据。日常工作中，应建立相应每床层催化剂压降的数据台账，一个月保证有一次完整的床层压降数据。每次测量时应确认引压管通畅，保证监测值准确无误。

64. 加氢精制装置中产品质量的影响因素是什么？如何调整？

①溴价：精制柴油中溴价的高低除了与原料油本身的溴价高低有直接关系外，还取决于加氢反应的深度，当原料油分析中溴价较高，应适当提高反应器的入口温度，使反应更完全，达到降低溴价的目的。②硫含量：精制柴油中硫含量的高低除了与原料油含硫量、分馏部分的操作情况有关外，主要与原料硫化物的分子结构和反应的深度有关。首先，在日常生产中必须稳定进料量，其次，当精制柴油中硫含量高时，可适当提高反应温度，达到降低硫含量的目的。③氮含量：催化裂化柴油或焦化柴油中氮化物较难彻底脱除，由于氮化物的加氢过程必须经过先加氢饱和开环步骤。因此，反应压力对脱氮的影响最大。在日常生产中，由于反应压力只能按照设计压力操作，一般只能通过温度和空速进行调整。首先通过提高反应温度加深反应浓度来解决，如果上述方法仍解决不了问题，就必须降低空速，延长反应时间，使氮化物更充分转化成烃类和氨。一般说来，降低空速对提高脱氮率有明显效果。④闪点：闪点是精制柴油的一项重要质量指标，必须保证精制柴油的闪点符合质量要求。闪点的高低主要和柴油组分中的轻质组分有关，控制过程中关键在于通过工艺参数的变化正确判断原料的轻组分变化情况。在正常调节中，首先要稳定分馏塔的进料流量及进料温度，其次调节重沸炉的出口温度，调节塔底循环量控制其塔底温度，再调节塔顶回流量控制其塔顶温度，同时要稳定塔顶压力，这样可以根据闪点的高低来进一步调整，保证闪点≥50℃。对于组分的变化，通常在操作上会出现以下变化情况：以组分变重为例，在其他操作参数保持不变的情况下，一般汽提塔的全回流流量将出现显著下降，分馏塔在塔底温度不变时，塔顶气相负荷急剧降低，反映在塔顶温度下降。如塔顶温度与回流串级控制，则回流流量大幅下降，外排粗汽油量大

幅降低。或者，保持塔顶条件不变，则分馏塔塔底温度大幅提高后，塔顶的气相负荷也难以维持。另外高分、低分液相流量也会变化，低分气、富气等排量也会出现相应的变化。在日常操作过程中，加氢要控制好焦化汽油的掺炼量，保持组分的稳定。
⑤腐蚀：腐蚀是精制柴油的又一项重要质量指标，在日常操作中为保证腐蚀合格必须加强冷低分、脱硫化氢塔回流罐、产品分馏回流罐脱水包的脱水，调节脱硫化氢汽提塔的汽提蒸汽量，使生成油中的杂质能充分汽提出来。还需调整分馏塔的塔底温度来控制塔底精制柴油中的杂质含量。

☞ **65. 引起加氢反应器压降增加的因素及措施是什么？**

引起随时间变化的床层压力降升高的因素可以归结于催化剂床层堵塞，根据原因不同可以归结为反应器顶部结垢、催化剂结焦、床层局部塌陷三类。其中，顶部结垢是最常见的一种。

引起顶部结垢的原因：①上游装置来的原料不稳定，原料油缓冲罐没有隔离氧气等原因，导致在炉管内更高温区快速结焦形成炭粉等颗粒沉积在床层顶部；②原料中含铁，进入反应器快速与H_2S反应生成硫化亚铁，沉积在催化剂表面，形成硬壳。③原料中含硅、钠、钙等金属杂质及无机盐，沉积在催化剂表面，堵塞催化剂孔道，并使催化剂颗粒黏结，形成结盖。④原料油中带有机械杂质。⑤原料油或氢气带氯，产生腐蚀，铁离子带入反应器。氯离子和高温的作用，使原料中的某些化合物在炉管表面缩合结焦，炭粉颗粒进入反应器，沉积在催化剂顶部。

催化剂的结焦与原料油种类、催化剂性能、反应苛刻度、工艺条件等有关。

引起床层塌陷的原因为：①进料中含有大量明水，带入反应器。由于水的汽化凝结使催化剂颗粒粉碎。②催化剂装填效果不好，床层疏密不均匀，长期运转后，床层逐渐压紧，空隙率下降,局部塌陷。③挤条形催化剂的长度均匀性不好,经过多次升降压或循环氢急停急开后断裂成短条,引起床层空隙率的变化而塌陷。④催化剂压碎强度差,多次开停或事故处理后破裂,催化剂床层下部支撑物装填不合理,造成催化剂迁移,甚至进入冷氢箱等,造成塌陷。⑤催化剂支承盘出现问题,如筛网破裂、器壁缝隙大、存在漏洞、支撑梁断裂等。

措施:①原料油隔绝氧气保护,脱水过滤;②采用低温脱烯烃保护反应器;③采用顶部分级装填技术;④催化剂装填前进行筛分;⑤采用密相装填;⑥严格按照设计要求安装反应器内构件。

☞ **66. 改造国内柴油加氢精制装置,实现超低硫柴油生产的途径有哪些?**

①优化原料结构控制原料干点小于365℃,4.0MPa装置用于直馏柴油的超深度加氢脱硫,6.0MPa装置用于直馏柴油掺炼部分二次加工柴油馏分的超深度加氢脱硫。8.0MPa装置用于二次加工柴油馏分的深度加氢脱硫。②换用新一代高活性加氢脱硫催化剂。对于压力为4.0MPa的装置,由于原料中氮含量低于$300\mu g/g$,最好采用具有Ⅱ类活性相的钴钼催化剂。对于6.0MPa以上的装置,因为原料中含有二次加工柴油,不但硫含量高,还有高的氮含量,宜选用加氢活性较好的Ni-Mo或Ni-W催化剂。③增加催化剂装量,降低空速,改造内构件,减少占用的体积,或增加第二反应器串联。④换用高效气液分配器,改善物流分配。⑤增设循环氢脱硫系统。⑥改造新氢系统,满足超深度加氢脱硫过程增加的氢耗。

采取上述措施后,通常以直馏柴油为原料可以生产出硫含量小于$50\mu g/g$,甚至$10\mu g/g$超低硫柴油。以焦化或催化裂化柴油为原料可以生产出$50\mu g/g$的超低硫柴油。

☞ **67. 降低加氢装置能耗有哪些措施?**

①优化工艺流程,采用炉前混氢技术,提高换热的传热效率,减少换热设备,减小系统压降。采用热高分流程,降低反应产物的冷却负荷及分馏加热炉负荷。②采用高活性催化剂;催化剂性能决定着加氢过程的反应压力、反应温度、氢耗、目的产品收率、气体产率和加氢反应热等。高活性催化剂对降低装置能耗起着举足轻重的作用。③充分利用反应热。加氢过程产生大量的反应热,采用窄点技术进行换热网络优化,充分回收各温位热量,最大限度减少冷热公用工程用量。④采取高效率设备,采用逆向传热、不需要考虑温度校正系数的U形双壳程换热器;采用节能电机,高效油泵,卧管双面辐射炉型的反应加热炉(热强度大,压降低,炉子综合热效率可以达到90%以上)。⑤能量回收,液力透平装置可以回收60%能量。⑥回收低温热:主要有150~200℃的产品余热、空冷入口介质余热、低压蒸汽、乏汽和凝结水、加热炉烟气等。可利用这些余热进行原料预热、工业用水预热、生活供热、上下游装置热联合、作为轻烃装置重沸器热源、预热加热炉烟气、工艺仪表伴热等。

☞ **68. 影响反应器入口温度的主要因素及处理方法是什么?**

影响反应器入口温度的主要因素:①原料油带水;②燃料气带油,组分、压力变化;③原料油中断或波动;④循环氢流量中断或流量减少;⑤反应进料/出料换热器换热效率或热高分温度控制、产汽系统温度控制等波动或变化;⑥仪表失灵,PID参数调节不当;空气预热器风机停运,加热炉炉管结焦,炉管传热效率下降;⑦原料油温度和性质的变化,特别是原料性质的变化,导致反应放热量大幅度变化,通过进料/出料换热器,反过来影响加热炉出口温度。

处理方法:①加强原料油罐的脱水,控制好界位;加强燃料气缓冲罐的脱液,投用蒸汽加热器。②了解燃料气组分变化的原因，改自动操作为手动控制，精心调节，操作平稳后再改为自动操作。③了解燃料气压力较大幅度变化的原因，改自动操作为手动操作，根据压力变化的原因，相应采取措施及时调节至平稳。若燃料气压力长时间较低时，联系生产管理部门多供燃料气。④保证原料油流量稳定，若是进料控制阀失灵引起，可用副线操作。若泵有故障，应切换至备用泵运行。⑤如果循环氢流量中断，首先要紧急降低反应温度至280℃以下，如果非仪表故障，而是压缩机停机引起，按停机事故处理程序紧急处理。如果是因为反喘振控制阀误动作引起，则应迅速手动关闭该阀，逐步恢复正常。如果循环氢流量减少，则适当降低进料量，维持操作，再检查流量下降的原因，决定是否停车处理。⑥对于换热系统引起的问题，应迅速将热高分温控和产汽温控改手动操作，恢复稳定。⑦如果属于PID未调整好，首先要小幅度调整PID，稳定操作，根据加热炉温度控制存在较大滞后的特点，需要给定相对较长的微分时间，一般要达到2.5~3min。对仪表故障，联系仪表工处理，根据情况可改副线操作。⑧打开风道快开门，保证加热炉正常燃烧，然后联系钳工维修人员、电气维修人员，了解风机停动的原因，修复后投用。⑨对于炉管和加热炉本身存在的问题，平时要经常观察加热炉的压降和炉膛温度、对流室出口温度、炉管管壁温度、炉管分支出口温度等关键参数的变化。如果加热炉出现超负荷情况，必须经过上级部门的同意后，降低负荷或降低反应温度，情况严重的要停工检修。⑩加强与生产管理部门的联系，确保原料油温度和性质的稳定，如果生产管理部门通知，原料中催化裂化柴油或焦化汽油比例将出现大幅度的变化，必须事先进行预调，确保装置的稳定和产品质量的合格。

☞ **69. 影响反应器催化剂床层温升波动的主要因素及处理方法是什么？**

影响反应器催化剂床层温升波动的主要因素：①原料油中溴

价、硫、氮含量变化,特别是溴价的变化。②反应系统改循环时间太长。③氢纯度和循环气流量变化。④系统总压变化。⑤反应器偏流或换热器走短路。⑥空速变化。⑦催化剂结焦或中毒、活性下降。⑧原料带水。⑨反应器入口温度波动。⑩急冷氢流量的波动。

处理方法:①根据温升情况,适当调整反应器入口温度,若温升太高,可适当降低入口温度。②改循环时间过长,原料油中杂质减少,温升幅度小,可维持反应器入口温度不变。③循环氢纯度>75%,保持循环气流量平稳。④保持系统压力稳定。⑤根据生成油性质,决定是否停工。⑥保证进料稳定。⑦如果提高反应器入口温度,温升仍不明显,则停工处理,催化剂应再生或更换。⑧原料油缓冲罐加强脱水。⑨稳定反应器入口温度,加强加热炉的操作。⑩加强调节,确保急冷氢流量的稳定。

70. 临氢系统压差波动的原因及处理方法是什么?

临氢系统压差波动的原因:①氢气纯度变化。②循环氢流量波动。③原料油处理量变化或组分变轻、变重或带水。④催化剂局部粉碎或结焦。⑤反应器入口结垢篮分配器或出口过滤网堵塞、结焦。⑥反应器气流走偏流或换热器泄漏走短路。⑦换热器结垢。⑧冷却器铵盐堵塞。

处理方法:①要求提供的氢气纯度>90%。②控制氢油比≤240:1。③控制空速在工艺指标范围以内,原料初馏点和干点必须符合指标,原料油缓冲罐定期脱水。④停工,催化剂再生过筛或更换催化剂。⑤停工,催化剂再生卸剂,清洗结垢篮、出口过滤网。⑥停工处理。⑦停工清扫。⑧加大注水量。

71. 热高压分离器液位波动的原因及处理方法是什么?

热高压分离器液位波动的原因:①热高压分离器液控失灵。②加氢进料中断。③高压分离器的液位控制得过高或过低。

处理方法:①迅速将控制阀改为副线控制,根据玻璃板液位计指示高低,调节液位,并通知仪表工尽快修复。②尽快恢复加氢进料，不然改大循环操作。③热高压分离器液位控制在50%±10%。

> **72. 热高分入口温度波动的原因及处理方法是什么？**

热高分温度的波动直接影响了反应加热炉出口温度的稳定和脱硫化氢塔的操作，引起产品质量的波动。因此，热高分的温度必须控制稳定。热高分入口温度波动的原因：①反应器入口温控失灵。②反应加热炉炉出口温度波动大。③原料油性质变化引起床层温升变化。④进料量的突然变化。⑤反应流出物/混合进料换热器结垢。⑥分馏塔塔底温度波动。⑦热高分入口温度控制阀控制失灵。

处理方法：①迅速将控制阀改为副线操作，根据热高分的温度指示调节换热器的旁路量，联系仪表工修复该表。②加强加热炉的操作，努力搞好平稳操作。③根据原料油的性质，适当改变反应器的入口温度。④平稳进料量，若进料泵故障，则切换至备用泵运行。⑤停工清扫。⑥平稳分馏塔的操作，按工艺指标控制塔底温度。⑦改副线操作，加强与内操的联系，立即联系仪表工处理。

> **73. 装置进料量过低有什么危害？**

进料量过低的不利因素：①在相同的温度下，空速低，停留时间长，加氢反应激烈，容易导致床层温度不易控制；②空速过低，会增加缩合反应的可能，导致在催化剂表面结焦；③空速过低，会使生成物中轻组分含量多，特别是气体量增多；④空速过低会造成反应床层沟流；⑤当进料量过低时，分馏系统操作难度增加。

第二节 分馏系统的操作

> **1. 缓蚀剂的作用机理是什么？**

缓蚀剂作用机理有三种类型：①成相膜机理。缓蚀剂在金属表面通过氧化或沉积作用形成一层保护膜,阻断介质与金属接触。②吸附膜机理。缓蚀剂通过物理或化学吸附方式与金属活性中心结合,阻断介质与金属活性中心接触,从而达到保护金属的目的。物理吸附是指缓蚀剂通过分子或离子间的吸引力的作用与金属活性中心结合;化学吸附是指缓蚀剂分子与金属原子形成络合物,其亲水基团与金属结合,疏水基团远离金属。这类缓蚀剂多为有机物缓蚀剂。③电化学机理。这类缓蚀剂通过加大腐蚀的阳极或阴极阻力来减缓介质对金属的腐蚀。

2. 脱硫化氢汽提塔顶为什么要注缓蚀剂?

因为脱硫化氢汽提塔顶气体为高含硫气体,含硫量高达25%~40%,又处于低温状态,与水蒸气形成 H_2S-H_2O 型腐蚀,腐蚀特别严重。加入缓蚀剂后形成保护膜,就可减少硫化氢对汽提塔顶及换热系统的腐蚀,保护设备达到长周期运转的目的。

3. 脱硫化氢汽提塔为什么要吹入过热蒸汽?

脱硫化氢汽提塔的主要作用是脱除溶解在低分油中的硫化氢。对汽提塔吹入过热蒸汽,能降低汽提塔内的油气分压,将硫化氢及部分轻烃汽提出来,保证油品的腐蚀合格,但必须吹入高温的过热蒸汽。否则,蒸汽与低温的油品接触后降温液化,降低汽提效果,同时,造成塔内水相内回流量增大,使汽提塔底油带水至分馏塔,影响分馏塔的平稳操作。

4. 脱硫化氢汽提塔的吹汽量控制指标是多少?过热蒸汽的吹入量大小对汽提效果有何影响?

过热蒸汽的吹入量是由汽提塔的设计条件和操作要求决定的,正常生产时吹汽量为塔进料量的1%~3%(体积分数)。在塔的操作弹性允许范围内,加大过热蒸汽的吹入量,能提高汽提效果。但如果超出了操作弹性许可范围,则过大的蒸汽吹量会造成汽提塔的液泛和雾沫夹带现象;过小的蒸汽量则导致上升的气相量不足，不能满足设备及传质过程的操作要求，达不到应有的汽提效果。

☞ **5. 如何合理控制脱硫化氢汽提塔的塔顶压力？**

汽提塔压力越低越有利于汽提 H_2S 和 NH_3 等杂质，但该塔的压力还要考虑两个因素：一是稳定与分馏塔之间的压差，从而达到稳定分馏塔进料的目的。其二要考虑压控后路燃料气脱硫塔的压力和含硫污水的后路压力，保证后路畅通。通过回流罐排放不凝气的多少来控制压力的高低。

☞ **6. 如何合理控制脱硫化氢汽提塔的进料温度？**

汽提塔进料温度是汽提塔汽提效果好坏的重要因素，进料温度的下限是以能满足汽提塔操作，达到预期的效果，使精制柴油腐蚀合格为界。而其上限以控制塔顶挥发物不携带柴油为界。正常生产时控制其进料温度在 180~210℃ 之间。其热量是由热高分入口温控来决定，在正常生产中一般不作调节，只需稳定热高分入口温度即可。

☞ **7. 如何做好脱硫化氢汽提塔回流罐操作？**

①控制好回流罐压力，严禁压力波动引起冲塔或后路不畅。②该塔回流罐采取全回流操作，要注意防止满罐。③控制好油水界面，防止界面过低引起含硫污水带油及过高引起回流带水，回流带水将导致分馏塔进料波动和精制柴油腐蚀不合格。

☞ **8. 产品分馏塔塔底液面波动对装置有何影响？**

严格控制好塔底液面，确保出装置精制柴油泵和塔底重沸炉进料泵的正常运转，液面太高淹没了再沸炉返回入口，甚至淹没塔底塔板，使塔底气相组分升不上去，塔内传热传质效果差，液面太低则易使塔底泵抽空。塔底液面高时增加产品泵电机的转速，增加排出量，液面低时相反。分馏塔进出物料不平衡，将产生进料温度、汽包发汽量、反应原料进炉温度等的连锁反应，导致装置操作温度波动。

☞ **9. 如何调节产品分馏塔塔顶温度?**

塔顶温度是通过塔顶回流量来调节的,塔顶温度能影响汽油的干点,在进料组分不变的情况下,一般汽油干点高,塔顶温度也高,反过来塔顶温度高,汽油干点亦高,而塔顶温度主要靠调节回流量来控制。塔顶温度高时可增加回流量,温度低时减少回流量。

☞ **10. 如何确保产品分馏塔塔顶压力的稳定?**

塔顶压力控制的稳定,是保持分馏塔操作稳定和产品质量的前提。塔顶压力的改变,将影响精馏效果和产品质量,分馏塔顶压力是分程控制的,塔顶压力高时,关闭燃料气补充量,开大排放气阀开度,压力低时则相反。另外,分馏塔顶压力控制,涉及到该塔与前面汽提塔之间的压差控制,塔顶压力的稳定是保证两塔之间的前后压差稳定,减少该塔进料波动的重要因素。

☞ **11. 如何做好分馏塔顶回流罐的操作?**

①控制好回流罐压力稳定,以保证分馏塔顶压力的稳定。②控制好回流罐液面,液面过高,会引起燃料气带油,液面过低,则会引起回流泵抽空。③控制好回流罐界面,界面过高,则引起回流带水,界面过低,则导致污水带油。

☞ **12. 精制柴油溴价偏高的原因是什么?如何处理?**

精制柴油溴价偏高的原因:①原料溴价高,反应温度低。②反应压力偏低。③空速大。④循环氢的纯度偏低。⑤循环氢循环量偏低。⑥原料油性质变差。

处理方法:①根据原料油性质,确定反应器入口温度,通常以提高反应温度加快反应速度来满足溴价质量的要求,但提温速度要缓慢。②在设备允许的条件下,可以适当提高反应压力,提高反应深度。③降处理量,增加反应时间来满足产品质量。④开大排放废氢量,提高循环氢的纯度。⑤增加循环氢压缩机负荷,以提高氢油比。⑥加强与生产管理部门的联系,确保原料油性质的稳定。

☞ 13. 精制柴油硫含量偏高的原因是什么?如何调整?

精制柴油硫含量偏高的原因:①原料含硫量高,而反应温度偏低。②原料中催化裂化柴油的比例控制不好。如原料中催化裂化柴油比例超过设计值,将导致催化裂化柴油中的4,6-二甲基苯并噻吩因压力等级不够难以脱除。如原料中催化裂化柴油比例过低,导致反应温升太低,床层平均反应温度偏低,反应深度不够,也将导致产品硫含量偏高。③气油比偏小。④空速大。⑤分馏部分操作波动,H_2S未彻底脱除。⑥高压换热器等发生内漏。因壳程为泵出口,压力比管程高,导致原料串入反应产物中,通过汽提塔无法有效脱除。⑦催化剂结炭,活性已大幅下降。

处理方法:①调整好原料比例,适当提高反应温度,满足产品含硫量要求。②增加循环氢压缩机负荷来提高气油比。③适当降低空速。④精心调节,各操作参数严格控制在工艺指标内。⑤如果泄漏量较大,则需停工处理。⑥如果确认催化剂活性已大幅下降,则需要进行催化剂再生或更换新催化剂。

☞ 14. 精制柴油含氮量偏高的原因是什么?如何调整?

精制柴油含氮量偏高的原因:①原料含氮量高而反应温度低。②氢油比小。③空速过大。④高压换热器存在内漏。⑤氢纯度降低。⑥分馏操作不平稳。

处理方法:①根据原料油中碱氮的含量适当提高反应温度。②提高压缩机转速,适当提高氢油比。③适当降低空速,以提高反应浓度。④根据换热器的内漏程度,决定是否停工。⑤提高新氢补入量,同时增大废氢外排量。⑥根据工艺卡片,使分馏部分操作指标稳定。

☞ **15. 分馏塔顶温度波动的原因是什么?如何调整?**

分馏塔顶温度波动的原因：①回流温度的变化。②回流量的变化。③回流带水。④进料温度变化。⑤塔底重沸炉出口温度、循环量变化。⑥塔顶气相组分出现大幅度变化。⑦塔顶压力变化。⑧仪表故障。

处理方法：①根据回流温度的变化，检查风机变频调速器是否失灵，联系仪表工维修，使之调节正常。②稳定回流量。③加强回流罐的脱水。④检查进料温控是否失灵，联系仪表工维修，重新选定参数，使仪表控制平稳。⑤平稳分馏塔塔底重沸炉的出口温度，稳定塔底循环量。⑥向生产管理部门、质量检查科了解组分变化情况，根据组成变化，调整调节参数。⑦消除影响塔顶压力变化的因素，保证塔顶压力平衡。⑧联系仪表工处理。

☞ **16. 分馏塔底温度波动的原因是什么?如何调整?**

分馏塔底温度波动的原因：①进料量变化。②进料油入塔温度的变化。③塔底液面的变化。④重沸炉出口温度变化。⑤重沸炉循环量波动。

处理方法：①根据进料量变化情况，再调整该塔各部热负荷分配，保证各部稳定。②稳定分馏塔进料温控的操作。③调整精制柴油出装置量，维持塔底液面。④加强加热炉操作，稳定炉出口温度。⑤稳定重沸炉各分支流量。

☞ **17. 分馏塔顶压力波动的原因是什么?如何调整?**

分馏塔顶压力波动的原因：①原料进料量的变化，进塔负荷，特别是轻组分增加，塔压将上升，反之则下降。②塔顶温度变化。③分馏塔塔顶回流罐顶燃料气的排放气管线憋压。④气封气压力波动。⑤进料温度变化。⑥仪表失灵。

处理方法：①稳定进料量或者视进料量的变化，调整塔顶热负荷分配及增减排放气量，必要时可用控制阀副线操作。②调节回流量，稳定塔顶温度。③检查排放气管线是否堵塞或火嘴堵,如管线堵无法处理,则将排放气改出火炬线。④稳定燃料气分液罐的压力。⑤稳定塔底重沸炉的操作。⑥联系仪表工处理。

☞ **18. 脱硫化氢汽提塔进料温度波动的原因是什么?如何处理?**

脱硫化氢汽提塔进料温度波动的原因:①热高分温控控制不稳。②原料油组分变化。③精制柴油出装置流量波动。④反应器进料流量不稳。

处理方法:①联系仪表工处理。②原料油组分变化,影响冷低分中液体量,从而使脱硫化氢汽提塔进料温度波动,根据原料油组分,调整脱硫化氢汽提塔的操作。③稳定精制柴油出装置流量。④稳定反应器进料流量。

☞ **19. 脱硫化氢汽提塔压力波动的原因是什么?如何处理?**

脱硫化氢汽提塔压力波动的原因:①进料及回流带水。②燃料气脱硫塔压控失灵或燃料气分液罐压力波动。③塔顶空冷冷却效果变化。④原料油组分变化。

处理方法:①对冷低分和塔顶回流罐,加强脱水。②检查脱硫化氢汽提塔压控阀及燃料气分液罐压控阀,联系仪表工修理。③检查电机变频调速器是否故障,联系仪表工修理。④视生成油分析情况,轻组分增多,可适当提高汽提蒸汽量。

☞ **20. 精制柴油闪点不合格的原因是什么?如何处理?**

精制柴油闪点不合格的原因:①分馏塔塔底温度控制不稳,波动大。②重沸炉返塔温度波动大。③塔顶压力波动大。④进料组分变化大,进料中轻质组分变化。如果轻质组分变化不大,但柴油组分变重,由于组分越重,在恒定压力下,其沸点越高,反之亦然。因此,塔底温度要适当提高。因为在相同的温度下,塔底的蒸汽发生量小,不能有效脱除轻组分。柴油组分保持不变,如果轻质组分大幅增加,也需要适当提高塔底温度。⑤回流带水或回流量控制不稳。⑥原料油/精制柴油换热器泄漏。

处理方法：①稳定分馏塔的操作，同时稳定塔底重沸炉的出口温度。②提高重沸炉返塔温度并适当增加循环量。③严格控制塔顶压力在 0.07~0.17MPa。④向生产管理部门、质量检查科了解组分变化情况，并调整操作，使汽油能充分切割掉。⑤加强分馏塔塔顶回流罐的脱水，适当降低回流量。⑥停工检修。

☞ **21. 精制柴油腐蚀不合格的原因是什么？如何处理？**

精制柴油腐蚀不合格的原因：①分馏塔进料带水及回流带水。②重沸炉循环返塔温度低，循环量小。③脱硫化氢汽提塔汽提蒸汽提量过小，操作不正常。④原料油/精制柴油换热器泄漏。⑤反应生成油质量变差或含硫量高。⑥仪表故障。⑦塔盘堵塞。⑧汽油比例大，分馏塔超负荷。

处理方法：①加强冷低分和分馏塔顶回流罐脱水。②适当提高重沸炉循环量和返塔温度。③提高脱硫化氢汽提塔汽提蒸汽量，如蒸汽压力低于0.8MPa，则联系生产管理部门提高蒸汽压力，调整脱硫化氢汽提塔操作。④停工检修。⑤提高反应深度，改善生成油质量。⑥联系仪表工处理。⑦停工检修。⑧适当降低反应器进料量，并联系生产管理部门降低进料中焦化汽油的比例。

☞ **22. 分馏塔底液面波动的原因是什么？如何处理？**

分馏塔底液面波动的原因：①进料组成及进料量变化。②塔底重沸炉热负荷变化。③进料温度及塔顶温度变化。④塔顶压力变化。⑤液面指示和流量控制失灵等可产生塔底液面变化。

处理方法：①稳定进料量，如进料组分变化，调节液控阀稳定塔底液面。②加强加热炉操作，稳定炉出口温度和循环量。③调整塔顶温度，加强平稳操作。④稳定塔顶压力，对压力分程控制阀进行检查和维修。⑤检查校验仪表和控制阀，防止假液面。

23. 塔板上有哪些不正常现象?如何防止?

一般塔的不正常现象有淹塔(即液泛)、过量雾沫夹带和泄漏(即跑空)等。这些现象一旦出现则会影响到产品质量和收率,甚至整个分馏过程被破坏。因此,必须千方百计杜绝这些现象的发生。防止的办法:①在设计上要求做到结构合理;②在安装上要求保证质量;③检修时要彻底清扫干净,检修后安装时要严把质量关;④严禁在超出塔的弹性范围操作,进料量、回流比、温度、压力都要保持平稳。

24. 调节阀有故障时,如何改副线操作?

①对照现场一次表指示或用对讲机同内操进行联系,先关上游阀虚扣,直到指示有变化为止,此时调节阀的最大流量已有上游阀控制。②一边慢慢打开副线阀,一边慢慢关闭上游阀,以指示不波动为好,直到上游阀完全关闭,用副线阀控制。③关下游阀,打开泄压阀,联系仪表工处理。

25. 如何进行副线阀改调节阀控制的操作?

①关闭导淋,联系内操对调节阀进行调试,要求内操分别给定0、50%、100%的阀门开度,进行跟踪校验。②全开下游阀。③给控制阀一定的开度,打开上游阀的虚扣,直到指示有波动为止。④慢慢打开上游阀,同时慢慢关闭副线阀,以指示波动最小为好,直到副线全关,上游阀全开。⑤调节阀门的开度,使被控参数控制在正常的范围内。

26. 在切水过程中,应如何操作切水阀?

检查界面计,若有水,则先小开切水阀,检查确认是否有水,若有,再适当开大切水阀,观察现场界面指示,待指示下降接近5%~10%时,关小切水阀,将剩余水分脱除,再关闭切水阀。

27. 如何选用压力表?

①考虑工艺生产过程对压力表的要求:测量精度、压力高低

及对附加装置的要求等；②考虑被测介质的性质：温度高低、黏度大小、腐蚀性及是否易燃易爆等；③现场环境的要求：潮湿、振动等。此外，对弹性式压力表，为了较准确地反映被测设备的压力，压力表的刻度范围应是最大操作压力的1.5~3倍为宜。如果操作压力很小，而选择量程范围很大的压力表，则指示不准，也不利于观看；如果选择量程和操作压力接近或相同的压力表，指针容易被打翻，同时压力表弹簧张力过大，指示刻度也必有误差。所以，需选用操作压力的1.5~3倍量程的压力表。

28. 加热炉燃料压力控制阀采用气开阀，为什么？

加热炉燃料气压力控制阀采用气开阀，有仪表信号时阀门开，无仪表信号时阀门关，这样在停风时，调节阀可自动切断燃料气进火嘴，使炉子熄火，避免烧穿炉管。

29. 热高分液控调节阀为何采用气开阀？

热高分液位控制阀采用气开阀，有仪表信号时阀门开，无仪表信号时阀门关，这样在停风时，调节阀可自动切断热高分与热低分之间的流程，防止出现高压串低压事故。

30. 发生安全阀起跳后，如何处理？

若设备的压力超高引起安全阀起跳后，应立即启用压控副线或放火炬线泄压，将压力降至正常控制范围内，检查安全阀是否复位，若不能复位，则关闭安全阀手阀，拆下修理。

31. 阀门为何不能速开速关？

操作阀门时速开与速关会造成下列不良后果：①对泵来说，造成泵出口排量骤变，电机电流突变，破坏其平稳的运转状态，损坏电机。②使管线、设备内压力突然上升，对管线、设备产生过大冲击力，损坏管线、设备。③对热介质来说，使管线、设备的温度骤升骤降，造成骤热骤冷，产生过大的热应力，容易损坏设备。

第三节　脱硫及溶剂再生系统的操作

☞ 1. 什么叫吸收和解吸？

吸收是一种气体分离方法，它利用气体混合物的各组分在某溶剂中的溶解度不同，通过气液两相充分接触，易溶气体进入溶剂中，从而达到使混合气体中组分分离的目的。易溶气体为吸收质，所用溶剂为吸收剂。吸收过程实质上是气相组分在液相溶剂中溶解的过程，各种气体在液体中都有一定的溶解度。当气体和液体接触时，气体溶于液体中的浓度逐渐增加到饱和为止，当溶质（被溶解的气体）在气相中的分压大于它在液相中饱和蒸气压时，就会发生吸收作用，当差压等于0时，过程就达到了平衡，即气体不再溶解于液体。如果条件相反，溶质由液相转入气相，即为解吸过程。当溶质在液相中的饱和蒸气压大于它在气相中的分压，就会发生解吸作用，当两者压差等于0时，过程就达到平衡。

气体被吸收剂溶解时不发生化学反应的吸收过程称物理吸收。气体被吸收剂溶解时伴有化学反应的吸收过程称化学吸收。

解吸也称脱吸，指吸收质由溶剂中分离出来转移入气相的过程，与吸收是一个相反的过程。通常解吸的方法有加热升温、降压闪蒸、惰性气体或蒸汽脱气、精馏等。

☞ 2. 硫化氢有哪些化学性质？

硫化氢有如下性质：①H_2S在空气中燃烧时，带有淡蓝色火焰，供氧量不同生成物也不同。在常温下也可在空气中被氧化。因此，H_2S是强还原剂。②H_2S的水溶液叫氢硫酸，呈弱酸性，且不稳定，因易被水中溶解的氧氧化而析出硫，使溶液混浊。③H_2S易与金属反应生成硫化物，特别是在加热或水蒸气的作用下，能和许多氧化物反应生成硫化物。④硫化氢的爆炸极限是

4.3%~45.5%,爆炸范围比较宽,泄漏后容易出现爆炸事故。

3. 目前脱硫溶剂的品种有哪些?

脱硫溶剂主要有单乙醇胺(MEA)、二乙醇胺(DEA)、二乙丙醇胺、N-甲基二乙醇胺(MDEA)和以 MDEA 为主体的脱硫剂,复合型脱硫剂一般是在 MDEA 的基础上加入少量的添加剂:如阻泡剂、防腐剂、抗氧化剂、活化剂等。

4. 脱硫溶剂的选用依据有哪些?

脱硫溶剂的选用依据:①化学稳定性好;②腐蚀性小;③挥发性低;④解吸热低;⑤溶液酸气负荷大等。在工业装置上选用气体净化溶剂时,除具备上述特点外还要考虑气体产品的需求,如选择性气体净化及有机硫的脱除要求,或释放气能否满足下游处理装置的原料标准。

5. 醇胺类脱硫剂的特点有哪些?

醇胺中的羟基降低化合物的蒸气压,增加了在水中的溶解度,胺基则在水溶液中提供了所需碱性。醇胺中 MEA 碱性最强、DEA、MDEA 次之。MEA、DEA 对酸性组分的吸收是没有选择性的,即对 CO_2 和 H_2S 同时脱除,并能达到优质的净化效果。在通常的胺法脱硫过程中一般要首先考虑 MEA,这主要是从气体的净化度方面着想。MEA 可以认为是吸收 H_2S、CO_2 的一种较好溶剂,如果考虑其选吸性或反应热及降低设备腐蚀等方面,则可考虑其他醇胺类。

6. 复合型甲基二乙醇胺(MDEA)溶剂与传统的其他醇胺脱硫剂(MEA、DEA、DIPA)相比,其主要特点是什么?

复合型甲基二乙醇胺主要特点:①对 H_2S 有较高的选择吸收性能,溶剂再生后酸性气中 H_2S 浓度(体积分数)可以达到 70% 以上。②溶剂损失量小,其蒸气压在几种醇胺中最低,而且化学性质稳定,溶剂降解物少。③碱性在几种醇胺中最低,故腐蚀性最轻。④装置能耗低，与 H_2S、CO_2 的反应热最小，同时使用浓度可达35%～45%，溶剂循环量低，故再生需要的蒸汽量减少。⑤节省投资。因其对 H_2S 选择性吸收高，溶剂循环量降低且使用浓度高，故减小了设备尺寸，节省投资。

7. 甲基二乙醇胺(MDEA)有什么危害？

脱硫系统所采用的脱硫剂是甲基二乙醇胺，它是一种无色有臭胺味透明黏稠液体，呈碱性，其碱性随温度的升高而降低，易与水、乙醇互溶，具有微毒性，主要表现在于具有轻微的腐蚀性，对人的眼睛和皮肤都有极大的危害。因此，如有胺液溅到眼睛或皮肤上则立即用干净水冲洗以避免灼伤，严重者应立即送往医院作进一步治疗。

8. 甲基二乙醇胺(MDEA)脱硫的原理是什么？

胺分子中至少有一个羟基团和一个氨基团。一般情况下，可以认为羟基团的作用是降低蒸气压和提高水溶性，氨基团的作用是使水溶液达到必要的碱性度，促使硫化氢的吸收。H_2S 是弱酸，甲基二乙醇胺是弱碱，反应生成水溶性盐类，由于反应是可逆的，使甲基二乙醇胺得以再生，循环使用。

甲基二乙醇胺的碱性随温度升高而降低，在低温时弱碱性的甲基二乙醇胺能与 H_2S 结合生成胺盐，在高温下胺盐能分解成 H_2S 和甲基二乙醇胺。

方程式：$C_5H_{13}O_2N + H_2S \rightleftharpoons C_5H_{13}O_2NH^+ + HS^-$

在较低温度(20～40℃)下，反应向右进行(吸收)，在较高温度(>105℃)下，反应向左进行(解吸)。

9. 脱硫装置使用高效复合脱硫剂有哪些主要特性？使用过程中怎样维护？有哪些指标？

高效复合脱硫剂的特征：①脱硫剂有较低的凝固点(-21℃)，与水互溶，有利于配制溶液；②沸点较高(247℃)，不易在脱硫过程中蒸发散失和夹带；③具有良好的选择性，能选

择吸收 H_2S 和 CO_2 气体，而对其他气体吸收甚少；④具有良好的化学稳定性，使用中不易变质、发泡，不影响脱硫效果。

维护：①保证操作平稳，防止系统中易与胺液反应的气体带入，使胺液变质；②贫富液过滤器械的清洗维护，防止原料带入杂质，影响胺液的稳定性；③防止胺液中混入工业用水中的钙、镁离子（Ca^{2+}、Mg^{2+}）形成的钙、镁碳酸盐。

国内复合型 MDEA 质量指标项目主要是外观、纯度、沸点、密度、冰点、折光率。

10. 温度对脱硫有什么影响？

MDEA 的碱性随温度的变化而变化，即温度低，MDEA 碱性强，脱硫性能好；温度高则有利于硫化物在富液中分解。因而，脱硫操作都是在低温下进行，而再生则在较高的温度下进行。

对吸收塔来说，温度低一则 MDEA 碱性强，有利于化学吸收反应；二则会使贫液中的酸性气平衡分压降低，有利于气体吸收。但如果温度过低，可能会导致进料气的一部分烃类在吸收塔内冷凝，导致 MDEA 溶液发泡而影响吸收效果。所以吸收塔的塔顶温度控制在 38℃ 左右，而 MDEA 贫液温度一般要比原料气温度稍高 4~5℃，在塔底为了防止溶液发泡则控制塔底的温度≤50℃。

对于溶剂再生塔来说，塔底温度高有利于酸性气的解吸。然而，过高的温度会导致 MDEA 的老化和分解，一般塔底温度都控制在 124℃ 左右。实践证明，塔顶温度的高低对溶剂再生塔的 H_2S 解吸效果及产品质量影响很大，塔顶温度高，再生效果好。但塔顶温度受到塔底温度的限制，一般控制在 114℃ 左右。

由于富液中吸收的 H_2S 含量不同，其吸收的热量也相应改变，所以吸收塔塔底温度还会受富液中的酸性气负荷、胺液浓度和胺循环量的影响。影响溶剂再生塔温度的因素有进料温度、塔底再沸器蒸汽量、塔顶回流量等。另外，为了控制酸性气的含水量，避免影响硫黄回收操作，酸性气温度要控制≤38℃。

☞ 11. 压力高低对脱硫有什么影响？

对吸收来说，如果压力高，使气相中酸气分压增大，吸收的推动力就增大，故高压有利于吸收。相反，如果吸收压力低，同样道理会使吸收推动力减少不利于吸收。实际操作中由于压力太高会使设备承受不了而造成安全阀跳，同时会导致部分烃类气体的冷凝；压力太低会降低吸收效率。所以需要严格控制操作压力。

对解吸来说，低压对解吸有利。MDEA 富液的解吸在 125~130℃之间进行。且对应于 MDEA – H_2S 溶液有一个相对应的压力。所以解吸压力是根据适宜解吸温度下的所需压力，再考虑硫黄回收所需的压力来选取。

☞ 12. 胺液循环量如何控制？

在一定的温度、压力下，MDEA 化学脱硫的溶解度是一定的，循环量过小，满足不了脱硫的化学需要量，导致吸收效果降低，会出现净化气中的 H_2S 量过大，质量不合格；而循环量过大，则塔负荷大，能耗高。在胺浓度一定时的胺液循环量的选定标准为：吸收塔富液中的酸气负荷≤0.35$molH_2S$/molMDEA。

所谓溶剂的酸气负荷是指吸收塔底富液中酸性气体(H_2S)摩尔数与溶液中胺的摩尔数之比。当 MDEA 浓度决定后，它直接影响溶剂循环量。如果溶剂的酸气负荷选大了，由于 1mol 胺只能与 0.5mol 的 H_2S 起反应，这样过多的 H_2S 就会生成硫化氢胺盐，对设备有腐蚀，同时，还会降低吸收效果。如果富液中酸气负荷上升，则要加大循环量，如果由于 MDEA 浓度低，吸收效果差，除了减少注水外，也可暂时考虑加大循环量，但根本的调节方法还是提高胺液浓度。

☞ 13. 如何控制合理的贫液温度？

贫液温度按国内经验一般控制在比原料气温度高 4~5℃为适宜，这主要考虑到富液的烃含量问题。

14. 如何控制脱硫系统的 MDEA 浓度？

脱硫系统是按 MDEA 浓度(质量分数)为 30%~50% 设计的，如果浓度 <20%，单位体积的富液中的酸性气浓度将变得较低，溶剂循环量必须加大，以便能更完全吸收原料气中 H_2S 杂质。相反，使用较高浓度的 MDEA 溶液，将允许减少循环量，但每单位体积溶液吸收的酸性气体量将增加，酸性气浓度过高的富溶剂腐蚀性更强，溶剂易发泡发生冲塔现象。溶剂再生塔顶部有注水线，目的主要是补充水的损失，以保持胺液的浓度恒定。

15. 溶剂再生塔底重沸器的蒸汽流量如何进行调节？

净化气中残余的 H_2S 含量，直接取决于 MDEA 溶液中酸性气含量，它是进入塔底重沸器蒸汽流量的函数。蒸汽流量减少，贫溶剂中残留的酸性气就会增加，因此，进到重沸器的蒸汽流量必须通过分析贫胺溶液中酸性气的含量来控制。

16. 配制胺液或向系统内补液时为什么要用除氧水，而不用过滤水？

因为甲基二乙醇胺遇氧气容易被氧化而变质降解，过滤水中氧含量较高，如果用过滤水配制胺液或向系统补液面，会导致部分胺液氧化而失效，故要用除氧水。

17. 怎样防止甲基二乙醇胺氧化、变质？

防止甲基二乙醇胺氧化、变质的主要措施：①控制再生温度 $\not> 130℃$；②脱硫系统内不补滤水，而补除氧水；③溶剂缓冲罐要启用氮封；④桶装胺液的桶盖要盖紧。

18. 配制胺液浓度的计算公式是什么？

$$胺液浓度 = \frac{溶质}{溶液} \times 100\% = \frac{纯胺液}{纯胺液 + 除氧水} \times 100\%$$

19. 胺液配制有哪些步骤？

胺液配制的步骤：①关闭贫液储罐贫液出口阀，打开溶剂配制泵与贫液储罐之间的连通阀；②打开除氧水进溶剂配制罐阀，向溶剂配制罐加胺，当溶剂配制罐液位达到60%～70%时，启动溶剂配制泵向贫液储罐内输送胺液；③根据所配制胺液浓度，对所加胺液量，计算加除氧水数量，通知中控室认真监测贫液储罐液位；④向贫液储罐注除氧水，同时在贫液储罐与溶剂配制罐之间进行胺液循环，待浓度均匀后，分析胺液浓度，在15%～20%之间为合格。⑤浓度合格后，关闭贫液储罐与溶剂配制罐间循环线，把溶剂配制罐内的胺液全部打入贫液储罐内；⑥配胺结束后，关闭溶剂配制泵与贫液储罐间的连通阀。

20. 溶剂吸收和解析的条件有什么不同？

对吸收（气体脱硫）有利的条件是低温高压，而对解吸（溶剂再生）有利的条件是高温低压。

21. 为什么要在加氢装置内设脱硫系统？

加氢装置脱硫系统由三部分组成，即循环氢脱硫、低分气脱硫、燃料气脱硫。设置脱硫系统是十分必要的。循环氢中如果有较多的H_2S，就会腐蚀管道设备，造成铁锈积累在催化剂床层上引起压降增加，同时从化学平衡来看，循环氢中有H_2S不利于脱硫反应。

低分气中有H_2S，这部分低分气一部分作新氢补入系统中，会引起循环氢中H_2S浓度增高。

燃料气中如有H_2S，会腐蚀管道，形成的铁锈会堵塞火嘴，另外H_2S燃烧后形成的SO_2，污染大气。

22. 溶剂再生装置开工转入正常生产后，需检查和确保哪些参数的正常以保证正常生产？

主要调整的参数：①调整再生塔的MDEA溶液的流量在设计的30%～100%之间，调整贫液温度及MDEA浓度；②调整再生塔顶的压力；③调整再生塔重沸器的蒸汽流量；④调整胺液过滤器的操作。

23. 影响溶剂再生塔再生效果的主要因素有哪些？

影响溶剂再生塔再生效果的主要因素：①再生温度低，H_2S不能很好地解吸；②装置胺溶液循环量小，造成溶液负荷过大；③再生塔塔板故障，解吸效果差；④再生塔塔底重沸器内漏。

24. 溶剂再生塔重沸器的温度控制对装置生产有何影响？

再生塔的作用是汽提出胺液中吸收的 H_2S 和 CO_2，所需的热量由再生塔重沸器提供。进入重沸器的蒸汽流量与重沸器出口胺液蒸气的温度进行串级调节。热量不足时，蒸汽流量增加；胺液蒸气温度高时，蒸汽流量减少。胺液蒸气温度低将导致再生效果变差，溶解的 H_2S 和 CO_2 无法完全释放，造成贫溶剂的吸收能力降低；另一方面，蒸汽过量，使得胺液蒸气温度过高，造成胺的热分解，浓度降低，造成损失。过量的蒸汽还导致能耗增加，浪费能源。

25. 脱硫塔内溶剂起泡的现象有哪些？

现象：①液面波动剧烈；②塔内压力波动大；③在液面计内可见大量的泡沫；④放出的溶剂有大量的泡沫。

26. 为了减少溶剂损失，脱硫系统设计中采用哪些措施？

为了减少溶剂损失，脱硫系统设计中一般采用如下措施：①再生塔底重沸器热源采用低压蒸汽(0.35MPa)，以防止由于重沸器管束壁温过高，造成溶剂的热降解。由于脱硫剂沸点为171℃，如果采用温度250℃的1.0MPa蒸汽作为热源，一则脱硫剂汽化，无法进行硫化氢的解吸再生；二则脱硫剂极易分解和老化，尤其是在靠换热器管壁处；三是大于138℃后，脱硫剂酸性大增，设备腐蚀加剧，而采用150℃的0.35MPa蒸汽既能满足工艺要求又能防止和避免以上弊病，是脱硫剂再生的理想热源。②溶剂配制及溶剂系统补水均采用除氧水，溶剂缓冲罐设有氮气保护系统避免溶剂氧化变质。③贫、富液设置过滤器系统以除去溶剂中的降解物质，避免溶剂发泡，同时还设有阻泡剂加入设施。④循环氢、燃料气、低分气进脱硫塔前都设置较大的分液罐，目的是尽量减少凝液带入溶剂系统，避免造成脱硫塔及再生塔因溶剂发泡、雾沫夹带而造成溶剂损失。

27. 脱硫系统的防腐措施有哪些？

为了降低脱硫系统的腐蚀，主要的防腐措施：①控制富液的酸气负荷不超过 0.4mol 酸气/mol 胺；②采用低压（0.3～0.4MPa）饱和蒸汽热源；③富液流速≥1m/s；④进再生塔的富液温度不宜超过 90℃。

28. 为什么设富液闪蒸罐？富液闪蒸罐顶对罐顶闪蒸出的气体如何处理？

设置富液闪蒸罐的目的是除去富液吸收的烃类和轻浮油，这些物质是导致胺液发泡的因素之一，并使再生效果变差。因此，在进入溶剂再生系统之前，应充分分离这些杂物。

富液闪蒸罐顶排出的气体硫化氢含量也非常高，如果不经过处理直接排放到火炬或管网，将对后部系统造成很大腐蚀。为此，在富液闪蒸罐顶排放线上设置了一套贫溶剂回流系统，主要是用再生后的贫液注入富液闪蒸罐顶管线中，对排放的烃类进行脱硫处理，吸收了硫化氢的胺液回流到富液闪蒸罐内，经过贫液回流的处理使排放的气体基本不含硫化氢。

29. 溶剂再生塔底温度的主要影响因素是什么？有何影响？

影响溶剂再生塔底温度的主要因素：①蒸汽压力及温度变化；②液面控制失灵，造成液面不稳；③富液进塔流量变化；④塔顶压力的变化和塔的压差变化；⑤塔回流量的变化。

再生塔底温度由调节塔底重沸器加热蒸汽量来控制，自动控制仪表阀。温度控制太低，胺液的解析效果显著下降，再生效果差，贫液中 H_2S 含水量高，影响脱硫、尾气净化的效果；温度控制太高，将使塔顶温度较难控制，同时增加装置能耗，胺液高温组成易发生变化。

30. 再生塔顶温度如何控制?塔顶温度高低对操作有何影响?

再生塔顶温度主要由顶回流控制。温度控制太低,胺液的解析效果显著下降,贫液质量变差。另一方面尾气吸收部分,半贫液中 CO_2 的吸收效果差,它存在于胺液中,将对干气脱硫、还原气的净化都有较大的影响;温度控制太高,加大了再生塔顶冷却器的负荷,同时回流量增加,易造成酸性气带水严重。

31. 溶剂再生装置停工吹扫时应注意什么问题?

停工吹扫时应注意下面几个问题:①首选用新鲜水将贫富液管线设备冲洗干净后,再用蒸汽吹扫 8h 以上,直到符合检修条件;②塔、罐要蒸 48h 以上;③冲洗吹扫过程中,要防止堵塞、水击和憋压,保证低点畅通;④个别盲管,在主管线冲洗 4h 后,要拆开末端法兰冲洗吹扫;⑤冲洗吹扫过程中,要按一定方向和顺序,防止互窜。

32. 在胺储罐顶通入氮气形成氮封保护的目的是什么?

在胺储罐顶通入氮气形成氮封保护的目的,是为防止胺储罐内胺液氧化变质。

33. 再生后贫液中 H_2S 含量超高的原因是什么?如何处理?

再生后贫液中 H_2S 含量超高主要有如下原因:①再生温度低,H_2S 在该温度下不能很好地解吸;②胺液循环量太小,造成胺液负荷过大;③贫/富液换热器漏,富液窜入贫液中;④顶回流太大,塔顶温度太低。

处理方法:①提高再生塔底温度;②提高胺液循环量,使胺液循环量与干气、液化气量相匹配;③查明内漏原因,请停工检修;④查明顶回流太大的原因,恢复正常。

34. 再生塔顶回流量过大的原因是什么?

回流量过大的原因:①塔底重沸器给的蒸汽量太大,出口温度给的太高；②塔底重沸器内部蒸汽泄漏；③顶回流水冷器内部泄漏；④操作指标不合理；⑤塔顶压力太低。

☞ **35. 在胺液浓度正常范围内，胺液循环量与浓度存在什么关系？**

胺液循环量与浓度对脱硫效果的好坏有直接影响，在胺液浓度稳定的情况下，增加胺液循环量将有利于脱硫，但不能太大，造成浪费；胺液浓度较高时，可适当降低循环量，胺液浓度较低时，可提高循环量。

☞ **36. 温度对燃料气脱硫塔有何影响？**

燃料气脱硫塔是气液吸收塔。温度低时，一是 MDEA 碱性强，有利于化学吸收反应；二是使贫液中的酸性气平衡分压降低，有利于气体吸收；但如果温度过低，可能会导致进料气的一部分烃类在吸收塔内冷凝，导致 MDEA 溶液发泡而影响吸收效果。所以，该塔顶温度控制在 38℃左右，而贫 MDEA 溶液温度一般要比气体进料温度稍高 5~6℃，塔底为了防止溶液发泡则通过燃料气脱硫塔来的富液控制在 50℃左右。

☞ **37. 影响脱硫效果的主要因素有哪些？**

影响脱硫效果的主要因素：①压力对脱硫效果的影响：压力高，气相中酸气 H_2S 分压大，吸收推动力增大，反应向右移动，有利吸收；压力低则不利吸收，但过高的压力会导致原料气中的重组分液化。再生解吸时则要求压力低，酸气容易从富液中解吸出来，能得到低酸气负荷的再生贫液。②温度的影响：从反应可以看出，吸收需在低温下进行，解吸则在高温下进行，但温度过高不仅使蒸汽耗量大，即能耗高，同时二乙醇胺容易分解而失效。在正常的生产中通常保持溶剂的温度比气体进料温度高 5~6℃。③溶剂浓度和酸气负荷的影响：溶剂浓度高对吸收有利，但过高会导致溶剂发泡，影响生产正常运转。贫溶剂的酸气负荷直接影响脱硫效果，贫溶剂的酸气负荷越低，脱硫效果越好。④溶剂的循环量：溶剂的循环量不足会导致吸收效果差，循环量过大会导致动力消耗大，所以，循环量应控制在刚好能满足化学吸附所需量为好。

38. 影响燃料气脱硫塔液位的因素有哪些？应做哪些相应调节？

影响液位因素：①燃料气脱硫塔贫液泵停运；②燃料气脱硫塔贫液流量控制阀失控；③脱硫塔内部塔板堵塞，或浮阀卡住；④脱硫塔液位控制阀失控；⑤贫液、富液过滤器堵塞；⑥脱后燃料气带胺；⑦燃料气压力波动。

调整：①启用贫液备用泵，查明原因，修复停运的泵；②联系仪表工处理流量控制阀，现场改副线操作；③向车间汇报，请示停工处理；④联系仪表工处理，液控改现场副线操作；⑤过滤器改副线，用新鲜水反复冲洗过滤器，如仍不通，打开过滤器清理；⑥降低塔液面，提高塔压力；⑦分析原因，加强操作调整。

39. 燃料气以及低分气脱硫效果差的原因是什么？采取哪些处理办法？

原因：①胺液浓度低；②对燃料气量来说，含 H_2S 浓度太高，胺液循环量太小；③贫液中的 H_2S 太高；④燃料气带液，胺液中烃含量太高而起泡；⑤贫液入塔温度太高；⑥胺液使用时间长，太脏、降解物太多。

处理措施：①及时补充胺液调节浓度，同时查明浓度降低的原因及时处理；②适当提高胺液循环量，但不能太大，防止淹塔；③查明贫液中硫化氢浓度高的原因，如果是再生不好，提高再生塔底温度，贫富液换热器内漏，要停工检修；④加强干气脱液，同时联系反应、分馏岗位调整操作；⑤调整贫液冷却器操作，降低贫液出口温度；⑥加强胺液各过滤器的冲洗，发现胺液起泡，加阻泡剂，同时分析胺液的浓度。

40. 以低分气脱硫塔、燃料气脱硫塔为例简述冷胺循环的步骤,如何进行热胺循环?

冷胺循环:①联系生产管理部门引氮气对脱硫系统进行充压;②充压过程中应适当置换系统内的空气;③对溶剂再生塔、燃料气脱硫塔、低分气脱硫塔进行充压,不超过操作参数;④打开溶剂储罐贫液出口阀,改通冷胺液循环流程;⑤启动贫胺液泵、富液泵向燃料气、低分气脱硫塔、闪蒸罐、再生塔内注胺,塔底液位到达50%液控投自动;⑥当再生塔液位达到50%,投再生塔液控,待换热器内充满胺液后冷胺循环。

热胺循环:①在冷胺循环正常后,向再生塔重沸器注入蒸汽,以10℃/h的速度给再生塔塔底升温;②在胺液升温过程中,给上贫液冷却器和塔顶冷凝器循环水;③升温中投入塔顶分液罐液控,当塔顶分液罐液位至50%时,向再生塔建立顶回流;④检查各点温度、流量、液位是否正常,过滤器是否畅通;⑤当再生塔顶、底温度及胺液循环量正常后,热胺循环完毕,随时可准备对脱硫塔进行投料运行。

41. 脱硫系统开工步骤有哪些?如何进行正常停工?

开工步骤:①按照各塔和容器的吹扫流程进行吹扫贯通;②贫液储罐内的胺液是否满足生产需要,如需配胺,按胺液配制步骤进行配胺操作;③试压查漏,如有泄漏及时处理;④按各塔的操作参数进行充压;⑤按冷胺循环步骤进行冷胺循环;⑥按热胺循环步骤进行热胺循环,并达到规定温度;⑦待热胺循环完毕后,向各塔引料,缓慢开启阀门,防止冲塔;⑧调整操作,各塔的温度、液位、流量控制在规定的范围,待产品合格后转入正常生产。

正常停工:①联系生产管理部门及上游岗位及其他装置,切断各塔进料;②用塔顶压控阀分别控制脱硫塔系统压力;③胺液系统按正常操作循环,严格控制再生塔塔顶和塔底温度,4h后联系化验工,分析胺液中 H_2S 含量。当 $<0.1g/L$ 时,胺液再生

操作完毕；④逐渐减少再生塔重沸器的加热蒸汽，再生塔塔底以20℃/h降温，降至100℃以下时，停脱硫贫液泵，胺液系统停止循环，自然冷却；⑤把脱硫塔内的胺液全部打入再生塔，汇同再生塔内胺液退至贫液储罐；⑥启动再生塔顶回流泵把塔顶分液罐内液体全部打入再生塔后（或送至污水汽提装置），再退至贫液储罐，打开各容器的放空点，使各容器内的胺液从退胺线回至溶剂配制罐，再打入贫液储罐内；⑦停贫液冷却器和再生塔顶冷凝器循环水，并放净管壳内的水，按水洗和吹扫流程方案做好各部位的水洗吹扫工作。

42. 脱硫剂中有机物污染物的主要来源有哪些？解决溶液污染的可能途径有哪些？

根据几种污染物的分析结果，溶液污染物中既有有机物，也有无机物。

有机物可能的来源：①原料气带入的凝析油和注入气中的缓蚀剂；②脱硫溶剂不纯带入的有机杂质；③脱硫溶剂的降解产物。

无机物可能的来源：①原料气带入的污水和无机盐；②原料气集输设施的腐蚀产物（以硫化铁为主）；③脱硫装置内部的腐蚀产物；④溶液、清洗装置等不慎带入的无机盐。

解决途径：①加强原料气脱液；②加强胺液管理，包括：入厂溶剂质量检验，配制溶液必须使用除氧水，溶液用惰性气体保护，变质溶液复活处理等；③改进原料气过滤分离系统，选择高效的过滤器和分离器，将原料气带入的液、固态杂质分离去除干净，确保干净原料气进入脱硫系统；④开展工艺操作条件和设备材质研究，将装置腐蚀降低到最低限度；⑤开展溶液过滤工艺和设备研究，强化过滤操作管理，保持溶液清洁。

43. 气体夹带造成胺液损失的主要原因有哪些？

气体夹带造成胺液损失的主要原因：①气体吸收塔直径偏小；②塔板操作处在设计压力以下；③塔板操作处在液泛点；

④塔板堵塞；⑤分布器尺寸偏小或堵；⑥破沫网损坏；⑦较高的夹带损失常常是气速高于设计值或压力低于设计值引起的，为了控制夹带损失，应保持较低的气速。

44. 降低胺液发泡损失的措施有哪些？

在操作过程中胺液会发泡，为了减轻发泡现象，可采取以下措施：①为杂质较多的液化气和干气增设原料过滤器，以免原料中的杂质引起发泡；②控制贫液入塔的温度高于气体入塔的温度 $4\sim7℃$，以防止重质烃的冷凝；③可在燃料气进塔前设置水冷却器，使冷却后的干气分出冷凝的烃后再进入脱硫塔。

45. 胺液发生物理损失有哪些途径？

胺液发生物理损失的途径：①系统泄漏、飞溅和维修，这是胺损失的主要原因；②净化气中物理夹带的胺液到塔顶带出系统，当气速过高或气体通道的尺寸不当时，这种现象常会发生在脱硫塔、再生塔或闪蒸罐出的洗涤罐内；③吸收塔或再生塔内难以控制的发泡，会将胺夹带从塔顶带出系统；④留在报废滤芯、活性炭上和现场复活操作过程中损失的胺；⑤胺液黏度、沉降区的液体流速和沉降时间都会影响液处理器的夹带；⑥所选胺的溶解性会影响溶解在净化后液体产品中的胺的损失；⑦温度越高，所选胺的蒸气压越大，吸收塔或解吸塔的蒸发损失越大。

46. 胺液循环量对气体脱硫效果有何影响？

胺液循环量是影响循环氢脱硫效果的重要因素。在一定的温度、压力下，H_2S 在胺液中的溶解度是一定的。胺液循环量过小和胺气比过小，满足不了脱硫的化学反应需要量，导致吸收效果降低，使净化气中 H_2S 量过大；胺液循环量过大，增加塔的负荷，胺液易发泡而影响吸收效果，而且也使装置的动力消耗增加。

47. 胺液发生化学损失有哪些途径？

胺液发生化学损失的途径：①处于温度极高的重沸器和热复活釜内的胺会发生热降解，胺处于高温条件下的时间越长，降解程度越大；②MEA 和 DEA 分别与 CO_2 形成降解产物；③MEA 和 COS 形成降解产物；④由于形成热稳定性盐，虽然系统实际上并没有损失胺，但从效果看，却从再生循环中损失了胺；⑤氧气不同程度地使胺降解。

48. 脱硫设备的腐蚀形式有哪些？脱硫设备腐蚀的主要部位有哪些？

脱硫设备的腐蚀形式主要有：坑蚀、冲蚀、氢脆、电化学腐蚀等；脱硫设备腐蚀的主要部位有：溶液再生塔顶部、塔顶酸性水分液罐、塔底重沸器、脱硫吸收塔顶破沫网支梁、塔板、富溶液换热器等。

49. 贫液储罐液位升高的原因有哪些？

贫液储罐液位升高的原因：①脱硫系统各塔、罐的液位过低；②干气、液态烃带水带油严重；③冷却器、重沸器有内漏的现象；④与贫液相连接的水线、干气的洗塔线、蒸气线阀门有内漏的现象；⑤胺液起泡。

50. 分析压力对再生塔操作有何影响？

压力低有利于 H_2S 的解吸，也有利于再生塔的操作，但由于再生需要一定的温度，而在此温度下溶液有一定的饱和蒸气压。所以，压力和温度有一对应关系，同时，还要考虑酸性气出装置的输送问题等。

51. 试分析脱后气体中 H_2S 含量超标的原因，如何调节？

原因：①原料气中硫化氢含量增加；②原料气量增大或流量不稳；③胺液循环量不足，贫液中酸性气含量高或胺液浓度低；④溶剂冷后温度高或压力波动导致吸收、抽提效果差；⑤酸性气负荷过大；⑥实际液面过低；⑦溶剂发泡、跑胺冲塔；⑧塔板结垢、堵塞或再生不正常，胺液脏等造成吸收、抽提效果差。

处理：①适当增大胺液循环量；②根据进料或富液、贫液的情况，及时调节胺液循环量，调整好再生操作；③增大贫液冷却器冷却水量，或适当降胺液循环量，控制好塔的压力；④维持设计负荷或适当提高胺液浓度和溶剂循环量；⑤控制好塔液面至正常位置；⑥原料气暂时改出装置，溶剂进行再生处理；⑦适当置换胺液，控制稳定再生塔操作。

52. 贫液中硫化氢含量超标有何原因？如何处理？

原因：①溶剂再生温度低；②富液酸气负荷大；③再生塔液面过高；④溶剂发泡；⑤贫富溶剂换热器内漏。

处理：①提再生压力，并适当增大蒸汽量；②提高循环量，降低酸气负荷；③查找液面高的原因，控制好溶剂再生塔液面；④增加溶剂过滤量，往脱硫系统中注入适量的消泡剂；⑤装置停工检查，切出贫富溶剂换热器。

53. 脱硫塔为什么要排烃？

在生产过程中，脱硫塔的原料气难免夹带有少量的轻烃或油，这种油或烃积聚过多就会使胺液产生大量的泡沫，影响脱硫效果；严重时这种泡沫会沿塔而上，造成脱后气体带液和跑胺事故的发生，影响下游的操作。所以，要定期对脱硫塔的胺液进行排烃，保持溶剂的清洁。

54. 溶剂发泡的原因、危害、消除手段是什么？

溶剂发泡会降低系统处理量，增加溶剂损失和降低气体净化程度。引起溶剂发泡的主要原因是溶剂中含有悬浮的固体颗粒、烃类、降解产物等杂质和气液接触速度过高。采用过滤和吸附措施使溶剂净化，是减轻发泡的有效手段。

55. 脱硫塔内气相负荷过大，会造成什么后果？

它使气液二相在塔板上的搅拌加剧，会形成很高的泡沫层，使气体夹带许多泡沫。气速增加，夹带量猛增，造成过量雾沫夹带，影响分馏效果。当气速达到极限流速时，就造成"冲塔"，分馏作用被破坏。

56. 溶剂再生塔压力升高的原因是什么？如何处理？

溶剂再生塔压力升高的原因：①硫黄回收装置故障，造成后路不畅；②再生塔顶回流罐的压控阀卡或堵；③富液带烃严重；④再生塔顶空冷冷却效果差，酸性气温度上升；⑤循环氢脱硫塔、低分气脱硫塔、燃料气脱硫塔向溶剂再生塔串压；⑥仪表失灵。

处理：①与生产管理部门联系，酸性气改放火炬，加强调节；②改副线操作并联系仪表工处理控制阀；③各脱硫塔适当排烃，调整各塔的操作，尽量消除富液带烃；④调节溶剂再生塔的操作温度及冷后温度；⑤将各脱硫塔的液控阀改手动操作，控制住各塔液面，防止液面过低被压空；⑥联系仪表工处理。

57. 活性炭过滤器的作用是什么？

由于甲基二乙醇胺溶剂在运转过程中，能产生降解产物，而这些降解产物的沸点与甲基二乙醇胺相近。所以，不能用蒸馏法"复活"，只能用活性炭过滤吸附来除去降解产物，从而达到溶剂净化的目的。

58. 富液过滤器的作用是什么？

自各脱硫塔来的富液全部通过富液过滤器，可以除去富液中的铁锈、降解物等杂质，避免这些杂质在系统中循环，可提高胺液的纯度，减少溶解发泡，提高脱硫效果。

59. 在日常操作中为什么要间断向贫液中补入除氧水？

在溶剂再生塔中，由于塔底温度在 $120\sim140℃$ 之间，塔顶压力在 $0.1MPa$，塔顶温度在 $110℃$，会使溶剂中的水分随酸性气一起挥发出去，为保持溶剂的浓度不变，因此，需要间断向贫液中补入除氧水。

60. 酸性气管线为什么要保温？

由于在酸性气中，除了 H_2S 还有 CO_2、H_2O、烃类等其他组分。为防止气态的 H_2S、H_2O 冷凝而产生腐蚀，故对酸性气管线采用保温,并用蒸汽伴热。

☞ **61. 燃料气脱硫塔、低分气脱硫塔串再生塔的原因是什么?**

①燃料气脱硫塔或低分气脱硫塔液面控制失灵或过低。②压力波动大,导致液面的大幅波动而压空。③燃料气脱硫贫液泵、低分气脱硫贫液泵故障及调节阀失灵造成胺液循环中断,滞后造成液面压空。

☞ **62. 溶剂再生塔安全阀为什么装在再生塔的中下部,而不装在塔顶?**

安全阀若装在塔顶,因酸性气中 H_2S 浓度高,易产生腐蚀而使安全阀锈死、失灵。而安全阀装在中下部可避免受 H_2S 腐蚀。因为再生塔底部溶剂加热后主要是水蒸气和气相胺,H_2S 含量很低,即使安全阀跳,排放的介质对火炬线的腐蚀也较小。

☞ **63. 燃料气或低分气脱硫系统压力升高的原因是什么?如何进行调节?**

原因:①进料量突然增大。②吸收塔的压控阀仪表调节系统故障或控制阀失灵。③后部流程不畅通。

调节方法:①提量要缓慢。②联系仪表工修理,同时要求外操改副线操作。③联系生产管理部门使后部流程畅通。

☞ **64. 溶剂再生系统压力升高的原因是什么?如何进行调节?**

原因:①下游硫黄回收装置故障。②酸性气管线堵或积水。③再生塔顶压力控制阀失灵。④富液带烃严重。⑤溶剂再生塔顶空冷冷却效果差。

调节方法:①酸性气改放火炬,联系硫黄回收装置处理。②酸性气改放火炬,并处理酸性气管线。③改副线操作,并联系仪表工处理。④酸性气改放火炬,调整前部操作,消除富液带烃现象。⑤控制溶剂再生塔的操作温度和冷后温度。

☞ **65. 脱硫系统液面上升的原因是什么?如何进行调节?**

原因:①补水线至溶剂再生塔顶部入口阀未关。②贫溶剂冷却器发生泄漏。③溶剂再生塔底重沸器发生泄漏。

调节方法：①关严阀门或更换阀门。②停工检修。

66. 燃料气或低分气带胺的原因是什么？如何进行调节？

原因：①进料量突然增大或波动大。②原料气量过大超过允许空塔线速。③液相负荷过大。④溶剂发泡，跑胺冲塔。⑤贫液冷后温度高或原料气温度过高。⑥塔压不稳，循环量不稳。⑦原料气中重组分含量增多。

调节方法：①加强对前部系统的操作。②为避免燃料气脱硫塔、低分气脱硫塔超负荷运行，需将部分原料气改出或降量调整负荷。③降低胺液循环量。④增大溶剂过滤量，调整阻泡剂加入量。⑤控制贫液冷后温度或降低原料气入塔温度。⑥平稳各塔压力、液面。⑦加强前面的操作，同时对分液罐要勤脱液。

67. 脱硫系统跑胺的现象、原因是什么？如何处理？

现象：①液面浑浊不清，看不清液位。②燃料气分液罐、脱硫后低分气管线中有胺液，或在闪蒸罐火炬线中有胺液。③压力、流量、液面有波动。

原因：①闪蒸罐液位或温度控制太高，压力波动。②塔压波动，循环量不稳，因而影响液面波动更大。③溶剂脏物多，引起发泡。④原料气超过脱硫塔的设计负荷（即线速度过大）。⑤原料气中重组分含量多。

处理方法：①适当降低各塔贫溶剂量。②平稳各塔压力、液面。③控制好闪蒸罐的压力和液面。④增加溶剂过滤量。⑤适当开大排废氢量，提高氢纯度。⑥尽量回收携带的胺液。⑦加强前面系统的操作，加强各分液罐的脱液。

68. 串气（脱硫塔液面压空，大量气体串入溶剂再生塔，严重时溶剂再生塔超压）的现象、原因是什么？如何处理？

现象：①各塔液面看不清，压力波动，富液流量大幅增加，贫富溶液不平衡，闪蒸罐压力突然上升，安全阀起跳。②在现场可听到各塔底富液线有异常响声。

原因：①脱硫塔的液面失灵或过低。②压力波动大，导致液面的大波动而压空；③仪表失灵造成液位指示失灵。

处理方法：①稳定塔压、液面，如液面压空，到现场关富液控制阀上游阀，适当增加贫液流量，恢复液位。②闪蒸罐压控必要时打开副线进行紧急泄压。③联系仪表工检查并修复。

☞ 69. 溶剂再生塔发生冲塔的现象、原因是什么？如何处理？

现象：①溶剂再生塔顶回流罐液面和压力急剧上升。②酸性气出装置量突然增大。③塔压上升，液面下降。

原因：①溶剂再生塔底重沸器加热蒸汽过大，导致温度超高，气相负荷过大。②溶剂再生塔液面波动大。③压控失灵，波动过大。④溶剂再生塔顶回流量过大后中断或回流泵故障。

处理方法：①迅速降低加热蒸汽量；②立即控制住塔顶压力，防止快速下降。必要时联系生产管理部门酸性气改低压燃料气，防止冲击硫黄装置；③富液闪蒸罐尽量降低压力，提高操作温度，加强闪蒸。液面手动操作，保持进料稳定；④切换备用泵，调整回流罐液面及回流量至正常；⑤系统全面排烃，加消泡剂；⑥适当降低装置负荷，降低酸性气负荷到设计值内；⑦注意分析脱硫气体硫化氢含量，根据实际情况更改后路；⑧注意系统的溶剂平衡，防止液位拉空、串气、满罐等问题。

☞ 70. 脱硫塔进料中断的现象、原因是什么？如何处理？

现象：①进料、净化气流量指示为零。②脱硫塔的压力突然下降，再生塔压力下降。

原因：反应、分馏系统故障或进料阀失灵，造成原料中断。

处理方法：①维持胺液循环，尽量保持各塔液面、压力。②继续维持溶剂再生塔的操作，并控制好压力。③迅速了解情况，作相应处理，若短时间可恢复进料则调整操作，长时间则将原料气走跨线，切出脱硫系统，脱硫系统照样进行胺液循环。④防止胺液倒串。

第四节 蒸汽发生系统的操作

1. 什么是饱和水蒸气？

在一定的压力下，水沸腾时产生的蒸汽称为饱和水蒸气或温度等于对应压力下饱和温度的蒸汽称为饱和水蒸气。一般说来，在平衡状态下，汽水混合物中的水蒸气是饱和水蒸气。

2. 什么是过热蒸汽？什么是过热度？

温度高于对应压力下的饱和温度的蒸汽称为过热蒸汽。

蒸汽过热的程度称为过热度。过热度在数值上等于过热蒸汽温度减去对应压力下的饱和蒸汽的温度。

3. 为什么发生蒸汽的脱盐水要进行除氧？

溶解在水中的空气在换热器中加热时，在管子表面形成气泡，降低了管外传热膜系数，影响传热效率。并且溶解在水中的氧对钢铁有氧化腐蚀的作用，对设备长周期运行有影响，因此，脱盐水进行发汽前需要除氧。

4. 软化水与除盐水有何区别？

软化水只是将水中的硬度降低到一定程度。水在软化过程中，仅硬度降低，而总含盐量不变。除盐水不但降低水的硬度而且还将溶于水中的盐类降低。

5. 热力除氧的原理是什么？

根据气体溶解定律，当液体和气体处于平衡时，单位体积的液体中溶解的气体量是与液面上该气体的分压力成正比的。若降低液面上某气体的分压力，溶解在液体中的该气体会自动析出，从而使液体中该气体的溶解量减少。热力除氧就是根据这一原理来除掉水中的氧气的。把蒸汽引入除氧器和水混合后加热，随着水温的提高，水面上蒸汽的分压力就升高，而其他气体的分压力就降低。当水加热到沸点时,水面上蒸汽的分压力几乎等于液面上的全压,其他气体的分压力则趋于零,于是溶解在水中的气体就从水中析出而被除去。

☞ 6. 对除氧器运行有何要求?

基本要求:①水必须加热到除氧器压力下的饱和温度。运行中不仅要监视水温,也要监视压力。②加热蒸汽的量必须适当,注意水量和汽量的平衡调节,确保除氧器内的水保持沸腾状态。汽量不足引起压力降低,除氧效果变坏;汽量过多,造成压力升高,水封动作,不经济,也不安全。③必须保持除氧器顶部排汽阀应有一定的开度,保证析出的气体能够顺利排出,但也不应过大,否则,会造成蒸汽浪费。④送入的补给水量应稳定,不应间断送入或猛增猛减,以免压力波动,除氧效果变差。

☞ 7. 怎样启运除氧器?

①检查各来汽、水阀门应关闭,除氧器水箱下水阀关闭。各仪表投入,安全水封内注满水。②打开脱盐水调节阀上、下游阀,控制调节阀向除氧器上水达 50% 位置,并打开罐顶排大气阀门。③打开蒸汽调节阀上、下游阀,在蒸汽进入除氧器前,打开放空排凝结水,待凝结水排放完后关闭疏水器。手动控制调节阀使除氧器压力保持在 0.02MPa 表压,温度为 104℃。④通知化验工分析除氧器水质,如不合格,打开除氧器水箱下水阀放水,直至合格(含氧量 ≯15μg/L,硬度 ≯5μg当量/L)。⑤待水质合格,关闭下水阀,改蒸汽及脱盐水手动调节为自动调节。

☞ 8. 怎样停运除氧器?除氧器的正常维护工作有哪些?

除氧器停运:①关闭蒸汽调节阀及上、下游阀;②关闭软化水;③若停用后进行大修,开启除氧器水箱,将水箱内水放空。

正常维护:①保持除氧器压力为 0.02MPa 表压力,水温 104℃;②出水含氧量应小于 15μg/L;③水箱水位在 2/3 位置;

④水封管经常充满水；⑤定期冲洗水位计。

9. 怎样投用蒸汽发生器？

检查：①检查蒸汽发生系统所属设备，换热器、汽包、控制阀、安全阀、玻璃管液面计、差压式液面计、压力表、热电偶等是否完好。②安全阀按规定定压。③检查除氧水进装置系统畅通。④检查蒸汽发生系统所属管线、阀门、法兰、螺栓和垫片安装质量符合要求。⑤检查排水系统是否畅通。⑥打开汽包顶部的放空阀。

冲洗、贯通、试压：①投用除氧器后，用除氧水对蒸汽发生器冲洗至采样分析水质合格为止。②试压用蒸汽，试压压力≮0.8MPa。

投用步骤：①在水冲洗完毕、水质化验达到标准后，可投用汽包。②引除氧水进装置，换热器壳程充满水，汽包水位控制在1/2~2/3之间。③缓慢打开换热器进出口阀，少量热油引进设备，壳程的除氧水被加热，部分汽、水混合物上升至汽包内，水经下水管流向换热器水包自动建立循环，产生的蒸汽从汽包顶部放空，控制好汽包液面。④蒸汽放空期间应严格控制热源，严防汽包超压，待热油流量稳定后，脱氧水走控制阀。⑤蒸汽质量分析合格后，逐渐关小放空阀，将发生蒸汽引入饱和蒸汽系统，压力控制在0.35MPa。

10. 蒸汽发生器的正常停用步骤有哪些？

蒸汽发生器的正常停用步骤：①打开汽包的蒸汽放空阀，逐渐关闭汽包蒸汽出口阀。②缓慢关闭蒸汽发生器的进出口阀门，使热油逐渐走旁路，控制好汽包的液位，待蒸汽发生器冷却下来后停止进水（蜡油蒸汽发生器在切出来后就要进行退油，不要等发生器冷下来），但暂时还应保留发生器内存水。③管线按吹扫要求进行退油吹扫，扫好后将壳程内存水全部排入地漏（排净后，蒸汽放空阀和低点排凝阀不关闭）。

11. 蒸汽发生器发生液空的处理方法是什么?

蒸汽发生器发生液空的处理方法：①首先将热源切出蒸汽发生器，让其降温；②将蒸汽放空阀打开，将蒸汽切出管网放空；③等蒸汽发生器温度降低后，再向汽包补水至正常液位，按正常启动程序重新投用；④注意液面空时，千万不要立即向汽包补水，以免突沸发生事故。

12. 蒸汽发生系统为什么要排污?有几种方法?

发生蒸汽系统运行时，有一些杂质经给水带入汽包内，除极少数被蒸汽带走以外，大部分仍留在汽包内。而且由于蒸汽溶解盐的能力大大低于除氧水，使得蒸汽离开汽包时，盐分被浓缩留在汽包中。若不采取措施将这些杂物及高盐分水排除汽包外，最终引起蒸汽品质变坏。所以，必须进行排污。

目前排污方式有两种，一为定期排污；二为连续排污。

13. 汽包的两种排污方法各有什么目的?

汽包排污按操作时间可分为间断排污和连续排污。

间断排污又称定期排污，即每间隔一定时间将锅炉底部沉积的水渣、污垢排出。间断排污一般 $8 \sim 24h$ 排污一次，每次排 $0.5 \sim 1 min$ 时间，排污率不少于 1%，间断排污以频繁、短期为好，可使汽包水均匀浓缩，有利于提高蒸汽质量。

连续排污是指连续排出浓缩的锅炉水，主要目的是为了防止锅炉水的含盐量和含硫量过高，排污部位多设在锅炉水浓缩最明显的地方，即汽包水位下 $200 \sim 300mm$ 处。通常根据汽包水水质分析指标调整连续排污量。

14. 定期排污有何规定?

定期排污每班 $1 \sim 2$ 次，排污时不得有 2 个或 2 个以上排污点同时排污。定期排污阀由关、全开、全关应在 $1min$ 内完成，而且全开时间不得大于半分钟。排污时应特别注意水位变化，有异常情况立即停止排污。

15. 蒸汽除氧器正常操作的步骤是什么?

蒸汽除氧器正常操作步骤:①除氧器顶部放空适量冒汽,控制溶解氧含量≤15mg/L。若运行中超过此指标应检查除氧器的压力、水温、排汽量是否正常。②除氧器内部压力应平稳在0.02MPa,由压控调节阀自动调节。③除氧器水温应控制在100~104℃。水温可以通过加热蒸汽流量进行适当调节。④除氧器水位控制在80%以下,低限为30%。水位由液控阀自动调节。

16. 低压汽包水位的影响因素是什么?如何调节?

低压汽包水位的影响因素:①汽包给水量与汽包蒸发量。当汽包负荷变大时,蒸发量增加,此时,如果给水量不增加或增加的不适量,就会造成液位下降。②给水泵故障,造成出口压力波动,使流量、压力不稳。③除氧器液面过低或除盐水中断。

调节方法:①汽包的给水采用三冲量控制,即给水流量、汽包发生蒸汽流量、汽包液位三个信号控制,以克服蒸汽管网压力变化引起汽包虚假液位及汽包给水流量波动引起液位的波动。②给水均匀,控制水位在50%±5%刻度内微微波动。③自动调节阀失灵时立即改副线操作,关调节阀的前后阀门,给水量控制以现场水位计指示为准,并联系仪表工处理调节阀。④每班内外操联系核对液位计一次。⑤做好给水泵的维护工作。

17. 低压汽包压力控制的影响因素是什么?如何调节?

低压汽包压力控制的影响因素:①汽包给水量变化会引起汽包压力变化。②热源温度、流量。当热源温度、流量升高时,蒸发量增加,压力上升。③出口蒸汽隔断阀的开度。开度增加,压力下降,同时也与蒸汽管网压力有关。④系统蒸汽用量增加,压力下降。

调节方法:①低压汽包压力由蒸汽管网压力自然平衡,正常时应略高于管网压力。出口蒸汽隔断阀不是调节汽包压力的主要手段。②当1.0MPa蒸汽管网压力突然下降时,视情形手动关小出口蒸汽隔断阀。③经常检查汽包压力表,失灵后应及时更换,压力表要定期校验。

18. 影响除氧器除氧效果的因素和调节方法是什么？

影响因素：①压力控制不稳。②除氧温度控制不到位。③除氧器液位波动较大。④1.0MPa 蒸汽压力波动。

调节方法：①控制除氧器压力在 0.02MPa 左右，防止波动。②除氧温度按 104℃控制，温度偏低时，加强调节。③控制除氧器的液位稳定，避免液位波动对除氧水量的影响。④管网 1.0MPa 蒸汽压力波动应及时联系生产管理部门，保证蒸汽的正常供给。

19. 影响蒸汽发生器发汽量的因素及调节方法是什么？

影响因素：①精制蜡油、精制柴油流量波动或温度波动。②除氧水量控制不稳。③除氧水温度波动。④低压汽包液位波动。⑤给水泵出口压力或流量波动。

调节方法：①尽量控稳精制蜡油或精制柴油进蒸汽发生器的流量或温度。②控制进低压汽包的进水量平稳，减少波动。③除氧水温度不稳应联系外操，进行现场检查，找出原因及时处理。④低压汽包的液位正常波动范围控制在 ±10% 以内。⑤联系外操检查机泵运行状况，需检修时及时联系钳工处理。

20. 影响蒸汽发生器发汽压力的因素和调节方法是什么？

影响因素：①热源流量和温度的波动。②低压汽包液位的波动。③除氧水温度的波动。④除氧水流量的波动。⑤蒸汽管网系统压力发生波动。

调节方法：①稳定精制蜡油、精制柴油的流量，保证各段取热的平稳。②控制低压汽包液位的正常，防止大的波动对发汽压力的影响。③尽量控制除氧水温度的平稳。④控制除氧器液位的正常，保证除氧水流量的稳定。⑤加强与生产管理部门的联系，确保系统压力的稳定，同时加强蒸汽发生器的操作。

21. 除氧器水封的投运与退出的步骤是什么？

除氧器水封的投运：①开启除氧器水封进水阀进水。②当除氧器水封中水位至水封溢流口时，关闭除氧器水封进水阀。③稍开除氧器水封的补水阀，维持水封溢流。

除氧器水封的退出：①关闭除氧器水封的补水阀，并全开除氧器水封的放水阀。②当除氧器水封罐中的水放尽后关闭放水阀。

22. 如何进行蒸汽发生器的排污操作？

定期排污：①蒸汽发生器的底部配有一对阀门，专门用于定期排出蒸汽发生器底部聚集的固体杂质。②排污前与内操做好联系，把低压汽包的水位控制在比正常水位高 20~30mm，并在排污时密切注意汽包的水位。③在离蒸汽发生器底部最远的阀门打开之前，先打开离蒸汽发生器底部最近的阀门半扣，暖管数秒，再将阀门全开。④将蒸汽发生器的第二个阀门迅速全开，开 5s。如需要可进行多次，但每次时间控制在 5s。因为排污阀开启时间太长将破坏通过管束的流动和通过蒸汽发生器的循环，从而导致管束的损坏。多次短时间排污比一次长时间排污的效果更好。⑤排污完毕后先关下游阀，再关上游阀，关后再将下游阀打开泄去残水后关闭。⑥排污时出现污水管道有冲击声，应立即停止，直到冲击声消除后再缓慢打开。⑦排污时若出现汽包水位不正常情况，应立即停止排污，正常后小心进行。⑧注意事项：向环境排污时必须极其小心。水的温度和压力都很高，该流体会蒸发成水蒸气，人只要接触此蒸汽，将被严重烫伤。按给水质量不同，此程序的操作频率应在每班一次至每周一次之间，为保证阀门在需要时能正常工作，应每周至少一次给蒸汽发生器底部排污。

连续排污：①蒸汽发生器正常投用后，应启用连续排污，也称表面排污。可以排出高浓度固溶物的污水并用低固溶物的给水置换。②低压汽包有连续排污管线，伸入罐体内部，恰好在低水位报警设定值的下面一点。③低压汽包的连续排污线为专线，从汽包引出后排至排污冷却器。④除非系统停车维护，否则，上游切断阀始终开着，排污流量可以通过下游手阀适当调节。⑤排污流量的大小可以根据汽包水质分析来调节，只要给水流量和浓度不变，排污阀就不必频繁调节；只要汽包水质合格，排污阀不必开得太大，排污太大时浪费水和能源，一般排污量为给水量的1%~1.5%。

23. 汽包水位计的冲洗及叫水法？

冲洗操作程序如下：①开启放水阀、冲洗水管、汽管及玻璃。②开启水阀冲洗水导管。③开启汽相阀，冲洗汽导管及玻璃。④关闭放水阀，开启水阀，水位出现即为正常。

注意事项：①操作人员必须戴好手套、面罩，面部应避开水位计，操作应缓慢、小心，防止玻璃爆破伤人。②水位计汽水阀堵塞均会引起水位指示偏高，若汽相阀堵塞则水位上升很快，若水阀堵塞，则水位缓慢上升。③放水阀泄漏时，水位指示偏低。④水位计不严密时会引起指示偏差（汽侧泄漏时偏高；水侧泄漏时偏低）。

叫水法：①水位计不见水位，应叫水，叫水前应先冲洗水位计。②开启水位计放水，关闭汽阀，冲洗水导管。③关水阀，开启汽阀，冲洗汽导管及玻璃。④关闭放水阀，开启水阀，汽包水位迅速出现，表示正常。⑤水位计不见水位，开启放水阀，关水阀，注意水位计水位出现，且喷出水时（有水滴的蒸汽）系严重满水。⑥水位计不见水位时，开启放水阀，冲洗水导管，若水位计喷出蒸汽，再慢慢关闭放水阀，水位计内无水位出现时，则表示严重缺水或干锅。⑦注意：需叫水时情况比较紧急，应先根据低位水位计指示情况做出初步判断，若怀疑水位计堵塞失灵应照步骤④操作，若怀疑满水应照⑤操作，若怀疑缺水时应照⑥操作。

24. 如何进行汽包的加药操作？

①先加水到指定刻度。②按计算配成0.5%浓度的药量，边搅拌边加药。③搅拌充分后启用计量泵向汽包加药，加药速度根据汽包水分析定。注入速度不要太快，要均匀。④加药时注意操作人员的自身劳动保护。

25. 什么是硬水、软水、除盐水、冷凝水？

答：所谓硬水是指含有容易生成难溶性盐类的金属阳离子，如含有 Ca^{2+}、Mg^{2+}、Fe^{2+}、Mn^{2+}、Sr^{2+}、Fe^{3+}、Al^{3+} 等的水，其中最主要的是 Ca^{2+} 和 Mg^{2+}，其他离子一般水中含量较少。消除水中的硬度即从水中分离出 Ca^{2+} 和 Mg^{2+} 等盐类的水称为软化水。经过钠离子和氢离子交换以后，再经过脱硫酸盐塔，使水软化的同时脱除碳酸盐，这样水中的固体物质减少了，这种水称为除盐水。蒸汽经冷却所析出的水叫冷凝水（或凝结水）。

26. 什么叫汽水共沸？

答：所谓汽水共沸是锅炉汽包中水位无法控制，汽水混合在一起，造成蒸汽大量带水，使锅炉负荷、压力、水位难于控制，失去协调的现象。

27. 锅炉发生汽水共沸的原因是什么？

答：锅炉发生汽水共沸的主要原因：
① 炉水品质超过规定指标范围；
② 水位过高，炉水在极限浓度时负荷骤增；
③ 给水中含油或加药不当。

28. 锅炉停炉阶段如何防腐？

答：锅炉停炉后将水排净、烘干，然后进行防腐，防腐的方法：①充氮气保护；②缓蚀剂保护；③干石炭保护；④除氧水保护。

29. 废热锅炉投产前应具备哪些条件？

①经吹扫，试压合格；②单机试运水联运合格；③煮炉合格；④仪表合格；⑤安全阀定压合格安装完毕。

30. 汽包安全阀的定压一般取多少？

汽包顶部都装有两个安全阀，定压一般取汽包安全设计压力的 1.03 和 1.05 倍起跳。

31. 锅炉的间断排污为什么装两道排污阀?

为了防止阀关不严造成锅炉漏失,同时又为了缓冲排污的冲击力,所以间断排污有两道阀。

32. 锅炉间断排污的两道排污阀如何操作?

①先开第一道阀(隔绝阀),然后开第二阀(调整阀),以便于预热排污管道系统;②缓慢开大第二道排污阀,这时排污管道系统内应无冲击声,如发现有冲击声时,则应将第二道阀关小,到冲击声消失后再慢慢打开;③排污完毕后应先关第二道阀,再关第一道阀,这样操作可以使第一道阀不受到损坏,保证严密不漏。

33. 锅炉的八大附件是什么?

安全阀、压力表、水位计、温度计、流量计、水位报警器、给水调节器和防爆门。

34. 首次开车为什么要煮炉?

新安装、大修、改造或长期停用的锅炉,里面会有很多铁锈、油脂和污垢等,煮炉就是用加热和化学清洗的方法清除这些杂质和污物,以免影响蒸汽品质和损坏设备。

35. 汽包升降压及升降温要注意些什么?

①进水温度与汽包壁温之差不应大于 $50℃$;②升温速度不超过 $55℃/h$ 或升压速度不大于 $1.0MPa/h$;③停炉时要用原炉水系统循环降温降压,不得采取排除热水突然进冷水的方法。

36. 什么叫汽包水位的三冲量调节?

在汽包操作中,维持汽包水位平衡是最重要的操作。而汽包水位除受给水量变化影响外,还受产汽量的影响。因此,采用单参数水位调节并不理想,需要采用汽、水差值一定的方法来控制进水,使汽包水位更加平稳,这种控制汽包水位的方法,习惯上叫三冲量调节。三冲量调节实际上是串级调节,汽包水位是这个调节系统的主参数,在这一控制回路里,水位调节器的输出信号作为串级调节器的给定值,而蒸汽流量与给水流量经加法器以后的差值作为串级调节器的测量值(副参数)。只要测量值和给定值存在偏差,串级调节器就输出信号去控制进水流量的变化。

37. 锅炉炉水为何要加药,起何作用?

向炉水中加药是对炉水进行内处理,目的是防止结垢和腐蚀。往炉水中加入 Na_3PO_4 后,它能与钙、镁离子形成松散的水垢,不附在汽包内壁上,能从定期排污管线中将其排除,这就减少了形成坚硬水垢的可能。加入 $NaOH$ 主要调节给水 pH 值。加入联氨,一方面可提高给水碱度,另一方面可达到进一步除氧的目的。

38. 锅炉满水有何危害?

当发生锅炉满水时,水位报警器发出高水位报警信号,蒸汽开始带水,蒸汽品质下降,含盐量增加,过热蒸汽温度下降。满水严重时,炉水甚至进入蒸汽管线,引起蒸汽管线水击,严重影响用蒸汽设备的操作。

39. 蒸汽发生器或锅炉给水为何要用软化水和除氧水?

答:天然水中含有钙、镁离子的盐类,它们在高温下会从水中结晶出来,沉积于受热面上形成坚硬的水垢,从而影响传热效果和使用寿命。

40. 防止锅炉系统腐蚀最常用的方法有哪些?

①除去水中的溶解氧。②锅炉水维持一定的碱性条件。③保持锅炉内部表面清洁。④停车期间对锅炉进行保护。

41. 怎样防止蒸汽带水?

防止蒸汽带水最普遍的方法是在设计的水位以下操作(避免汽包在高水位下操作),不超负荷运行以及防负荷波动。污染了的冷凝液返回到锅炉会引起带水问题,这时应暂停冷凝液的回收。如果炉水汇集了杂质或溶解物,使用化学防泡剂能有效地防止带水，在停车时应对蒸汽分离装置的安装进行检查。

42. 除氧器超压的现象、原因是什么？

现象：①除氧器水箱水封击穿，大量向外排汽。②压力表指示增大。③除氧器安全阀动作。④除氧器内部压力波动。

原因：

①蒸汽控制调节系统失灵。②除氧器压力控制太高。③进水温度太高。④进水突然大量减少或中断。

43. 除氧器发生水击的原因有哪些？

①汽水混合不良；②进水温度过低；③超负荷运行；④设备故障；⑤除氧器压力低，水进入蒸汽管道，由蒸汽管水击所致。

44. 什么情况下锅炉应立即停止运行？

①锅炉减水，在关闭汽包水位计的蒸汽阀门后，尚看不见水位时。

②锅炉满水超过汽包水位计的上部可见水位，但经过处理后仍不能保证锅炉正常水位时。

③炉管爆裂或其他致使水位不断下降，经过处理后仍不能保证正常水位时。

④所有水位计和安全阀失效时。

⑤锅炉元件损坏，对运行人员有危险时。

45. 蒸汽管道水击原因及处理方法？

原因：①在送汽前没有很好地暖管和疏水。②送汽时主蒸汽阀开启过大或过快。③锅炉负荷增加过急，或发生满水、汽水共腾等事故，使蒸汽带水进入管道。

处理：①开启蒸汽管道上的疏水阀，进行疏水。②检查汽包水位，若过高，应适当降低。③改善给水质量，适当加强排污，避免发生汽水共腾。

46. 煮炉时应注意哪些事项？

①要始终保持正常水位。

②要监视炉水碱度不得低于50mg当量/L。
③结束后应该清洗与药液接触的疏水门、放水门等。
④排污后检查排污阀有否卡住、堵塞现象。

第五节 加氢精制装置异常工况时的操作

☞ **1. 新氢中断时加氢精制装置的现象是什么?如何处理?**

新氢中断时加氢精制装置的现象：①新氢缓冲罐压力突然大幅下降。②如果冷高分压力投在自动控制，因为递推关系，导致级间返回阀突然大幅开大返回，新氢压缩机出口流量指示大幅下降。③冷高分压力下降。④压缩机出口温度等可能报警。

处理方法：①联系生产管理部门马上恢复新氢供应，向生产管理部门、运行部门主管领导、技术人员报告，了解事故原因。②冷高分压力控制改手动操作，新氢机级间压力调节改手动操作，降低抽气量，维持氢气管网的压力，注意机组排气温度。③立即降低反应器入口温度5~10℃，联系生产管理部门降进料量10~20t/h。④如果系统氢气压力无法迅速恢复，请示生产管理部门，装置切断进料降低反应温度至280℃，装置改大循环操作。循环时注意切出循环氢脱硫化氢塔，防止催化剂被氢气还原。⑤氢气供应恢复正常后，调整操作至正常。

☞ **2. 装置原料中断的现象是什么?如何处理?**

装置原料中断的现象：①进装置流量表指示部分或全部指示为零。如果由原料油过滤器故障引起，则进装置流量同时回零。②原料缓冲罐液位下降。

处理方法：①如果为原料油过滤器故障，一时无法处理好，请示值班或主管工艺员同意，装置降量处理；过滤器修复后改正常流程。②如为外系统原因，联系生产管理部门查明原料中断原因，汇报运行部门，并要求生产管理部门尽快恢复进料。③迅速降低反应温度至300℃，降低加氢进料量至60%操作，如果原料长时间不能恢复供应，原来缓冲罐已快到20%，立即将装置改为大循环操作。分馏系统根据情况改不合格线，如果产品硫含量要求高，则立即改不合格线；如硫含量要求不高，视分馏系统的操作情况再决定。④原料油恢复进料后，调整操作，精制柴油分析合格后改去成品罐。

☞ **3. 高压换热器发生内漏的现象是什么？如何处理？**

高压换热器发生内漏的现象：①生成油颜色变深，杂质含量上升，硫、氮、反应等质量指标不合格。②反应器温升下降。

处理方法：①生成油质量合格，维持生产。②生成油质量不合格，降低空速后仍无效，则按停工处理。

☞ **4. 热高分液控失灵的现象是什么？如何处理？**

热高分液控失灵的现象：①液控调节无作用。②液面突然上升或下降。

处理方法：①迅速将液控阀改为副线控制，根据玻璃板液面计液位高低调节。②通知仪表工要求尽快修复。

☞ **5. 热高分串压至热低分的现象是什么？如何处理？**

热高分串压至热低分的现象：①热高分液面下降，系统压力下降。②热低分液位突然上升，原来平稳的操作曲线因调节不及时产生波动，阀位大幅开大。③热低分、冷低分、低分气脱硫塔压力指示上升，严重时跳安全阀，甚至跳后压力也未见下降。

处理方法：①立即将热高分液控改为手动操作，关闭截止阀，切断向热低分进料量，待热高分液位上来后控制在正常范围内。②立即将冷低分压力降至正常操作压力，压控后路打开去低压瓦斯流程，低分气脱硫塔后路直接改去低压瓦斯，压力正常后改回正常流程。③联系仪表工检查液控阀故障原因并修复。④稳定平衡好分馏系统操作。

6. 冷高分串至冷低分的现象是什么?如何处理?

冷高分串至冷低分的现象:①冷低分液位突然上升,原来平稳的操作曲线因调节不及时产生波动,阀位大幅开大。②冷低分压力指示上升,严重时跳安全阀,甚至跳后压力也未见下降。③系统压力下降,冷高分液面空。

处理方法:①立即将冷高分液控改为手动操作,关闭截止阀,切断向冷低分进料量,待冷高分液位上来后控制在正常范围内。②立即将冷低分压力降至正常操作压力。③联系仪表工检查液控阀故障原因并修复。④稳定平衡好分馏系统操作。

7. 冷高分排气带油的现象、原因是什么?如何处理?

冷高分排气带油的现象:①冷高分液位、温度偏高。②循环氢流量指示大幅度上升。③循环氢脱硫塔入口分液罐排液量增加。④脱硫系统再生塔压力上升。

原因:①冷高分液位控制过高。②热高分气空冷器冷却效果变差,冷后温度高。

处理方法:①立即将冷高分液位改为手动调节或开大副线减油。②加强对循环氢脱硫塔入口分液罐脱液。③增开热高分气空冷,或降低热高分入口温度。④脱硫系统酸性气改火炬线。

8. 热高分气相负荷太大的现象、原因是什么?如何处理?

热高分气相负荷太大的现象:①热高分液位控制较高。②热高分入口温度偏高,且液控阀开度增大。③循环氢中 H_2 纯度下降。④循环氢入口分液罐排液量增加。

原因:①热高分液位控制偏高。②热高分温控失灵。

处理方法:①立即将热高分阀改为手动控制阀或开大副线调节。②联系仪表工对热高分入口温度控制阀进行抢修。

9. 热油管线法兰泄漏着火的原因是什么?如何处理?

热油管线法兰泄漏着火的原因:①垫片使用时间长,操作压力超压或波动大,引起撕开漏油着火。②因腐蚀、冲蚀或材质缺陷所致。③急冷或骤热产生的热效应胀开。

处理方法：①应视具体部位及当时条件决定，如果着火不大，班长组织人力扑灭，并汇报运行部门。若火势未被控制，运行部门或班长可视具体情况作降量循环、停汽处理。②如漏油着火扩大时，应按紧急停工处理，把分馏系统的油退入不合格线。通知消防队及生产管理部门。各岗位要配合，把事故损失降到最低限度，同时配合消防队扑火。

☞ **10. 分馏塔底泵抽空的现象、原因是什么？如何处理？**

分馏塔底泵抽空的现象：①泵出口压力波动大，电流下降，响声不正常，送出流量下降或回零。②塔底液面升高。

原因：①塔底液面过低（指示失灵或误操作）。②进口管线故障如阀芯脱落，或过滤器堵塞。③操作不当，轻油压至塔底汽化。④前部操作不当生成油中夹带水，特别是开工停工过程，汽提塔温度太低，蒸汽被冷凝。

处理方法：①找准原因，分别处理，首先关小泵出口阀，尽量保持低流量运转。②如运行泵故障，则切换备用泵，若过滤器堵塞时，开备用泵后停下的泵应清入口过滤器。③处理过程中要尽量平稳泵出口流量，勿使流量忽大忽小，特别是脱硫化氢汽提塔波动时，处理过程中应使分馏塔进料平稳。④控制好冷低分的界位，不使水带入分馏系统中。⑤如果脱硫化氢汽提塔温度太低应先停掉汽提蒸汽。如果分馏塔轻组分压入塔底，则应降低回流，适当提高塔底温度或降低塔压，将塔底的轻组分蒸发至塔顶。

☞ **11. 分馏塔回流泵抽空的现象、原因是什么？如何处理？**

分馏塔回流泵抽空的现象：①塔顶回流温度升高。②回流流量减少或回零。③塔顶容器液面上升。④回流泵出口压力波动大，电流突降，响声不正常。

原因：①回流罐液面过低。②回流油温度太高，轻油气化。③回流油太轻、气化。④进口管线堵或阀芯脱落，或过滤器堵塞。

处理方法：①寻找原因，对症处理的同时迅速启用备用泵，尽快建立回流。如塔顶温度超高可适当降低重沸炉出口温度，同时降低塔顶空冷冷后温度至正常温度。②情况较严重时，迅速降低塔底温度，防止冒罐，但要注意防止 H_2S 中毒，人站在上风向。③如操作曲线波动较大，可将精制柴油、汽油改不合格线。④开备用泵后，如原泵的过滤器堵塞时应清洗。

☞ **12. 分馏塔发生冲塔的现象、原因是什么？如何处理？**

分馏塔发生冲塔的现象：①塔底液面波动很大。②塔压波动大。③顶温波动大。④回流温度和回流罐液面波动大。

原因：①顶回流中断，回流泵抽空或控制阀故障。②重沸炉出口温度失控，造成出口温度超高。③处理量太大，塔内负荷大，或塔板吹翻油气走短路。④塔顶回流带水。⑤进料中汽油比例大。⑥操作不当，轻油过多压至塔底造成突沸。

处理方法：①调整回流量，按工艺卡片的要求调整。②立即恢复塔顶回流。③降低炉出口温度、循环量，联系仪表工修理温控表。④加强回流罐脱水。⑤联系生产管理部门、质管中心查明汽油混合比例，同时反应系统降低处理量。

☞ **13. 进料泵故障停车的现象是什么？如何处理？**

进料泵故障停车的现象：①进料泵停，DCS 内部联锁报警。②泵出口流量突然回零。③反应进料加热炉联锁熄主火嘴。

处理方法：①如果是某台进料泵故障，则立即开备用泵恢复进料，点炉升温。②如果备用泵开不起来，迅速关闭出口阀，防止单向阀内漏倒窜，并按以下步骤处理：a. 用急冷氢降低反应器床层温度。b. 降低新氢机的负荷，直至为零。注意高分液面，防止压空。c. 保持循环氢最大流率，循环降温，床层温度控制在 250℃ 左右。d. 分馏系统改循环。e. 将酸性气改走火炬，循环氢、低分气、燃料气改走跨线，维持溶剂循环，低分气、燃料气放火炬，保证脱硫系统的正常运转。f. 脱硫化氢汽提塔汽提蒸汽放空,蒸汽发生器打开放空阀,以免蒸汽带水。g. 故障处理完毕后重新恢复进料,慢慢提温提量,直到恢复事故前的生产状态。若进料在一天内无法恢复,则按正常停工步骤处理。

14. 加氢新氢压缩机泄漏着火如何处理?

当加氢新氢压缩机发生泄漏着火时,应立即按以下步骤处理:①压缩机负荷降为零。迅速关闭出口阀、入口阀、级间压力控制阀。打开高点放空,机组紧急泄压后进行置换。②打开消防蒸汽、箱式消火栓进行初期扑救和掩护。③通知内操紧急降量、降温操作,同时通知生产管理部门。④迅速拨打公司消防大队和气防站急救电话进行抢救。⑤如火势得到控制,应立即启动备用机恢复生产。

15. 7.0bar/min 紧急泄压联锁系统的启动原则是什么?

①一般加氢处理装置的裂解反应不是很剧烈,系统出现非正常飞温超压的情况并不多见,7.0bar/min($1bar = 10^5 Pa$)紧急泄压联锁系统一般不设置自动启动,按手动控制设置,启动原则如下:加氢装置是高压临氢系统,危险性大。当班班长在领导、值班人员不在的情况下,应立即向生产管理部门汇报,联系不上时,有权在通知生产管理部门后按下紧急泄压按钮;②反应器任何一点温度超过设备最高允许温度;③装置大面积失火,危及装置安全;④临氢系统管线发生大面积的泄漏;⑤反应系统压力超过设计值;⑥临近装置发生大面积着火、爆炸危及装置安全时;⑦发生严重的高压串低压事故。

16. 氢气大量泄漏或火灾事故如何处理?

① 迅速查清发生泄漏的部位,一般来说高压高温设备泄漏的通常是高温氢气和烃类混合物,并同时着火,应立即报告上级领导和消防部门,同时立即启动紧急泄压系统,使压力迅速下降,以减少氢气的泄漏量,同时还要进行降温并切断原料油和新鲜氢气进入系统。

② 采取紧急泄压的同时，若是低温氢气泄漏没有引起着火，现场应考虑采取相应的保护措施，防止氢气在局部积聚，如用蒸汽驱赶、掩护，防止进一步发生火灾事故。

③ 大量的高温氢气泄漏火灾事故的后果非常严重，并且难以确定其发展方向。如果火灾持续扩大可能发生爆炸，应做好人员撤离工作。

④ 紧急泄压之后装置作紧急停工处理。

17. 高压氮气中断的现象及处理措施是什么？

现象：

① 高压氮气流量指示、压力指示回零。

② 压缩机加载器失灵。

处理措施：

① 班长及时向作业部值班和生产管理部汇报情况，及时供给氮气。一旦发生压缩机停机事故，压缩机将无法加载，必须紧急停工。

② 内操重点监控压缩机各联锁参数，以免压缩机停车导致停工。加强氮气压力和流量的监视，联系仪表校验高压氮气流量计和压力表。加强室内监控，保持操作平稳。

③ 外操到现场检查压缩机和氮气流程是否正确，是否有堵塞现象。检查现场高压氮气流量计和压力表指示是否与室内相同。鉴定氮气压力是否正常，如发现压力表坏可换新表。加强巡检，密切注意压缩机的运转情况，防止停机。

18. 低压氮气中断的现象及处理措施是什么？

现象：

① 低压氮气流量及压力指示回零。

② 压缩机低压氮气中断。

处理措施：

① 班长立即向作业部值班汇报，联系生产管理部恢复低压

氮气。加强压缩机的巡检监控，维持生产。

② 内操联系仪表校验低压氮气流量计和压力表，加强压缩机各参数的监控。

③ 外操检查现场低压氮气流量计和压力表指示是否与室内相同。加强巡检，密切注意压缩机的运转情况，防止氢气泄漏。

☞ **19. 新氢带液的现象及应急处理措施是什么？**

现象：

① 新氢压缩机有较大响声，出入口压差增大。

② 室内气缸温度升高。

处理措施：

① 班长立即向作业部值班和生产管理部汇报带液情况。指挥班组进行应急处理，长时间不能解决按紧急停工处理。

② 内操重点监控压缩机气缸温度和其他各温度点。适当降低处理量，手动开大高分压控阀。加强室内监控新氢压缩机入口缓冲罐液位，保持平稳生产。

③ 外操打开新氢压缩机入口缓冲罐底部切液阀，进行切液。加强室外巡检，检查压缩机现场各温度压力点是否有异常，检查压缩机是否有泄漏情况，并及时汇报班长。若长时间不能恢复或有氢气泄漏情况，按紧急停工处理。

☞ **20. 系统联锁自保出现故障的现象及处理措施是什么？**

现象：

① 室内联锁控制台红灯亮，但所有操作参数正常。

② 室内联锁参数超标，但联锁没有启动。

③ 室内联锁参数正常，但联锁已经启动。

处理措施：

班长立即向作业部及生产管理部汇报，并安排人员到现场检查、复位。如联锁已启动，按紧急停工处理。如联锁没有启动，但室内联锁信号报警，按具体联锁信号进行相应处理。内操联系仪表、电工等有关单位检查修理。重点监控压缩机、加热炉、进料泵等带联锁的参数，加强监控，确保平稳生产。

21. 反应注水中断有何现象？如何操作？

反应注水中断后出现下面情况：①高压空冷入口、出口温度升高；②外来水中断，注水罐液面指示下降；注水中断，注水量下降或回零，高分界面指示下降；③循环氢中的 NH_3 及 H_2S 浓度升高；④反应温度下降；⑤长时间停注水会使空冷铵盐析出堵塞，系统压降增大。

处理：①如注水泵停运，立即关闭停运泵出口阀，防止高压窜低压，并立即启动备用泵，控制好高分界位；②供水中断，联系上游装置迅速供水；③如长时间停水，则降低进料或停进料；

22. 导致分馏加热炉出口温度波动的主要原因是什么？如何预防？

影响加热炉出口温度的原因：重沸炉循环量波动，油性质变化；燃料的压力或性质变化，或气化变成冷凝水，或燃料气带液，仪表控制失灵；炉膛温度变化；外界气候变化。

为了避免加热炉出口温度波动，在操作中应做到下面几点：①根据反应转化率和加工的油种对加热炉做适当调整；②稳定瓦斯和燃料油压力，燃料油伴热应经常检查，瓦斯应及时脱液，同时要求供瓦斯单位保持稳定的瓦斯压力和组成；③仪表故障应及时处理，处理期间外操应监视炉膛，并随时调节。

23. 什么是锅炉缺水？如何处理？

锅炉缺水分轻微缺水和严重缺水。如果水位在规定的最低水位以下，但还能看见水位，或者水位已看不见，但用叫水法能看见时，属于轻微缺水。如果水位已看不见，用叫水法也看不见水位时，则属于严重缺水。

锅炉缺水是锅炉运行的重大事故之一，严重缺水会造成爆管，如果处理不当，在完全干锅的情况下突然进水会造成极其严重的后果。

锅炉缺水的原因一般为：给水自动调节阀故障；给水压力下降或给水中断；水位计堵塞或指示不正确，使操作员误操作；排污阀没关或漏量，使水位下降；炉管破裂。

锅炉缺水的处理方法：

① 当刚发生低水位报警，其他运行参数尚正常，仅汽包水位计不见水位，用叫水法可见水位时，属于轻微缺水，可将三冲量调节改为单参数自动调节，或改为手动控制加强上水。水位正常后，检查三冲量调节系统，无问题后逐步投用三冲量调节。

如加强上水后水位仍很低或保持不住时，要检查给水流量仪表有无问题；检查给水泵的运行情况；检查排污情况，必要时可暂时停止一切排污；检查并确定废热锅炉炉管是否有破裂漏水处；属系统外原因，联系相关部门尽快恢复，若无法恢复作停炉处理，属系统内原因报告值班长并降低锅炉负荷。

② 当上汽包已不见水位，通过叫水法也看不见水位，过热蒸汽温度上升、压力也上升时，说明已属严重缺水，这时应立即报告值班长，采取紧急停炉措施。汽包见不到液位（严重缺水）时，严禁向炉内进水，应紧急停炉。

24. 什么是锅炉满水？有何危害？如何处理？

锅炉满水分轻微满水和严重满水。

当发生锅炉满水时，水位报警器发生高水位报警信号，蒸汽开始带水，蒸汽品质下降，含盐量增加，过热蒸汽温度下降。严重满水时甚至炉水进入蒸汽管线，引起蒸汽管线水击。

满水的原因：操作人员疏忽大意，对液位监视不够或误操作；给水调节阀失灵；液位指示不准，使操作人员操作错误。

满水时的处理方法：①当汽包蒸汽压力和过热蒸汽温度正常，仅水位超高时，应采取如下措施：进行汽包水位计的对照与冲洗，以检查其指示是否正常，将给水自动调节改为手动，减少给水流量，以使水位恢复正常。②当严重满水，过热蒸汽温度大降或蒸汽管线发生水击时,则应进行如下操作:手动停止给水;开大炉水的排污阀放水;打开蒸汽各疏水阀,防止水击;必要时蒸汽稍开放空;以上措施仍无效时,应紧急停炉通知值班长请其他岗位采取相应措施。

25. 湿法预硫化期间进料泵中断如何处理?

预硫化期间进料泵中断且备用泵也不能备用时,如有干法预硫化注剂点,可改为干法预硫化操作(如无特别要求,一般催化剂都能适应这两种方法),此时应降低反应温度或放缓升温速度,或降低硫化剂注入量,将部分硫化循环油外甩,维持原料(低分)罐液面。进料泵恢复后,恢复湿法预硫化,或将干法预硫化进行到底。

如无干法预硫化注剂点,反应系统应降温,将部分硫化循环油外甩,维持原料(低分)罐液面,停止注硫化剂,反应加热炉降瓦斯量,反应器降温。如果循环氢中的 H_2S 含量开始明显减少时($\leqslant 0.1\%$),继续降低反应温度,直至180℃时以下。进料泵恢复后,恢复预硫化操作。

26. 预硫化期间硫化剂注入中断如何处理?

硫化剂中断会导致循环氢中 H_2S 浓度下降,从而导致催化剂活性金属的还原和活性损失,较好的处理方法是降低催化剂的温度直到恢复硫化剂的注入。硫化剂注入中断时,按以下步骤处理:

如果 H_2S 穿透反应器床层之前发生硫化剂注入中断,把反应器温度降到180℃以下。如果穿透之后发生硫化剂注入中断,将反应温度降低20℃,并注意循环氢中 H_2S 的含量。如果循环氢中的 H_2S 含量开始明显减少时($\leqslant 0.1\%$),继续降低反应温度,直至180℃时以下。

当硫化剂恢复时,视循环氢中 H_2S 含量,逐渐把温度升到中断时的温度,继续正常的硫化步骤。

第四章 加氢精制装置开停工操作

☞ **1. 新建装置开工准备阶段的主要工作有哪些？**

按中国石油化工集团公司工程建设部编制的《工程建设管理文件汇编》规定，新建装置中交验收前，为做好试车准备，车间配合的主要工作有：装置进行全面吹扫、水冲洗、单机试运、烘炉、仪表和 ESD 的调校、反应系统初气密；中交验收合格后，进入联动试车阶段和投料试车阶段，主要工作有：水联运、冷油运、热油运、催化剂装填、氮气气密、氢气气密、催化剂硫化、原料油的切换等。

☞ **2. 加氢精制装置开车方案的主要内容有哪些？**

加氢精制装置开车方案的主要内容：第一阶段按装置全面大检查、系统吹扫、试压（包括气密）、水冲洗、单机试运、烘炉等；第二阶段按水联运、冷油运、热油运等；第三阶段按催化剂装填、系统气密、催化剂干燥、催化剂预硫化、各塔开工、进料投产及操作调整等。

☞ **3. 反应系统开车前的检查内容有哪些？**

检查的主要内容：①反应器、高压空冷平台上的梯子、平台、栏杆是否完好，各类工具是否运走；②安全设施是否齐备、灵敏、好用，照明是否正常，地沟盖板是否盖好，道路是否畅通；③反应器及高压管道保温是否完好；④反应器进出口"8"字盲板是否已翻通，反应器床层处于氮气保压状态，催化剂床层温度有无异常情况；⑤与反应系统连接的低压部分是否隔离，同时低压部分安全阀等安全附件是否投用；⑥高压仪表控制系统及机组联锁系统是否灵活好用；⑦高压动设备是否备用、静设备是否封孔等。

4. 试车工作的原则和要求是什么？

试车工作要遵循"单机试车要早、吹扫气密要严、联动试车要全、投料试车要稳、经济效益要好"的原则，做到安全稳妥，一次试车成功。

坚持"四不开工"原则：①条件不具备不开工；②程序不清楚不开工；③指挥不在场不开工；④出现问题不解决不开工。

5. 装置开工吹扫的目的和注意事项是什么？

新建装置或大修后，设备管线内部可能遗留焊渣及杂物，即使没有施工的部位也因停工时间较长，将产生大量的铁锈。为了保证设备，保证产品质量，保证开工顺利进行，采用吹扫方法清除杂物，使设备和管线保持干净，清除残留在管道内的泥沙、焊渣、铁锈等杂物，防止卡坏阀门，堵塞管线设备和损坏机泵。通过吹扫工作，可以进一步检查管道工程质量，保证管线设备畅通，贯通流程，并促使操作人员进一步熟悉工艺流程，为开工做好准备。在对加氢装置进行吹扫时，应注意以下方面：①引吹扫介质时，要注意压力不能超过设计压力；②净化风线、非净化风线、氮气线、循环水线、新鲜水线、蒸汽线等一律用本身介质进行吹扫；③冷换设备及泵一律不参加吹扫，有副线的走副线，没有副线的要拆入口法兰；④要顺流程走向吹扫，先扫主线，再扫支线及相关联的管线，应尽可能分段吹扫；⑤蒸汽吹扫时必须坚持先排凝后引汽，引汽要缓慢，严防水击，蒸汽引入设备时，顶部要放空，底部要排凝，设备吹扫干净后自上而下逐条吹扫各连接工艺管线；⑥吹扫要反复进行，直至管线清净为止。必要时可以采取爆破吹扫的方法。吹扫干净后应彻底放空，管线内不应存水。

6. 水冲洗的原则和注意事项是什么？

①临氢系统不参加水联运，做好隔离工作，加好盲板，不允

许水进入临氢系统。②要把水当成油,做到不跑、不串、不抽空、不憋压、不损坏设备,水在指定的地方排放;冲洗管线设备时,应先走调节阀和冷换设备的副线,然后改走调节阀和设备。③引水入塔和容器时,应先将塔和容器顶部的放空打开排放空气,防止塔和容器超压;装水要缓慢,以保证设备负荷均匀增加和减少;冲洗时各设备的低点放空和管线的低点阀门全部打开,管线上的阀门应全开。④联系仪表工,投用装置边界新鲜水的流量计,关闭装置内一次表引出线,拆除孔板、调节阀、计量表等,并妥善保管。⑤在水冲洗时,应将泵入口(出口)法兰拆开,并在拆开处做好遮盖工作,以免脏物冲入泵体内。⑥机泵冷却水冲洗时先拆开冷却水去各泵进出口线,将冲洗水放空,待水干净后再入泵体。⑦冲洗过程中要有主次之分,先冲洗主线,后冲洗支线。⑧管线、设备冲洗程度应根据排出的水质情况来决定是否可以结束水冲洗。因此,要经常注意排水的水质。放水时不要随地到处排放。⑨水冲洗结束后,要排净管线和设备中的存水,并尽快地将拆下的设备(控制阀、孔板)复位,准备水联运。⑩水冲洗时不允许用水将塔装满,塔底液面应控制在正常范围内;在水冲洗中要认真做好记录,发现问题及时处理;水冲洗时冬天要注意防冻防凝工作。

7. 水联运的原则和注意事项是什么?

①在水联运的过程中,要把水当成油,做到不跑、不串、不抽空、不憋压,不损坏设备,安全试运。②参加水联运的操作人员必须熟悉联运方案和有关的操作规程,启用设备、机泵、仪表要按试运方案及试运操作规程进行。③水联运过程中需对备用泵进行切换,每台机泵连续运转不少于8h。由于水的密度比油大,在水联运时应注意用泵出口阀进行限制,控制电机不超负荷,防止电机跳闸或烧坏。④保运人员应及时处理试运中出现的问题,对处理后的系统应重新试运,直至无问题为止。⑤水流经过的地方,流量计、液面、压力等仪表均启用,有控制阀的将控制阀投

用。⑥水联运装水后先在各塔底排放脏物，水干净后再启动塔底泵进行试运。⑦在水联运中若发现泵出口压力和流量、电机电流下降等现象，则证明入口过滤器堵塞，应及时拆下过滤网进行清洗。⑧水联运时要做好各塔液面平衡，整个系统实现自动控制，外操要按时检查机泵运行情况，做到不抽空、不憋压、不超负荷、电机电流不超额定值。⑨在水联运过程中，要启动有关仪表，对所有能够启用的仪表进行考查，同时必须对管线焊缝、设备、盘根、法兰等进行检查和记录，以便处理。⑩水联运结束后，将试运中拆除的法兰、控制阀复位，放净所有设备、管线内的存水，并用工业风吹干。

8. 原料、低压系统水冲洗及水联运应注意事项是什么？

水冲洗是用水冲洗管线及设备内残留的铁锈、焊渣、污垢、杂物，使管线、阀门、孔板、机泵等设备保持干净、畅通，为水联运创造条件。水联运是以水代油进行岗位操作训练，同时对管线、机泵、设备、塔、容器、冷换设备、阀门及仪表进行负荷试运，考验其安装质量、运转性能是否符合规定和适合生产要求，为下一步工作打下基础。

水冲洗过程注意事项如下：①临氢系统、富气系统的管线、设备不参加水联运和水冲洗，做好隔离工作；②水冲洗前应将采样点和仪表引线上的阀、液位计、连通阀等易堵塞的阀关闭，待设备和管线冲洗干净后，再打开上述阀门进行冲洗；③系统中的所有阀门在冲洗前应全部关闭，随用随开，防止跑串，在冲洗时先管线后设备，各容器、塔、冷换设备、机泵等设备入口法兰要拆开，并做好遮挡，以防杂物进入设备，在水质干净后方可上好法兰；④对管线进行水冲洗时，先冲洗主线，后冲洗支线，较长的管线要分段冲洗；⑤在向塔、容器内充水时，要打开底部排凝阀和顶部放空阀，防止塔和容器超压，待水清后再关闭排凝阀。然后从设备顶部开始，自上而下逐步冲洗相连管线。在排空塔、容器的水时，要打开顶部放空阀，防止塔器抽空。

9. 原料和分馏系统试压及注意事项是什么？

原料和分馏系统试压的目的是为了检查并确认静设备及所有工艺管线的密封性能是否符合规范要求；为了发现工程质量大检查中焊接质量、安装质量及使用材质等方面的漏项；进一步了解、熟悉并掌握各岗位主要管道的试压等级、试压标准、试压方法、试压要求、试压流程。试压过程应注意如下事项：①试压前应确认各焊口的X光片的焊接质量合格；②试压介质为1.0MPa蒸汽和氮气，其中原料油系统用氮气试压，分馏系统绝大部分的设备和管线可以用蒸汽试压；③需氮气试压的系统在各吹扫蒸汽线上加盲板隔离，需蒸汽试压的系统在各氮气吹扫线上加盲板隔离；④设备和管道的试压不能串在一起进行；⑤冷换设备一程试压，另一程必须打开放空；⑥试压时各设备上的安全阀应全部投用。

10. 塔类强度和气密试验各有什么要求？

按规定，若操作压力小于0.48MPa，则强度试验是操作压力的1.5倍，气密试验压力也是操作压力的1.5倍，但试验压力最低不能低于0.18MPa。若塔的操作压力大于0.48MPa，则强度试验和气密试验的压力均为操作压力的1.25倍。若操作压力为负压时，强度试验和气密试验的压力为0.18MPa。

11. 加氢装置固定床反应器在装填催化剂前的主要检查内容是什么？

一般加氢固定床反应器在装填催化剂前需要进行检查，检查的主要内容为：检查反应器内是否干燥，是否有杂物特别是金属杂物；检查出口物料收集器是否完好，金属丝网的规格是否符合要求，固定情况是否完好；反应器内是否有裂缝；反应器卸料管是否已用陶纤塞满；检查底部瓷球等的装填高度控制线是否划好，标识是否正确；检查热电偶套管、冷氢格栅、分配盘、冷氢管等内构件是否完好。

☞ **12. 开工时注意的问题是什么?**

加氢装置反应是放热反应,反应速度受温度影响强烈,反应温度控制不当会使加氢装置反应器在短时间内出现"飞温"。因此,开工时要随时注意控制好反应温度。需要注意的问题还有:①泄漏:设备升温期间热膨胀和热应力会使法兰和垫片接点处有小的泄漏。当发生这样的泄漏时,应在泄漏处放置蒸汽软管,将油气吹散,这样可在连接点紧好以前,防止发生火灾。为使热膨胀的危害减到最小,一般加热升温速度不应超过25℃/h。②当反应加压时,充入气体,必须是按正常的气体流动方向通过反应器。③爆炸性混合物:系统内空气还未除去之前(O_2 应不大于 0.5%),决不允许引进烃类到工艺管线、容器中。在引入烃类原料前,所有设备必须用惰性气体或蒸汽置换,并经爆炸分析确认合格。④水的危险:决不允许将热油加到即使只有少量水的系统中。反应器系统用热气体循环干燥,分馏系统气密试验后,用气体加压后要将液体排干。系统里留有的水先用冷油冲洗,然后在循环期间用热油冲洗,从容器的底部、管道的低点以及泵处排放。⑤由于真空而造成的设备损坏:新鲜原料缓冲罐和分馏部分的所有容器没有按真空设计。这些设备用蒸汽吹扫后,决不允许将其出口全部关闭。设备冷却时,因为蒸汽冷凝会造成容器内真空,关闭蒸汽前,采取措施严防产生真空。⑥开工期间,正常时用较轻物料运转的设备可能会加入高倾点的原料油,因此,应使用蒸汽伴热管,必要时运转温度可设定得比正常时高一点。

☞ **13. 反应系统为什么要进行抽空和氮气置换?置换后氧含量控制多少?**

因为装置在建成或检修后,系统均存有空气,所以在开工引入氢气之前,必须先送入纯度(摩尔分数) > 99.9% 的氮气进行置换,在氮气置换前先抽真空可节省氮气用量。置换后直到所有取样的氧含量(体积分数)都<0.5%时才算合格。

14. 气密的目的是什么?用什么方法进行检验?

装置建成或检修后,要检查设备及管线法兰联系处有无泄漏,故需要进行气密检验,另外在装置开车过程中,整个系统都在逐步升温升压,尤其是高温高压设备,热胀冷缩现象严重,必须在各个升压阶段进行气密试验。一般反应系统气密分两个阶段,它们是氮气气密和氢气气密,氮气气密的压力等级为:1.0MPa、2.0MPa、3.5MPa;氢气气密的压力等级为 1.0MPa、3.0MPa、5.0MPa、8.0MPa,操作压力等均应进行气密检验。低温时,当系统压力≤3.0MPa,系统内是氮气时,可用肥皂水检验是否有气泡来确定有无泄漏。高温时,当系统压力>3.0MPa,系统内是氢气,并开始升温后,可用手提式检漏器测定。如有泄漏需旋紧螺栓时,应降压至 2.0MPa 后才可检修。

15. 如何判断各压力阶段的气密合格与否?

高压气密分阶段进行,每个阶段气密时的气密方法如下:①在低温段压力 4.5MPa 以下,用肥皂水检查各密封面,不冒泡为合格。②高温部位用可燃气体测爆仪检测泄漏。对于难以检测的大法兰接头处,将其表面包上一层密封带,带上钻一小孔,然后涂上肥皂水检查。③抽真空静压每小时泄漏 0.033MPa(25mmHg)以下为合格。

16. 用蒸汽气密完成后,为什么要把低点排凝和放空阀打开?

因为蒸汽气密后,随着温度的降低,蒸汽会冷凝为水,而使容器、塔、管线产生负压,有可能被大气压压瘪设备。如果在冬天冷凝水不排尽会冻裂设备,所以要把低点排凝和放空阀打开。

17. 装置引入系统氢气的操作步骤是什么?

① 装置内的氢气流程管线已氮气置换合格、气密合格,确

认系统气体分析单送到现场。②确认各缓冲罐的安全阀已投用，各相关导凝、放空阀已关，流程正确。③通知内操告知生产管理部门，准备引氢。④经确认同意后，缓缓打开边界氢气阀门，避免对氢气系统管网压力的影响。⑤氢气引入装置后，加强缓冲罐的脱液，等装置内压力与系统压力持平后，全开边界阀门。

18. 分馏系统充氮点有何作用？

利用充氮可安全可靠地进行气密，置换和吹扫有关设备和管线；可作气封，隔绝空气与油品的接触和有关设备的接触，保证安全；开工时充压，可加快系统压力升高和实现液面平衡、缩短开工调整时间。

19. 分馏塔气密操作步骤是什么？

① 检查分馏塔的气密流程，并改好气密流程，投用安全阀。②做好与内操的联系，确认气密的压力。③打开氮气（或蒸汽）阀门，达到气密压力停止充压，开始对分馏塔进行气密操作。④对各法兰口等部位进行重点气密，并确保每一个点都到位，并做好漏点的标识工作。⑤与内操联系确认气密压力的恒压情况。⑥确认分馏塔的气密工作结束。

20. 脱硫化氢汽提塔垫油流程的改通如何操作？

① 联系生产管理部门，确认汽提塔垫油的物料、流程走向、阀门开关情况。②投用汽提塔塔顶回流罐的压控。③打开进汽提塔的截止阀，随时看现场的液面计液面上升情况，同时加强与内操的联系。④当汽提塔的液面达到60%~80%时，可停止垫油。

21. 脱硫化氢汽提塔塔底吹汽的操作步骤是什么？

① 启用汽提蒸汽前，脱尽冷凝存水。②确认汽提蒸汽的温度达到过热蒸汽温度。③缓慢打开蒸汽阀，先开副线阀，正常后投用控制阀。④在引汽的同时要联系内操，询问蒸汽温度以及塔内的液面、压力、蒸汽量情况。

☞ **22. 紧急泄压试验目的是什么?**

紧急泄压试验的目的是观察按设计要求已安装的紧急泄压孔板是否符合泄压速度的要求，并且进行调校，考查反应系统处于事故状态时，各自的联锁系统的安全可靠性，以及进行一次事故状态演习的实际练兵。

☞ **23. 反应系统如何进行紧急泄压试验?**

① 反应系统气密结束，火炬系统正常投用；② 生产管理部门已同意进行紧急泄压试验，各项准备工作就绪；③ 联系内操，启动紧急泄压按钮，做好泄压速度的记录；④ 检查火炬线的振动情况；⑤ 记录最大泄压速度、系统压降和反应器压降；⑥ 反应系统压力泄压至一定压力停止泄压，记录泄压时间；⑦ 在泄压过程中必须保证反应器压降小于工艺卡片控制值；⑧ 泄压试验结束通知生产管理部门。

☞ **24. 操作中对反应器的使用有哪些限定?**

加氢装置反应器所用材质多为 21/4Cr－1Mo，由于铬钼钢长时间在 370～575℃下操作，材质会发生脆化。因此，这种钢材在温度低于 121℃时存在脆性断裂的可能性。故一般建议：温度在 121℃以下时，21/4Cr1Mo 和 3Cr1Mo 钢设备内的压力限制在产生的应力不超过材料屈服强度的 20% 的压力范围。但考虑到反应器内的温度与反应器外壁温度的差异，有的装置将此温度改为 135℃。此外，对有明显高的残余应力或机械负荷应力的地方，可谨慎地进行密切监视和进行更严格的检查。为了确保安全，一般要求当温度在 135℃以下时，压力不能超过总压的 1/4。要求反应器开工操作时，要先升温后升压。在停工操作中，要先降压后降温。对于机械设计方面的考虑，冷却速度不应超过 25℃/h，在压力降到总压的 1/4 以前不得将反应器温度降到 135℃以下。这些措施对设备应力、堆焊层剥离倾向及防止因回火脆性引起的破坏都有好处，为了防止停工期间反应器不锈钢堆焊层和不锈钢工艺管道内壁接触到潮湿空气，与金属表面的硫化铁形成连多硫酸，造成不锈钢的连多硫酸应力腐蚀开裂，规定了设备和管线的氮气保护措施或用碱中和清洗措施。

☞ 25. 解决加氢过程因原料中含颗粒物等杂质引起的压降快速增大有什么方法？

① 原料进装置前先进行过滤，除去 $25\mu m$ 以上的颗粒物；②顶部安装积垢篮，用以捕获部分颗粒物；③催化剂床层顶部分级装填惰性无孔瓷球；④利用电磁场脱除含铁颗粒物；⑤开发具有高空隙率和大外表面积的环状催化剂或载体，装填在催化剂顶部。这种方法能最大程度降低床层压降。大外表面积的环状催化剂或载体能脱除相当一部分的可溶性含铁化合物。

☞ 26. 停工吹扫、开工投用转子流量计、质量流量计等时应如何处理？

停工吹扫时：应先关闭流量计上下游手阀吹扫副线，通知计量班来拆除流量计后再把其上下游阀打开见蒸汽。开工投用时：应先关闭流量计上下游手阀投用其副线，然后通知计量班来人投用流量计。

☞ 27. 如何进行开车盲板的拆装？

① 在开车方案中列出需加拆具体盲板的清单。②结合装置开工实际进程，按照盲板清单组织好盲板的拆装、确认。③现场盲板要求设立明显可靠的标识。④对盲板外侧的禁动阀门、管线及装置边界阀等设备，设置明显可靠的警示色，挂禁动牌。⑤在盲板作业前，应先对设备或管线内介质进行处理。⑥要合理安排盲板拆装作业时间，对盲板拆装作业做出预安排并交施工单位。⑦做好盲板拆装前的现场条件确认与交底工作，并办理检修作业票。

☞ 28. 分馏系统开工一般程序是什么？

分馏系统开工一般程序为：①分馏系统开工前条件确认：系

统吹扫,压力试验已合格;加热炉已具备点火条件;系统气密合格;火炬系统已具备排放条件;不合格产品罐及轻、重污油系统具备收油条件;所有孔板已装好,所有仪表控制系统已经调试好并均可投用。②建立系统冷油循环:调节各塔压力;引直馏油建立液位,脱水;建立分馏系统循环。③建立系统热油循环:点炉升温,投用相关空冷、水冷;建立回流;脱水操作、热紧。④脱硫系统胺液循环:脱硫系统冷胺循环;脱硫系统热胺循环。⑤建立分馏-反应循环。⑥反应原料分步切换。⑦分馏-反应系统相应操作调整,产品后路实时改线。

29. 脱硫系统开工前应做哪些准备?

开工前应做好如下工作:①检修合格,改好流程气密试验合格;②系统脱脂冲洗完毕;③配制好脱硫系统胺液溶液;④各塔维持正常压力;⑤蒸汽系统已正常投用。

30. 分馏系统开工准备工作有哪些?

一般分馏开工前应先做好如下工作:①氮气置换合格,气密正常;②泵、风机、冷却器均处于备用状态;③有关流量、压力、温度、液面等仪表调校好用;④各塔、容器和管线的低点排水,关闭有关放空阀;⑤联系生产管理部门准备引直馏油;⑥各路流程正确畅通,伴热蒸汽投用等;⑦相关塔、容器充压。

31. 冷油运时,为何要加强各塔和容器脱水?

罐区收进的直馏油可能含有一定水分,水分如果不在冷油运期间脱尽,则在热油运期间,随着塔底泵温度的升高,会引起泵抽空,造成操作波动,机械密封损坏。

32. 分馏系统热油运操作目的和方法是什么?

新建装置热油运是为了冲洗水联运时未涉及的管线及设备内残留的杂物,使管线、设备保持干净,借助煤油、柴油馏分渗透力强的特点,及时发现漏点,进行补漏;考察温度控制、液位控制等仪表的运转情况;考察机泵、设备等在进油时的变化情况;

通过热油运,分馏系统建立稳定的油循环,能在反应系统达到开工条件时迅速退油,缩短分馏系统的开工时间;同时模拟实际操作,为实际操作做好事前训练。

分馏系统热油运操作的方法:①各塔、容器保持压力,按原流程进原料油,同时原料缓冲罐也装油;②各塔、容器液位正常后,建立分馏系统循环,流程与冷油运相同,此时停止收油;③启动所有风机、冷却器;④加热炉点火升温,以 20~25℃/h 的速度把各炉出口温度升高 145~150℃,恒温脱水,当分馏塔底采样分析含水小于 $500\mu g/g$,继续升高炉出口温度达 250℃ 时进行热紧,检查设备,并作好接收反应生成油准备;⑤脱水期间,为防止发生塔底泵抽空,升温速度稍慢,清扫泵入口过滤网,并控制好进脱硫化氢汽提塔进料温度 >180℃ 以上,视具体情况组成反应分馏系统大循环。

33. 开工时为什么要在 250℃ 时热紧?

检修后或第一次开工时,设备管线的螺栓更换或拆装过,这些都是在常温即冷态下紧固的,而设备正常生产时,在较高的温度下进行。随着温度的升高,管线、法兰、螺栓将发生热膨胀,螺栓受热膨胀的系数与设备或管线法兰不一样,部分法兰的紧固螺栓会松动或由于热胀螺栓紧力不够,法兰密封会泄漏。为了保证不泄漏和装置安全生产,所以要热紧,热紧的温度为分馏系统热油运时各塔塔底温度达 250℃ 时进行。

34. 分馏接收反应生成油前要达到的条件是什么?

分馏接收反应生成油前要达到下面条件:①各塔液面平衡,校验各有关温度、压力、液面仪表与实际相符;②各塔底泵切换赶水处于备用状态;③启动有关空冷器风机及冷却器;④各炉长明灯点着,各炉温度控制:分馏塔塔底重沸炉出口温度 250℃;⑤联系好各产品的去向。

35. 停工方案编写的主要内容有哪些？

停工方案的编写应根据工艺流程、工艺条件和原料产品、中间产物的性质及设备状况制定。主要内容应包括：停工网络、主要步骤、设备管线吹扫置换流程登记表，抽堵盲板示意图及冬季防冻措施等，每个步骤都应明确规定具体时间、工艺条件变化幅度指标及负责人。

36. 停工中发生反应炉管结焦的原因是什么？

反应炉管结焦的事故将严重影响装置的安稳长运行，对于炉前混氢流程，只要设计得当，在如此大的氢油比下，一般不易结焦。对于炉后混氢的加热炉，其原因是炉出口管线上的单向阀失灵，一旦循环氢中断或紧急放空过程中，部分原料油或循环油窜入炉管，开工升温后导致结焦，严重烧坏炉管和影响装置运行。

37. 停工检修时对分馏塔应做哪些工作？检修结束至开工前应如何保养？

检修时，应按下面内容对塔进行检查：①检查塔板、泡帽和支撑圈结构等的腐蚀、冲蚀及变形情况；②检查浮阀塔板浮阀的灵活性，检查各种塔板、泡帽等部分的紧固情况；③检查塔板各支持圈与塔体连接焊缝的腐蚀、冲蚀等情况；④检查筒体内壁腐蚀情况；⑤对填料环应卸出清洗，集液箱作渗漏检查，液体喷嘴试喷，检查有无堵塞。另外，对塔壁、塔板、塔底各部件应加以清扫。保养：关闭人孔，恢复流程，内部充氮。

38. 停工期间如何保护反应炉的炉管？

停工期间要防止炉管表面生成连多硫酸腐蚀材质。保护方法：①点长明灯，保证炉管壁温在 149℃ 以上；②炉膛充氮气，防止潮湿空气进入；③在 24h 内，对炉管表面进行中和清洗。

39. 反应器开大盖时的安全措施有哪些？

反应器开大盖时的安全措施：①电动葫芦必须检验合格；

②作业人员经过安全教育,作业人员在打开大盖时应佩戴防尘口罩;③反应器已经冷却至40℃或更低;④反应器出口"8"字盲板已翻至堵的位置;⑤反应器内通入氮气保持微正压;⑥起吊反应器大盖必须由专业起重人员进行吊装作业;⑦反应器大盖打开后,应从顶部通入氮气皮带,同时做好防雨措施;⑧安排人员对反应器床层温度和氮气压力进行监视并作好记录;⑨吊装现场用便携式 H_2S 监测仪进行监测;⑩吊装现场放置空气呼吸器以备急用。

☞ **40. 反应、分馏故障紧急停工时,脱硫岗位应如何调整操作?**

反应、分馏故障紧急停工时,脱硫岗位应作如下处理:①干气、酸性气改放火炬,按正常停工处理,处理过程不超压、不压空、不满塔;②胺液继续循环再生;③保证污油线畅通、污油罐不满油;④保证放空罐的正常排放和操作,以保证装置放空后路畅通和装置安全。

☞ **41. 紧急泄压后开工应注意什么?**

紧急泄压后开工应注意:①升压过程要对系统进行气密;②要注意加热炉管内是否有油,防止炉管结焦。

☞ **42. 装置检修时按什么顺序开启人孔?为什么?**

装置检修时,开启人孔的顺序是自上而下,即应先打开设备(塔或容器)最上的人孔,而后自上而下依次打开其余人孔。以便有利于自然通风,防止设备内残存可燃气体,使可燃气体很快逸出,避免爆炸事故,并为人员入塔(器)逐步创造条件。有的厂是自上而下打开上中下三个人孔,也是便于自然通风,为人员入塔创造条件。

在打开设备(塔或容器)底部人孔前,还必须再次检查低点放空阀是否确实打开,以防设备底部残存有温度较高的残存液面而造成开人孔时的灼伤事故。

塔(器)必须经自然通风,化验分析合格后,办理入塔(器)

工作票,方可入塔(器)工作。塔(器)采样化验分析是为了防止入塔窒息中毒和有残剩油气动火时发生爆炸着火,确保动火工作安全。总之,设备人孔的开启工作具有一定的危险性,要求检修和操作人员,一定要头脑清醒,注意力集中,谨慎从事这项工作。

☞ **43. 停工时需注意的事项有哪些?**

停工需注意的事项:①为了防止反应器床层超温,应遵守先降温后降量的原则。②为了防止催化剂的损坏,在反应器停止进料后,应以尽量大的循环氢量继续保持系统循环,直到进料管线以及反应器中的油已吹扫干净为止。③在停进料以后,新鲜进料管线中立即引入冲洗氢,引氢时要缓慢进行,防止因热冲击使高压法兰泄漏;当法兰由于冷却发生泄漏时,应及时用蒸汽吹扫油气,防止着火。④对于铬-钼钢的回火脆性,在停工时要遵守其压力限制;降温速度应不大于25℃/h;打开不锈钢设备时,注意设备因连多硫酸应力腐蚀开裂的危险;在打开反应器前,必须把反应器冷却到40℃以下,同时必须用氮气全面吹扫,以减少烃-氧爆炸混合物和硫化铁自燃的危险。⑤分馏系统应避免各塔过冷造成真空,如果塔暂时不进行蒸汽吹扫的话,则应将氮气引入塔顶回流罐以保持正压。⑥在污油向污油系统排放前必须充分汽提,以防止硫化氢对操作人员造成的危害。

☞ **44. 冷换设备在开工过程中为何要热紧?**

装置开工时,冷换设备的主体与附件用法兰、螺栓连接,垫片密封。由于它们之间材质不同,升温过程中,特别是超过200℃(热油区),各部分膨胀不均匀造成法兰面松弛,密封面压比下降。高温时会造成材料的弹性模数下降、变形,机械强度下降,引起法兰产生局部过高的应力,产生塑性变形弹力消失。此时,压力对渗透材料影响极大。或使垫片沿法兰面移动,造成泄漏。热紧的目的就在于消除法兰的松弛,使密封面有足够的压比保证静密封效果。

45. 为什么开工时冷换系统要先冷后热的开？停工时又要先热后冷的停？

冷换系统的开工顺序，冷却器要先进冷水，换热器要先进冷油。这是由于先进热油会造成各部件热胀，后进冷介质会使各部件急剧收缩，这种温差应力可促使静密封点产生泄漏。故开工时不允许先进热油。反之，停工时要先停热油后停冷油。

46. 开工过程中塔底泵为什么要切换？何时切换？

开工过程中虽然对各塔底备用泵用预热方法进行顶水和赶空气，但是用预热方法顶水赶空气往往不能将水、空气全部带走，因此，必须切换备用泵、使其存水随备用泵的运转而自行带走。

当炉出口温度在90℃时，塔底备用泵切换一次。恒温脱水阶段后期，各塔底备用泵要切换一次。250℃恒温热紧时，须再次切换备用泵。

以上各阶段切换备用泵时，必须特别注意双进出的备用泵，一定要将所有进出口相互置换，确保存水、空气全部带走，还可以让两台泵同时运转一段时间，切换后的机泵要进行预热。

47. 反应器在正常运行和开停工中应注意些什么？

应注意下面几个问题：①在正常运行中，要注意反应器床层的压降和温度，来判断设备的运行情况，严禁超温超压，以保护设备和催化剂。②在开停工时应严格控制升降温、升降压速度，尽量避免本体和构件形成不均匀的温度分布，而引起较大的热应力。③为防止奥氏体不锈钢内件产生硫化物应力腐蚀开裂，在停工时应抑制连多硫酸的形成，或当这种腐蚀产物产生时采用碱性溶液进行中和。④停工时应采取使操作状态下吸藏的氢能充分释放出去的方案。如先降压，后降温。⑤开停工时，应尽量避免反应器中有液相水和氧气存在。

48. 停工扫线的原则及注意事项是什么？

① 停工前要做好扫线的组织工作，条条管线落实到人。做好扫线联系工作，严防串线、伤人或出现设备事故。②扫线时要统一指挥，确保重质油管线有足够的蒸汽压力，保证扫线效果。③扫线给汽前一定要放尽蒸汽冷凝水，并缓慢地给汽，防止水击。④扫线步骤是先重质油品、易凝油品，后轻质油品、不易凝油品。⑤扫线时必须憋压，重质油品要反复憋压，这样才能达到较好的扫线效果。⑥扫线前必须将所有计量仪表甩掉改走副线，蒸汽不能通过计量表。⑦扫线前必须将所有的连通线、正副线、备用线、盲肠等管线、控制阀都要扫尽，不允许留有死角。⑧扫线过程中绝不允许在各低点放空排放油蒸气，各低点放空只能作为检查扫线情况并要及时关闭。⑨扫线完毕要及时关闭扫线阀门，并要放尽设备、管线内蒸汽、冷凝水。⑩停工扫线要做好记录。给汽点、给汽停汽时间和操作员姓名等，均要做好详细记录，落实责任。

49. 汽油扫线前为什么要用水顶？

石脑油扫线前先用水顶是出于安全方面考虑，如果用蒸汽直接扫石脑油线，那么石脑油遇到高温蒸汽会迅速汽化，大量油气高速通过管线进入储罐，在这个过程中极易产生静电，这是很危险的。如果扫线前先用水顶，那么管线内绝大部分石脑油就会被水顶走，然后再扫线就比较安全了。

50. 蒸塔的目的是什么？

装置停工后，各侧线虽然已向装置外扫线，但是回流线、塔进料线等全部是向塔内扫线的，这些残油均进入塔内，加之塔板上还有很多油，塔顶挥发线及塔内还存有很多石脑油，这些残油、油气若不处理干净，空气进入后将形成爆炸气体，就不能确保安全检修，为了保证检修安全，通常采用蒸塔的方法来处理塔内油品、油气，并通过蒸塔进一步为洗塔创造条件。

51. 装置停工后催化剂未再生，装置重新开工的主要操作要点是什么？

① 尽量缩短反应开始前升温过程的运转时间，系统硫化氢含量低，高温氢气使催化剂还原，影响催化剂活性；② 应该在比停工前操作时更低的温度下进油，因为催化剂表面上的积炭被吹出，活性高，一旦在停工前高温下进油，极易引起剧烈反应而超温。对于馏分油加氢，一般200℃开始引入原料油；③ 对于较为新鲜的催化剂，需要采取补硫措施。

52. 简述在装置停工操作中应注意哪些问题？

① 降温降量的速度不宜过快，尤其在高温条件下，以防金属设备温度变化剧烈，热胀冷缩造成设备泄漏；② 开关阀门操作，在正常情况下开关要缓慢，尤其开阀门时，先打开阀头两扣丝扣后要停片刻，使物料少量通过，观察畅通情况，然后再逐渐开大至达到要求为止；③ 加热炉未全部熄火或者炉膛温度很高，有引燃燃料气的危险，这时装置不得进行排空或低排凝，以防引燃爆炸着火；④ 高温真空设备的停用，必须先破坏真空恢复常压，待设备内的介质温度降到自燃点以下时方可与大气相通，以防设备内的爆炸；⑤ 装置停工时设备内的液体物料应尽可能抽空送出装置外；⑥ 设备吹扫和置换，必须按停工方案吹扫置换程序和时间进行。

53. 加氢装置紧急停工如何处理？

① 立即将反应炉熄火，外操去现场关闭加热炉瓦斯阀，并熄灭长明灯，停空气预热器，打开烟道挡板和快开风门。② 停加氢进料泵，关出口阀门。③ 停新氢压缩机、循环氢压缩机，并与生产管理部门取得联系。④ 临氢系统继续泄压，如果反应器床层温度得到控制，停止泄压，反应系统保持正压。如果床层温度仍很高，在循环氢压缩机出口引管网高压氮气向临氢系统中充入氮气降温。⑤ 分馏系统改内部循环，根据需要维持各塔容器液面。

54. 加氢装置非正常紧急停工的处理原则和主要注意点是什么？

一旦发生事故，首先对人员和设备采取紧急保护措施，并尽可能按接近正常停工的操作步骤停工。被迫停工时，注意降温保护催化剂，防止进水，尽量在氢气循环下降温，尽量避免催化剂在高温下长期和氢气接触，防止催化剂还原。

注意点：①避免催化剂处于高温状态；②床层泄压速度不要太快；③当氢分压低时，尽量吹尽残留的烃类；④无论如何，停工后保持床层中有一定压力的氮气。

第五章 加氢精制装置的设备

第一节 压缩机及其操作

☞ **1. 压缩机是如何分类的？**

常用的压缩机通常分为两大类：

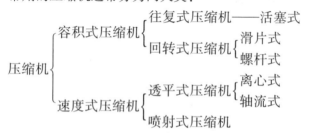

☞ **2. 容积式压缩机的工作原理及其分类如何？**

容积式压缩机是依靠汽缸工作容积周期性的变化来压缩气体，以达到提高其压力的目的。按其运动特点的不同，又可分以下两种：①往复式压缩机：其最典型的是活塞式压缩机。它是依靠汽缸内活塞的往复式运动来压缩气体，多适用于高压和超高压场合。②回转式压缩机：它是依靠机内转子回转时产生容积变化而实现气体的压缩。按其结构形式的不同，又可分为滑片式和螺杆式两种。回转式压缩机虽兼有活塞式和离心式的特点，但由于它的压力和排气量有限，多适用于中、小气量的场合。

☞ **3. 速度式压缩机的工作原理及其分类如何？**

速度式压缩机是依靠机内高速旋转的叶轮，使吸进的气流能量头提高，并通过扩压元件把气流的动能头转换成所需的压力能量头，根据气流方向的不同，又可分为：

① 离心式压缩机：气体在压缩机中的运动方向是沿着垂直压缩机轴的半径方向，气体压力的提高是由于气体流经叶轮对气体作功，使气体获得压力、速度，并通过渐扩流道如扩压器等使气体的动能继续转化为压力的提高，离心式压缩机具有结构紧凑、重量轻、尺寸小、流量大等优点。

② 轴流式压缩机：它和离心式压缩机相同，也是靠转动的叶片对气流作功，不过它的气体流动方向和主轴的轴线平行。它具有气流路程较短、阻力损失较少、效率高、排气量大等优点。

③ 混流式压缩机：它是用来处理大流量气体压送的轴流－离心组合式压缩机。

4. 通风机、鼓风机、压缩机是怎样划分的？

通风机、鼓风机、压缩机其作用原理与基本结构都是相同的，所不同的是出口气体压力不同，习惯上按如下划分：

① 通风机：排气压力 $< 1.40 \times 10^4 \mathrm{Pa}$（表压）；

② 鼓风机：排气压力在 $1.42 \times 10^4 \sim 2.45 \times 10^5 \mathrm{Pa}$（表压）；

③ 压缩机：排气压力 $> 2.45 \times 10^5 \mathrm{Pa}$（表压）。

5. 离心式压缩机有什么优缺点？

离心式压缩机主要有下列优点：①结构紧凑、尺寸小，因而机组占地面积及重量都比同一气量的活塞式压缩机小得多。②运转平稳，操作可靠，备件的需用量小。因此，它的运转率高，维护费用及人员少。③离心式压缩机的压缩过程可以做到绝对无油，这对化工生产是很重要的。④离心式压缩机是作回转运动的机器，它的转速较高，因此，适宜用工业汽轮机或燃气轮机直接拖动。

但是，它也存在一些缺点：①离心式压缩机目前还不适用于气量太小及压比过高的场合。②离心式压缩机稳定工况区较窄，其气量调节虽较方便，但经济性较差。③目前离心式压缩机的效率一般仍低于活塞式压缩机。

6. 离心式压缩机的主要性能参数有哪些？

离心式压缩机的主要性能参数有：①流量：是指气压机单位时间的排气量，常用单位是容积流量；单位：m^3/h 或 m^3/min；或质量流量，单位：kg/h。②出口压力：指气压机出口压力，单位：MPa。③压比：出口压力与进口压力的绝对压力之比。④转速：指压缩机转子旋转速度，单位：r/min。⑤功率：指驱动压缩机所需的轴功率及驱动机的功率，单位：kW。⑥效率：反映气压机性能好坏的指标。

7. BCL-40 8A 压缩型号的含义是什么？

$$BCL-40\,8A$$

A——叶轮形式；

8——叶轮级数；

40——叶轮直径，cm；

BCL——筒体式。

8. 为什么离心式压缩机一般转速都很高？

因为离心式压缩机是靠叶轮在高速旋转时通过叶片对通道里的气体做功，在离心力的作用下，使气体的压力提高。当然详细地说还有动能转变为静压能。实际上气体通过叶轮时，叶片对气体所做的功是与叶轮外缘的圆周速度 u 成正比，而 u 是与叶轮的转速成正比。设 D 为叶轮的外缘直径，n 为转速，则有：$u = \pi Dn/60$。因此，转速越高，气体获得的能量越多，压力就提高得越多。同时若要求 u 不变，D 就可以减少，可使压缩机的重量和体积都减小。故设计时，一般只要机械强度无问题，转速尽可能设计得高些。

9. 涡轮压缩机常用的调节方法有几类？

透平压缩机常用的调节方法可以分三类：节流调节、变转速调节和旁路调节。

☞ **10. 何为透平压缩机的变转速调节法？**

对于诸如汽轮机、燃气轮机等驱动的压缩机采用变转速调节最方便，压缩机的不同转速有与之相对应的特性曲线，变转速调节就是通过改变转速来适应管网的要求。与节流调节方法比较，它最经济。因为它没有附加的节流操作，所以它是现在大型压缩机经常采用的调节方法。

☞ **11. 压缩机飞动怎样处理？**

① 用反飞动来增大入口流量，消除抽空。② 如有出口放火炬，可以打开出口放火炬以消除抽空。

☞ **12. 什么是离心式气压机的特性曲线？在实际使用上有什么用途？**

为了反映不同工况下压缩机的性能，通常把在一定进气状态下对应各种转速、进气流量与压缩机的排气压强、功率及效率的关系用曲线形式表示出来，这些曲线称为压缩机的流量特性曲线。在实际使用上用途：

① $P-Q$ 图（压力 – 流量图）是用来选择离心式气压机，看能否达到使用者要求的操作条件（主要是压力和流量）。$P-Q$ 图可定允许的最小流量。

② $N-Q$ 图（功率 – 流量图）用来正确选择原动机的功率。

③ $\eta-Q$ 图（效率 – 流量图）是用来检验气压机使用的是否合理，是否经济、节能。

☞ **13. 压缩机进气条件的变化对性能的影响如何？**

化工压缩机进气条件可能发生变化的主要是进气温度、进气压力和进气相对分子质量三个条件。它们对压缩机的性能有较大的影响。

① 进气温度的影响：在转速不变和容积流量不变的情况下，进气温度和质量流量成反比；温度降低，压比将升高，反之，则相反；进气温度与功率也成反比，温度升高，功率下降。反之，

则相反。

② 进气相对分子质量的影响：对容积流量一定时，相对分子质量增加，压强比升高，反之，压强比降低。压缩机功率和相对分子质量成正比。

③ 进气压力的影响：与进气相对分子质量一样，进气压力和质量流量成正比，进气压力不影响压力比，因而排气压力和进气压力成正比。压缩机功率和进气压力成正比。

14. 离心式压缩机的主要构件有哪些？基本工作原理如何？

离心式压缩机是由下列主要构件所组成：①叶轮：它是离心式压缩机中惟一的做功部件。气体进入叶轮后，在叶片的推动下跟着叶轮旋转，由于叶轮对气流做功，增加了气流的能量，因此，气体流出叶轮的压力和速度均有所增加。②扩压器：气体从叶轮流出时速度很高，为了充分利用这部分速度能，常常在叶轮后设置流通截面逐渐扩大的扩压器，以便将速度能转变为压力能。一般常用的扩压器是一个环形的通道，其中装有叶片的是叶片扩压器，不装叶片的便是无叶扩压器。③弯道：为了把扩压器后的气流引导到下一级叶轮去进行压缩，在扩压器后设置了使气流由离心方向改变为向心方向的弯道。④回流器：为了使气流以一定方向均匀地进入下一级叶轮进口，设置了回流器，在回流器中一般装有导叶。⑤蜗壳：其主要作用是将由扩压器（或直接由叶轮）出来的气流汇集起来引出机器。此外，在蜗壳汇集气流的过程中，由于蜗壳外径及流通截面的逐渐扩大，它也起着降速扩压的作用。⑥吸气室：其作用是将需要压缩的气流，由进气管（或中间冷却器出口）均匀地进入叶轮去进行增压。因此，在每一段的第一级前都置有吸气室。

在离心式压缩机中，一般将叶轮与轴的组件称为转子。而将扩压器、弯道、回流器、蜗壳及吸气室等称为固定元件。

15. 循环氢压缩机组主要设备有哪些？

① 汽轮机；②压缩机；③调速器；④油泵及凝结水泵；

⑤电动机；⑥直接空冷；⑦抽气器；⑧蓄能器；⑨油箱；⑩过滤器及冷却器。

16. 什么是离心式气压机？

① 离心式气压机是依靠高速旋转的叶轮所产生的离心力来压缩气体的，由于气体在叶轮中的运动方向是沿着垂直于气压机轴的径向进行的，因此，叫离心式气压机。②当气体流经叶轮时，由于叶轮旋转使气体受到离心力的作用而产生压力，与此同时，气体也获得速度，而后又通过扩压器使气体速度变慢又进一步提高了气体的压力。

17. 离心式压缩机的工作原理是什么？

① 汽轮机(或电动机)带动主轴叶轮转动，在离心力作用下，气体被甩到工作轮后面的扩压器中去。②在工作轮中间形成稀薄地带，前面的气体从工作轮中间的进气部分进入叶轮，由于工作轮不断旋转，气体能连续不断地被甩出去，从而保持了气压机中气体的连续流动。③气体因离心作用增加了压力，还可以很大的速度离开工作轮，气体经扩压器逐渐降低了速度，进一步增加了压力。④由于一个工作叶轮得到的压力还不够，通过使多级叶轮串联起来工作的办法来达到对出口压力的要求。级间的串联通过弯通、回流器来实现。

18. 压缩机组停机时要注意哪些问题？

压缩机组停机时，要特别注意以下几个问题：①在汽轮机减速时，要注意保持空冷的真空度及热井的液面。②转子停止转动后及时关闭压缩机出入口闸阀，防止气体从出口倒入气压机内，引起气压机倒转。③转子停止转动，汽轮机真空降低到零后，再将轴封供汽停掉，及时盘车。

19. 循环氢压缩机发生停电时机组如何处理？

① 停电后油泵停，油压下降，汽轮机及气压机均停。②迅速关闭机组出口阀，防止机组倒转。③关闭主蒸汽隔离阀。④迅

速破坏空冷真空。⑤检查轴承润滑情况，即高位油罐供油是否正常。⑥机组盘车，做好恢复后开机准备。

20. 什么是轴流式气压机？

①轴流式气压机是依靠转子旋转使气体产生很高的速度。②当气体流过依次排列着动叶和静叶栅时，气体的流动速度逐渐减慢而变成气体压力的提高，由于气体的流动方向平行于气压机，因此叫轴流式气压机。

21. 什么叫临界转速现象及临界转速？

①汽轮机和气压机的转子是弹性体，具有一定的自由振动频率，当转子的强迫振动频率和自由振动频率相重合时，就产生了共振。②表现为转子通过某一转速时，振动突然加大，随着转速的提高振动逐渐减小，工程上将这个现象称为临界转速现象，这一特定转速称为临界转速。

22. 什么叫硬轴？什么叫软轴？

①转子第一临界转速在工作转速以上称硬轴，也称刚性轴。②转子的第一临界转速在工作转速以下则称软轴，也称为柔性轴。

23. 压缩机操作为何入口压力不能太低？

气压机设计有一定的压缩比，如果机出口压力不变，而入口压力降得太低，就会导致超过设计压缩比，影响机组正常运行，甚至导致喘振。

24. 机组发生振动的原因有哪些？

引起振动的原因主要有以下几点：轴承油压下降、轴承油温过高或过低和油质劣化；主汽的温度过高或过低和主汽中带水；压缩机进口带液；滑销部分失灵，汽鼓因膨胀而偏离中心；主轴弯曲或叶轮与主轴接合松动；叶片断裂或飞出，破坏动平衡；迷宫式轴封损坏，梳齿之间碰撞或与轴发生摩擦；因升、降温不合适，热应力过大造成缸体变形；转子与定子间存有异物；联轴节中心不对或轴瓦间隙不合规格；机组基础螺栓及轴承座与基座之间连接螺栓松动。压缩机因流量进入飞动状态。

☞ **25. 压缩机轴承温度升高的原因是什么？**

原因：

① 油温过高；处理：增加冷却水量，必要时检查冷油器。

② 压缩机振动大；处理：消除压缩机振动。

③ 油压下降；处理：检查油系统，或入口过滤网堵，或油位低，或过滤器差压大，或压控阀失灵，或进机油孔板杂质堵，或密封点泄漏等。

④ 温度计失灵；处理：拆下或更换温度计。

⑤ 轴承损伤；处理：停机，卸下更换轴承。

⑥ 油质太差；处理：按规格换油。

☞ **26. 为何汽轮机轴承的润滑油压比压缩机高？**

由于蒸汽温度高达250℃，汽缸温度比压缩机高，轴向传导的温度也比压缩机大，为保证轴瓦冷却效果一致，汽轮机轴承润滑油量比压缩机需要量大，因而油压也相应调得高一些。

☞ **27. 油箱为什么要装透气管？若油箱为密闭的又有什么影响？**

① 油箱透气管能排出油中气体和水蒸气，使水蒸气不在油箱凝结，保持油箱中压力接近于零，轴承回油便能顺利流入油箱。② 如果油箱密闭，那么大量气体和水蒸气就会在油箱中积聚因而产生正压，使回油困难，造成油在轴承两侧大量漏出，同时也使油质劣化。

☞ **28. 轴承进油管上的节流孔起何作用？**

① 轴承进油管上都装有节流孔，一般都装在下瓦上。② 通过节流孔来控制进油量，使油的温升维持在 12~15℃，以保证轴瓦工作正常。

29. 齿轮泵、螺杆泵如何启动？

此类泵属于容积式泵，为防止憋坏设备及憋漏管线法兰，启动前要求出入口阀全开，不允许泵出口节流调节流量及压力。

30. 冷却器投用要注意什么？

① 冷却器为一密闭容器，在投用前首先要充油置换设备内空气，放空见油。② 投用时注意各放空点是否关闭，投用正常后要保证冷却水压力低于油压。③ 在机组启动前，因油温规定不小于25℃。所以冷却器可暂不投用。④ 机组启动后，冷油器出口油温达到35℃以上时，启用冷却器控制油温。

31. 滤油器切换要注意什么问题？

① 切前先对备用过滤器进行全面检查（法兰、阀、排凝等）。② 关闭排凝阀，打开排气阀。③ 缓慢打开充油阀，以小流量对备用过滤器充油，观察排气阀视镜。④ 当视镜内有油溢流时，稍许，关排气阀（已充满油）、充油阀。⑤ 缓慢地将切换杆扳至备用过滤器上，注意油压变化及至阀到位。⑥ 缓慢将停运过滤器排油，并观察油压交付检修。注意：充油、切换一定要缓慢；切换时阀一定要到位，防止不到或过量；随时观察总管油压变化。

32. 停润滑油泵要注意什么？

① 停润滑油泵要特别注意高位油罐油倒满油箱，甚至从油箱人孔溢出。② 处理方法可将高位油罐充油总阀及回油放空阀关。③ 及时退油至中间罐及空润滑油桶。

33. 机组油系统为什么会着火？危害性如何？

① 机组的油系统因油泄漏而引起着火的事故常有发生，造成着火的主要原因是因为油系统管道和法兰接头外漏油及轴承挡油环漏油。② 如果油漏到汽室、主蒸汽管道或其他热体上，就会着火。③ 着火会使火烧部分过热损坏、变形，如果补救不及时会烧毁其他运行设备和整个机房。④ 防止着火首要要根除漏油，并

注意高温部分的保温要完好。

☞ **34. 润滑油泵不上量是什么原因?**

①电动机极相端子接反。②入口过滤网堵。③油箱液面太低。

☞ **35. 调节油蓄能器有什么作用?使用中要注意什么?**

在汽轮机调节器的进油管路上装上一定容量的压液蓄能器。它一方面防止在主油泵失灵时把低压油输送到调节器,并且能用足够的压力来保证在辅泵启动期间调节器所需的油量;另一方面能提供调节器的瞬时调节油。

在设备正常工作的状态下,检查蓄能器的充气压力不要高于蓄能器下部的油压。否则,蓄能器将是完全空的,达不到蓄能的目的。

☞ **36. 机组为何要进行外跑油?**

机组检修工作结束后,必须将所有在安装时落进油管中的污物清除干净,以避免污物随油进入轴承及调节部分造成损坏。同时检查油路系统有无泄露,消除漏点,另外起过滤润滑油的作用。

☞ **37. 机组停运后为什么润滑油泵要再运行一段时间?**

①当机组静止后,轴承和轴颈受到汽缸及转子高温传导作用,温度上升很快,这时如不采取冷却措施,会使局部油质恶化,轴瓦和轴承乌金损坏。②为了消除这种现象,停机后油泵必须再继续运行一段时间以进行冷却。油泵运行时间的长短,视汽缸与轴承的降温情况而定,要求汽缸温度降到80℃以下,轴承温度降低到35℃以下,方可停泵。

☞ **38. 为什么轴承进油管细,出油管粗?**

①油泵出口有一定的油压,油压高,流速快,所以轴承进油管只要能保证轴承有足够的油量就够了,不一定要粗。②而轴

承出口油压接近于大气压，油的流速很小，轴承出油靠斜度，自动流回油箱，如果油管过细，轴承回油就困难。

39. 压缩机高位油箱如何充油？

在启动机组前，等油系统循环正常后，就应向高位油箱充油缓慢打开润滑油去高位油箱的充油阀（不能开得太大）。等溢油管线有回油后，立即关闭充油阀，防止冒油。

40. 汽轮机油的作用是什么？

① 润滑机组各轴承、联轴节及其他转动部分形成一层油膜，减少摩擦。② 带走因摩擦而产生的热量，带走高温蒸汽及压缩后升温的气体传到轴承上的热量，保证轴瓦温度不超标。③ 进行液压调速和作为各液压控制阀的传动动力。

41. 汽轮机油质劣化对机组有什么危害？

① 汽轮机油由于和空气混合会出现泡沫过多，结果使油泵效率下降，油压降低，使调速系统动作缓慢。② 由于油的氧化使酸价增高，呈现酸性，使同油接触的各个部件发生腐蚀，同时生成大量铁锈，使轴承咬毛发热，调速系统卡涩，危急保安器因锈住而不动作。③ 由于油中带水和机械杂质，使油的色泽极不透明变为乳状液，增大黏度失去润滑作用，使轴承乌金熔化。

42. 压缩机防喘振方法有哪些？

防喘振的方法可以分为两类：第一类为压缩机设计时采取的，尽可能增加叶片气体绕流无脱离的稳定区。例如减小圆周速度（减少 M 数），采用大的相对厚度叶型，大圆头叶型，增加叶栅密度等。这类措施的结果使压缩机具有宽阔的稳定工作范围，运行时还要设防护装置。第二类措施是针对运行条件采取的，比较普遍的是采用防喘装置。一方面设法在管网流量减少过多时增加压缩机本身的流量，始终保持压缩机在大于喘振流量下运转；另一方面就是控制管网的压强比和压缩机的进出口压强比相适应，而不至高出喘振工况下的压强比。

43. 为什么机组油系统会缺油、断油,危害性是什么?

机组油系统缺油甚至断油的原因如下:①油系统因管路油箱破裂大量漏油,造成油压大降,如没有及时发现,就会造成油系统缺油以至断油;②主油泵故障而辅助油泵又在不能联锁起动时;③油系统漏入空气,造成油泵抽空;④润滑油过滤网堵塞;⑤操作错误(如在换除冷油器、过滤器时切换错误)。

油系统缺油或断油的危害很大,造成润滑油减少与中断,轴承油温急剧上升,轴瓦乌金全部熔化,转子下沉,动静部分摩擦。因此,发生缺油时应及时查找原因,对症处理,否则应紧急停机。

44. 机组运行时,油箱内的润滑油液面为什么要有一定限制?

机组正常运行时,若油箱液面过高,在停泵后管路及高位油箱内油全部回流到油箱,造成跑油。同时,油品脱气性能不好,影响润滑性能。若油箱液面过低,易造成泵吸入性能下降,回油静止时间短等问题。因而,油箱设计时有最大液位、最小液位和正常液位值。

45. 机组平衡管道的作用是什么?

用来平稳一部分由于气体压差而引起的使转子指向进气侧的轴向力,以减轻止推轴承的负载。

46. 如何切换润滑油泵(假设 A 泵为运行泵,B 泵为辅助泵)?

① 确认 B 泵处于正常备用状态(出入口阀全开等);②切除机组联锁,开启 B 泵;③油压低联锁开关打至 A 泵自启动;④停 A 泵。注意点:过程中防止油压大的波动。

47. 润滑油系统的油压控制阀如何改副线?

① 首先了解控制阀为风开阀还是风关阀;②控制阀改手动控制;③略微打开副线阀,使润滑总管压力比设定值稍高;④缓

慢关闭控制阀上游阀,当压力降至润滑油压时停止关阀;⑤重复上述第③、第④步,改副线过程中保持润滑油压平稳;⑥切换完成后,控制阀上游阀全关,并关闭控制阀下游阀;注意点:上、下游阀全关后,副线阀不一定是全开位置。

48. 离心式压缩机转子的轴向推力是如何产生的?其平衡方法有几种?

由于叶轮的轮盘和轮盖两侧所受的气体作用力不同,相互抵消后,还在剩下一部分轴向力作用于转子,所有叶轮轴向力之代数和就是转子的气体轴向推力,作用方向一般是从高压端压向低压端。一般多级压缩机常采用两种方法进行轴向平衡。①叶轮对置或分段对置。使叶轮产生的轴向力相互抵消一部分,这种方法缺点是管系布置复杂。②装置平衡盘,平衡盘一般装在高压端,外缘与汽缸间没有迷宫式密封,使平衡盘两侧保持压强差。一侧是高压气体,另一侧通该转子的第一级入口,使气体压强接近于进气压强。这样平衡盘两侧的压强差作用在平衡盘上,产生了一个轴向力,方向与叶轮的轴向力相反。

49. 运行中引起离心式压缩机轴向推力增加的原因有哪些?

原因大致如下:①压缩机出口超压。造成超压的原因很多,如转速升高或在转速不变的情况下减量生产等,都可能使出口压力增加。②轮盖密封、定距套密封损坏。如果密封片磨损,使间隙增加,或者密封齿间被脏物堵塞,密封效果变差,都会增加泄漏量,从而使转子的轴向推力加大。③平衡盘密封装置损坏,或者平衡管堵塞,都会使平衡盘的轴向力减小,从而增加轴向推力。

50. 干气密封系统中的气体泄漏监测系统有何作用?

加氢循环机上用的干气密封是串联密封,即每端有内、外两道密封。对干气密封来说,密封的两端压差既是影响泄漏量的因素,却又是影响运行可靠性的因素之一。因此,在两道密封之间建立合适的背压是必需的,所以在第一道密封的泄漏气放火炬线上安装的节流孔板用以建立背压,并控制允许放火炬的泄漏气流量,同时安装差压计,一旦背压过高可报警。

通过泄漏量的变化趋势还可以初步判断密封是否损坏。泄漏量增大意味着内密封损坏,如减少则是外密封可能已损坏。

☞ **51. 什么是机组轴承的强制润滑?**

大机组是高速旋转机械,靠注入润滑油使轴颈相互之间的摩擦变成液体摩擦,同时将轴承中因摩擦而产生的热量带走。如果油压不高,则克服不了油系统阻力,流动能力减小,达不到需要的油量,轴承中产生的热量也就不能全部带走,轴承及油温升高。同时轴承中油膜的建立也需要一定的油压,否则,油膜破坏会烧瓦。因此,规定一定压力的润滑油注入,这就是强制润滑。

☞ **52. 离心式压缩机的油路系统如何分类?各有什么作用?**

离心式压缩机的油路一般分为两个系统:一个为轴承、增速器的润滑油系统,另一个为轴端的密封油系统。它的作用有以下几个方面:①起润滑作用;②起冷却作用,由于润滑油、密封油分别在轴承中、密封装置中川流不息地流动,它将摩擦所产生的热量带出机外,以防止轴承、密封环过热而发生咬合或抱轴(即巴氏合金熔化)等现象;③产生油膜来承受和传递载荷,例如,在径向轴承中产生的油膜承受径向载荷,在止推轴承中产生的油膜承受轴向载荷;④起到密封作用,例如,油在轴端密封中,防止压缩机内的气体跑出机外,或防止机外的气体进入机内。

☞ **53. 轴承上的润滑油油膜是怎样形成的?影响油膜的因素有哪些?**

油膜的形成主要是由于油有一种黏附性。轴转动时将油粘在轴与轴承上,由间隙大到小处产生油楔,使油在间隙小处产生油压,由于转速的逐渐升高,油压也随之增大,并将轴向上托起。

影响油膜的因素很多,如润滑油的黏度、轴瓦的间隙、油膜单位面积上承受的压力等。但对一台轴承结构已定的机组来说，最主要的因素就是油的黏度。因油质劣化，造成油的黏度上升或下降，都可能使油膜被破坏。

54. 支撑轴承有哪些种类？

离心式气压机、鼓风机及汽轮机一般均采用滑动轴承，这是因滑动轴承运转平稳、噪音小，能在高速重载下可靠地运行。

支撑轴承的作用是支持转子，并保持转子与定子的同心。为了便于安装，滑动轴承都制成上、下两个半圆。轴承体用铸铁或钢制成，而在内表面上浇上一层锡基轴承合金，又叫巴氏合金。这种合金的主要特点是在软韧的基体组织中，均匀地含有硬度大的锡锑与锡铜化合物的细粒，这样使轴承工作面既容易形成与轴相适应的表面，而且有很好的耐磨性。轴承体的外圆可以做成圆柱形，也可以做成球面，球面可以使轴承具有自位性。

支撑轴承的支持方式为双支式的，即轴承的转子的两端。一端为单独的支撑轴承，另一端为综合式轴承，即支撑与推力轴承制成一体，轴承内孔的孔形有圆柱形、椭圆形和多油楔轴承。

55. 推力轴承的构造和作用是什么？

推力轴承主要由推力瓦块和安装圈组成。推力瓦块呈扇形，由 8～12 片组成一圈，支承于安装圈上。瓦块与安装圈之间有一个支点。当推力盘转动时，瓦块自动摆动形成油楔，因而能保证很好的润滑条件，这种轴承又叫米楔尔轴承。

机组正常工作时，轴向力总是指向压力低的一端，承受这个方向轴向力的推力瓦块称主推力块。而机组甩负荷时，轴向推力就改变方向，为此就在主推力块的对面安装了推力块，以承受这一方向的轴向力，这种推力块称为副推力块。

推力轴承的作用是保证转子和定子之间轴向位置固定，以保证叶片与隔板封轴等之间的间隙，使机组能够安全运转。

56. 什么叫多油楔轴承？有何特点？

支撑轴承有三块或多块内表面浇有巴氏合金的瓦块，瓦块沿轴径向外圆周均匀分布，瓦块在结构上能就地摆动，工作中可形成多个油楔，这样的轴承叫多油楔轴承。

多油楔常用的有三油楔与五油楔。三油楔轴承承载能力高，可用于高速重载场合，五油楔轴承适宜轻载场合。图 5-1 为五块的支撑轴承。

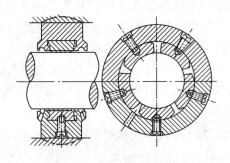

图 5-1　五块支撑轴承

多油楔轴承有以下几个特点：①抗振性能好，运行稳定，能够减轻转子由于不平衡或加工安装误差造成的震动危害；②在不同的负荷下，多油楔轴承中轴颈的偏心度比普通轴承小得多，保证了转子的对中性；③当负荷与转速有变化时，瓦块能自动调节位置，以保证有较好的润滑油楔，所以温升不高。

57. 滑动轴承有什么特点？

①承载能力大；②噪音小；③寿命长；④转速高；⑤安装精度要求高。

58. 压缩机轴承在运行中会出现哪些故障？引起故障的原因有哪些？

压缩机轴承在运行中常出现的故障有轴瓦拉毛、磨损和刮伤；轴承咬合以至巴氏合金熔化和轴瓦的疲劳破裂等。引起故障的原因：①供油系统的原因：润滑油量不足或中断，将会引起轴承温度升高，使轴承产生咬合，严重的使巴氏合金熔化；润滑油不清洁，含有砂粒杂质等异物，带入轴承后使轴瓦刮伤，甚至使轴承温度升高而引起巴氏合金熔化；润滑油冷却器工作失常，进油温度过高，油的黏度下降，轴承的热量不能及时被带走，在轴瓦内不能形成良好的油膜；润滑油中含水，使油膜破坏。②机器和轴承本身的原因：压缩机转子由于不平衡或由于喘振引起的轴承过大；轴承安装不符合要求，对中不好，间隙不合适；轴瓦的巴氏合金浇铸质量不合格，巴氏合金可能有脱落、裂纹、砂眼等缺陷，含有铁屑、砂粒等杂质；轴承结构不合理，一些零部件在运行中变形过大；对止推轴承来说，轴向推力过大就会引起烧瓦事故。导致轴向推力过大的原因可能是压缩机超压，轮盖密封，级间密封损坏等。

59. NK25/28/25 汽轮机型号的含义是什么？

NK25/28/25 型号的含义如下：

25（后一个）——第一延长段长度，cm；

28——转子末级根部长度，cm；

25（前一个）——进汽缸内半径，cm；

NK——常压凝汽式。

60. 汽轮机工作原理如何？它有什么优点？

蒸汽轮机是用蒸汽来做功的一种旋转式热力原动机，来自汽源的新蒸汽，通过汽阀和调节阀进入汽轮机，依次高速流过一系列环形配置的喷嘴和动叶片而膨胀做功，推动汽轮机转子旋转，将蒸汽的动能转换成机械能。

它的优点：功率大、效率高、结构简单、易损件少，运行安全可靠，调速方便、振动小、防爆等。

61. 凝汽式与背压式汽轮机热力过程有什么不同？

凝汽式汽轮机将排出的蒸汽都进入凝汽器，因凝汽器真空度高，蒸汽在汽轮机中充分膨胀多做功。

背压式汽轮机排出的蒸汽压力远高于大气压，可供装置使用，背压式汽轮机的经济性差，但无需凝汽设备。

62. 何谓汽轮机的级？

汽轮机中所谓的级是指由喷嘴和与其相对应的动叶片构成的汽轮机作功的单元。级可分为压力级和速度级。①**压力级**：把由喷嘴和动叶片组成的级串联在同一根轴上，将蒸汽的能量分别加以利用，在第一列喷嘴进口处的蒸汽压力最高，以后降低，其中的每个级都叫压力级。②**速度级**（又称复速级）：它与冲动式压力级的工作原理是一样的，不同的是蒸汽动能可用导向叶片引入第二排叶片中（第一个叶轮可安装二排叶片）进一步推动转轴做功，称为速度级。

63. 汽轮机本体的结构由哪几部分组成？喷嘴和动叶片有什么作用？

汽轮机本体结构由下列几部分组成：①转动部分由主轴、叶轮、叶片等组成；②固定部分由汽缸、喷嘴、隔板、汽封等组成；③支承部分由径向轴承和止推轴承组成。

喷嘴的作用是把热能转换成动能，实现第一次能量转换。

动叶片的作用是将喷嘴射出的高速气流的动力能转换成转子旋转的机械能，实现第二次能量转换。

64. 汽轮机保安系统由哪几部分组成？各有什么作用？

汽轮机保安系统包括如下几个部分：

① 危急遮断器及危急遮断油门。危急遮断器装在汽轮机主轴上，当转速超过额定值的 9%～11% 时，重锤离心力超过弹簧力而甩出，撞向危急遮断油门的拉钩，使之脱扣，从而关闭主汽门。当危急遮断器使危急遮断油门的拉钩和滑阀脱扣后，在弹簧作用下滑阀上移，使高压油被堵，主汽门迅速关闭。

② 磁力断路油门。磁力断路油门是转子轴向位移、冷凝器

真空度及轴承温度超过允许值时紧急停机进行的机构。在机组正常运行的情况下，高压油经磁力断路油门到主汽门操纵座的滑阀下部，打开主汽门，当紧急事故时，磁力断路油门动作，一方面堵住高压油到主汽门的通路，另一方面，主汽门滑阀下部的压力油经磁力断路油门回到油箱，因而迅速关闭主汽门。

③ 轴向位移保护装置。在汽轮机中为防止轴向推力过大时，推力轴承被毁使转子产生过大的轴向位移，甚至造成转子与静止部分相碰，发生严重破坏事故，故在大多数机组上均装有轴向位移保护，当轴向位移过大时，则发生报警，超过最大允许值时，则自动停车。

④ 低油压保护装置。其作用是避免由于某种原因汽轮机润滑油压力低时造成轴瓦损坏事故，为此，当油压降低到一定程度时，低油压保护装置首先发出信号，并启动备用润滑油泵，当继续降低到规定的一定值时，自动停车。

☞ **65. 危急保安器有几种形式？它们是怎样动作的？**

危急保安器有两种形式：

① 重锤式。这种危急保安器的动作原理是重锤的重心与轴的重心不重合，有一定的偏心度。重锤外围装有弹簧，使重锤稳定在一定位置上。正常运行时弹簧力超过偏心度造成的离心力，使重锤不能飞出。当转速升高时离心力增大，离心力大于弹簧力，重锤就飞出，使脱扣器动作，从而使汽轮机进汽中断。

② 飞环式。其动作原理与重锤式相似，飞环的重心不与轴的重心相重合，在转子转动时，产生离心力。在额定转速时，离心力小于弹簧力，飞环不会飞出。如果转速升高超过一定转速时，飞环的离心力就会大于弹簧的抵抗力，飞环即行飞出，碰击危急遮断油门的连杆使主汽门关闭，从而切断进汽。

☞ **66. 汽轮机危急保安装置动作的途径有哪些？**

危急保安装置可以通过以下途径动作：① 手动：将危急保安

装置手柄向下压；②转子轴向位移：拉钩被转子上凸肩抬起而脱扣；③危急遮断器动作：拉钩被克服弹簧力而飞出的飞锤击打而脱扣。以上动作均是切断压力油，同时泄掉速关油，使速关阀关闭，切断进入汽轮机的汽源。

67. 汽轮机危急保安器因超速动作后，必须待转速降低到一定值后才能复置，这是为什么？

因为危急保安器动作后，汽轮机转速由高逐渐降低。转速很高时，危急保安器的偏心环或偏心锤飞出后还未复置到原来位置，此时，若将脱扣器复置很可能使二者相碰，从而使设备损坏。为了安全起见，一般在转速下降到额定转速的60%时才复置脱扣器。

68. 汽轮机油封环有什么作用？其结构如何？

油封环的作用是用来阻止或减少润滑油沿着转轴从轴承座内向汽缸一侧飞溅出来。汽轮机油封环一般是水平剖分的，上下两半分别安装在轴承座上下部的槽内并轴向定位。在其内圆上和转轴相配的地方嵌有油封齿，它和轴上的挡油盘一起阻止润滑油外流。在下半油封环的油封齿之间开有几个泄油孔，把挡住的油引入轴承座内。

69. 造成汽轮机汽缸温差大的原因有哪些？有什么危害？

造成汽轮机上下汽缸温差大的原因如下：①机组保温不佳，如材料不当，下缸保温层脱落等。②启动方式不正常，如进入汽轮机的蒸汽参数不符合要求。启动时间过短，暖机转速不对，汽缸疏水不畅，暖机时间不充足等。③停机方法不正常，如减负荷过快，下汽缸进水，轴封过早停止送汽等。④正常运行中机房两侧空气对流，使汽缸单面受冷。

温差大的危害性如下：①汽缸变形，中心不正。②螺栓断裂。③动静部分之间摩擦。④引起机组振动。

70. 汽轮机的启动系统由哪些部件组成？各有何作用？

启动系统由启动装置和速关阀组成。启动装置仅用于开启速关阀，而速关阀则是主蒸汽管网和汽轮机之间的主要关闭机构，在运行中当出现事故时，它能在最短时间内切断进入汽轮机的蒸汽。

71. 错油门、油动机是怎样工作的？

它们的工作原理：二次油压的变化使错油门滑阀产生上下运动。当二次油压升高时，滑阀上移，由接口通入的压力油进入油缸活塞上腔，而下腔与回油口相通，于是活塞向下移动，并通过调节汽阀杠杆系统使调节汽阀开度增大。与此同时，反馈导板，弯角杠杆将活塞的运动传递给杠杆，杠杆便产生与滑阀反向的运动使反馈弹簧力增加，于是错油门滑阀返回到中间位置。

通过活塞杆上调节螺栓调整反馈导板的斜度，可改变二次油压与活塞杆行程之间的比例关系。

反馈系统的作用是使油动机的动作过程稳定，它通过弯角杠杆、杠杆、活塞杆及错油门滑阀构成反馈环节。

72. 汽轮机速关阀的试验装置有什么作用？

试验装置的作用是在不影响汽轮机正常运行的情况下，检验阀杆的动作是否灵活。

试验装置是通过一个二位三通阀使压力油流向试验活塞，将试验活塞压向后面它的终点位置，并通过活塞及活塞盘使阀杆向关阀方向产生相应的位移。通过现场的压力表可读得实际的试验压力，与许用压力相比，判断阀杆工作是否正常。若阀杆部分结盐或油缸部分有油垢，可通过多次重复试验而排除。

73. 汽轮机调节系统中阻尼器有什么作用？

阻尼器安装在靠近油动机的二次油管路上，在阻尼体上开有数条与流道孔相垂直的槽。于是，二次油路中出现的压力波动或振荡通过阻尼体上孔和槽构成的迷宫式流道而被衰减，从而防止二次油路中出现的压力波动传递到油动机的错油门滑阀上。

74. 背压汽轮机启动前为什么要先开启汽封抽气器？

背压汽轮机因排汽压力高，启动前如不先开启汽封抽气器，会使大量蒸汽由轴端漏出机外，并且有部分蒸汽窜入轴承润滑油内，使润滑油内带水而乳化。因此，必须先开启汽封抽气器造成一定的真空度，将汽引出。

75. 背压汽轮机启动前为什么要先将背压汽引到汽轮机排汽隔离阀后？

背压汽轮机的排汽是排入蒸汽管网后再送到各用户，从汽轮机排汽隔离阀后到管网这段管线同样需要启动前的暖管。暖管要求与汽轮机进口主蒸汽隔离阀前管线暖管要求相同，逐渐使这段管线的压力达到正常的排汽压力值。因此，背压汽轮机启动前要先将背压汽引到汽轮机排汽隔离阀后，在操作时要注意排凝，防止产生水击现象。

76. 汽轮机的正压汽封有什么作用？

在正压汽封中，绝大部分漏汽从其中间部位抽出，只有少量的蒸汽通过汽端的冒汽管排到大气中。在冒汽管部位，转子上有一薄薄的圆片，由于离心作用，把汽封外端的空气吸向冒汽管。同时也把漏出的蒸汽吸向冒汽管，排入大气，从而防止蒸汽流到附近的轴承中去。

77. 汽轮机的负压汽封有什么作用？

负压汽封的作用在于阻止空气进入汽缸。在汽封中部开有接口，从这里通入比大气压稍高的密封蒸汽，它进入汽封后分成反向的两股，一股流入汽缸，另一股通过冒汽管排入大气，从而阻止了空气进入汽封内部。

78. 汽轮机为何要设置汽封装置？

因为汽机的动静部件之间存在着相对运动，为了避免动静机件之间的摩擦碰撞，必须得留有一定的间隙。但间隙的存在又必然会导致蒸汽的泄漏，使汽机的效率降低。为了密封间隙处的泄漏，设置了汽封装置。

79. 根据汽封装置部位的不同可分为哪几类汽封？每一类汽封的作用是什么？

在轴流式或汽轮机中，汽封根据其装置部位不同，可分为端部汽封、隔板汽封和围带汽封三类。

端部汽封是指汽机轴伸出汽缸的两端处装设的汽封。高压端部汽封的作用是减少自高压汽缸向外的漏汽，并将这部分漏汽引出，合理加以利用。低压端部汽封是起密封作用，防止空气漏入低压汽缸中，破坏真空。

隔板汽封的作用是保持隔板前后的压力差，减少级间漏汽。围带汽封可减少叶片顶部的漏汽损失。

80. 凝汽器热井有什么作用？

热井的作用是集中凝结水，以便较稳定地控制凝结水水位，有利于凝结水泵正常运行。如无热井、凝汽器内的水位就会不稳定，使部分冷却铜管浸入水内造成凝结水过冷却，影响运行经济性。

81. 热井液位过低对凝结水泵运行有何影响？

凝结水泵入口侧是在高度真空下工作的，为了保证水泵的正常运行，在入口侧要求保持一定高度的水位，但当凝结水泵的流量大大超过原设计数值时，水位就会降低，从而引起水泵发生汽蚀。一旦发生汽蚀，水泵就会发出异常噪音。此外凝汽器内的凝结水的温度就是相当于凝汽器内绝对压力下的饱和温度，如要使凝结水泵内的水不汽化，就必须要维持一定高度的水位，用水的静压力来补偿凝结水在管路中的水压损失，以维持凝结水在泵入口的压力略高于该温度下的饱和压力。当凝结水泵汽蚀现象严重时，会引起水泵中断送水，叶轮受到破坏，因此，热井液位不应过低。

82. 凝汽式汽轮机在启动前为什么要先抽真空?

汽轮机在启动前,内部都存在着空气,机内的压力等于大气压力,如果不抽空,蒸汽就无法凝结,因而使排气压力增大,在这种情况下开机,必须要有很大的蒸汽量来克服汽轮机及气压机各轴承中的摩擦阻力和惯性力,才能冲动转子,使叶片受到较大冲击力。转子被冲动后,由于凝汽器内存在空气,降低了传热速度,冷却效果差,使排汽温度升高,造成汽缸及内部零件变形。凝汽器内背压增高,也会使真空安全阀动作。所以凝汽式汽轮机在启动前必须抽真空。

83. 凝汽式汽轮机启动时为什么不需要过高的真空?

汽轮机启动时,不需要过高的真空。因为真空越高,冲动汽轮机需要的进汽量就越小。进汽量太小将不能达到良好的暖机效果。一般将真空度维持在 500~600mmHg 柱比较适宜。真空降低些也就是背压提高些,在同样的汽轮机转速下,进汽量增大,排汽温度就适当提高,能达到较好的较快的暖机目的。

84. 启动抽气器时,为什么要先启动第二级后再启动第一级?

第二级抽气器的排气是直接排向大气的,而第一级的空气必须经过第二级后再排向大气,第一级疏水采用 U 形管疏水。如果先启动第一级再启动第二级,因 U 形管两边的压差增加,会使 U 形管中的水冲掉,造成第一级抽出来的空气经过 U 形管又回到凝汽器,也就是说第一级抽气器等于不起作用。所以启动抽气器时必须先启动第二级,再启动第一级。

85. 凝汽式汽轮机启动前为什么要先启动凝结水泵?

这是因为汽轮机在启动前抽真空时,抽气器要用凝结水来冷却喷嘴喷出来的蒸汽,所以凝结水泵要比抽气器先启动,以供给冷凝水。

86. 凝汽式汽轮机启动前向轴封供汽要注意什么？

汽轮机启动前，由于汽缸内处于真空状态，向轴封供给的蒸汽一部分就要被吸入汽缸内部，如果汽封蒸汽压力过高就会有大量蒸汽进入汽缸内，由于热汽升在上面，就会使汽缸及转子的上部比下部温度高，转子就会渐渐地向上弯曲变形。因此，在向轴封供汽时应特别注意蒸汽压力不要过大，使汽封冒汽管微微冒汽即可。另外要注意投入盘车装置，使转子受热均匀。

87. 凝汽式汽轮机停机时，为什么要等转子停止时才将凝汽器真空降到零？

汽轮机停机时，除非是紧急停机，要破坏真空使其迅速停止外，一般情况是真空逐渐降低，当转子停止时真空接近零。这样将每次停机时转子的惰走时间相互比较，便可发现汽轮机组内部有无不正常现象。如真空降得快慢没有标准，由于鼓风损失有大小，会影响惰走时间长短，就不能根据惰走时间来判断设备是否正常。另外保持真空，还有利于停机后保持汽缸内部干燥，防止发生腐蚀。

88. 凝汽式汽轮机停机时为什么不立即关闭轴封供汽，而必须等真空降低到零才停止向轴封供汽？

停机尚有真空时，若立即关闭轴封供汽，则冷空气通过轴封吸入汽缸内，会使轴封骤冷而变形，在以后的运行中会使轴封磨损并产生振动。因此，必须等到真空降低到零，汽缸内压力与外界压力相等时，才关闭轴封供汽。这样，冷空气就不会从轴封处漏入汽缸引起变形，损坏设备。

89. 凝汽式汽轮机的凝汽器真空降到一定数值为什么要停机？

当真空降低到一定数值，必须立即停机。原因：①真空降低会使轴向位移增大，造成推力轴承过荷和摩擦；②真空降低会使叶片因蒸汽流量增加而造成超负荷。

90. 机组启动冲动转子,有时转子冲不动是什么原因?

冲转时转子冲不动的原因如下:①因调速油压过低或操作不当,应开启的阀门未开,如危急遮断阀、调速汽门等;②进口蒸汽参数太低或者凝汽器真空低(对凝汽式汽轮机)及背压太高(对背压式汽轮机);③在用主蒸汽隔离阀的旁路阀启动时,由于蒸汽量小或汽温低使蒸汽在管道及汽缸内很快冷却凝结,转子不易冲动;④转子与定子有发生摩擦的部位,特别是汽封齿与轴颈发生摩擦;⑤整个机组负载过大,不是在低负载状态下启动。

91. 汽轮机的暖机及升速时间是由哪些因素来决定的?

汽轮机启动后,蒸汽进入汽缸内部,各部温度迅速上升,到满负荷各部温度达到最高,汽轮机的暖机及升速时间主要决定于这个温度。暖机及升速时间要考虑到转子和汽缸等部件温差的影响。一般经常控制的指标有:①转子与汽缸的差胀不致造成动静部件摩擦;②上下缸温度差不大于35℃;③法兰内外壁温差不大于130℃;④法兰螺栓温差不大于30℃。

92. 背压式汽轮机停机时,为什么要维持背压不变?

背压式汽轮机在停机时是通过调速系统关小调节汽阀和主汽门,使蒸汽量减小逐渐降低转速的。由于这时机组的负载较小,如果背压也随着下降,则汽轮机的转速就降不下来,甚至会升速,这对稳定停车是不利的,故背压式汽轮机停机时都维持背压不变。

93. 停机后为什么油泵尚需运行一段时间?

当机轴静止后,轴承和轴颈受汽缸及转子高温传导作用,温度上升很快,这时如不采取冷却措施,会使局部油质恶化、轴瓦和轴承乌金损坏。为了消除这种现象,停机后油泵必须再继续运行一段时间以进行冷却。油泵运行时间的长短,视汽缸与轴承的降温情况而定,要求汽缸温度降低到80℃以下,轴承温度降低到35℃以下方可停泵。

94. 汽轮机叶片断裂有什么征象？

① 汽缸内有金属响声或冲击声；②振动突然增大；③末级叶片飞落，可能打断凝汽器第一排铜管而造成漏水。

95. 汽轮机背压增高有何危害？

背压增高的危害性是使汽轮机出力下降，并且会造成进汽量增加而进一步增大背压的恶性循环，直到背压安全阀起跳；由于背压增高，造成排汽温度增加使排汽部分汽缸温度上升变形增大，增加了热应力，严重时会破坏机组的同心度，并引起振动。

96. 汽轮机超负荷运行会产生什么问题？

汽轮机超负荷后一般有如下几个问题产生：①由于进汽量增加，叶片上承受的弯曲应力增加；同时隔板、静叶片所承受的应力与引起的挠度也增加；②由于进汽量增加，轴向推力增加，使推力瓦钨金温度升高，严重时造成推力瓦块烧毁；③调速汽门开度达到接近极限的位置，油动机也到了最大行程附近，造成调速系统性能变坏，速度变动率与迟缓率都会增加，使运行的平稳性变坏。由于有以上几个问题产生，所以不允许汽轮机长期超负荷运行。

97. 润滑油箱中油位过高或过低对机组润滑有什么影响？

润滑油箱中油位过高，有可能回油不通畅，使回油管中依据轴承箱排放空气用的空间在很大程度上产生堵塞，这样就会破坏轴承箱中微小的负压，致使出现漏油；同时，油位过高也存在油超过滤网槽边，不经过滤就进入油箱。

油位过低时，主油泵工作可能出现不稳定。由于油面下降很多，就会提高油的循环次数（即降低循环倍率），使油在油箱中停留的时间缩短，从而使空气分离效果变坏。

98. 油箱为什么要装放水管？放水管为什么要装在油箱底部？

汽轮机运转时，有时蒸汽会漏入轴承内（如轴封漏汽或汽动油泵漏汽进入轴承内),润滑油在冷却轴承时与漏入轴承内的蒸汽接触并使之冷凝。凝结水与油一起回流入油箱,为保障润滑油系统工作正常必须将水排出。因水的密度大,沉在油箱底部。装放水阀门,为的是可以定期排除油箱中的水分。油箱的放水管就是为了排除油中所含的水分而设置的。

☞ **99. 油箱加油后,有时为什么会造成备用泵自启动?**

备用泵自启动的原因是加油时把油箱底部沉积的脏东西搅了进来,堵塞了运行泵的吸入滤网,影响了运行泵的性能。因此,加油时油管不要插入太深,尽可能远离泵吸入口。

☞ **100. 油箱加油时,若备用泵自启动是否可以继续加油?**

发生这种情况时,一般是停止加油,先清洗原运行泵进口滤网,作备用后再加油,以免两台泵同时堵塞进口滤网时,造成机组停车。

☞ **101. 当转子轴向位移超过正常值时,应注意哪些事项?**

当转子轴向位移超过正常值时,应注意如下几点:①迅速检查推力轴承出口油温和推力轴承温度;②检查蒸汽参数;③迅速降低负荷,使轴向位移值降到正常;④检查汽轮机和压缩机的振动值,并注意倾听汽轮机和压缩机内部及轴封处有无不正常声音;⑤如果轴向位移值增大超过极限值,并伴随不正常声响(噪音)和振动时,应立即紧急停车。

☞ **102. 机组油系统缺油、断油的危害性是什么?**

油系统缺油或断油的危害性很大:①造成润滑油减少与中断;②轴承油温急剧上升;③轴瓦钨金全部熔化;④转子下沉;⑤使汽轮机动静部分轴向相碰损坏叶轮、气封梳齿等。因此,发生缺油事故时应及时查找原因,对症下药,否则应紧急停机。

☞ **103. 造成机组润滑油量不足或中断的原因有哪些?**

油量不足或中断的主要起因:①油泵损坏(内部间隙变大,

产生了严重磨损）或油泵进口滤网被堵；油系统大量泄漏。②驱动油泵的电机转速下降或相位接反，电机反转，小型工业汽轮机出现故障，出力不足，使油泵打量下降或中断。③容积式油泵出口安全阀起跳或内漏量过大，使润滑油总管失压。④润滑油管路上调压阀失控，阀后油量减少。⑤润滑油过滤网长期未切换、清洗，油量受阻或切换操作失误。⑥油泵与驱动机联轴节断。⑦泵内有空气而吸不上油。

为此，汽轮机-压缩机组的油系统通常设置了备用油泵和事故油泵，并有低油压停车和备用油泵或事故油泵自启动联锁。保障这些联锁装置动作的准确、可靠是维护轴承安全运行的重要措施之一。

104. 机组润滑油中带水由哪些原因造成？

造成润滑油中带水的原因：①工业汽轮机前后轴封泄漏量过大，蒸汽窜入轴承箱被冷凝成水，随油流进入油箱。②油冷却器发生泄漏。③油箱顶部人孔盖、加油孔等不密封，运行人员有时用水冲洗油箱顶面，使水进入箱内。④新油质量不合格，水分超标而未及时查出混入油箱。

105. 机组在启动时，为什么油温不能小于35℃？

汽轮机油的黏度受温度影响很大，当油温过低时，油的黏度很大，会使油分布不均匀，增加摩擦损失，造成轴承磨损。一般规定启动时，油温规定不小于35℃。

106. 汽轮机轴瓦温度突然升高原因是什么？怎样处理？

①如机组运行正常，润滑油畅通，冷却水畅通，轴瓦温度也就正常，若发生上述原因而轴瓦温度升高则应采取停机措施。②根据生产实际，温度突然升高，也可能是由于汽封蒸汽压力升高漏入汽封而传导到轴瓦上，使之温度升高，这时应关小汽封供汽。

107. 油的循环倍率为多少合适？

① 油的循环倍率是指主油泵每小时的出油量与油箱的总量

之比，一般为 8~10。②如果油的循环倍率过大，将使油的使用寿命缩短。不易排除油中的水和空气，促使油质迅速恶化。

☞ **108. 油系统进入了气体怎么办？**

油系统中除油冷却器、过滤器上设有排气阀外，油管路、液压元件尤其是靠近主体设备的部位，因防止漏油或意外情况是不允许留有排气阀的。这样一来，必然有气体凝滞在部分管路的上端以及液压元件的死角处，排尽这些部位的气体是确保机组开车顺利、运行安全、稳定的重要措施。具体方法如下：①利用机组开车前需要盘车的机会，提前 2~3h 启动油系统，迫使润滑系统油管路中的气体经轴承排回油箱。②借开车前须做静态调试的机会，反复开关主汽门、油动机、错油门等，使调节系统中的气体经上述液压元件排油窗口排回油箱。③机组冲转后，若发现某液压元件有抖动、爬坡现象时，说明气体未完全排尽，应将机组转速退回，切断主蒸汽源，重新按方法②排气，直至排尽为止。

☞ **109. 油箱在日常维护和操作中要注意哪些问题？**

① 油箱在清洗后的加油时，要正确估计油系统的其他设备（如油管路、油冷却器、过滤器、高位油箱及其他蓄压器等）中是否充满了油，若这些设备中的油在检修过程中未排放，则向油箱内的加量不能过多，要保持油箱顶部留有 3/10 左右的空间。如果完全充满，运行中因润滑油受热膨胀或其他意外情况油会从箱顶溢出。②机组运行中需要向油箱内补油时，新油一定要经分析检验合格后方可加入，杜绝不合乎质量要求的润滑油混入油箱内，同时要执行过滤制度。冬季补油，新油同油箱内润滑油温差可能很大，补油过快且量大，会使箱内油温陡然下降。因此，在此项操作中，应有专人监护和调节油冷器的冷却水量，保持进入各轴承的油温稳定。③寒冷季节机组开车前要提前启用油箱加热装置，使箱内油温升至大于 23℃ 后方具备开车条件。为了缩短加热时间，一是可将油冷器内冷却水排尽；二是在启用加热装置

后可开启一台油泵，建立油循环，使油箱内润滑油由静止加热变为强制流动加热。

☞ 110. 油箱为什么要脱水？如何进行脱水？

① 汽轮机运转时，从轴封中会有少量蒸汽漏入轴承内。②润滑油在冷却轴瓦时与漏入轴承内的蒸汽接触，并使之冷凝，冷凝水与油一起回入油箱。③为了保证润滑油系统不带水，所以要对油箱进行脱水。④脱水时要注意：脱水阀不能开得太大，脱水时，人不能离开，防止跑油，脱完水，关闭此阀。

☞ 111. 油箱液面增高的原因以及处理方法？

原因：①水压高于油压，冷油器铜管破裂，使水漏到油中。②液面计失灵。③轴封漏汽严重（针对汽轮机带动的压机）。

处理方法：①检查冷油器工作情况，切换冷油器。②将油箱内的水脱掉。③联系化验工，采样分析，不合格要更换新油。④清洗液面计。

☞ 112. 油箱为什么要充氮气保护？

① 因为油箱中的油是可燃物，它同空气接触易氧化变质。②另外油中含有可燃气体的释放，同空气接触也不好，且在油位降低过程中，空气总是往内吸的。因此，油箱内充氮气保持微正压可有效地防止上述情况发生。

☞ 113. 油动机作用是什么？

油动机的活塞杆与调节汽阀杠杆相连，作用是定位调节汽阀，使之转速恒定。

☞ 114. 离心式压缩机设置防喘振系统的目的是什么？

自大、中型离心式压缩机投入工业领域应用以来，无一例外均设置了防喘振系统，其主要目的就是为适应汽轮机－压缩机组变工况运行要求，使压缩机在各种转速和入口流量下，工作点离开最小流量一个安全距离，达到预防失速和喘振的目的。

115. 造成压缩机喘振原因有哪些？

凡是能造成气压机流量下降的因素，都可能造成气压机的喘振，在实际运转中，凡是能促使气压机的工作点落在飞动区内的因素都是发生飞动的原因。具体有以下几个方面：①机械部件损坏脱落时可能发生喘振。②操作中，升速升压过快，降速之前未能首先降压可能导致喘振。③正常运行时，防喘系统未投自动。当外界因素变化时，如主蒸汽温度压力下降或汽轮机真空下降或者因调速系统失灵突然造成机组转速急剧下降，而防喘系统来不及手动调节。④介质状态变化。⑤进气压力下降或系统压力增高。如：进出口阀、单向阀卡住。⑥外界原因造成吸入流量不足。

116. 机组发生强烈振动的危害性如何？

①使零件之间连接松弛，引起更大的振动与损坏。②使轴承与密封部分（包括气封、油封）损坏，造成烧瓦与大量泄漏。③造成调速系统不稳或失灵及危急保安器误动作而停机。

117. 压缩机喘振时，对机械有哪些危害？

①使转子串轴，损坏推力轴承。②压缩机强烈振动损坏部件。③叶轮打坏，发生噪音。④气体倒流磨损轴承，损坏干气密封。

118. 喘振现象有什么特征？

喘振现象的特征：①压缩机工作极不稳定。压缩机正常运行时，排气压强、流量等参数脉动值小，频率高。减小流量到出现喘振时，气动参数会出现周期性的波动，振幅大，频率低。②喘振有强烈的周期性气流噪音，出现气流吼叫声。正常运转时气流的声音为哨声，到喘振前气流声音变化不大。喘振时突然出现周期性的爆声，再减少流量，会出现轰隆隆声。③机器强烈振动。机体、轴承振幅急剧增加。

119. 机组为什么会超速飞车?

汽轮机超负荷时,如果这时汽轮机调速系统失灵或危急保安器卡涩或者虽然危急保安器动作,而主蒸汽门及调速汽门由于结垢卡涩、填料过紧、门杆弯曲等原因而卡住,就会造成机组超速或飞车。

120. 一旦转速表失灵,如何判断转速?

① 一旦转速表失灵,可以通过二次油压的变化中(二次油压随转速的升高而上升)来判断转速。②也可通过入口流量来判断,还可以通过实测表来测量。

121. 压缩机运行中常见哪些事故?

压缩机运行中常见的事故有以下几个方面:①压缩机抽空;②压缩机喘振;③缺油断油或失火;④密封系统失灵,氢气大量泄漏;⑤机组倒转,轴瓦烧损,干气密封损坏;⑥强烈振动。

122. 压缩机发生倒转的原因及危害是什么?

①压缩机发生倒转的根本原因是当压缩机停机后气体由出口流入压缩机并从入口低压端排出,在气体的带动下压缩机发生与工作转向相反的转动,凡是能使停机时造成出入口连通的原因都会引起压缩机反转。如紧急停机时压缩机出口阀关闭不严,且出口单向阀失灵卡死,而入口阀又在开启状态。②压缩机发生倒转会使气压机轴承(包括主轴与推力轴承)润滑情况变坏,油膜难以形成或不稳定,引起烧坏轴瓦事故。另外,压缩机发生倒转后干气密封的气膜无法形成,导致动静环干摩擦,将动环上螺旋槽磨损,干气密封失效。

123. 汽轮机为何要设置滑销系统?

①汽轮机组在起动或停机、增减负荷时,缸体温度均会上升或下降,会产生热胀和冷缩现象。②由于温差变化热膨胀幅度可

由几毫米至十几毫米。③但与汽缸连接的台板温度变化很小,为保证汽缸与转子的相对位置,在汽缸作为台板间装有适当间隙的滑销系统。

124. 汽轮机的滑销系统有何作用?

其作用:①保证汽缸和转子的中心一致,避免因机体膨胀造成中心变化,引起机组振动或动、静之间的摩擦;②保证汽缸能自由膨胀,以免发生过大应力而引起变形;③使静子和转子轴向与径向间隙符合要求。

125. 什么是汽轮机组的差胀?差胀变化过大与哪些因素有关?

汽缸与转子之间的相对膨胀之差叫差胀。正差胀大说明汽缸胀得慢,转子胀得快;负差胀大说明汽缸未收缩转子已经收缩了或汽缸胀得快转子胀得慢。

差胀变化大一般与下列因素有关:①暖机不当,如升速过快或暖机时转子与汽缸温度相差悬殊。②增减负荷速度过快。③空负荷或低负荷运行时间过长(尤其由满负荷降至空负荷时,差胀向负方向显著增大)。④汽温、真空短时突变,如真空突然下降,引起低压缸部分膨胀造成负压差胀,水冲击造成汽温突然下降,也可能造成负压差。

126. 差胀与轴向位移有什关系?

在正常运行时差胀与轴向位移读数都应该不变。一般负荷变化时,轴向位移变化很小,而差胀由于汽缸及转子的相对膨胀数值有变化,最初发生变化以后又逐渐恢复正常。如发生推力盘磨损,则转子在汽缸内的相对位置即起变化,这时引起差胀与轴向位移同时变化,其变动值也相仿。据此就可以准确地判断推力瓦的故障。

127. 汽轮机的暖机及升速时间由哪些因素决定?

汽轮机启动后蒸汽进入汽缸内部,各部温度迅速上升,到满负荷各部温度达到最高，汽轮机的暖机及升速时间主要决定于这个温度，一般经常控制的指标：①转子与汽缸的差胀不一致造成动静部分发生摩擦。②上、下缸温度差不大于35℃。③法兰内外壁温差不大于130℃。④法兰螺栓温差不大于30℃。

☞ **128. 抽气器主要结构有哪些?**

① 喷嘴；② 吸入管；③ 扩压管；④ 管箱；⑤ 冷却器；⑥ 疏水器。

☞ **129. 二次油管线上阻尼装置的作用是什么?**

① 减缓二次油压的大幅度变化对调节阀执行机构的冲击而造成的波动。②通过阻尼装置的节流作用，使二次油压的变化强度减弱(变化的速度减慢)从而使汽轮机的调节平稳。③在停车时，二次油压通过阻尼装置的另一油路顶开钢球而迅速卸压(这一油孔在正常状况下是被钢球关闭的)而达到快速停车的目的。

☞ **130. 重锤式危急保安器是如何工作的?**

① 其动作原理是重锤的重心与轴的重心不重合，有一定的偏心度。重锤外围装有弹簧，使重锤稳定在一定位置上。②正常运行时弹簧力超过偏心度造成的离心力，使重锤不能飞出。③当转速升高时，离心力大于弹簧力，重锤飞出，使脱扣器动作，从而使进汽中断。

☞ **131. 蒸汽通过汽轮机做功的原理是什么?**

汽轮机是用蒸汽来做功的原动机：①蒸汽经过汽轮机喷嘴时，将蒸汽的热能转换为蒸汽高速冲动的动能。②当蒸汽经叶片时，将动能转变为转子旋转的机械功。

☞ **132. 调速与润滑油系统由哪几部分组成?**

① 主油泵、辅助油泵。②蓄能器。③调速器、错油门、油动机、汽轮机调速装置。④磁力断路油门、危急断路油门、主汽

门操纵座、自保停机装置。⑤低压油减压阀。⑥高位油箱。⑦油箱。⑧过滤器、冷油器。⑨管路及管件。

133. 汽轮机暖机时转速为何不能太低？

① 转速太低轴瓦油膜不易建立而使轴瓦磨损，因此，需要具有一定的转速才能建立油膜而将轴托起。② 转速太低，干气密封动静环易发生干摩擦，使干气密封损坏。

134. 汽轮机的振动是怎样监控的？

汽轮机运转时的振动起源于转子，并且通过具有弹簧与阻尼作用的油膜传到轴承盖，测定轴承座的绝对振动时只测到起源于转子振动的二次现象，即轴承的反应。因此，在轴承盖表面可测得振动能给出汽轮机振动的一般情况。

其工作结构是在汽轮机前后轴承附近处设置了彼此相互成 90° 的两个测量点，所使用的振动传感器是按涡流原理进行工作的，在振动传感器的测头中有一振荡器，它产生一种高频磁场，以这种磁场作为测量手段，从而对汽轮机的振动进行监控。

135. 危急遮断阀的作用是什么？

切断主汽门、切断蒸汽系统与汽轮机的联系，使其停机。

136. 机出口单向阀有撞击声是怎么回事？

由于机出口流量不稳，而使机出口单向阀瓣摆动幅度大而撞击单向阀盖。

137. 压缩机介质为易燃易爆物质时，为什么在开车前要进行惰性气体置换？

在压缩机启动前，缸体内及管道中都可能存在空气，如果压缩气体为易燃、易爆物质，与空气混合后并达到一定的比例时，即形成爆炸性混合物，一旦遇到火种，就会造成爆炸事故。因此，开车前要进行惰性气体置换。

138. 何为压缩机的"滞止工况"？

① 压缩机的"滞止工况"与产生喘振现象的原因相反，当气体流量要大时，进入叶轮的气流相对速度方向角 $\beta_1 > \beta_{1A}$，气流冲向叶片的非工作面，在叶片的工作面上形成气流分离现象。由于工作面压向气流，所以这种气流分离现象不会扩大。② 当气体流量继续增加到某最大流量时，叶道内最小截面处的气流速度将达到音速，则流量再也不能增加了。此时叶轮对气体作的功已全部用来克服流动损失，变动能为热能，气体压力并不升高，这种状况就称为"滞止工况"。

139. 调速系统晃动的原因有哪些？

调速系统晃动是调速系统经常发生的毛病。主要有以下几个方面的原因：① 调速系统的迟缓率增大。在造成迟缓率增大的原因中，以系统元件卡涩影响最大。造成卡涩的原因有油质不良，机械杂质增加，滑阀磨损间隙增大，及调速系统紧固件松动、连杆销子松动脱落、油动机涨圈损坏等。② 调速汽门和油动机门杆中心偏移，蒸汽中含盐太多使调速汽门卡涩，会造成调速系统晃动。③ 油系统油压不稳定，二次油不稳使调速系统晃动。油压波动的原因除因主油泵故障外，油中存在的大量空气或油箱液位低也会引起油压波动。④ 调速系统静态特性过于平缓或在中间有凸起区会引起调速系统工作不稳定而造成晃动。⑤ 压缩机处在喘振工况或者进出口阀门摆动，系统压力波动造成的负荷较大波动，引起调速系统晃动。

140. 主蒸汽压力过高对汽轮机运行有何影响？

① 主汽压力超过额定值时，承受较高压力的部件应力过大，如果到材料强度极限是危险的。② 如果调节汽门保持不变，则蒸汽量要增加，再加上蒸汽总焓降增大，从而使末几级叶片过负荷。③ 使汽轮机末几级的蒸汽湿度增大，温度损失增大，汽蚀作

用加剧，降低末几级设备的寿命。

☞ **141. 调速系统在空负荷下为什么维持不了额定转速？是什么原因？**

因为汽轮机启动后，在主汽门全开、真空正常负荷为零的情况下，调速系统保持不了额定转速。其原因是调速汽门关不严或调速系统不正常而引起的，大致有以下几点：①调速汽门接触不严密，阀门与阀门座间隙太大。②调速系统连杆尺寸安装不正确。③调速器连杆、油动机、错油门等卡住。④传动杆或错油门连接处松驰。⑤传动杠杆与蒸汽室温度相差过大，热膨胀不一致，而使错油门阀不在空负荷位置上。

☞ **142. 汽轮机在启动前为什么要暖管？**

工业汽轮机冷态开车前，应对主蒸汽管道暖管，否则，将会造成以下后果：①当高温高压蒸汽接触到常温下的金属管道壁面时会有部分凝结成水，这时若蒸汽流速高，夹带的凝结水将在管道内形成水冲击。水冲击的危害是很大的，轻则使管道支架松动，管道移位；重则造成管道及其附件开裂而损坏。②如蒸汽对管道的预热速度过快，会在管壁上产生较大的温差应力，如果这种情况反复发生，将使管路及其附件产生安全所不能允许的热膨胀和变形，甚至出现裂纹等重大事故。因此，必须限制蒸汽对管道预热过程中升温速度和传热温差，进行暖管。

☞ **143. 什么是机组的惰走时间？惰走时间变化说明了什么？**

机组的惰走时间是指机组切除系统，并尽可能降低机组的负载（流量降至飞动限）后，自主汽门和调速汽门关闭到转子完全静止这段时间。由于气体压缩机组只能卸掉部分负载，故所测得的惰走时间是在负载条件下的惰走时间。为了使每次停机所测得的惰走时间能够互相比较，必须使每次测得的惰走时间的条件（如机组负载、转速、凝汽器真空度或背压等）尽可能相同。

惰走时间变长说明汽轮机主汽门及调速汽门有泄漏现象。惰走时间缩短则说明机组同心度变差，机械部分有摩擦，润滑油质劣化。

☞ **144. 汽轮机通流部分结垢有何危害？**

由于蒸汽品质差，会使汽轮机通流部分结有盐垢，尤其是高压区结垢比较严重。汽轮机通流部分结垢的危害性有以下几点：①降低汽轮机的效率，增加了汽耗。②由于结垢汽流通过隔板及叶片的压降增大，工作叶片反动度也随之增加，严重时会使隔板及推力轴承过负荷。③盐垢附在汽门杆上，容易发生汽门杆卡涩。

☞ **145. 调速系统与负荷变化有什么关系？**

①调速系统的作用是使汽轮机输出功率与负荷保持平衡。②当负荷增加时，调速系统要开大汽门，增加进汽量（负荷减少时相反）。③当负荷变化时调速系统必须保持汽轮机的正常运转速度。④当负荷突然减小时，调速系统也要防止转速急速升高。

☞ **146. 什么是调速系统的静态特性曲线？**

①主要是指汽轮机在单机运行的条件下，其负荷与转速之间的关系。②如果把这种关系画在以负荷为横坐标，转速为纵坐标的图纸上，就得到了调速系统的静态特性曲线。

☞ **147. 汽轮机运行中常见哪些事故？**

汽轮机运行中常见的事故大约有六种：即断叶片、超速飞车、水冲击、强烈振动、缺油和失火、真空下降或背压上升。

☞ **148. 汽轮机的速关阀有什么作用？**

汽轮机的速关阀是新蒸汽管网和汽轮机之间的主要关闭机构，在运行中当出现事故时，它能在最短的时间内切断进入汽轮机的蒸汽。速关阀一般是安装在汽轮机汽缸的进汽室上，它主要由阀体、滤网及油缸部分组成。

☞ **149. 调速系统的主要构成是什么？**

调节系统主要构成：两个转速传感器、数字式调节器（如Woodward505）、电液转换器、错油门/油动机和调节汽阀组成。速关组合件上装有电液转换器和停机电磁阀，是保护系统的主要部分。

☞ **150. 为什么工业汽轮机有调节级和压力级之分？**

多级工业汽轮机的第一级叶轮与第二级叶轮沿轴向跨距较大，且第一级叶轮（包括叶片）的高度比第二级还高，有的在第一级叶轮上还装有双列叶片。具有这些特征的第一级就叫调节级。调节级可以使蒸汽焓降增大，压力和温度下降较多，使设备结构简化。因为在总焓降不变情况下，采用调节级即可减少汽轮机级数。对于冲动式工业汽轮机，调节级后的各级均为非调节级，或者说非调节级即叫压力级。压力级的主要特点是蒸汽在叶片中流动时没有或只有很少的膨胀，叶轮前后没有压力差或者压差不大，因而轴向推力也较小。

☞ **151. 汽轮机－压缩机组为什么采用滑动轴承而不采用滚动轴承？**

①滚动轴承与滑动轴承相比较，虽然有摩擦系数小、效率高、结构紧凑、润滑简单、耗油量少、启动快、阻力小等优点，但是滚动轴承难以适应高转速，在高速重载下使用寿命短、承受冲击载荷能力差、噪声大。②相反滑动轴承由于轴瓦和轴颈之间存在油膜层的缓冲和阻尼作用，故具有较大的受冲击能力，而且在高速下使用寿命长、噪声低、旋转精度高、抗振性能好、拆装检修方便。这些特点都符合大中型汽轮机－压缩机组的工作要求，所以得到了广泛应用。③滑动轴承的缺点主要有：a. 结构较简单的滑动轴承在转速和载荷变化过大、过频时，难形成最佳油楔，易导致轴承润滑不良，造成轴瓦磨损。b. 摩擦阻力较滚动轴承大，温升较高，功率消耗也较大，这不仅使多缸机组机械

传动效率降低，而且操作、维护工作量较大。因此，在其他传动设备上，如各种中小型的泵、风机、齿轮箱、农用机械以及小型工业汽轮机上多采用滚动轴承。

152. 在汽轮机－压缩机组中轴承的作用是什么？它有哪些类型？

轴承按其承受载荷的方向不同，分为径向轴承和止推轴承（或叫推力轴承）两大类，在汽轮机的动静部件有正确无误的径向配合间隙；止推轴承的作用是阻止转子在工作状态下的轴向位移，保持动静部件有正确无误的轴向间隙，无论是控制径向还是轴向间隙的目的，都是为防止动静部件直接接触而发生摩擦，保障设备运行安全。轴承的一般类型见表 5－1。

表 5－1　轴承的一般类型

分类方法	类　　别	分类方法	类　　别
按载荷方向	径向轴承	按润滑方式	滑动轴承
	止推轴承		滚动轴承
按油膜形成原理	静压轴承	按承载能力	重载轴承
	动压轴承		轻载轴承

153. 推力轴承的构造是怎样的？

① 压缩机与汽轮机的推力轴承都是与其中一个支撑轴承连在一起，叫综合式推力支撑轴承。② 在这种轴承中安装在主轴上的推力盘两侧各有一排瓦片，也有一种是主推力瓦块和副推力瓦块分别位于支撑轴承的两边，这时推力盘也是分在支撑轴承的两边。推力瓦块呈扇形，支承于安装圈上，瓦块与安装圈之间有一个支点，当推力盘转动时，瓦块自动摆动形成油楔，因而能保证很好的润滑条件。

154. 机组运行中引起轴承故障的常见原因有哪些？

机组运行中引起轴承故障的常见原因有以下几种：① 润滑油

量不足或中断。润滑油量不足，轴承温度会明显上升，油量中断，即使时间很短，也会很快使轴承烧毁。②轴承进油处的旋塞调节不当或被堵塞，回油管路不畅通，油箱油位过低，离心油产生空转。③润滑油中含有较大颗粒的机械杂质，滤网过滤效果差，使巴氏合金（甚至止推盘和轴颈）拉毛、刮伤，油膜遭破坏。④径向轴承振动过大，时间长且频繁，引起巴氏合金局部龟裂和剥落，油膜难形成。⑤转子因各种原因[如喘振、水冲击、缸体内级间或段间汽（气）封严重泄漏等]产生交变轴向推力过大，使止推轴承过负荷甚至烧瓦。⑥油冷器冷却水量不足或中断，使进入轴承的油温过高，油的黏度下降过多，油膜难以形成，而且轴承中的热量不能带走，严重时出现烧瓦。⑦油中夹带水或存有空气，使油膜被破坏。⑧检修质量控制不严，轴承自身遗留问题未解决甚至滋生出新的故障源。

☞ 155. 轴向推力是怎样产生的？在运行中怎样变化？

①离心式压缩机中，由于每级叶轮两侧气体作用在其上的力大小不同（出口侧因压力高，作用力大于进口侧），使转子受到一个指向低压端的合力，即轴向推力。虽然在结构上设置了平衡盘或通过级的不同排列来减小轴向力，但不能完全平衡。②离心式压缩机运行中，当出口压力增加时，这个轴向推力加大。另外当气压机起动时，由于气流的冲力指向高压端，转子轴向推力方向与正常运转相反。③汽轮机产生轴向推力是因为动叶片有较大的反动度（如50%），蒸汽在动叶中继续膨胀，造成叶轮前后产生一定的压差，这些压差就产生了顺着汽流方向的轴向推力。冲动式汽轮机的轴向推力较反动式汽轮机小。④在运转中，轴向推力的大小与蒸汽流量的大小成正比，即负荷越大，轴向推力越大。另外对凝汽式汽轮机，运转中真空下降，因焓降减小增大级的反动度，使轴向推力加大。在汽轮机突然甩负荷时，轴向推力瞬时改变方向。

156. 什么是轴向位移？轴向位移变化有什么危害？

气压机与汽轮机在运转中，转子沿着主轴方向的串动称为轴向位移。产生轴向位移的原因有以下几个方面：①在气压机起动和汽轮机甩负荷时由于轴向力改变方向，且主推力块和副推力块与主轴上的推力盘有间隙，因而造成转子串动，产生轴向位移。为保护机组，当主推力块与推力盘接触时，副推力块与推力盘的间隙应该小于转子与定子之间的最小间隙。②因轴向推力过大，造成油膜破坏使瓦块上的乌金磨损或熔化，造成轴向位移。为保护机组，当乌金熔化时，不会造成过大的轴向位移，瓦块上乌金的厚度都不大于 1.5mm。③由于机组负荷的增加，使推力盘和推力瓦块后的轴承座、垫片等因轴向力产生弹性变形，也会引起轴向位移。这种轴向位移叫做轴向弹性位移，弹性位移与结构及负荷有关，一般在 0.2～0.4mm。④机组的轴向位移应保持在允许范围内，一般为 0.8～1.0mm。超过这个数值就会引起动静部分发生摩擦碰撞，发生严重损坏事故，如轴弯曲、隔板和叶轮碎裂、汽轮机大批叶片折断等。

157. 汽轮机发生水冲击的原因及征象是什么？危害性如何？

① 汽轮机发生水冲击，主要是因为主蒸汽系统大量带水造成水冲击汽轮机。②水冲击征象是汽温急剧下降，主汽管、汽缸内有水冲击声，甚至结合面法兰冒白色湿蒸汽，推力瓦温度升高，乌金熔化冲击严重时，动静部分相碰冒火花。③水冲击的危害是能造成叶片折断、叶轮挠曲、推力轴承与轴封摩擦破坏。

158. 主蒸汽带水如何判断？有何危害？

① 主蒸汽温度急剧下降。②主汽管、汽缸内有水冲击声，法兰处冒微小的白色湿蒸汽。③推力瓦温度升高，乌金熔化，动静部分相碰，冒火花。

危害：能造成叶片折断，叶轮挠曲，推力轴承，轴封摩擦破坏。

☞ **159. 暖管时为什么会产生水冲击?怎样消除?**

① 水冲击(或称水击)一般容易发生在低压暖管阶段或者是在低压暖管没合格就盲目进行了升压暖管时。② 其次是即使低压暖管合格,但在升压暖管初期,升压速度过快时,出现水击的主要原因是,暖管供汽阀开度大,蒸汽流量过多,流速过快,凝结水从疏水排放阀处排放不及时,当管内积水较多、有碍气体通过时,蒸汽则推动凝液形成水柱,来回撞击管道,并发出震耳欲聋的声响。③ 水击发生后,一般的处理方法是关闭暖管供汽阀,这种方法往往消除时间较长。有效的方法是:在关闭供汽阀的同时,关闭管道上所有的疏水排液阀,让管内的蒸汽和凝结水由"动态"变为"静态"。水击现象能在较短的时间内得到抑制。④ 待水击现象消失后,再缓慢开启各排液阀,排尽管内积水,再按正确的方法进行暖管。水击发生的另一个主要条件是管路容量的大小,容量越大越易发生。⑤ 对于抽汽式和多压式的工业汽轮机,一般抽汽管网和注汽管网都较大,在投用抽出蒸汽和注入蒸汽的操作过程中,应严加防范。防止的根本方法是按规程进行正确的低压暖管和升压暖管。

☞ **160. 暖管过程为什么要分低压暖管和升压暖管两步进行?怎样确定暖管合格?**

对容量较大的蒸汽管道,低压暖管是必要的。低压暖管目的有两个:其一,将主蒸汽管网的高压蒸汽经节流降压后使饱和温度降低,以减小凝结放热时主蒸汽温度同管壁温度差;其二,通过限制蒸汽流量,能使凝结水及时从疏水排放阀中排出,减小产生水冲击的可能性。为此一般规定,中压蒸汽管路其低压暖管压力控制在 $0.2 \sim 0.3$ MPa,高压蒸汽(指压力大于 8.0 MPa)控制在 $0.5 \sim 0.6$ MPa。

低压暖管合格标准,严格地讲应是管道末端管壁温度大于或等于暖管蒸汽压力下饱和温度,且内外壁温差等于正常许可值。

但实际中并不是所有的管道末端都设有这种温度指示仪表，对此，运行规程通常以限定低压暖管时间来保证暖管质量（一般规定时间为 20~30min 或更长）。富有经验的运行人员，总是在参照这一规定的同时，观察各疏水排放阀（特别是管道末端处排放阀）排出的蒸汽状态来判断低压暖管是否达到合格要求。当蒸汽中明显夹带水时，说明管壁温度仍低于相应蒸汽压力下的饱和温度很多，要适当延长暖管时间；当蒸汽呈现白色，观察不到有水珠排出时，说明蒸汽已经接近于饱和状态，此时的管壁温度与蒸汽温度基本相等，即低压暖管为合格。

升压暖管必须是在低压暖管合格后才能进行。两者的主要区别在于：低压暖管时蒸汽对金属壁的放热是以凝结放热为主，其放热系数很高，而升压暖管，蒸汽对管壁面的放热是以对流导热为主，放热系数相对于前者要小。因此，升压暖管只要控制好升压速率，一般不会再发生水冲击，同时管道的热应力也不至于过大。运行规程对不同等级的蒸汽管路的升压暖管速率都有明确规定，一般要求中压蒸汽管路每分钟升压为 0.1~0.15MPa；高压蒸汽管路在压力升到 4.0MPa 之前，速率按 0.1~0.2MPa/min 控制，压力升到 4.0MPa 之后，可按 0.5MPa/min 进行。

按要求工业汽轮机冷态启动时，主蒸汽温度比对应压力下的饱和温度至少要高出 50℃。因此，暖管时升压到额定压力后，应停留一段时间，让末端管路处的蒸汽温度逐渐高于对应压力下的饱和温度，此时从疏水排放阀排出的蒸汽呈无色透明，暖管工作即告合格。

161. 工业汽轮机单体试车的目的是什么？

工业汽轮机单体试车是在驱动机和工作机之间的联轴节脱开情况下进行的。单体试车目的有二。①检验设备制造、安装或大修后的质量，提前暴露问题，减小机组联运后的故障几率；②对超速保护装置进行试验，检验在规定最高限额转速下的动作准确性，以保障机组在意外故障时的安全。

☞ **162. 暖机时汽轮机排汽温度为什么会升高?排汽温度过高怎么处理?**

机组暖机阶段,工业汽轮机排汽温度高于正常值是常见的,有的属于正常温度升高,有的属于不正常的温度升高,其原因各有不同。所以要根据不同的具体情况做出相应处理。①暖机过程中,主汽门开得很小,节流损失大。节流后蒸汽压力下降,但蒸汽温度低得很少。在汽轮机内部,蒸汽压力不能降低很多,汽温也就降得很少,故排汽温度上升。由于进入机内蒸汽流量少,转速又低,蒸汽在各级动叶内的焓降过程不像正常条件下能获得很光滑流程,而最末几级,蒸汽仍有较大的过热度;另外,因蒸汽流速低,末级叶片尺寸又大,蒸汽在叶片的搅动下产生摩擦鼓风损失和重热现象,这些损失产生的热量反过来加热了蒸汽;表现为冷凝器内真空和排汽温度不对应,温度高于对应真空下的饱和值。这种排汽温度升高是因客观原因造成的,是难以完全避免的,所以说是一种正常现象。通常是转速越低,排汽压力越高,低速下停留时间越长,温度就越高。②排汽温度适当高于正常温度,并不会对暖机过程带来危害。一般该温度高于对应真空下饱和温度的 10~15℃,还可以减小暖机初期前后汽缸的温度差,对暖机反而有利。但是,当排汽温度高于对应真空下饱和温度的 20℃之后(通常大于 70℃),要采取处理措施。对排汽缸设有喷淋降温装置的要投入使用,没有这种降温装置的,应尽量减少低速暖机时间,同时选择适当的真空,保持合适的蒸汽流量。

☞ **163. 什么叫热态启动?**

所谓热态启动是指汽轮机-压缩机组停车后,主机温度尚不低于某一规定值时,重新启动的一种开车方式。根据电力汽轮机划分热态与冷态的标准,是把汽轮机金属温度高于冷态启动额定转速时的温度状态称为热态,一般中压中温汽轮机,这一温度在 150~200℃之间。

164. 热态启动有何意义？

热态启动的主要意义可归纳为如下两个方面。①有利于工业汽轮机启动安全。工业汽轮机短期停车，缸体在良好的保温层下冷却速度缓慢，在较短的时间内动静部分温度仍很高，此时若采取冷态启动，在低速下由于主蒸汽受严重节流，压力和温度都较低，这样反而使处于较高温度状态下的金属部件急剧冷却，容易造成缸体和转子相对收缩，通流部分轴向和径向间隙减小，甚至造成设备损坏。因此，对处于热态下的汽轮机再次启动，从金属温度差和动静件间隙的观点出发，采取快速启动和快速带负荷是安全的。相反，采取冷态启动方式对设备安全不利。②缩短开车时间，提高装置经济效益。热态启动与冷态启动相比较，机组开车时间一般可缩短 1/2 甚至 3/5。另外，还节省了主蒸汽和工艺气体以及一些辅助性物料的消耗，直接增加了产品产量。

165. 机组停车后要注意哪些问题？

① 转子静止后要及时投用盘车装置，从连续盘车过渡到间歇手动盘车阶段，必须保持润滑系统连续运行。因检修工作特别需要停油泵的，也应至少连续盘车 6~8h 以上。对无连续盘车装置的机组，应按规程要求时间进行手动盘车。②对介质为可燃性气体的压缩机，停车后不能立即中断轴端密封系统，防止空气从轴封处漏入缸内。停止密封油系统运行，必须事先对缸内进行惰性气体置换并且合格。③转子停止转动后冷凝液泵应运行一段时间。因为停车后仍有蒸汽经疏水膨胀箱排入冷凝器，需用冷凝液泵送入冷凝液对膨胀器内汽体进行冷凝。④机组属短期停车且本身没有故障时，油系统、真空冷凝液系统、轴封汽系统、密封系统、空冷系统以及工艺气体系统均可维持正常状态，以缩短重新开车时的准备。⑤冷凝液泵停止运行后，要确认冷凝液送往管网的前后手阀和副线阀关闭，防止将来管网中冷凝液倒回冷凝器。

166. 机组的盘车装置有哪几种形式?盘车装置起什么作用?

① 机组的盘车装置有液压盘车、电动盘车和手动盘车。在汽轮机停机后,需要经过一段较长时间才能冷却,如果转子在静止状态上冷却,由于冷热对流原理,汽缸上部温度高,下部温度低,轴会向上弯曲。为使转子均匀冷却,防止弯曲就需按操作规程进行盘车,直到轴承回油温度小于35℃、排气温度小于40℃时为止。② 另外,当机组启动时,通过盘车装置使转子低速转动,以检查有无卡阻与碰撞,保证机组安全启动。

167. 开车前为什么需要盘车一段时间?

盘车有预防和部分消除转子因各种原因引起的弹性弯曲(或叫塑性弯曲)的作用。这种弹性弯曲在多种情况下都有可能发生。① 工业汽轮机抽真空前,过早地供给了轴封汽,而且又未及时盘车,使上下缸形成温度差,随着供汽时间的延长,转子受热且上下温度不均,转子出现弹性弯曲。② 机组开车是在上次停车后不久进行的,转子在冷却阶段盘车不良而产生弯曲。③ 主轴细长,跨距大,在长时间的检修中处于静止状态,转子重心向下,产生自然弯曲。盘车有部分直轴功用,所以开机前要盘车一段时间。

168. 在哪些情况下机组停车后不能连续盘车?

① 停机前或停机过程中,已经发现主机设备出现了故障(如叶轮、叶片断裂,缸内有明显摩擦声,轴承烧毁,动静部件径向和轴向间隙消失,装置生产系统中的物料倒入了压缩机体内等),或者是启动盘车后,发现轴振动和轴位移过大,均不能盲目进行连续盘车,防止故障进一步扩大。② 润滑系统工作不正常,润滑油压达不到要求指标的,或者是冬季油冷器的冷却水量没有得到及时调节使出油温度低于23℃时,也不能连续盘车,否则使轴承磨损较快。出现上述情况之一时,应采取手动盘车。③ 已知机组停车时间较长,则连续盘车时间应按规程要求进行,

不能任意延长。因盘车转速通常很低，轴承基本处于边界摩擦状态，连续盘车时间越长，轴承磨损量就越大。因此，达到规定的连续盘车时间后要及时改用间歇手动盘车。

☞ 169. 进汽温度过高或过低，对汽轮机运行有什么影响？

汽温高过设计值，虽然从经济上来看是有利的，但从安全条件上来看是不允许的。①因为在高温下，金属机械性能下降很快，会引起汽轮机各部件使用寿命缩短，如调速汽门、速度级及压力级前几级喷嘴、叶片、轴封及螺栓等。还可能使前几级叶轮套装松弛。因此，进汽温度过高是不允许的。②汽温低于设计值会使叶片反动度增加，使轴向推力增大。在汽温过低下运行，会增加汽耗，影响经济效益。此外汽温降低，将使凝汽式汽轮机后面几级叶片发生水蚀，缩短使用寿命。

☞ 170. 进汽压力过高或过低，对汽轮机运行有什么影响？

① 汽轮机在设计时是根据额定主蒸汽压力来考虑各部件的强度的，因此，在主蒸汽压力高于额定值时，使主蒸汽管及管道上的阀门、调速汽门的蒸汽室和叶片等过负荷，甚至会引起各部件的损坏。另外，汽压超过额定值，使汽轮机末几级蒸汽工作温度增加，造成末几级叶片工作条件恶化。②汽压低于设计值时，将使汽轮机的效率降低，在同一负荷下所需的蒸汽量增加，引起轴向推力增加。同时，使后面几级叶片所承受的应力增加，严重时会使叶片变形。另外，汽压过低将使喷嘴达到阻塞状态，使汽轮机功率达不到额定数值。

☞ 171. 汽轮机超负荷运行会产生什么危害？

① 由于进汽量增加，叶片上所承受的弯曲应力增加；同时隔板、静叶片所承受的应力与引起的挠度也增加。②由于进汽量增加，轴向推力增加，使推力瓦乌金温度升高，严重时造成推力瓦块烧毁。③调速汽门开度达到接近极限的位置，油动机也到了最大行程附近，造成调速系统性能变坏，速度变动率与迟缓率都

会增加，使运行的平稳性变坏。由于有以上几个问题产生，所以不允许汽轮机长期超负荷运行。

☞ **172. 何谓真空？它与大气压力、绝对压力有何关系？**

容器内的真实压力叫绝对压力，用 $P_{绝}$ 表示。当绝对压力低于环境大气压 $P_{大}$ 时，容器内的全部压力仍叫绝对压力，把低于 $P_{大}$ 的部分叫真空，所测得值叫真空值，记为 $P_{真}$。它们之间的关系为：

$$P_{绝} = P_{大} - P_{真}$$
$$P_{真} = P_{大} - P_{绝}$$

☞ **173. 影响真空度的因素有哪些？**

① 直接空冷工况差。② 抽气器工况差，不凝气抽不掉。③ 系统存在漏气点。

☞ **174. 凝汽器真空度下降可做哪些调节？**

① 检查抽气器工作是否正常。② 主蒸汽参数是否正常。③ 汽轮机密封汽不要过大。④ 热井水位是否正常。⑤ 汽轮机负荷是否正常。

☞ **175. 凝汽式汽轮机真空下降的原因是什么？有什么危害？**

凝汽式汽轮机真空下降的原因较多，一般有以下几方面：① 真空抽气器故障，不能正常抽气。② 直接空冷表面结垢，降低了传热效率。③ 空气温度高，影响了直接空冷的效果。④ 真空系统不严密，漏入空气。经常漏入空气的地方有轴封处、排气室与凝汽器的连接部分、抽气管连接处、汽缸接合面、凝汽器水位表、真空表等连接处。

真空下降的危害性很大，主要有以下几个方面：① 真空下降等于背压增大，会使蒸汽焓降减少，增大汽耗，降低经济性。② 真空下降会增加级的反动度，使轴向推力增加，严重时会使推力轴瓦乌金熔化。③ 真空下降同时会造成排气量温度上升，造成低压缸部分热胀，使汽轮机动、静部分摩擦碰撞。

☞ **176. 汽轮机为什么要低速暖机？为什么要严格控制第一阶梯转速？**

汽轮机在启动时，要求一定时间进行低速暖机。①冷态启动时，低速暖机的目的是为了使机组各部件受热均匀膨胀，以避免汽缸、隔板、喷嘴、轴、叶轮、汽封和轴封等各部件发生变形和松动。②对于未完全冷却的汽轮机，特别对没有盘车装置的汽轮机，启动时也必须低速暖机，其目的是为了防止轴弯曲变形，以免造成汽轮机动静部分摩擦。③暖机的转速不能太低。因为转速太低，轴承油膜不易建立，造成轴承磨损。同时，转速太低，控制困难，在蒸汽温度压力波动时，容易发生停机现象。暖机转速太高，则会造成暖机速度太快。

各个机组都有特定的升(降)速曲线图。这里把升速图中各停留阶段的运行转速命名为阶梯转速。其中最低转速相应称之为第一阶梯转速，其他依次类推。阶梯转速有两层含义：第一，是指图中对应的转速值；第二，是指该转速应停留的暖机时间。①对于冷态启动的机组，从动压轴承润滑角度来讲，总希望转速高些，这样有利于轴承中油膜的形成，减小对轴瓦的磨损。但从暖机效果上讲，却希望一开始进入缸内的工质(蒸汽和工艺压缩气体)的流量不要太大，以免在高速下部件受热过快而造成膨胀不良，故以转速低些为好。但转速过低，既不利于轴承中油膜的形成，又不容易控制转速稳定。权衡各种因素后，制造厂一般都明确给出了适应不同机组的第一阶梯暖机转速值。②暖机时间作为阶梯转速的一个组成部分，同样是要合理控制的。暖机时间过长，必然增大机组启动中工质的消耗，延长开车时间，降低运行经济性，同时还会给机组运行带来诸多不利影响，暖机时间过短，又不能保证机组均匀加热，影响安全性。③因此，大中型汽轮机－压缩机组控制第一阶梯转速值下的暖机时间一般都为20~30min。

177. 射汽抽气器的结构特点和原理是什么？

① 抽气器实际上是一种压缩机，它将蒸汽空气混合物从抽气口的压力压缩到稍高于大气压力。② 图 5-2 是射汽抽气器示意图，它由三部分组成，工作喷嘴 A、混合室 B 和扩压管 C。工作蒸汽在喷嘴 A 中自工作压力 P_0 膨胀至混合室压力 P_1（P_1 应略低于凝汽器的压力），由于压降很大，喷嘴出口蒸汽的流速很高。③ 混合室的压力又略低于抽气口的压力，因此，凝汽器中的蒸汽和空气的混合物被吸进混合室，被抽吸的混合物与喷嘴出口的工作汽流在混合室中混合，最后以 C_1' 的速度进入扩压管 C。在扩压管中速度降低，压力升高，在扩压管出口处，混合物的压力稍高于大气压力，然后排入大气。

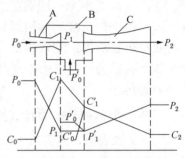

图 5-2 射汽抽气器示意图
A—工作喷嘴；B—混合室；C—扩压管

射汽抽气器具有结构紧凑，工作可靠，制造成本低等优点，且能在较短时间内（几分钟）建立所需要的真空，所以得到广泛应用。其缺点是消耗蒸汽量较多，效率较低。

178. 启动抽气器与主抽气器有何差别？

① 启动抽气器的任务是在汽轮机启动前为凝汽器迅速建立真空，以缩短启动时间。启动抽气器的工作时间短，抽气量大，耗汽量大，因而都制成单级，不带冷却器，结构简单，工作时直接将全部蒸汽空气混合物排入大气，损失了工作蒸汽的热量和质量。所以一般只在启动前用来为凝汽器建立真空，当真空抽至一定数值后，就应投入主抽气器并停用启动抽气器。② 主抽气器的任务是在汽轮机运行时，抽出凝汽器中的空气，以维持其正常真空。它一般做成多级，并且各级之间设有冷却器，可以回收工作

蒸汽、热量和凝结水，因而具有较高的热经济性。

☞ 179. 影响抽气器正常工作的因素有哪些？

①蒸汽喷嘴堵塞。由于抽气器喷嘴孔径很小，故比较容易堵塞，因此，一般在抽气器前都装有滤网。②冷却器水量不足。③疏水器失灵或铜管漏水，使冷却器充水，影响蒸汽凝结。④汽压调整不当。因为抽气器蒸汽阀门一般都关小节汽，有时阀门由于汽流扰动作用而自行开大或关小，影响汽压。⑤喷嘴或扩压管吹损。⑥汽轮机严密性差，漏入空气太多，超出抽气器负载能力。这可由空气严密性试验进行判断。⑦冷却器受热面脏污。

☞ 180. 机组冲转时，为什么要控制冷凝器内合适的真空？

运行实践表明，汽轮机－压缩机组在转子冲动时，控制冷凝器内合适的真空不仅有利于机组顺利启动，而且对设备安全也是有利的。①当冷凝器内真空过高时，转子阻力小，冲动时消耗的蒸汽量少，特别是汽轮机单体试车时，表现尤为突出。对于用调节汽门启动的机组，调节汽门开度极小，调节系统有微小的波动，转速都会发生较大幅度的波动，使之难以稳定。随着暖机转速的升高，汽轮机所消耗的蒸汽流量应相应增加，但由于排汽压力过低，则进汽量相对较少，达不到预期的暖机效果。②冷凝器内真空度过低，转子冲动时则阻力大，造成转子在静止状态下暖机。对用主汽门启动和调节汽门启动的机组，也有这种类似情况，甚至有时怀疑转子被抱死，引起一场虚惊。此时若不及时盘车，容易出现转子热弯曲，这是很危险的。另外真空过低，工业汽轮机排汽温度增高，排汽温度过高将造成低压缸膨胀不良，影响转子中心偏移，甚至使动静部件发生摩擦，转子间对中被破坏。因此，工业汽轮机都设有排汽压力和温度报警装置，当排汽压力高于报警值时，是不允许机组冲转的。③每个机组都有一个适合自身特点的启动真空值，真空维持在 $67\sim 80$ kPa 比较适宜，基本原则是：冲转时真空值可以控制稍低些，但不应低于报警值，随着暖机转速的升高，要逐步提高真空，直到转速升至额定值时，可相应将真空升至设计值。

181. 汽轮机为何要设置汽封？

①汽轮机高压段蒸汽主要向外泄压漏出，大部分从轴封中部通过平衡管被引入汽轮机低压端。②低压段为负压室，主要是防止空气漏入复水器而影响真空度。③为此由一路微正压蒸汽至轴封间，大部分被抽入复水器，微量由信号管排入大气，这后一部分的漏汽阻止了空气的漏入。

182. 凝汽式汽轮机停机时，何时才停止向轴封供汽？

停机尚有真空时，若立即关闭供汽，则冷空气通过轴封吸入汽缸内，会使轴封骤冷而变形，在以后的运行中会使轴封磨损并产生振动。因此，必须等真空降低到零，汽缸内压力与外界压力相等时，才关闭轴封供汽。这样，冷空气就不会从轴封处漏入汽缸，引起变形，损坏设备。

183. 蒸汽压力下降时，汽轮机为什么要降负荷？

在同样的负荷下，蒸汽压力下降，流量要增加，汽轮机过负荷，特别是最后几级叶片受水冲蚀严重。蒸汽压力下降时要降负荷。

184. 凝结水泵为什么要有空气管？

凝结水泵是在高度的真空下把水从凝汽器抽出，所以进水管法兰盘和盘根较容易漏入空气。同时进入的水中也可能带有空气。因此，把水泵吸入管与热井蒸汽空间相连，使泵在启动与运行时，顺此管抽出水中分离出的空气，以及经过某一不严密的地方偶尔漏入泵内的空气，以免影响水泵运行。水泵运行期间，必须使水泵与凝汽器之间的这一空气管的阀门保持在稍微开启的状态。

185. 为什么当凝结水泵运行时,水位过低会发生噪音?

①汽轮机凝结水泵入口侧是在很高的真空下工作,为了保证凝结水泵正常工作,在入口侧要求保持一定高度的水位。②但凝结水泵的流量大大超过原设计数值时,凝结水位就会降低,从而引起水泵发生汽蚀。一旦发生汽蚀时,水泵内就发生异常噪声。此外凝汽器内凝结水的温度,就是相当于凝汽器内绝对压力下的饱和温度。③要使凝结水泵内水不致汽化,就必须维持水位在一定的高度,用水的静压力来补偿凝结水在管路中的水压损失,维持凝结水在泵入口的压力略高于该温度的饱和压力。当凝结水泵汽蚀现象严重时,会引起水泵中断送水,叶轮受损破坏。因此,凝汽器热井中的水位不应过低。

186. 汽轮机有哪些保护装置?

汽轮机的保护装置很多,重要的有以下几个:

① 危急保安器:在汽轮机转速超过极限时(一般为额定转速的110%)危急保安器能自动脱扣,迅速关闭主汽门,防止造成超速飞车事故。

② 低油压保护装置:当润滑油压降低时,保护装置动作自启动辅助油泵。若辅助油泵启动后油压仍维持不住,并下降到最低限度(这个压力为30kPa左右)时,能立即跳闸停机。

③ 轴向位移保护装置:当轴向位移增加超过允许的限度(一般为0.8~1.0mm),轴向位移保护装置能自动停机。防止动静部分相碰。

④ 电动脱扣装置:通过电动脱扣装置可以实现在操作室内遥控操作。

⑤ 对凝汽式汽轮机有低真空保护装置:当凝汽器真空急剧下降时,真空安全阀及时动作,保证汽缸不变形及保护直接空冷管不损坏。

⑥ 对背压式汽轮机有背压安全阀:当排气背压高于允许值

时,安全阀起跳,以保护汽缸。

☞ **187. 为什么危急保安器动作后,须待转速降下后才能复位?**

因为危急保安器动作后,汽轮机转速由高逐渐降低,危急保安器的偏心环或偏心锤飞出后还能复置到原来位置,此时,若将脱扣器复置很可能使二者相碰,从而使设备损坏,为了安全起见,一般在转速下降到额定转速的90%时才复置脱扣器。

☞ **188. 主蒸汽管道汽水分离器起什么作用?**

① 汽水分离器是用来分离蒸汽中所夹带的水分,提高进入汽轮机的蒸汽品质,保证进入汽轮机的工作蒸汽里不夹带水。②如果蒸汽在进入汽轮机时带水,就会打坏汽轮机的喷嘴和叶片,造成汽轮机损坏及事故。因此,在汽轮机的主蒸汽管道上,主汽门前设置汽水分离器。

☞ **189. 凝汽式汽轮机开车的主要步骤是什么?**

① 启动前的检查包括:汽轮机的检查、压缩机的检查、检测仪表及信号的检查、油路系统检查、调速系统静态调试等。②启动油系统,汽轮机入口蒸汽管线疏水暖管,机组盘车。③凝结水系统建立循环,轴封供汽,建立真空。④冲动转子,暖机,机组进行检查。⑤检查机组低速暖机正常后进行升速。

☞ **190. 直接空冷器的冷凝过程是什么?**

① 来自汽轮机的蒸汽冷凝物流,通过排汽总管和蒸汽分配集液箱,进入冷凝器管束。②蒸汽在冷凝器的管子内向下流动,使得较大部分的蒸汽被冷凝。③收集的冷凝液流入下端的冷凝液收集总管。④在顺流管束内未冷凝的过剩蒸汽,通过冷凝液收集总管进入分凝器管束下端的集管箱,由此分配到分凝器管束。⑤过剩蒸汽通过分凝器管束向上在逆流管束流动直至完全冷凝下来。而冷凝液与蒸汽相反的方向向下流入冷凝液收集总管,冷凝液在收集总管中靠重力流入下面的热井。

191. 汽轮机启动和停机时如何进行疏水？

① 启动时的疏水：启动前，进汽管道、汽轮机汽缸和所有的连接管道都必须进行疏水，直至再无凝结水出现，静止蒸汽的管道的疏水必须一直敞开到有足够的蒸汽流出为止。

② 停机时的疏水：准备停机时，汽轮机与速关阀之间的抽汽管道上的疏水必须打开，在停机之后，疏水均应打开，但必须以湿蒸汽和冷空气不可倒回入炽热的汽轮机中去为前提，不然就只能在汽轮机部件冷却后才能将有关的疏水打开。但是，如果由于漏汽凝结或者有所要求时这些疏水应该总是开着的。

192. 直接空冷器的作用是什么？内部真空是怎样形成的？

直接空冷器的作用概括起来有两点：①建立符合要求的真空，使工业汽轮机排汽压力降低，增大级内蒸汽焓降，提高热效率。②将排汽冷凝成洁净的冷凝水，便于回收再利用。

直接空冷器的真空形成过程：①直接空冷器的真空形成过程实质上就是利用蒸汽的相变、其比容的变化过程。查一查焓熵图或水与饱和蒸汽的热力性质表就可看出这一点。例如，排汽压力在0.04MPa（绝对）、温度为28.9℃，水的比容是 $1.004 \times 10^{-3} m^3/kg$，当它变成饱和蒸汽时，比容为 $34.8 m^3/kg$，增加了34800倍。相反，饱和蒸汽在冷凝器内冷凝成水时，比容要缩小相同的倍数，这样就必然在密封的直接空冷器内形成真空。②尽管如此，仅依靠蒸汽在密封管束中相变过程，比容的变化还是不能维持持久真空的，因为与管束所有相连接的设备密封面、管道的法兰面等处都难免有空气渗入。③另外，因直接空冷器本身结构原因也难以使蒸汽完全冷凝，这些蒸汽和空气混合物若不能及时抽出，必然要在空冷器内积聚，使真空不能保持。④为解决这个问题，每台直接空冷器都不例外地设置了抽气器，以保持稳定的高度真空。

☞ **193. 直接空冷器如何做到调节汽轮机的排汽压力?**

① 在空气冷却式冷凝装置中,冷凝潜热传递给由风扇提供的冷却空气,风扇设计是根据设计的蒸汽流量和周围空气温度实现传热而决定的。②风扇由二挡转速转换开关的电机和部分变频电机驱动。③在低负荷运转或冷却空气温度低时,冷却空气流量用降低风扇转速的方法调节,以便维持所需要的排汽压力。

☞ **194. 干气密封的工作原理是什么?**

如图 5-3 所示,螺旋槽面干气密封由动环1、静环2、弹簧4、O形环(3、5、8)、组装套7及轴6组成。动环表面精加工出螺纹槽而后研磨、抛光的密封面。当动环旋转时将密封用的氮气轴向吸入螺旋槽内,由外径朝向中心,径向方向朝着密封堰流动,而密封堰起着阻挡气体流向中心的作用,于是气体被压缩引起压力升高,此气体膜层压力企图推开密封,形成要求的气膜,实现密封。

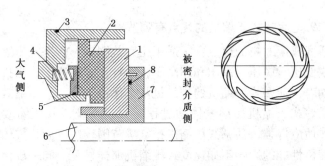

图 5-3 干气密封系统

☞ **195. 干气密封操作的注意事项是什么?如何判断干气密封工作的好坏?**

注意事项:①干气密封元件加工精度高,因此,要求密封气体是清洁的,最大颗粒尺寸为 $5\mu m$。②防止密封面上带油或其他液体。③单向的干气密封要严禁倒转,否则,将干气密封失效甚至损坏。

判断：密封气的流量是干气密封运行工况好坏的晴雨表，流量稳定则说明干气密封运行情况良好。干气密封运行时如出现密封氮气流量渐渐增大，说明干气密封的工作元件出现了问题，这时要引起重视，具体情况具体分析。

196. 活塞式压缩机的工作原理是什么？

活塞式压缩机是依靠汽缸内活塞的往复运动来压缩气体，属于容积式压缩机。

197. 活塞式压缩机的一个工作循环分哪几个过程？

实际压缩循环分四个过程：①吸气过程：气体压力低于入口压力，吸气阀开启；②压缩过程：汽缸压力高于入口压力，但低于出口压力，吸、排气阀都关闭，气体被压缩；③排气过程：汽缸压力高于出口压力，排气阀开启；④排气膨胀过程：汽缸压力高于入口压力，低于出口压力，吸、排气阀都关闭，缸内气体膨胀。

198. 活塞式压缩机的优点有哪些？

活塞式压缩机的优点：①适用压力范围广，活塞式压缩机可设计成低压、中压、高压和超高压，而且在等转速下，当排气压力波动时，活塞式压缩机的排气量基本保持不变。②压缩效率较高，活塞式压缩机压缩气体的过程属封闭系统，其压缩效率较高。③适应性强，活塞式压缩机排气量范围较广，而且气体密度对压缩机性能的影响不如速度式压缩机那样显著。同一规格的活塞式压缩机往往只要稍加改造就可以适用于压缩其他的气体介质。

199. 活塞式压缩机的缺点有哪些？

活塞式压缩机的缺点：①气体带油污，尤其对于有油润滑更为显著。②转速不能过高，因为受往复运动惯性力的限制。③排气不连续，气体压力有波动，有可能造成气流脉动共振。④易损件较多，维修量较大。

☞ **200. 对称平衡型活塞式压缩机的优点有哪些？**

对称平衡型活塞式压缩机的优点有三点：①惯性力可以完全平衡，惯性力矩也很小，甚至为零，转速可以提高到 250～1000r/min。②相对两列的活塞力方向相反，能互相抵消，因此，改善了主轴颈受力情况，减少磨损。③可以采用较多的列数，装拆方便。

☞ **201. 活塞式压缩机的基本结构由哪些部分组成？各有什么作用？**

活塞式压缩机的组成及作用如下所述：①传动机构：传动机构是将电动机传来的动力传给活塞，并将电动机的旋转运动变为往复运动，它是一个典型的曲柄、连杆、滑块机构，主要零部件有联轴器（皮带轮）、曲轴、连杆、十字头等。②工作部件：工作部件是形成工作腔以吸、排气体，给气体传递能量的部件，包括汽缸组件、吸排气阀组件、活塞组件及填料组件。③机体：机体是一个支持部件，由它来支撑曲轴、十字头和汽缸，使压缩机成为一个整体。机身下方兼作油箱。④润滑系统：机器中相对运动的零部件及其传动机构都需要润滑，如曲轴的主轴颈与轴承、曲柄销与连杆大头瓦、十字头销与连杆小头瓦、十字头滑板与十字头滑道之间等部位。润滑用油一般用轴头齿轮泵或单独的齿轮泵由机体油箱通过一定的油路送往各润滑部位。无油润滑压缩机的汽缸和填料不注油。有油润滑的压缩机汽缸和填料用专门的注油泵注入压缩机油进行润滑。⑤冷却系统：活塞式压缩机的冷却系统由冷却气体的中间冷却器和后冷却器、汽缸和填料的冷却水套、油冷却器及其他附件组成。气体压缩是一个热力过程，气体压力升高的同时温度也要升高。气体的温度受润滑油闪点及被压缩介质性质限制。多级压缩中每级排出的气体经中间冷却器冷却后再由下一级吸入，有些气体最后排出也要求冷却，该冷却据称为后冷却器。汽缸和填料的冷却水套带走摩擦产生的热量，降低了温度，改善了润滑条件，同时还可降低压缩过程指数，从而降低压缩功耗和排气温度。传动机构的润滑油是循环使用的，由于工作过程中油的温度要升高，需用油冷却器进行冷却。因注入汽缸的油量较少，大都随气体带走并对气阀进行润滑。⑥安全和调节系统：压缩机中气体压力的变化是生产过程中气量供求关系的反应。所以压缩机中有各种调节机构。当压力超过允许值时安全阀跳开排放，安全阀装在各级压力最灵敏的位置。

202. 活塞式压缩机的润滑油系统分哪两类？油路走向如何？

通常对有油润滑油系统和汽缸填料函润滑油系统两类。油路走向是传动机构润滑油系统：

油箱→油泵→油过滤器→油冷却器→曲轴轴承→连杆大头→连杆小头→十字头滑道→回入油箱。

汽缸填料函润滑油系统：

油箱→注油器→┬─单向阀→汽缸各点。
　　　　　　└─单向阀→填料函各点。

203. 活塞环是如何起密封作用的？

活塞环是靠节流与阻塞来密封的，如图 5-4 所示：当环装入汽缸后，由于环的弹性，产生预紧力 P_k 使环紧贴在汽缸壁上，当气体通过金属表面高低不平的间隙时，受到节流与阻塞作用，压力自 P_1 降至 P_2。由于活塞环和环槽间有侧间隙，环紧靠在压力低的一侧。所以在活塞环内外表面与环槽的间隙处，气体压力近似等于 P_1，而沿活塞环处外表作用的气体压力是变化的，从 P_1 变至 P_2，其平均值近似等于 $0.5(P_1+P_2)$，这样在半径方向产生了一个压力差 $\Delta P \approx P_1 - 0.5(P_1+P_2) = 0.5$

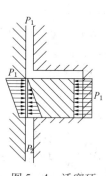

图 5-4 活塞环密封系统

($P_1 - P_2$)，使活塞环紧贴缸壁，达到密封作用。同理，轴向也有一个压力差，把环紧在环槽的侧面上，起密封作用。因此，活塞环具有自紧密封的特点。

204. 活塞式压缩机飞轮的作用是什么？

飞轮的作用主要是保证压缩机有足够的飞轮矩和均匀的切向力曲线，通过飞轮旋转过程中储存的动能来缓冲活塞式压缩机旋转角度的波动。

205. 汽缸冷却水套的作用是什么？

主要是供给冷却水带走压缩过程中产生的热量，改善汽缸壁面的润滑条件和气阀的工作条件，并使汽缸壁温度均匀，减少汽缸变形。

206. 导向环起何作用？

导向环又称支承环，在无油润滑压缩机的活塞上，一般均需设置，其作用是承受活塞部件重量以及因其他原因所引起的侧向力，保证活塞运动的直线性，改善密封效果，同时还可避免活塞与缸体直接接触，防止缸壁拉毛。

207. 平衡铁作用是什么？

平衡铁的作用是平衡曲轴的旋转惯性力，因为曲轴是偏心的，在旋转过程中，会产生旋转惯性力，从而造成机器振动，转速难以提高，加平衡铁是在原曲轴的旋转惯性力反方向加一平衡重量，使其在旋转中产生的惯性力和曲轴的旋转中产生的惯性力大小相等，方向相反。

208. 连杆的作用是什么？

连杆作用是将曲轴和十字头（活塞）相连，将曲轴的旋转运动转换成活塞的往复运动，并将外界输入的功率传给活塞组件。

209. 十字头的作用是什么？

十字头是连接活塞杆和连杆的部件，它在中体导轨里作往复运动，并将连杆的动力传给活塞部件。

210. 活塞式压缩机的排气量调节方法有哪些？

调节方法有三种：①顶阀器调节。②余隙容积调节。③吸排气管道旁路阀调节。

211. 活塞式压缩机排量不足的原因有哪些？

排量不足的原因：①余隙腔太大。②顶阀器作用。③活塞环密封不严。④填料函泄漏。⑤吸、排气阀关闭不严。⑥吸、排气阀阀片开启、关闭阻力大，不及时。⑦旁路阀关闭不严。⑧吸气压力低。⑨吸气温度高。⑩吸入气体组分变轻，流量表指示也会下降。

212. 影响活塞式压缩机出口温度的因素有哪些？是怎样影响的？

影响因素：①入口温度高，出口温度升高。②压缩比大，出口温度升高。③绝热指数大，出口温度高。④汽缸润滑不良，出口温度高。⑤冷却水温高或水流不畅，则出口温度高。

213. 何为有油润滑压缩机？何为无油润滑压缩机？

汽缸、填料函用注油润滑的压缩机称有油润滑压缩机。没有注油润滑的压缩机称无油润滑压缩机。通常无油润滑压缩机的活塞环和填料函是用自润滑材料制成的。

214. 活塞式压缩机的气阀主要有哪些形式？

活塞式压缩机的气阀主要形式：环状阀、网状阀、碟形阀、条状阀、组合阀、多层环状阀等。

215. 环状阀的特点有哪些？适用在什么场合？

环状阀：阀片呈环状。优点：形状简单，应力集中部位少，抗疲劳好，加工简单，经济性好。缺点：各环动作不易一致，阻力大，无缓冲片，寿命短，导向部分易磨损。适用场合：大、中、小气量，高、低压压缩机，不宜用于有油润滑。

☞ **216. 网状阀的特点有哪些?适用在什么场合?**

网状阀:阀片呈网状。优点:阀片动作一致,阻力小,有缓冲片,无导向部分磨损,弹簧力适应阀片起闭的需要。缺点:形状复杂,易引起应力集中,加工困难,经济性差。适用场合:用于大、中、小气量,高、低压压缩机,适用于有油润滑。

☞ **217. "MAGNUM"阀与传统片状金属阀相比,具有什么优点?**

① 由于阀片材料不同,"MAGNUM"阀机械性能和热力性能优于片状金属阀;具有较强的抗污染性能和抗腐蚀性能;② 与片状气阀相比,有较大的流通孔和较好的通流性能,有利于降低气阀出口温度。

☞ **218. 使用 PEEK 塑料阀片和金属阀片相比,有什么优点?**

优点:①塑料阀片的密度小、弹性模量小、冲击力减小,疲劳强度随之降低,阀的寿命大大延长。②塑料阀片综合性能好,致使密封性能好、漏气减少。③具有良好的耐磨性和柔韧性,阀片不易断裂。即使断裂其裂纹的传播速度较慢,裂片掉入汽缸也不会造成汽缸的损坏。④通流特性优于金属阀片、因气流摩擦引起的能量损耗降低。⑤自润滑性好,可用于有油润滑和无油润滑的工况。⑥运行时噪音较低、运动平稳。

☞ **219. 活塞式压缩机振动大的原因有哪些?**

①基础原因:如设计、施工质量问题。②机械原因:如制造、检修、精度问题。③配管原因:如管道有装配应力,引成气柱共振,支承支架松动等。④操作原因:如气体带液,压缩比太大,气体变重,工况波动等。

☞ **220. 润滑油的主要质量指标有哪些?**

润滑油的主要质量指标有:黏度、凝点、闪点、机械杂质、酸值、灰分等。

☞ **221. 为什么往复压缩机的汽缸冷却水的进口温度必须高于工艺气的入口温度?**

这是为了防止工艺气中的某些组分因受到冷却水的冷却而冷凝,以致影响压缩机的正常运行。

☞ **222. 直流无刷电动机的工作原理和基本组成是什么?**

① 一般的永磁式直流电动机的定子由永久磁钢组成,其主要作用是在电动机气隙中产生磁场,其电枢绕组通电后产生反应磁场,由于电刷的换向作用,使得这两个磁场的方向在直流电动机运行的过程中始终保持相互垂直,从而产生最大转矩而驱动电动机不停地运转。

② 直流无刷电动机为了实现无电刷换向,首先要求把一般直流电动机的电枢绕组放在定子上,把永磁磁钢放在转子上,这与传统直流永磁电动机的结构刚好相反。但仅这样做还是不行的,因为用一般直流电源给定子上各绕组供电,只能产生固定磁场,它不能与运动中转子磁钢所产生的永磁磁场相互作用,以产生单一方向的转矩来驱动转子转动。

③ 直流无刷电动机除了由定子和转子组成电动机的本体以外,还要由位置传感器、控制电路以及功率逻辑开关共同构成的换向装置,使得直流无刷电动机在运行过程中定子绕组所产生的磁场和转动中的转子磁钢产生的永磁磁场,在空间始终保持在 $(\pi/2)$ rad 左右的电角度。

直流无刷电动机基本组成主要由电动机本体、位置传感器和电子开关线路三部分组成。

☞ **223. 异步电动机的调速方式分几种?**

异步电动机的调速方式可分为变极对数、变转差率及变定子供电频率三种。①改变定子极对数的办法来调速则需在电机运行时改变定子接法或在定子上绕上 2 套、3 套不同极对数的线圈,后者成本高,由于极对数是整数,这种调速方法只能是跳跃式的。通常是改变电机定子绕组接线方式实现的,得到的是二级,即调速比为2:1,叫做双速电动机,还有三速、四速电机。②变转差率的方法又可以通过调定子电压、转子电阻、转差电压等方法来实现。③异步电动机的变频调速是通过改变定子供电频率来改变同步转速而实现调速的,在调速中从高速到低速都可以保持较小的转差率,因而消耗转差功率小,效率高。可以认为,变频调速是异步电动机的惟一最为合理的调速方法。

☞ 224. 压缩机进气条件的变化对性能的影响如何?

化工压缩机进气条件可能发生变化的主要因素是进气温度、进气压力和进气相对分子质量三个条件。它们对压缩机的性能有较大的影响。①进气温度的影响。在转速不变和容积流量不变的情况下:进气温度和质量流量成反比;温度降低,压比将升高,反之,则相反;进气温度与功率也成反比,温度升高,功率下降。反之,则相反。②进气相对分子质量的影响:对容积流量一定时,相对分子质量增加,压强比升高,反之,压强比降低。压缩机功率和相对分子质量成正比。③进气压力的影响:和进气相对分子质量一样,进气压力和质量流量成正比,进气压力不影响压力比,因而排气压力和进气压力成正比。压缩机功率和进气压力成正比。

☞ 225. 气阀的作用是什么?何为自动阀?

气阀的作用是控制气体及时吸入与排出。所谓自动阀即气阀的关闭不需采用强制机构而是靠气阀两边的压力差来实现。

☞ 226. 压缩机排气温度超过正常温度的原因是什么?如何处理?

① 排气阀发生泄漏——检查排气阀;②吸气温度超过规定值——检查工艺流程;③汽缸或冷却器冷却效果不良——检查冷

却系统。

227. 压缩机汽缸发生异常声音的原因是什么？如何处理？

① 气阀有故障——检查气阀；② 汽缸余隙容积太小——调整余隙容积；③ 润滑油太多或气体中含水多，产生水击现象——检查处理；④ 异物掉入汽缸内——检查汽缸；⑤ 汽缸套松动或裂断——检查汽缸；⑥ 活塞杆螺母松动——紧固螺母；⑦ 连杆螺栓、轴承盖螺栓、十字头螺母松动或断裂——紧固或更换；⑧ 主轴承连杆大、小头轴瓦、十字头滑道间隙过大——检查并调整间隙；曲轴与联轴器有松动——检查处理。

228. 往复式压缩机润滑油压力低的原因是什么？如何处理？

① 吸油管不严，内有空气——堵漏；② 油泵故障或密封泄漏严重——检查；③ 吸油管堵塞——检查处理；④ 油箱内润滑油太少——加润滑油；⑤ 滤油器太脏——清洗过滤网。

229. 往复式压缩机排气压力降低的原因是什么？如何处理？

① 活塞环漏气——检查、更换活塞环；② 阀片漏气——更换阀片。

230. 在往复式压缩机的开车、停车之初为何要适当减少注入汽缸的冷却水量？

在开、停车之初适当减少汽缸的冷却水量可以避免汽缸缸套在骤冷骤热下产生过大的温度应力而损坏。

231. 润滑的原理是什么？

由边界油膜与流动油膜而形成的完整的油膜将两个摩擦的金属表面完全隔开，将原来两个金属面之间的摩擦变成润滑分子之间摩擦，从而降低了摩擦，减少了磨损，起到润滑作用。

232. 润滑油（脂）有哪些作用？

总地来说润滑油（脂）有七大作用：① 润滑作用。润滑油

(脂)在摩擦面间形成油膜,消除或减少干摩擦,改善了摩擦状况的同时,起到了润滑作用。②冷却作用,机泵运转时,摩擦所消耗的能量转化为热量,在用润滑油润滑时,摩擦产生的热量,一般情况下,大部分被润滑油带走,少部分热量经过传导和辐射直接散布到周围环境中。③冲洗作用。将运转中磨损下来的金属碎屑带走,称为润滑油的冲洗作用。冲洗作用的效果好坏对磨损影响很大,在摩擦面间形成的油膜,厚度一般是很薄的。金属碎屑、停留在摩擦面上会破坏油膜,形成干摩擦,造成颗粒磨损。特别是对于经过大修更换了摩擦件的设备,在最初运转时期的磨合阶段中,润滑油的冲洗作用更加重要。④密封作用。蒸汽往复泵的汽缸与活塞环和活塞槽之间,常借助于润滑油对它们之间的间隙的填充作用,来提高密封效果的。⑤减振作用。润滑油或润滑脂在摩擦面上形成油膜,摩擦件在油膜上运动好像浮在"油枕"上一样,对设备的振动起一定的缓冲作用。⑥保护作用。防锈、防尘以保护设备。⑦卸荷作用。由于摩擦面间有油膜存在,作用摩擦面上的负荷就比较均匀地通过油膜分布在摩擦面上,油膜的这种作用叫做卸荷作用。另外,当摩擦面上的油膜局部遭到破坏而出现干摩擦时,由于油膜仍承担着部分或大部分负荷,可以作用在局部干摩擦点上的负荷不会像干摩擦时那样集中。

☞ **233. 往复式压缩机的传动部分结构示意图是怎样的?**

往复式压缩机的传动机构指飞轮、曲轴、连杆、十字头、大头瓦、小头瓦,如图 5-5 所示。

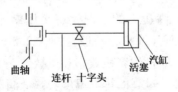

图 5-5 往复式压缩机的传动部分结构示意图

☞ **234. 压缩机的绝热温升怎样计算?**

绝热过程是一种理想过程,在绝热过程中完全与外界没有热量的交换,所以换算的绝热温升与实际温升有一些偏差,可供参考。绝热温升计算公式:

$$T_{出} = T_{入} \varepsilon[(K-1)/K]$$

式中,$T_{出}$、$T_{入}$ 为压缩机出、入口绝对温度;$\varepsilon = P_{出}/P_{入}$ 压缩比;K 为绝热指数,对氢气及空气为1.4。

☞ **235. 什么叫余隙?余隙有什么作用?余隙负荷调节器为何可以调节负荷?**

活塞到达死点,活塞与缸盖间的空隙称为余隙。当装置100%负荷运转时,而需要的氢量在压缩机不到100%负荷下运转便足够,此时打开余隙腔,便可减少气体的返回循环量,减少电力消耗,达到节能目的。

活塞到达死点后气体被压缩,压力升高,当活塞向内死点移动时,余隙空间所残余的高压气体开始膨胀,压力下降,并占有一定的空间,余隙越大,占有空间越大,吸入气量就越少。因此,改变余隙空间大小就可以调节负荷大小。

☞ **236. 什么叫压缩比?**

压缩机各缸出口压力(绝压)与入口压力(绝压)之比称为该缸压缩比。

表达式:$\varepsilon = P_{出}/P_{入}$(绝对压力)

往复式压缩机适用于吸气量小于 $450 m^3/min$ 的场合。它们最适合于低排量、高压力的工况。每级压缩比通常为(2∶1)~(3.5∶1),作为氢气压缩机,一般控制在 2.5 以下较为合适。更高的压缩比会使压缩机的容积效率和机械效率下降。排气温度也限制压缩比的增高。过高的排气温度会减低润滑油的黏度,使汽缸润滑性能恶化。美国石油学会标准 API–618"石油、化学和气体工业往复式压缩机"中规定：输送富氢（相对分子质量小于或等于12）的往复式压缩机排气温度不能大于135℃。

237. 什么叫多变压缩？什么叫等温压缩？什么叫绝热压缩？

多变压缩：压缩时气体温度有变化，且与外界有热交换的现象。等温压缩：气体在压缩时，温度始终保持不变，即压缩时产生的热量及活塞与汽缸摩擦时产生的热量全部被外界带走。绝热压缩：气体在压缩时与周围环境没有任何热交换作用，即压缩机产生的热量全部使气体温度升高，而摩擦产生的热量全部被外界带走。

238. 往复式压缩机各级压缩比调节不当有什么影响？

压缩比是压缩机设计及操作中的一个重要参数。对同一个汽缸和同一种介质，压缩比越大说明工作条件越苛刻，各部件的受力就越大。又因为余隙容积的存在，压缩比越大，汽缸的使用效率越低，所以各级间的压缩比必须调节得当，调节不当会使汽缸出口温度超高，会使压缩机的受力失去原设计的平衡性，影响机组的运行，出现其他不正常的现象。

239. 为什么压缩后的气体需冷却与分离？

气体被压缩后，温度必然升高，因此，在气体进入下一级压缩前必须用冷却器冷却至接近气体吸入时的温度，其作用如下：①降低气体在下一级压缩时所需功，减少压缩机功耗；②为使全压缩过程趋近于等温压缩；③使气体中油雾和水蒸气凝结出来，在分离器中除掉；④使气体在下一级压缩后的温度不致过高（不超过润滑油闪点），满足于设备的性能要求，降低由于高温而产生的设备故障，使压缩机保持良好润滑。压缩机的汽缸中排出气体内常有水雾及油雾，经冷却后凝成水滴及油滴，为使这些液滴不被带入下一级缸，必须及时将它们分离掉。

240. 为什么往复式压缩机出口阀片损坏或密封不严会造成出口温度升高?

根据往复式压缩机工作原理,汽缸在吸气过程中出口阀是关闭的,入口阀才是打开的,一旦出口阀片故障,那么吸气过程中就会有气体从出口阀倒串入缸内,而且这些气体是已被压缩过的130℃左右的气体。这些高温气体经压缩再排出,出口温度就变高,如此反复循环,出口温度就越来越高。

241. 活塞杆过热的原因有哪些?

① 活塞杆与填料函装配时产生偏斜。② 活塞杆与填料函配合间隙过小。③ 活塞杆与填料的润滑油有污垢或润滑油不足造成干摩擦。④ 填料函中有杂物。⑤ 填料函中密封圈卡住不能自由移动。⑥ 填料函中密封圈装错。⑦ 填料函往机身上装配时螺栓紧的不正,使其与活塞杆产生倾斜,活塞杆在运转时与填料中的金属盘摩擦加剧产生发热。

242. 往复压缩机什么地方需要润滑?各采用什么润滑方式?

主要润滑方式为油池润滑、强制送油润滑、集中润滑、压力润滑。往复式压缩机注油器提供的压力油注入汽缸内、润滑缸套与活塞之间的摩擦副,这两个位置属强制润滑,润滑油一次性使用,曲轴箱的润滑油通过齿轮泵升压润滑曲轴轴承与曲轴轴颈摩擦副,连杆、大小头瓦与曲轴、十字头销两摩擦副,十字头及其滑道摩擦副,这些属于强制循环润滑方式,电机轴承及盘车器,减速器均属油浴式润滑。

243. 往复式压缩机排气阀和吸气阀有哪些动作过程?

排气阀:活塞处于压缩运动时,汽缸内压力上升,当缸内压力上升到稍高于排气管道压力时,阀片在压差作用下对弹簧产生一个压缩力,弹簧被压缩后阀片离开阀座,形成气体通道,气体被排出缸外。当排气阶段结束时,气体内压力与排出管压力相等，阀片在弹簧力作用下紧贴阀座，气体通道关闭。

吸气阀：活塞处于吸气运动时，汽缸内压力下降，当压力下降到稍低于入口管道的压力时，阀片在压差的作用下对弹簧产生一个压缩力，弹簧被压缩后阀片离开阀座，形成气体通道，气体进入缸内，当吸气阶段结束时，缸内的压力与入口管的压力相等，这时阀片在弹簧力的作用下紧贴在阀座上，气体通道被关闭。

☞ **244. 压缩机排气量达不到设计要求的原因和处理方法是什么？**

原因有以下几点：①气阀泄漏，特别是低压气阀泄漏；②填料漏气；③第一级汽缸余隙容积过大；④第一级汽缸的设计余隙容积小于实际结构的最小余隙。

处理方法：①检查低压级气阀，并采取相应措施；②检查填料的密封情况，并采取相应措施；③调整汽缸余隙；④若设计错误，应修改设计或采用措施调整余隙。

☞ **245. 吸、排气阀有异常响声的可能原因是什么？消除方法？**

原因：①吸、排气阀折断；②阀弹簧松软或损坏；③阀座深入汽缸与活塞相碰；④阀座装入阀室时没有放正，或阀室上的压盖螺栓没有拧紧；⑤负荷调节器调得不当，产生半负荷状态，使阀片与压开进气调节装置中的减荷叉顶撞。

处理：①检查汽缸上的气阀，对磨损严重或折断的更换新的；②更换符合要求的阀弹簧；③用加垫的方法使阀升高；④检查阀是否装的正确，阀室上的压盖螺栓要拧紧；⑤重新检查调整负荷调节器，使其动作灵敏准确。

☞ **246. 循环氢压缩机的不正常现象及处理方法是什么？**

循环氢压缩机的不正常现象及处理方法见表 5-2。

表5-2 循环氢压缩机不正常现象及处理方法

故障	原因	处理措施
振动或噪声	①找正、对中不好 ②轴瓦损坏 ③转子不平衡 ④叶片上积灰或其他沉积物 ⑤喘振 ⑥汽轮机暖机不足 ⑦联轴器不平衡 ⑧转动部件与静子部件相碰 ⑨转子弯曲 ⑩调速器不稳	①重新找正 ②更换轴瓦 ③做动平衡 ④清除 ⑤打开防喘振阀 ⑥充分暖机 ⑦做动平衡 ⑧检查各部间隙 ⑨测量弯度并校正 ⑩检查调速器系统
轴瓦温度高	①润滑油温度高 ②润滑不好 ③转子振动大 ④轴瓦磨损 ⑤轴瓦间隙小 ⑥定位不准 ⑦隔离气漏到轴承腔 ⑧油系统中有空气 ⑨油变质	①调节冷却水量或切换油冷器 ②检查油系统设备和管线 ③重新找正 ④更换轴瓦 ⑤调整 ⑥校正 ⑦调整隔离氮压力 ⑧在过滤器、冷却器中排除 ⑨更换润滑油
真空度下降	①空冷器冷却效果不好 ②抽气器工作失常 ③剧烈振动引起轴承振动大 ④轴承合金损坏 ⑤负荷变动过大 ⑥轴向推力不正常 ⑦凝汽系统密封不严	①检查并调节空冷电机变频系统 ②检查蒸汽压力和流量 ③设法消除大的振动 ④检查更换轴承 ⑤负荷变动尽可能缓慢、均匀 ⑥检查汽轮机、压缩机转子及密封等部位,找出原因并消除 ⑦检查系统管线密封点并消除

续表

故障	原 因	处理措施
机器转速不稳	①调节器调整不当 ②蒸汽调节汽阀失灵 ③控制油压过低 ④空气进入控制油系统 ⑤压缩机负荷变化大 ⑥蒸汽压力、温度波动大	①重新调整 ②检查并维修 ③调节调压阀 ④系统排气、堵漏 ⑤联系工艺稳定负荷 ⑥与生产管理部门联系要求解决
油泵出口压力低	①油泵吸入口有空气 ②油系统漏油过多 ③油泵入口过滤器堵 ④油压调节阀调节不当或故障 ⑤油箱液位低 ⑥油品质下降引起油的沉积、黏度上升 ⑦油泵上安全阀定压值低或内漏 ⑧油泵故障 ⑨压力表或压力开关失灵	①吸入管线堵漏 ②检查油系统,堵漏 ③清洗过滤器 ④检查重新调整油压或检修调节阀 ⑤加油 ⑥检查化验润滑油,必要时更换 ⑦检查安全阀并加以调整 ⑧检修 ⑨检查压力表或压力开关,必要时更换

☞ **247. 新氢机的不正常现象及处理方法有哪些?**

新氢机的不正常现象及处理方法见表5-3。

表5-3 新氢机的不正常现象及处理方法

故障	原 因	处理方法
压缩机不起动	①供电失效 ②开关设备或启动盘故障 ③控制盘问题 ④油压低停车开关断开 ⑤汽缸增压过高 ⑥盘车装置锁住	①恢复供电 ②检查线路、联锁、继电器 ③检查电气接点和调整位置 ④检查油压,若正常则检查联锁开关 ⑤给汽缸卸载 ⑥脱开盘车装置

续表

故障	原因	处理方法
机身不正常声音	①十字头销盖或十字头滑履松了，磨损 ②主轴承、连杆大头或小头瓦松，磨损 ③油压低 ④油温过低 ⑤润滑油不符合要求 ⑥实际上来自汽缸	①紧固/调换松了的零件，检查间隙 ②紧固/更换轴瓦，检查间隙 ③增加油压，消除泄漏 ④机组启动前油加热，调节油冷器冷却水量 ⑤根据要求使用适当的油 ⑥参考"汽缸的噪音"
汽缸有噪音	①活塞止点间隙调整不当 ②活塞紧固螺栓松动 ③活塞环轴向间隙过大 ④填料紧固螺母松动 ⑤气阀制动螺母松动 ⑥气阀制动固定螺钉松 ⑦气阀阀片弹簧损坏 ⑧阀座垫圈坏或松动	①重新调整 ②重新紧固锁紧 ③更换活塞环 ④重新拧紧螺母 ⑤拧紧螺母 ⑥重新按规定拧紧 ⑦更换阀片或弹簧 ⑧调换垫圈
排气量不足	①气阀损坏 ②装配不当气阀漏气 ③气阀结碳 ④填料漏气 ⑤活塞环磨损 ⑥管路系统漏气 ⑦密封元件损坏	①修理或更换 ②重新组装 ③清洗 ④检查或更换 ⑤更换 ⑥检查排除 ⑦更换
排气温度高	①汽缸内压比过大 ②堵塞冷却器或管道 ③排气阀坏或活塞环漏气 ④进气温度高 ⑤汽缸水夹套堵塞 ⑥不合适的汽缸润滑油或注油速率	①更换泄漏的进气阀或活塞环 ②清洁中冷器或管道，减小注油速度 ③修理或更换 ④清洁中冷器，调整冷却水流量 ⑤清洁水夹套 ⑥使用合适的油，调整注油速度

续表

故障	原因	处理方法
级压力异常	①下级吸排气阀失灵 ②级进气阀失灵 ③填料活塞环密封不好 ④气量调节机构调整不好	①检查维修 ②检查维修 ③检查更改 ④检查调整
填料泄漏	①填料环磨损 ②不正确的润滑油或注油速度 ③填料脏了 ④气体压力升高过快 ⑤环装配不正确 ⑥不正确的端和侧隙 ⑦填料回气孔堵塞 ⑧活塞杆拉毛 ⑨杆的偏心率过大	①更换 ②使用合适的油,加快注油速度 ③清洁填料,管道,确保氮气干净 ④减小压力和以较低的速度升高 ⑤重新正确安装 ⑥检查调整间隙 ⑦解除堵塞的提供低点排放 ⑧更换 ⑨重新调整,纠正偏心率
填料过热	①润滑失效 ②不正确的润滑油或注油速度 ③冷却不够 ④侧向间隙不适当	①更换注油管路上的止回阀或注油器 ②使用合适的油,加快注油速度 ③清洁冷却通道,安装水过滤器,增加冷却水流量 ④更换填料环
刮油器泄漏	①刮油环磨损 ②刮油环安装不正确 ③活塞杆拉毛或磨损 ④环的侧隙过大	①更换 ②重新正确安装 ③更换 ④更换
油压降低	①油量不足 ②油过滤器堵塞 ③油调节阀失灵 ④油管路系统漏油 ⑤油泵工作能力降低 ⑥各润滑部位间隙过大 ⑦油质变坏(黏度降低) ⑧压力表失灵 ⑨安全阀设置不正确	①补充润滑油 ②清洗油过滤器 ③检查维修更换元件 ④检查、消除 ⑤检查油泵 ⑥调整间隙 ⑦换润滑油 ⑧更换压力表 ⑨重新调整
气量调节机构不正常动作	①气阀损坏 ②执行机构气源压力低	①更换气阀部件 ②检查泄漏,增压

☞ **248. 循环氢压缩机工艺系统的投用操作步骤是什么?**

① 检查循环氢压缩机出入口阀、反喘振阀是否灵活好用。②关闭循环氢压缩机进出口阀,进行压缩机机体排凝,然后关闭排凝阀。③检查、清洗入口过滤器。④循环氢压缩机氮气置换、气密合格。⑤全开循环氢压缩机出入口阀,适当打开反喘振阀。⑥检查循环氢压缩机入口分液罐液位情况,排尽液体。

☞ **249. 循环压缩机开机前如何进行常规检查?**

①准备好开机工具,全面检查系统内的设备、管线、阀门连接是否正确可靠,有无泄漏,阀门开关是否灵活。②现场环境整洁,照明及消防器材齐全,机组保温完好;检查管线阀门、排凝点的通畅情况和开关状态。③联系仪表工调校各仪表设备、自保联锁处于完好状态;联系电气调校各电气设备、自保联锁处于完好状态。④主机、辅机盘车灵活。⑤联系生产管理部门,引进仪表风、蒸汽、电、循环水、氮气等,而且各项指标达要求。⑥打开系统上各压力开关,压力表、压力变送器、液位计及所有通向仪表的阀门。⑦机、电、仪维修工及有关人员到现场。⑧润滑油、封油或密封气系统运转正常。

☞ **250. 循环氢压缩机润滑油系统如何准备?**

①清洗润滑油泵入口过滤器、双联过滤器,安装到位;油箱加入指定润滑油,液位达到规定要求;用油箱电加热器控制油温在30℃左右。②打开润滑油泵出入口阀,关闭高位油箱的三阀组中的截止阀,关闭润滑油及调节油蓄能器充油阀;检查蓄能器皮囊压力,若达不到规定压力则使用充压装置充压。③打开调节油调节阀前后截止阀,关闭旁通阀,调节阀投手动,并使控制阀全开;打开润滑油调节阀前后截止阀,关闭旁通阀,调节阀投手动,并使控制阀全开;油泵盘车确认其灵活无卡涩,确定其中一台为主泵,并启动。④打开二组油冷器循环水进出口阀门;打开二组油冷器间充油连通阀,待回油视镜见油后关闭,投用一个油

冷器；投用润滑油、调节油过滤器。⑤稍开去高位油箱的截止阀，溢流管线上的回油视镜有油通过为止，然后迅速关闭截止阀；打开蓄能器充油。⑥检查整个油路温度，停油箱电加热器，启用油冷器，控制好油温。⑦检查各油压是否在合适的范围之内；检查机组各轴承进油压力是否在合适的范围之内；检查各轴承回油是否正常，检查过滤器压差。⑧机组跑油，定时联系化验工，直至油质合格。

☞ **251. 循环氢压缩机蒸汽系统如何进行暖管？**

① 缓慢打开主蒸汽进汽管线上第一道隔离阀，将蒸汽引至第二道隔离阀前进行暖管。②用放空阀和排凝阀来控制暖管升温速度。③1.0MPa 蒸汽变成过热蒸汽(180℃以上)后，打开第二道隔离阀。④将蒸汽引至速关阀前疏水、暖管。⑤打开汽轮机轮室和平衡管等疏水阀排凝。⑥手动盘车，检查机组转动有无异常情况。

☞ **252. 循环氢压缩机如何进行开车操作？**

① 确认汽轮机蒸汽入口温度在控制指标以上；联系机、电、仪维修工到现场，通知生产管理部门、技术员、岗位人员准备开机。②关闭速关阀换向阀，切断速关油路，建立启动油，建立开关油；待启动油压稳定，压力大于规定压力后，打开速关油换向阀，建立速关油；待速关油压大于指定压力时，关闭启动油换向阀，启动油压回零，速关阀逐渐至全开。③按 RUN 键，505 调速器自动升至暖机转速，全面检查机组各部件运行情况及参数，并做好记录。④汽轮机运转情况正常后，关闭主蒸汽管道和汽轮机本体上各排凝阀。⑤提转速，并检查汽轮机运行情况，做好记录；继续提转速至工艺所要求的转速，全面检查机组。⑥在机组启动过程中，投用汽轮机的凝汽系统；待机组运行正常后，将启动抽汽器切换至主抽汽器。⑦联系化验工分析凝结水，合格后停止放空，凝结水送系统，热井液位投自动。⑧压缩机开机正常后

将一次气封气切换至循环氢,切换时要缓慢平稳,先开循环氢入口阀,再关新氢阀。

☞ **253. 循环氢压缩机正常停运的操作步骤是什么?**

① 通知生产管理部门、班长等有关人员,做好停机准备。②停机前先降机体压力,将干气密封的气封气切换成氮气,控制好气封气压力;若机组转速遥控控制,则先切出遥控。③先用505(调速系统)将转速降至规定转速,然后按505(调速系统)面板的STOP键,505(调速系统)自动操作汽轮机停机;记录惰走时间,看其是否正常。④正常停机后,505(调速系统)退出运行方式,恢复到准备就绪状态;机组完全停运后关闭压缩机出入口阀,打开排凝阀排凝后关闭,用氮气置换压缩机内循环氢并卸压,停一次气封气。⑤全关入口主蒸汽第二道隔离阀;停运凝汽系统。⑥待系统真空度降至零时,停供汽封蒸汽,关主蒸汽入口第一道隔离阀;打开机组所有排凝阀。⑦机组完全停车后盘车,一小时内每5min盘车一次,以后八小时每30min盘车一次。待汽轮机机体温度低于100℃时可停止盘车;待各轴承回油温度小于40℃后,可停运润滑油系统。⑧润滑油系统停运后,干气密封系统二次密封气停用;停机期间每班盘车一次,每次180°。⑨冬季做好防冻防凝工作。

☞ **254. 循环氢压缩机紧急停运如何操作?**

① 紧急停车前需请示领导同意,并告知生产管理部门。②按505面板上紧急停车按钮、现场操作柜紧急停车按钮、速关阀组件上的手动停机阀或手动危急保安装置手柄连动。③关闭压缩机出、入口阀,打开排凝阀排凝后关闭,用氮气置换压缩机内循环氢并卸压,停一次气封气。④全关入口主蒸汽第二道隔离阀;停运凝汽系统;待系统真空度降至零时,停供汽封蒸汽,关主蒸汽入口第一道隔离阀。⑤打开机组所有排凝阀;机组完全停车后盘车,一小时内每5min盘车一次,以后八小时每30min盘

车一次。待汽轮机机体温度低于100℃时可停止盘车。⑥待各轴承回油温度小于40℃后,可停运润滑油系统。⑦润滑油系统停运后,干气密封系统二次密封气停用。⑧停机期间主机和辅机每班盘车一次,每次180°。⑨冬季做好防冻防凝工作。

☞ **255. 循环氢压缩机润滑油泵备泵自启后如何操作?**

① 立即到现场检查主油泵出口压力及运转情况是否正常。②把润滑油压控阀改手动控制,并开大至比原先一台泵运行时的阀位再略大一点的阀位上;把高压油控制阀改手动控制,并关小至比原先一台泵运行时的阀位再略小一点的阀位上。③确定自启动的原因。④若运行泵无问题,停备用泵。⑤若有问题,停原运行泵交检修。⑥切换完毕,检查润滑油系统有无泄漏点。⑦调节润滑油及高压油压至正常值,控制阀改自动控制。

☞ **256. 循环氢压缩机如何进行正常维护?**

① 认真执行岗位责任制,遵守操作规程和机组的各工艺操作指标,并做好记录,搞好机组的设备规格化。②在机组运行中要注意和定期听测机体各部,如发现异常要找出异常原因并排除之。③检查氮气缓冲罐、气封液罐等的液位,严格控制在规定的范围内。④经常检查热井、集液箱液位,若有异常及时联系仪表工等相关单位检查、消除。⑤检查润滑油箱液位,低点脱水一次,检查化验油质,若有问题立即更换。⑥检查干气密封系统一次密封气与二次平衡腔的压差、一次泄漏放火炬气的流量、压力,二次密封气进气流量、隔离氮气的压力等。⑦做好泵、冷油器、过滤器等的定期切换,检查各辅泵的备用状态,盘车180°。

☞ **257. 新氢压缩机润滑油系统如何进行准备?**

① 清洗泵入口过滤器、双联过滤器并安装到位,润滑油箱清洗干净;油箱加入指定润滑油,直到液位达到规定要求,检查油温若低于27℃,则使用电加热器将油温加热至27℃以上;打开润滑油泵出入口阀,投用油泵出口安全阀。②打开两组冷

油器进出水阀(常开);关闭各排凝阀,打开两个冷油器的进出油阀门;关闭润滑油粗、精过滤器底部排凝阀,关闭两组粗、精过滤器之间的充油联通阀,投用一列油过滤器;油泵盘车,确认其灵活无卡涩,确定其中一台为主泵,并启动之。③两组冷油器充满油后投用一个,另一个关闭阀门后作备用;打开两组粗、精过滤器间的连通阀和高点放空阀,排尽空气后关闭,投用一组过滤器,关连通阀。④检查整个油路温度是否已到35℃,若已达到,停油箱电加热器,启用油冷却器,控制油温在27℃以上;调节润滑油回路上的自力式调节阀,控制过滤器后润滑油总管压力在0.3MPa左右。检查油过滤器压差值是否在0.15MPa以下,若大于0.15MPa时切换过滤器并清洗。⑤机组跑油,检查油路密封性,跑油结束后,视油质情况,决定是否更换新的润滑油。⑥油系统报警联锁测试;注油器油箱内加注满指定润滑油;⑦启动注油器电机,调节各注油点注油量至合适,检查注油管路泄漏情况并处理,调整好后停注油器。⑧主电机轴承箱加入指定润滑油至合适位置,检查泄漏情况,若有泄漏必须处理好。

☞ **258. 新氢压缩机冷却水系统投用操作步骤是什么?**

①检查冷却水出入口管线是否畅通。②冷却水系统上的压力表、温度计、回水视镜是否完好。③检查填料软化水系统是否正常。④填料软化水系统上的压力表、温度计、回水视镜是否完好。⑤打开级间冷却器、主电机冷却器、各级汽缸与大盖的冷却水出入口阀门,各管路高点排气后关闭。⑥检查管路泄漏情况,通过各回水视镜检查回水量是否适宜;打开各级填料函的软化水出入口阀门,各管路高点排气后关闭。⑦检查填料函的泄漏情况,通过各回水视镜检查回水量是否适宜。⑧检查过滤器(如125μm)前后压差,若过大(0.1MPa)则应切换、清洗入口过滤器。

☞ **259. 新氢压缩机开机前如何进行常规检查？**

① 确认新安装或大修后的机组是否经单机试运合格。② 准备好开车工具，检查机组地脚螺栓、对轮螺栓是否紧固，气路、水路、油路系统参数是否正常，有无泄漏，阀门开关是否灵活。③ 现场环境整洁，照明及消防器材齐全，高温部位（设备）保温完好。④ 联系仪表维修工，调校各仪表设备，自保联锁处于完好状态。⑤ 联系电气维修工，调校各电气设备，自保联锁处于完好状态。⑥ 联系生产管理部门等相关单位，引进仪表风、电、循环水、软化水、氮气等，且各项指标达要求，检查级间冷却器是否投用。⑦ 打开系统上各压力开关、压力表、压力变送器、液位计及所有通向仪表的阀门。

☞ **260. 新氢压缩机如何进行正常停机？**

① 停机前做好必要的记录和检查，并通知有关岗位和相关单位。② 压缩机负荷开关拨至"0"位。③ 按停机按钮停主机。④ 关出入口阀，打开旁路阀；打开放空（火炬）阀；停注油器。⑤ 各级间分液罐排凝。⑥ 停主机后待油温冷却至常温后停油泵（备用状态下可不停）。⑦ 待汽缸冷却后，停冷却水及软化水（备用状态下可不停）。⑧ 关闭放空阀。⑨ 如长时间停车，应关闭冷却水、软化水，如在冬季应将汽缸内水排尽。

☞ **261. 新氢压缩机如何进行正常切换？**

① 联系生产管理部门及有关人员做好备机的启动准备工作。② 按正常开机步骤空负荷启动备机。③ 备机启动后，各级出口压力打手动。④ 加载负荷，待出口压力上升至运行机压力后，运行机同步卸载，新氢压缩机同步加载。⑤ 将机组进出压力控制选择开关投至新运行机组。⑥ 检查新启动机组运行正常后，按正常步骤停原运行机。⑦ 待新运行机组各级出口压力、温度正常后，压力递推系统投自动。

☞ **262. 新氢压缩机紧急停车操作步骤是什么?**

① 按停车按钮,切断主电机电源。② 关各余隙调节电磁阀,将压缩机负荷打至0。③ 关闭出入口阀门。④ 打开放空阀。⑤ 停注油器。⑥ 打开各级分液罐排凝。⑦ 停主机后,待油温冷却至常温后停油泵。⑧ 待汽缸冷却后,停冷却水及软化水。

☞ **263. 新氢压缩机如何进行正常维护?**

① 做好机组的设备规格化。② 检查管线各连接部位有无泄漏,检查安全阀是否内漏,检查机体管线是否异常振动。③ 检查、测听机体各部有无异常声响、振动是否加剧等,找出故障原因并排除。④ 检查压缩机的运行情况,检查油温、油压、冷却水压力、回水温度等。⑤ 检查吸气压力、温度,排气压力、温度,润滑油压力,主轴承温度等各项指标,并确认这些条件符合工艺指标。⑥ 检查注油器液位以及各点的注油量是否正常,油位低时应及时补充。⑦ 检查润滑油过滤器前后压差,压差大则切换过滤器清洗或更换滤芯。⑧ 检查曲轴箱油位,低点需脱水,检查油质。⑨ 检查电机轴承箱,保持电机润滑油量及合格的润滑油。

☞ **264. 新氢压缩机如何进行气密操作?**

① 检查新氢压缩机的气密流程,并改好气密流程。② 做好与内操的联系,确认气密的压力。③ 打开氮气阀门,达到气密压力停止充压,开始对机组进行气密操作。④ 对检修部位进行重点气密,并确保每一个点都到位。⑤ 确认新氢压缩机的气密工作结束。

第二节 泵及其操作

☞ **1. 什么叫泵?**

用来输送液体并直接给液体增加能量的一种机械设备。

2. 什么叫泵的流量?

单位时间内通过泵排出管排出的流体量称为泵的流量,泵的流量是制造厂实际测定的。流量可分为质量流量和体积流量两种:质量流量是指单位时间内所通过的流体的质量,单位 kg/s, t/h 等。体积流量是指单位时间内所通过的流体体积,单位: L/min, m^3/h 等。

3. 什么叫泵的扬程?

泵的扬程是指单位质量液体通过泵做功以后其能量的增加值,单位:m 液柱。

$$H = h_{表} + h_{真空} + (V_{出}^2 - V_{进}^2)/2g$$

式中 $h_{表}$——出水扬程,m 液柱;

$h_{真空}$——进水扬程,m 液柱;

$V_{出}$、$V_{进}$——出口、进口的平均流速,m/s;

g——重力加速度,$9.8 m/s^2$。

4. 什么叫做泵的效率?

泵的有效功率与轴功率之比称之为泵的效率,常用百分比表示,

即: $$\eta = (N_{有}/N_{轴}) \times 100\%$$

5. 泵的效率有什么意义?

泵的效率的高低说明泵性能的好坏及动力利用的多少,是泵的一项主要技术经济指标,泵的效率又称泵的总效率,是泵的机械效率、容积效率及水力效率三者的乘积。

$$\eta = \eta_{机} \cdot \eta_{容} \cdot \eta_{水力}$$

一般离心泵的效率在 0.60~0.80 之间。

6. 按工作原理,炼油厂常用泵可分为哪几类?

可分为以下四类:①离心泵:依靠作旋转运动的叶轮进行工作;②往复泵:依靠往复运动的活塞进行工作;③旋转泵:依靠

旋转的转子进行工作，如齿轮泵；④液体作用泵：依靠另一种液体进行工作，如喷射泵、空气升液器等。

☞ **7. 离心泵的工作原理是什么？**

离心泵运转之前泵壳内先要灌满液体，然后原动机通过泵轴带动叶轮旋转，叶片强迫液体随之转动，液体在离心力作用下向四周甩出至蜗壳，再沿排出管流出。与此同时在叶轮入口中心形成低压，于是，在吸入罐液面与泵叶轮入口压力差的推动下，从吸入管吸入罐中的液体流进泵内。这样泵轴不停地转动，叶轮源源不断地吸入和排出液体。

☞ **8. 如何对离心泵进行分类？**

可按下列方式对离心泵进行分类：①按液体吸入叶轮的方式，可分为单吸泵和双吸泵；②按叶轮级数，可分为单级泵和多级泵；③按壳体剖分方式，可分为水平剖分式和分段式；④按输送介质，可以分为水泵、油泵、酸泵、碱泵等。

☞ **9. 什么叫离心泵的特性曲线？它有什么作用？**

用来表示在一定转数的条件下，泵的流量 Q 与扬程 H、功率 N、效率 η 的变化规律及相互之间的关系曲线，称为泵的特性曲线。利用特性曲线，可以帮助我们正确地选择和使用泵。

☞ **10. 从离心泵的特性曲线图上能够表示离心泵的哪些特征？**

分析图 5-6 中的各条曲线，从流量－扬程（$Q-H$）曲线可看出：流量增大时，扬程下降，但变化很小，说明流量不变则泵内的压力稳定，流量变化后，泵的操作压力波动不大，但为了保证泵有足够大的压力，排液量不能任意增大。

从流量－功率（$Q-N$）的曲线看出，流量和功率的关系是：功率的消耗随流量的增加而增大，当流量为 0 时（泵出口阀全关），则功率消耗最小。故离心泵启动时，必须关闭出口阀，否则，因功率消耗大，往往跳闸或烧坏电机，也增加了机械磨损。

从流量－效率（$Q-\eta$）的曲线上可以看出 η 曲线有一个效率

最高点,这是最佳工况点(即最佳工作情况点)大于或小于这个最高点附近操作,才最经济合理。故和最低点效率相对应的流量、扬程、功率对选择和使用泵很重要。选泵时应根据各泵的特性曲线上表示出来最佳工况点来选择所需要的泵。

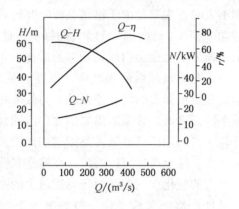

图 5-6 离心泵特性曲线图

☞ **11. 液体的密度变化对泵的性能有什么影响?**

当输入液体密度与常温下清水的密度不同(例如液态烃、各种油品的密度比水轻,而酸的密度比水重)时,在泵的性能参数中,扬程、流量和效率均不变,只有泵的轴功率随送介质的密度变化,可用下式计算:

$$N_1 = N \cdot \rho_1 / \rho_2$$

式中 N_1、N——输送介质、常温清水时的轴功率,kW;

ρ_1、ρ_2——输送介质、常温清水的密度,kg/m^3。

从计算的结果可以得到这样的结论:即当液体密度增加时,轴功率也随之增加当,液体的密度减轻时,轴功率也就随之而下降。

☞ **12. 当液体黏度改变时,对泵的性能有什么影响?**

当离心泵输送黏度(如原油、润滑油、硫酸等)比水黏度大的黏液与输入水时比较,性能参数变化如下:①泵的流量减小,由于液体黏度增大，切向黏滞力阻滞作用逐渐扩散到叶片间的液流中，叶轮内液体流速降低，使泵的流量减少。②泵的扬程降低，由于液体黏度增大，使克服黏性摩擦力所需要的能量增加，从而使泵所产生的扬程降低。③泵的轴功率增加，在液体密度与水的密度差别不大时：主要是由于输送黏液时叶轮后盖板与液体摩擦所引起的功率损失（盘向损失）增大的缘故。此外液体与前盖板摩擦的水力损失增大也会引起轴功率的增加。④泵的效率降低，虽然由于液体黏度增加后漏损减少，提高了泵的容积效率。但泵的水力损失和盖板损失的增大使泵的水力效率和机械效率降低，泵的总效率因而降低。⑤泵所需要的允许汽蚀余量增大，由于泵进口至叶轮入口的动压降随液体黏度增加而增大，因而泵的允许汽蚀余量增大。综上所述可以看出，在输送黏性液体时，泵的特性会发生较大的变化。因此，对于黏度过大的油，由于其流动性很差，不宜使用离心泵输送，一般黏度大于 $650\mathrm{mm}^2/\mathrm{s}$ 时，应选用往复泵或齿轮泵等。

13. 什么叫做泵的允许汽蚀余量？

所谓允许汽蚀余量就是该泵所要求的保证不发生汽蚀现象的一个安全余量。常用符号 Δh，单位：m 液柱，例如，由样本中查出某泵汽蚀余量为 5.3m 液柱，这意思是说该泵的吸入高度等于当地大气压减去管路损失的高度后再减去 5.3m 液柱所得的数值。假如经计算得到吸入管路阻力损失为 3m 液柱，那么很容易确定：该泵安装的吸入高度 $H_{吸}$。

$$H_{吸} = P_0/\rho g - 5.3 - 3$$

式中　P_0——当地大气压，Pa；

　　　ρ——输送液体的密度，$\mathrm{kg/m}^3$；

　　　g——重力加速度，$9.81\mathrm{m/s}^2$。

当 $H_{吸}$ 为正值时，叫吸入高度（泵比液面高）。当 $H_{吸}$ 为负值时，叫灌注高度（或叫灌注头，泵比液面要低）。

☞ **14.** 请以图示单级单吸离心泵为例,指出所标各部件的名称。

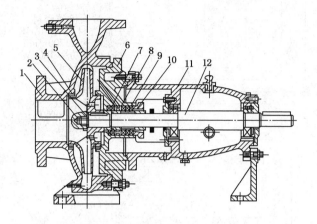

图 5-7 单级单吸离心泵结构图

1—泵体; 2—叶轮螺母; 3—制动垫片; 4—密封环(口环); 5—叶轮;
6—泵盖; 7—轴套; 8—填料环; 9—填料; 10—填料压盖; 11—轴; 12—联轴器

☞ **15.** 下列泵型号的含义是什么?

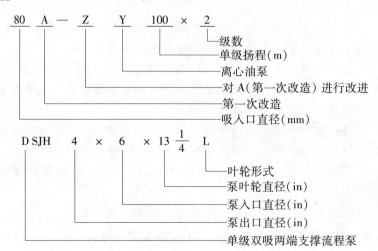

247

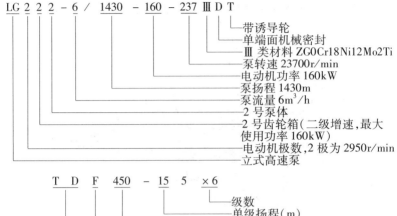

☞ **16. 卧式双壳体多级高压离心泵结构有何特点?**

该型泵吸入口、排出口均垂直向上。外筒体锻造成形,吸入和排出短管法兰采用对接焊与外筒体连接,筒体支承方式为中心线水平支撑。

泵内壳为颈向剖分多级节段式。由吸入函体、中段、导叶、泵盖、叶轮、轴、平衡鼓、平衡套等零件组成。

此类型泵径向力由布置在两端的四油锲径向滑动轴承承受,残余轴向力由布置在非驱动端的推力可倾瓦轴承承受。轴承采用强制润滑,润滑油由稀油站供给。

外筒体与泵盖结合面是惟一的高压密封部位,采用缠绕垫密封。其余各壳体间结合面采用金属加"O"形橡胶圈辅助密封。

泵级间采用节流密封,泵轴伸出端(二侧)采用集装式机械密封。

泵进、出口法兰处均采用椭圆形金属环垫密封。

☞ **17. 多级泵常用的轴向平衡措施有哪几种?**

有以下几种:①叶轮对称布置;②平衡鼓;③自动平衡盘;

④平衡盘与平衡鼓组合装置。

☞ **18. 冷油泵和热油泵有什么区别?**

① 使用温度200℃以下为冷油泵,200℃以上为热油泵。②一般的热油泵密封机构都注封油,而冷油泵就不注。③热油泵口环的间隙较大。冷油泵较小。④热油泵的用材多用碳钢、合金钢,而冷油泵则采用铸铁。⑤热油泵启动前需要预热,而冷油泵则不必要。⑥热油泵的支座、轴承箱、盘根箱机械密封都需要用水冷却,而冷油泵就可以不采用。

☞ **19. 启动离心泵前应做哪些准备工作?**

① 检查泵体及出入口管线、附属管线、阀门、法兰、活接头、压力表有无泄漏,地脚螺丝及电机接地线有无松动,联轴器是否接好,机泵轴中心线是否已找正(但热油泵应在泵预热后联系钳工找正)。② 检查泵出口压力表和封油压力表是否安装良好,量程选择是否合适,压力表、电流表、油箱油面是否已用安全红线标记。③ 按机泵润滑油使用规格和三级过滤制方法向轴承油箱注入合格润滑油,油箱必须用润滑油清洗干净,油面加至油标的 $1/3 \sim 2/3$ 之间。检查甩油环有否脱落,挡水板螺钉是否紧固好。④ 盘车检查转子是否灵活、轻松,泵体内是否有不正常声音和金属撞击声,检查电机旋转方向是否与泵旋转方向一致,上好对轮护罩。⑤ 开冷却水和封油,使其畅通循环,调节好冷却水流量和封油压力[封油压力一般高于泵入口压力为 $0.5 \sim 1.0 kgf/cm^2$($1kgf/cm^2 = 98.0665kPa$)为宜,若泵入口线无压力表,适宜的封油压力应在实际操作中摸索出],检查泵轴前后格兰漏出的冷却水中含油情况。⑥ 灌泵,打开泵的入口阀和出口压力表排凝阀,引油置换出泵体内空气和水分(若热油泵解体检修后,钳工用封油打入泵壳内检查端盖法兰和端面密封泄漏情况,应将封油全部置换出泵)新建流程开泵前引油罐泵,若全靠从泵出口压力排凝管线置换来不及时,也可采用打开泵出口阀顶入出口管线,

249

然后再关闭泵出口阀启动泵。但必须说明，预热备用泵或切换泵绝对不允许这样操作，否则会引起运行泵抽空。⑦热油泵启动前必须进行预热，预热必须缓慢，升温速度不得超过50℃/h，预热到与运转温度差40~60℃范围内，预热过程中每隔10min盘车180°。⑧联系电工送电，对新安装泵或检修后的泵，应启动一下检查机泵旋转方向是否正常，若反转，应立即停泵联系电工对电缆头接线"换相"。⑨准备好油壶、工具、温度计、听针。⑩启动时应有操作员在场，并已改流程，调节阀已遥控适当打开一定开度，已联系仪表工启用一次表，打开泵出口压力表引压阀；若是新安装机泵或是检修后的机泵，必须联系电工、钳工到现场。

☞ **20. 如何正确启动离心泵？**

①按启动电钮启动机泵。密切监视电流指示和泵出口压力指示的变化；检查打封油的情况和端面密封的泄漏情况，察听机泵的运转声音是否正常，检查机泵的振动情况和各运转点的温度上升情况，若发现电流超负荷或机泵有杂音不正常，应立即停泵查找原因。②若启动正常（所谓正常，即启动后，电流指针超程后很快下来，泵出口压力不低于正常操作压力，无晃量抽空现象，油箱温度、格兰温度、电机轴承和机壳温度、电缆头和接线盒温度都低于允许范围，端面泄漏也在允许范围内），即可缓慢均匀地打开泵出口阀门，并同时密切监视电流指示和泵出口压力指示的变化情况。当电流指示值随着出口阀的逐渐开大而逐渐上升后，说明量已打出去，当泵出口阀打开到一定开度，继续开大后电流不再上升时，说明调节阀起作用，继续提量应用二次表遥控进一步开大调节阀。

☞ **21. 机泵带负荷正常运行的验收，应符合什么技术要求？**

带负荷后应符合下列要求：①滑动轴承温度不高于65℃，滚动轴承温度不高于70℃。②轴承震动，1500r/min：不大于

0.09mm；3000r/min：不大于0.06mm。③运转平衡，无杂音，封油、冷却水和润滑油系统工作正常，附属管路无滴漏。④电流不得超过额定值；⑤流量、压力平稳，达到铭牌所示或满足生产需要。⑥密封漏损不超过下列要求。机械密封：轻质油10滴/min，重油5滴/min；软填料密封：轻质油20滴/min，重油10滴/min。

☞ 22. 离心泵首次开泵前为什么要灌泵？

离心泵开泵前不灌泵，泵内有可能存有气体，由于气体的密度小，造成泵的吸入压力和排出压力都很低，气体不易排出，液体就无法吸入泵内。所以离心泵开泵前必须灌泵，使泵内充满液体，避免"汽蚀"现象和抽空。

☞ 23. 运行泵应如何维护？做到哪些维护工作？

①检查泵出口压力足不足，压力和电流指针有无晃动和变化情况，检查泵上量情况，有无抽空情况；检查电流指示是否超过额定电流，应将检查出的有关异常情况及时汇报操作员和班长，及时处理。②检查泵格兰、油箱温度和电机轴承、机壳、电缆头、接线盒温度是否正常。轴承温度不得超过65℃。③检查机泵各部的振动和声音情况，各部零件和地脚螺钉是否松动。④检查端面密封的泄漏情况，保持好适当的封油压力。⑤检查冷却水系统是否畅通，格兰冷却水量和油箱、泵座冷却水的回水温度情况，调节好适量冷却水量。若水质太脏、水流不畅应及时处理。⑥检查油箱内润滑油的甩油情况、油质情况（如有无含水乳化、含有氧化胶质、杂质、金属粉末而变黑的情况）、液面情况以及油温情况。坚持润滑油的三级过滤保养制度，液面太低及时补油，油变质应及时换油。⑦严禁泵长时间抽空，严禁泵在允许的最低流量下（或关闭出口阀门）长时间工作。⑧司泵工在紧急情况下（如轴承过热、抱轴），为了保护设备，有权紧急停泵和切换泵，但处理后应立即向有关操作岗位和班长汇报。

☞ **24. 备用泵应如何维护?做哪些维护工作?**

① 坚持备用泵的定时盘车保养制度。②坚持备用泵的定期切换保养制度。③利用停运机会,做好备用泵的小修维护工作(如堵漏、更换冷却水胶皮管、紧固挡水板,更换油标、小阀门或压力表)。④利用停运机会,彻底清洗脏的油箱,换上合格油。⑤检查预热泵的预热情况,做好备用泵的正常预热工作。⑥做好备用泵的脱水工作。⑦冬季应做好备用泵的防冻防凝工作。⑧应使备用机泵随时处于良好备用状态。

☞ **25. 备用泵为什么要定期盘车?**

① 泵轴上装有叶轮等配件,在重力的长期作用下会使轴变弯。经常盘车,不断改变轴的受力方向,可以使轴的弯曲变形为最小。②检查运动部件的松紧配合程度,避免运动部件长期静止而锈死,使泵能随时处于备用状态。③盘车把润滑油带到轴承各部。防止轴承生锈,而且由于轴承得到初步润滑,紧急状态能马上启动。

☞ **26. 备用的热油泵启动前为什么要预热?**

备用的热油泵在启动前,如果不预热,一遇紧急启动时,热油迅速灌入冷泵缸内,就会造成泵内零件受热不均匀主轴弯曲,并使泵体中的静止口环与转子上的叶轮密封圈卡住,造成磨损、抱轴、断轴等事故。此外,对黏度较大的油品如果不预热,油凝在泵罐内,启动后就不上量,甚至会引起电机跳闸,同样原因不均匀热胀会造成泄漏。如端面密封泵盖、平衡管接头、泵出入口线法兰、填料等处的泄漏严重,同时还可能造成着火事故。

☞ **27. 备用泵预热要注意哪些问题?**

备用泵预热时要注意以下几点:①预热流程正确。一般是泵出口管线→通过横跨出入口的预热跨线→预热阀→泵体→泵入口。不要将预热阀开得过大,以防止泵倒转。②预热以50℃/h的速度进行,紧急情况下,采取措施后可以加快预热速度(如有蒸汽吹泵体帮助预热)。但速度太快会使泵体急剧受热引起各结合处泄漏和转子弯曲卡住的现象。③预热时要盘车,一般30~45min盘车一次,以避免主轴弯曲和便于排除泵内气体。④轴承箱、泵座、端面密封的冷却水要全部打开,以保护轴和轴承。

28. 热油泵停运后需要降温时要注意什么?

要注意以下几点:①各部冷却水不能马上停,要待各部温度下降至正常温度方可停冷却水。②关闭关严入口阀、预热阀。③降温时千万不要用冷水浇泵体,以防止热胀冷缩,并且注意要每隔15~30min盘车一次,直至泵体温度降至100℃以下为止。

29. 为什么离心泵要关闭出口阀启动?

从离心泵的特性曲线图上已经得知,离心泵在其流量为零时,功率消耗最小,而电机由原来的静止状况马上升到工作转速,其启动时的电流(也就是电动机的功率消耗)要比正常运转时大5~7倍。在这种情况下,如果不关闭出口阀,让其增加机械负荷,有可能导致电机跳闸等事故的发生,为了使电机在最低负荷下启动,所以要关闭出口阀。

30. 离心泵如何正确停运?

①先关闭泵出口阀门,后按停机电钮停机,酌情关入口阀门(如泵不检修,则不应关闭)。②停泵后停打封油,泵体温度降至常温后停冷却水(冬季可保持小量水流,以防冻坏设备)。③热油泵停运后,可适当调小冷却水而不应停止冷却,打开泵预热线阀门(无专用预热线则稍开出口阀),使之处于热备用状态,应防止预热量太大引起泵倒转。若泵需解体检修,则要关闭入口阀,适当打开泵出入口管线的联通线阀,停止泵体预热,冷却后待修,但应经常检查泵体的冷却速度,判断出入口阀门是否关严。④刚停泵后应注意电机温度的回升(特别是较大电机或夏季),必要时可用压缩风胶带吹风冷却。⑤停泵后一小时应盘车一次。

☞ **31. 离心泵如何正确切换？**

① 做好备用泵启动前的各项准备工作，按正常启动程序启动。切换前流量自动控制应改为手动，并由专人监视以使切换波动时及时稳定流量。②备用泵启动正常后，应在逐渐开大备用泵出口阀的同时逐渐关小原运行泵出口阀（若两人配合，一开一关要互相均衡，若能看到一次表输出风压指示时，只要保持一次表输出风压不波动则说明切换平稳），直到新运行泵出口阀接近全开，原运行泵出口阀全关为止，然后才能停原运行泵。在切换过程中一定要随时注意电流压力和流量有无波动的情况，保证切换平稳。③原运行泵停车后做好备用准备。

☞ **32. 什么叫汽蚀现象？**

液体在泵叶轮流道内流动，一旦叶轮入口处压力低于工作介质温度的饱和蒸气压时，液体就汽化。形成气泡。当气泡流动到泵内的高压区域时，它们便急速破裂，而凝结成液体，于是大量的液体便以极大的速度向凝结中心冲击，发生响声和剧烈振动。在冲击点上会产生几百甚至几千个大气压，使局部压力增高，使得该区叶轮内表面受到相当大的、反复不断的冲击，当叶轮受到的压力超过极限时便遭到破坏。上述这些综合现象称为汽蚀现象。

☞ **33. 离心泵抽空有什么现象？**

泵在运动中突然发出噪音，振动并伴随扬程、流量、效率的降低，电机电流减少，压力表上的指示压力逐渐下降，这种故障开始是抽空，如果更严重一些，压力表回零，打不上量，泵就严重抽空。

☞ **34. 抽空对泵有什么危害？**

从操作来讲，压力为零，流体打不出去，这就打乱了平稳操作。从设备来讲，钳工在检修泵时，可以发现在叶轮的入口处靠近盖板和叶片入口附近出现"麻点"或蜂窝状，有时后盖板处也有这种破坏现象。严重时甚至会穿透前后盖板，不仅如此，抽空引起的振动，还会引起轴承密封元件的早期磨损，端面密封泄漏、抱轴、断轴等事故。因此，工作中应严防抽空发生。

35. 抽空时端面密封为什么容易漏？

抽空时如果弹簧的力量不够，静环就在密封腔内移动，造成一方面转销脱开防转槽，另一方面，静环在动环端面的带动下，静环便产生角位移。这样在抽空停止后，静环回不到原来的位置，或者即使回到了原来的位置，静环的防转销因角位移而将密封圈剪坏，这两种情况都会使抽空后的端封泄漏。

36. 备用泵盘不动车时为什么不能启动？

当备用泵盘不动车时，就说明泵的轴承箱内或泵体内发生了故障，这故障可能是叶轮被什么东西卡住，也可能轴弯曲过度，还可能是泵内压力过高。在这样的情况下，如果压力指示高则可排压。不然就一定要联系钳工拆泵检查原因。否则一经启动，强大的电机力量带动泵轴强行运转起来，就会造成损坏内部机件。以至于造成抱轴的事故，电机也会因负荷过大跳闸或烧毁。

37. 轴承箱发热的原因有哪些？应怎样处理？

故障原因：①泵轴和电机轴不同心；②润滑油(脂)不足或太多；③润滑油(脂)含杂或质变；④甩油环跳出固定位置；⑤冷却水不足；⑥轴承外径与轴承孔摩擦；⑦轴承弹夹间隙大或松散；⑧轴承滚珠(柱)破碎，轨道爆皮；⑨轴向推力大。

排除方法：①停泵找正；②添加润滑油脂或排掉一些；③更换合格的润滑油；④放正甩油环；⑤给足冷却水；⑥停泵调整；⑦更换轴承。

38. 泵抱轴是怎么一回事？它和轴承发热有关系吗？

泵抱轴是轴承卡死在轴上了，它的发生与轴承箱发热有着密切联系，有的司泵工认为"轴承箱发热是泵抱轴的前兆"这一点也不夸张。

泵抱轴前因发热关系，产生油箱温度过高并有杂音，在摩擦点上的温度可高达几百度甚至上千度，它可以将轴承的滚珠（柱）熔化在轴上。因此，当发现轴承温度超过了控制指标时，应立即停泵，请钳工检查，如发现轴发红的情况，千万不要用水浇，将泵停下后，使其自然冷却，然后请钳工检修。

39. 哪些原因会引起泵窜轴？怎样处理？

故障原因：①流量不稳或抽空；②平衡装置失灵或损坏；③泵内部件损坏。

排除方法：①调整操作，保持流量平衡；②停泵检修平衡装置。

40. 挡油环或挡水环有什么作用？它们松动后有什么危害？

挡油环或挡水环位于轴承箱两端压盖的外缘用螺丝固定在轴上和轴一起旋转，挡油环起着防止润滑油甩出的作用。挡水环除了起到这个作用外，还要起一个防止端面密封的冷却水进入轴承箱的作用。

当挡油环和挡水环松动时，不能掉以轻心，而应该加强维护，当挡油环和挡水环完全脱离轴承压盖时，应该将它上紧以后再启动。因为挡油（水）环一经松动便不能起到密封轴承箱的作用，箱内润滑油沿轴漏出，液面显著下降，因箱内油少，就容易引起轴承发热。如果挡油（水）环脱落到对轮或端封压盖时，不停的撞击会产生火花，一旦遇上外漏的热油或易燃气体时，就会引起火灾。所以，挡油（水）环松动或脱落时，应及时停泵处理。

41. 热油泵的冷却水中断后有什么危害？

冷却水一旦中断，就无法控制泵的温升，短时间会引起轴承箱温度迅速升高，密封发热而使泵漏油，时间长会造成轴承发热而损坏，润滑油氧化变质，油箱烫手，甚至造成抱轴、跳闸，严重损坏泵内零件。

42. 泵冻了以后怎样解冻？

解冻的方法：①先用冷水浇（决不能用蒸汽直接吹，以防止泵壳热胀不匀而破裂）。②待能盘动车后，再用热水浇，用蒸汽慢慢地吹。③该泵应隔离系统，防止吹化后跑油。

43. 泵在冬天为什么要防冻？怎样防冻？防冻的主要部位？

因为留存在泵内的水一遇到零度以下的低温就会结冰，水在结冻时体积膨胀，这种膨胀的力会使泵体断裂，所以防冻是一项很重要的工作。防冻方法有以下几种：①排净闲置泵内的存水；②保持长流水（冷却水的上下水阀都开一点）；③保温或用蒸汽伴热；④备用泵保持出入口流通。

防冻的主要部位是泵体、水套、冷却水管线和阀。

44. 冷油泵为什么不能打热油？

冷油泵不能打热油的原因有以下几点：①冷油泵与热油泵零件的材质是不一样的，如冷油泵叶轮是铸铁的，而热油泵的叶轮是铸钢或合金钢的。铸铁零件不能在高温下工作。②冷油泵口环间隙小，热油泵由于膨胀的缘故，口环间隙较大，若用冷油泵打热油，在高温下口环间隙变小，叶轮和泵壳便容易产生磨损。③热油泵的轴承箱、填料箱、机械密封和支座都有冷却机构，可防止这些部位过热，改善零件工作条件，同时保证支座没有过大变形，泵和电机不会出现不同心运行。而冷油泵没有这些机构，因此不能输送热油。

45. 轴、轴承、轴套起什么作用？

①轴：轴是传递功率的主要零件，它的作用是传递功率，承受负荷。②轴承：轴承是离心泵支承转子的部件，承受径向和轴向载荷，一般可分为滚动轴承和滑动轴承两种。③轴套：轴套的作用主要是保护主轴不受磨损，轴套与密封件共同组成泵壳与轴之间的密封；轴上安装轴套，更换轴套就比更换轴方便、经济。轴套上安装密封元件是软填料，则要求轴套表面硬度在

HRC40以上，如果采用机械密封，就不用这样高的硬度。

☞ **46. 对轮起什么作用？**

对轮又叫联轴器，它的作用是将电机和泵轴连接起来，把电机的机械能传送给泵轴，使泵获得能量，同时对轮拆卸方便，利于检修。

☞ **47. 什么是机械密封？**

机械密封是一种旋转机械的轴封装置。比如离心泵、离心机、反应釜和压缩机等设备。由于传动轴贯穿在设备内外，这样，轴与设备之间存在一个圆周间隙，设备中的介质通过该间隙向外泄漏。如果设备内压力低于大气压，则空气向设备内泄漏，因此，必须有一个阻止泄漏的轴封装置。轴封的种类很多，由于机械密封具有泄漏量少和寿命长等优点，所以，当今世界上机械密封是这些设备最主要的轴密封方式。机械密封又叫端面密封，在国家有关标准中是这样定义的："由至少一对垂直于旋转轴线的端面在流体压力和补偿机构弹力（或磁力）的作用以及辅助密封的配合下保持贴合并相对滑动而构成的防止流体泄漏的装置。"

☞ **48. 机械密封是由哪几部分组成的？**

机械密封是由下列四部分组成的：第一部分是由动环和静环组成的密封端面，有时也称为摩擦副。第二部分是由弹性元件为主要零件组成的缓冲补偿机构，其作用是使密封端面紧密贴合。第三部分是辅助密封圈，其中有动环和静环密封圈。第四部分是使动环随轴旋转的传动机构。

☞ **49. 机械密封是怎样实现密封的？**

泵机械密封系统如图5-8。

轴通过传动座6和推环4，带动动环2旋转，静环1固定不动，依靠介质压力和弹簧力使动、静环之间的密封端面紧密贴合，阻止了介质的泄漏。摩擦副表面磨损后，在弹簧5的推动下

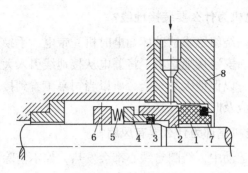

图 5-8 泵的机械密封

实现补偿。为了防止介质通过动环与轴之间泄漏，装有动环密封圈 3，而静环密封圈 7 则阻止了介质沿静环和压盖 8 之间的泄漏。

50. 冲洗可以分为哪几种类型？

冲洗可以分为三种形式的冲洗，即自冲洗、外冲洗、循环冲洗。①由于泵本身输送的介质黏度和密度大，从外面引入较干净的介质注入密封腔，称为外冲洗。②利用泵本身输送的介质经端面密封压盖上的小孔打入密封腔内，与泵内介质混合。称为自冲洗。③循环冲洗是指从外面引来的冲洗油进入密封腔内，由一根专用管引出，经冷却、过滤后重新进入密封腔内。

51. 冲洗油的作用有哪些？

冲洗油的主要作用有以下几点：即冲洗、冷却、润滑、密封四个作用。①冲洗动环和静环摩擦之间的杂质。②防止泵所输送的高温油品进入密封腔内，并将动环和静环在工作时间因摩擦而产生的热量带走，降低密封元件的温度。延长密封的使用寿命。③保持密封端面之间有一层液膜存在，起到润滑作用。④防止高温、有毒、有腐蚀性、易燃以及贵重介质从泵内漏出，防止含有颗粒的介质进入密封腔内磨损密封面，防止泵外的空气漏入泵内，从而起到密封作用。

☞ **52. 电机为什么要装接地线？**

当电机内绕组绝缘被破坏漏电时机壳带电，手摸上去就会造成触电事故。安装接地是为了将漏电从接地线引入大地回零。这样形成回路，以保证人身安全。所以当司泵工看到接地线损坏或未接上时，应及时处理。

☞ **53. 电机尾部为什么要有风扇？**

电机在运动中，线圈与铁心都会发热，如不消除温度会逐渐上升，在超过铭牌上的"允许温升"后，绕组的绝缘就会遭到破坏，造成短路事故。所以在电机尾部装有风扇进行强制通风把热量带走，保持温升在允许的范围内。

☞ **54. 电机声音不正常有哪些原因？**

原因：①电机跑单相（类似老牛叫，并伴随着转速变慢）。②振动大（有时是周期性的）。③扫膛：转子和定子摩擦。④轴承有杂音（刹架松动，滚珠或滚珠跑边有麻点）。⑤风罩内有杂物或风扇不平衡。

☞ **55. 机身温度超过正常值的原因有哪些？**

原因：①负荷过大。②电压过低。③定子绕组匝短路情况。④鼠笼环断条。⑤扫膛（只是局部发热）。⑥电源一相开路。

☞ **56. 电机轴承发热的原因有哪些？**

原因：①轴承装配过紧。②轴承缺油（正常情况下润滑脂应充满轴承盖的2/3）。③轴承油太多。④润滑脂里有杂物。⑤轴承跑套，轴承外套与端盖摩擦，称为跑外套，轴承里套与旋转轴摩擦，称为跑内套。⑥轴承盖和轴承相互摩擦。

☞ **57. 电机电流增高有哪些原因？**

原因：①油品的相对密度或黏度大。②流量或压头大。③叶轮中有杂物。④转动部分与静止部分摩擦。⑤填料压得太紧。

58. 运转中的电机为什么会跳闸?

① 电机内绕组短路,因为短路电流相当大,使电源保险丝烧断,控制线路无电,使中间接触器把它在电源线上的主触点断开,电机就跳闸了。②电网电压低。③电机过负荷(如电机容量不够)。④转子卡住。⑤平衡管堵。

59. 运转中的电机应检查哪些项目?

运转中的电机应检查以下几点:①机身和轴承的温度是否正常。②检查电机运行中发出的声音是否正常。③接线盒的温度。④负载电流是否在额定范围内。

60. 机泵等机械设备为什么要进行润滑?怎样进行润滑?

机器运转时在作相对运动的零件间,不可避免地要产生摩擦、磨损和发热现象,并消耗一部分动力,为了减小摩擦阻力、磨损速度和控制机器的温升,以提高机器的效率和寿命,必须注意机器的润滑问题。润滑的作用可大致归纳为如下几点:①减小摩擦,在摩擦面间加入润滑剂,使之尽可能形成液体摩擦或半液体摩擦,以便有效地降低摩擦系数,减小摩擦力。②减小磨损。当两摩擦面完全被一层润滑油膜隔离时,即可避免两摩擦面的相互擦伤、研磨磨损和胶合磨损;当摩擦面间落入硬质颗粒时,只要颗粒的大小不超过油膜厚度,也就不会擦伤摩擦表面,同时由于润滑油的保护作用,还可减轻摩擦表面的锈蚀磨损。③降低温升。润滑是通过两个方面来降低零部件温升的:一方面是由于它降低了摩擦,减少了发热;另一方面是当润滑油流过摩擦面时,可以带走下部分热量。④防止锈蚀,润滑油膜能保护零部件表面免遭锈蚀。⑤缓和冲击振动,通过润滑油的阻尼作用,可将机械振动能量部分地转变为油液中的摩擦热而散失掉。⑥清洗作用。润滑油流过摩擦面时,可以将摩擦面间的机械杂质和污物等带走。⑦形成密封。润滑膜有形成密封的作用,可以防止机内的介质外泄和阻止外界杂质侵入。

☞ **61. 往复泵的主要结构和工作原理是什么?**

往复泵装置(图5-9)的主要部件为泵缸1、活塞2、活塞杆3、吸入阀4和排出阀5。活塞杆与传动机构相连接,带动活塞作往复运动。活塞在泵体内移动的端点称为死点,活塞在两死点间经过的距离称为行程或冲程。吸入阀和排出阀都是单向阀。吸入阀只允许液体从泵外进入泵内,排出阀只允许液体从泵内排出泵外。泵缸内在活塞与阀门之间的空间称为工作室。

当活塞自左向右运动时,工作室容积增大,形成低压,排出阀受压而自动关闭,吸入阀则受泵外液体的压力而被冲开,液体遂进入泵内,这就是吸液过程。活塞至右死点,吸液过程即结束。当活塞自右向左运动时,工作室容积减小。由于活塞的挤压力使缸内液体压强增大,吸入阀受压关闭,高压液体则冲开排出阀进入排出管路中,这就是排液过程。活塞移至左死点,排液过程即结束。这样活塞不断地作往复运动,工作室就交替地吸液和排液。

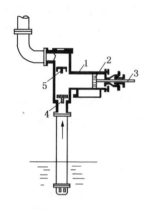

图5-9 往复泵工作系统图

☞ **62. 齿轮泵的工作原理是什么?**

齿轮泵是一种旋转泵,其工作原理与往复泵相似,属于正位移泵。齿轮泵的构造如图5-10所示。泵的主要构件为泵体和一对互相啮合的齿轮,其中一个为主动轮,另一个为从动轮。两齿轮把泵体内分成吸入和排出两个空间,当齿轮按箭头方向转动时,

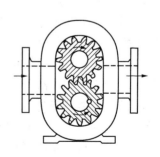

图5-10 齿轮泵的内部结构

吸入空间由于两轮的齿互相分开，空间增大，而形成低压将液体吸入。被吸入的液体，在齿缝间被齿轮推着，沿泵体内壁分两路前进，最后进入排出空间。在排出空间，两齿轮的齿互相合拢，空间缩小，形成高压将液体排出。

☞ **63. 螺杆泵的结构特点是什么？**

螺杆泵为旋转泵的另一种类型。螺杆泵由泵壳和一根或多根螺杆所构成。它与齿轮泵相似，用两根互相啮合的螺杆，推动液体作轴向移动。液体从螺杆两端进入，由中央排出。螺杆越长，则扬程越高。螺杆扬程高，效率高，无噪音，适用于高压下输送高黏度液体。虽然螺杆泵比齿轮泵复杂，由于优点较多，在工艺用泵中，逐渐有取代齿轮泵的趋势。

☞ **64. 润滑油（脂）的作用是什么？**

润滑油（脂）主要有以下几个方面的作用：

① 润滑作用、降低摩擦、减少摩擦磨损。润滑油（脂）在摩擦面间形成油膜，消除或减少干摩擦，改善了摩擦状况叫润滑作用。润滑的必然结果是降低摩擦，减少磨损，这是润滑油的首要作用。在最好的液体润滑状况下，摩擦系数可达到0.001，甚至更低一点，因而磨损也很小。

② 冷却作用。在摩擦时所产生的热量，大部分被润滑油带走，少部分热量经过传导和辐射直接散发出去。

③ 冲洗作用。磨损下来的碎屑被润滑油带走，称为冲洗作用。冲洗作用的好坏对磨损的影响很大，在摩擦面间形成的油膜厚度很薄，金属碎屑停留在摩擦面上会破坏油膜，形成干摩擦，造成磨粒磨损。特别对于经过大修更换了摩擦件的设备，在最初运转时期的磨合阶段中，润滑油的冲洗作用更加重要。

④ 密封作用。有些润滑部位除了要求润滑油对摩擦面起润滑、冷却和冲洗作用外，还利用润滑油增强密封作用。蒸汽往复

泵的汽缸壁与活塞之间、活塞环与活塞槽之间，就是借助于润滑油对他们之间的间隙的填充作用来提高密封效果的。

⑤ 减振作用。摩擦件在油膜上运动，好像浮在"油枕"上一样，对设备的振动起一定的缓冲作用。在齿轮运行时，润滑油连续陷入了两齿轮啮合的表面，并且不断通过极小的间隙挤出来，这样就使振动的动能消失在液体油的摩擦热中去，而使运动变得平稳。

⑥ 卸荷作用。由于摩擦面间有油膜存在，作用在摩擦面上的负荷就比较均匀地通过油膜分布在摩擦面上，油膜的这种作用叫卸荷作用。比如当摩擦面上的油膜遭到局部破坏而出现局部干摩擦时，由于油膜仍承受着部分或大部分负荷，所以，作用在局部干摩擦点上的负荷不会像干摩擦时那样集中。

⑦ 保护作用。防腐蚀、防尘都属于保护作用。润滑油除了以上在接触面间引起的作用外，尚有一些其他的作用，比如在液压传动设备中，润滑油被作为传递动力的良好介质，在变压器、油开关等许多电器设备上则主要利用润滑油较高的绝缘性能。

☞ **65. 润滑油的黏度比小好吗？**

如果润滑油的黏度比越小，则说明该油品的黏度随温度变化的幅度越小，也就是说该油品的黏温性能越好。在使用中希望润滑油的黏度比越小越好。这样不但润滑油在低温下能保持应有的流动性，而且在高温下也能保持良好的润滑状态，而不致造成机械的磨损。

☞ **66. 什么叫机械杂质？润滑油中含有机械杂质有什么危害？**

机械杂质就是以悬浮或沉淀状态存在于润滑油中，不溶于汽油或苯，可以过滤出来的物质。润滑油的机械杂质是在油品加工时处理不净或在储运、使用中，从外界掉入的灰尘、泥沙、铁屑等物质，这些物质不但影响油品的使用性能如堵塞输油管线、油嘴、滤油器等,而且还会增大设备的腐蚀,破坏油膜而增加磨损和积炭等。因此,对于轻质油品绝对不允许有机械杂质存在,而对于重质油品则要求不那么严格,一般限制在 0.005% ~ 0.1% 之间。

☞ 67. 如何选用润滑油?

选用润滑油一般依据下面的几条原则:

① 负荷越高,越不易形成油膜,为了保证油膜的必要厚度,应选用黏度较高的润滑油。

② 轴承使用温度高,应选用高黏度润滑油。

③ 轴颈旋转的线速度越快,越有利于油膜的形成。对于运动速度较快的轴承,选用黏度较低的润滑油即可保证液体润滑。另外,速度高摩擦阻力大,轴承容易发热,为了不使轴承温度过高,应选用低黏度润滑油。因此,速度越快,选用润滑油的黏度应越低。

④ 轴瓦间隙大,润滑油容易挤掉,对形成油楔压力不利。为了保证必要的油楔压力以便形成足够厚度的油膜,轴瓦的间隙越大,选用的润滑油黏度应越高。

☞ 68. 如何鉴别轴承润滑是否正常?

鉴别的方法有以下几种:①润滑油不变质(不乳化、不含杂质、不含水、不发黑)。必要时可打开轴承箱底部堵头排放确认。②润滑油液位正常(液面计或油视镜油面在 1/2 ~ 2/3 的高度)。③甩油环甩油正常(可打开轴承箱顶部旋塞,观察润滑油的飞溅情况)。④轴承的温度正常(手能够长时间放在轴承箱外壁上)。⑤用听棒听轴承运转,无异常声音。

☞ 69. 引起润滑油变质的原因有哪些?

引起润滑油变质的原因:①总库送来的润滑油质量不好(如带水、酸值高、含杂质等)。②润滑管理制度不落实(没有做到三级过滤）。③轴承箱润滑油室进水（从箱壁气孔或挡水环进入）。④轴承温度过高，造成润滑油氧化变质。⑤轴承损坏或磨损，产生金属碎屑。

☞ 70. 润滑油的三级过滤是指哪三级？

领油大桶 —一级过滤→ 固定油箱 —二级过滤→ 油壶 —三级过滤→ 加油点

各级滤网目数：一级：60目；二级：80目；三级：100目。

☞ 71. 什么是润滑油的"五定"？

润滑油的"五定"是指：定点、定时、定质、定量、定期对润滑部位清洗换油。具体内容：①定点——在机器上规定的润滑部位加油，不得在其他部位加油。②定质——要保持油品质量合格和清洁无杂质，禁止乱用油或变质油、不干净的油。③定量——每台设备应该明确其耗油定额。耗油量低于定额，会给设备带来损坏；耗油量超过定额，不仅浪费油，对设备正常运行也不利。④定时——按照规定的时间给设备加油，是保证设备及时得到良好润滑的有效手段，可避免长期不加油或不必要的"常"加油等不合理现象。⑤定期对加油部位进行清扫——由于设备磨损和油品在使用中逐渐变质，都会影响润滑效果。所以，在一定时期以后必须对润滑部位进行清扫，并更换新油。

☞ 72. 机泵的润滑方式有哪些？

机泵的润滑方式有分散润滑和集中润滑两大类：分散润滑是各个润滑点各用独立的分散的润滑装置来润滑；集中润滑则是一台机泵的许多润滑点由一个润滑油系统来同时润滑。①分散润滑使用润滑油时的润滑方法及装置主要形式有：手工加油，油杯滴油，油环带油，飞溅洒油，压力喷油，雾化带油等。使用润滑脂的润滑方法及装置主要形式有：手工涂抹，预填油脂，润滑脂杯间歇挤入，弹簧式润滑脂杯连续压注等。②集中润滑系统的工作概况：储存在油箱中的润滑油，经过粗滤网过滤后，被油泵吸入加压后送出，经单向阀、滤油器、主油管和支油管，将油送至各润滑点。当润滑系统各部分所需压力不一致时，低压部分可用减压阀减压后供油。为润滑油洁净程度要求高的部分，可在管道中布置精滤油器；当机泵的发热量大，循环润滑油来不及在油箱中冷却至所需的温度时，可在管道中布置油冷器。用过的润滑油经回油管流回油箱，回油通常靠油的自重流回。集中润滑系统通常是为大型机组设置配套。

☞ **73. 巡检泵时应注意哪些内容？**

①检查各运转参数（压力、流量、油温、电机电流等）是否在规定指标；②检查润滑油油质是否合格，油位是否合乎要求；③检查冷却水情况；④检查轴承温度高低；⑤检查机泵有无振动等异常现象；⑥检查各部分有无泄漏。

☞ **74. 原料泵的不正常现象及处理方法是什么？**

原料泵的不正常现象及处理方法见表 5-4。

表 5-4 原料泵的不正常现象及处理方法

故障类型	原因分析	对 策
轴承 （箱）漏油	①油封损坏 ②供油过多 ③油压过大 ④油温超标 ⑤油气排放不畅 ⑥轴瓦间隙过大	①更换 ②调节节流阀，控制进油量 ③调节油压 ④检查冷却水量和温度；切换、清洗油冷器 ⑤检查轴承箱排气口 ⑥更换
轴承温度高	①供油不足 ②供油温度偏高 ③油质劣化 ④进入杂质	①参考① ②参考② ③更换新油 ④切换、检查油过滤器

续表

故障类型	原因分析	对策
振动异常	①泵组未找正 ②转子不平衡 ③联轴器未找正 ④转子和定子相碰 ⑤轴瓦间隙过大	①重新找正 ②转子作动平衡检查 ③重新找正 ④拆检，重新调整间隙 ⑤更换
泵组性能下降	①内部腐蚀 ②口环磨损 ③流道堵塞 ④引入压头下降	①更换轴套等部件 ②更换 ③拆检 ④检查、清洗入口过滤器
机械密封泄漏	①机械密封失效 ②密封底封磨损 ③O形圈磨损 ④动静环间隙增大 ⑤动静环表面损伤	①拆检 ②更换 ③更换 ④检查更换 ⑤检查更换

☞ **75. 原料油泵润滑油系统的准备操作步骤是什么?**

①根据油箱油温情况，投用油箱电加热器，使油达到30℃左右；打开主辅油泵的出、入口阀；打开润滑油至进油总管的进油阀门；关闭高位油箱的三阀组中的截止阀。②对油泵盘车，然后启动主油泵；关闭泵出口去油箱跨线阀，打开油冷器的旁通阀、放空阀和过滤器的放空阀，排掉空气后再关上旁通阀和放空阀；投用油冷器和一组过滤器。③稍开去高位油箱的截止阀，待溢流管线上的回油视镜有油通过为止，然后迅速关闭截止阀；调节润滑油压力控制阀，控制润滑油总管压力。④调节运行泵各润滑点的进油压力，通过回油视镜检查各轴承回用量是否正常。将备用泵电机选择开关转到"自动位置"，作自启动性能试验。⑤改变主、辅油泵设置，做另一台泵的自启动性能试验；试验完毕后恢复正常，将备用油泵电机投"自动"。⑥检查油箱液位，若不足则补充至正常液位；检查润滑油系统是否正常，如过滤器压差，如压差高，则切换工作滤

芯，更换。⑦检查油路有无泄漏。

76. 原料油泵的正常维护操作有哪些?

① 保持泵体及附属设备的清洁卫生、规格化。②检查泵的出口压力，机械密封冲洗液压力、温度，润滑油压力、温度，润滑油液位等，并做好记录。③检查油质，油箱底部脱水。④检查各部声音是否正常，有无泄漏点，轴承振动是否超标。⑤检查各处冷却水是否畅通，回水温度是否合适。⑥检查电机冷却水有无泄漏。⑦备用泵盘车180°，冬季做好防冻防凝工作。

77. 加氢原料泵的正常切换操作步骤是什么?

① 检查备泵系统情况，确保正常。②做好备用泵开车前的所有准备工作。③对备用泵盘车，启动主电机，检查机械运转情况是否正常。④当备用泵出口压力达到正常要求时，慢慢打开其出口阀，并将其最小流量线阀慢慢关小。⑤同时慢慢关闭原运行泵的出口阀，再慢慢打开原运转泵的最小流量线阀以防止超电流，进行等量平稳切换，直至主泵出口阀全开，原运转泵出口阀全关。⑥全面检查备用泵的运转情况，待其出口压力、流量、润滑油系统等均正常后，方可按停泵步骤停原运转泵。

78. 立式高速离心泵启动前的准备工作是什么?

① 检查各压力表是否安装良好，量程选择是否合适，安全红线是否已标好。②按三级过滤制度过滤润滑油，加注润滑油至指定刻度。③联系送电，检查确认电动机旋转方向与泵示红色箭头一致性，从电机上端看为逆时针旋转。④完全打开进口阀门，低流量返回线阀门稍打开。⑤操作齿轮箱外油路系统中手动油泵，直到齿轮箱上压力表达到指定压力或油压表有明显晃动为止。⑥检查热交换器冷却水是否打开。⑦打开放气阀，对泵进行充分放气，排完后关闭放气阀。⑧准备好油壶、工具、温度计、听针等。⑨联系内操，改好流程。

第三节 加热炉及其操作

☞ 1. 什么叫加热炉?管式加热炉有什么特征?

一个具有用耐火材料包围的燃烧室,利用燃料燃烧产生的热量将物质(固体或液体)加热的设备,就叫加热炉。管式加热炉是石油炼制、石油化工及化学、化纤工业中使用的工艺加热炉。

其特征:①被加热的物质在管内流动,故仅限于加热气体或液体,而且这些气体或液体通常是易燃易爆的烃类,危险性大,操作条件苛刻。②加热方式为直接受火式。③只烧液体或气体燃料。④长周期连续运转,不间断操作。

☞ 2. 管式加热炉的一般结构如何?其各部分的作用是什么?

管式加热炉结构:其一般由辐射室、对流室、余热回收系统、燃烧器以及通风系统等五部分组成。①辐射室是通过火焰或高温烟气进行辐射传热的部分,是热交换的主要场所,全炉的热负荷大部分(70%~80%)是由它来担负的,温度也最高。②对流室是靠由辐射室出来的烟气进行对流换热的部分,但也有一部分辐射传热,它一般布置在辐射室之上,对流室一般担负全炉热负荷的20%~30%。③余热回收系统是从离开对流室的烟气中进一步回收余热的部分。回收方法分两类:一类是"空气预热方式";一种是"废热锅炉"方式,烟气回收系统有放在对流室上部的,也有单独放在地上的。④燃烧器,是炉子的重要组成部分。⑤通风系统是将燃烧用空气导入燃烧器,并将废烟气引出炉子的系统,它分为自然通风式和强制通风式两种。

☞ 3. 管式加热炉有哪些类型?

管式加热炉的类型很多,主要有下面几种:①圆筒炉包括纯辐射型圆筒炉和对流-辐射形圆筒炉,其炉膛是圆筒形。②立式炉其炉膛是长方形箱体,炉管可以是水平放置或垂直放置。包括卧管立式炉和立管立式炉。③其他形式的加热炉包括箱式炉、斜顶炉和纯对流炉。这几种炉子由于热率低，新装置已很少采用。

4. 管式加热炉主要的技术指标有哪些？

其主要的技术指标：①加热炉热负荷。即每台加热炉单位时间内向管内介质传递热量的能力，表示加热炉的生产能力大小。②炉膛温度。俗名火墙温度，指的是烟气离开辐射室进入对流室时的温度。这个温度越高，则辐射炉管传热量越大，进入对流室的热量也越大，但若温度过高，容易烧坏炉管及中间管架。③炉膛热强度。即单位时间内单位体积炉膛内燃料燃烧的总发热量 $W/m^2(kcal/m^2 \cdot h)$。炉膛尺寸一定后，多烧燃料必然提高炉膛热强度，相应地炉膛温度也会提高，炉子内炉管受热量也就增多，一般管式加热炉的炉膛热强度为 $8.14 \sim 11.63 W/m^3$（$7 \sim 10 kcal/m^3 \cdot h$）。④炉管表面热强度。炉管单位表面积单位时间内所传递的热量称为炉管的表面热强度。炉管表面热强度越高，在一定热负荷所需的炉管就越少。⑤炉子热效率：加热炉负荷占燃料燃烧时放出总热量的百分数称为炉子热效率。热效率越高，燃料越节省。它表示了炉子是否先进。⑥管内流速：流速越小，传热系数越小，介质在炉内的停留时间也越长，管内介质越易结焦，炉管越容易损坏，但流速过高又增大管内压力降，增加动力消耗，因此，管内流速要适宜。

5. 什么叫自然通风加热炉？

利用烟囱的自然抽力吸入燃烧用空气，并将烟气排出的加热炉。

6. 什么叫强制通风加热炉？

利用风机将空气送入炉内供燃料燃烧的加热炉，称强制通风加热炉。

7. 什么叫引风机？有几种形式？

将抽风用的通风机［排气压力不高于 $1500 mmH_2O$ 柱

（$1mmH_2O = 9.806Pa$）] 称为引风机。有离心式和轴流式两种。

☞ **8. 燃烧的化学反应式有哪些?**

碳的燃烧　　$C + O_2 \longrightarrow CO_2$

$2C + O_2 \longrightarrow 2CO$

氢的燃烧：$2H_2 + O_2 \longrightarrow 2H_2O$

燃料的燃烧：$S + O_2 \longrightarrow SO_2$

☞ **9. 加热炉的烟囱排出的烟道气有哪些组成？为什么还有大量的氮和氧？**

烟道气的组成有二氧化碳、水蒸气、二氧化硫、氧、氮以及在燃烧不完全时的一氧化碳和氢。大量的氮和氧：氮是由燃烧所需的空气带进去的，它不参加反应，氧是过剩空气带进去的。

☞ **10. 燃烧的过程是什么？**

燃料的燃烧都是燃料中的碳和氢与空气中氧反应，产生二氧化碳和水并放出热量的过程。

☞ **11. 什么是燃烧、完全燃烧和不完全燃烧？**

可燃物质与氧发生强烈化学反应，并放出热量的过程叫燃烧。如果可燃物质在燃烧中能充分与氧化合，把热量全部放出来，这种情况叫完全燃烧；如果可燃物质在燃烧中不能充分和氧化合，没有把热量全部放出来，这种情况叫不完全燃烧。

☞ **12. 炼油厂中圆筒炉的基本构造及特点是什么？**

① 圆筒炉主要是由圆筒体的辐射室和长方形的对流室和烟囱组成。辐射室（炉膛）外壳是钢板圆筒体，内衬有耐火砖，筒体下部有底板，底板上还装有多个向上燃烧的火嘴，辐射管沿炉膛周围立式排成一圈。对流室在圆筒上部，对流管为横排，为了提高对流管的传热效率，对流管外面还可以焊有钉头和翅片。钢制烟囱在对流室上，并装有烟道挡板，可以调节风量。

② 圆筒炉具有结构简单、紧凑、占地面积小、投资省、施

工快、热损失少等优点。由于圆筒炉的炉墙面积与炉管的表面积的比例较其他炉型低，炉墙的再辐射作用相应减弱了，故其炉管表面积热强度较其他炉型低。另外，立管用机械除焦困难，所以圆筒炉适用于油品的纯加热。

☞ **13. 立式油气联合燃烧器由哪三部分组成？**

炼厂常用的立式油气联合燃烧器由三部分组成。①油嘴：蒸汽和燃料油在喷头内混合，由喷头喷出，喷头小孔，排成一圈，油喷出呈中空的圆锥形油雾层；②气嘴：由六个排成一圈，燃烧气向内成一角度喷出；③火道：成流线型，有一次风门和二次风门。二次风门在一次风门之上，一般烧油多用一次风门，烧燃料气多用二次风门。

☞ **14. 加热炉炉管的材质有什么要求？**

① 要有足够耐热性，以防炉管在高温下的蠕变；②要有足够的抗氧化性和耐腐蚀性；③为了能承受一定操作压力及抵抗机械清焦的冲击，需要有一定的强度，同时为与回弯头紧密联接，也要有合适的硬度。

☞ **15. 对加热炉炉墙有什么要求？**

要求炉墙绝热良好，热损失小，经久耐用，安装方便，重量轻，造价低。

☞ **16. 什么叫加热炉有效热负荷？**

加热炉炉管内各种物料升温、汽化、反应等所需要的总热量就叫加热炉的有效热负荷。加热炉有效热负荷 $Q_有$ 的计算方法如下：

$$Q_有 = W_F[cI_v + (1-c)I_L - I_i] + W_s(I_{s_2} - I_{s_1}) + Q'$$

式中　$Q_有$——加热炉有效热负荷，MJ/h；

　　　W_F——油料流率，kg/h；

　　　c——炉出口油料汽化率，%(质量)；

I_L、I_v——炉出口温度、压力条件下油料液相、汽相的热焓，MJ/kg；

I_i——炉进口温度下油料液相热焓，MJ/kg；

W_s——过热水蒸气流率，kg/h；

I_{s1}、I_{s2}——水蒸气进炉、出炉之热焓，MJ/kg；

Q'——其他热负荷，注水汽化热、化学反应热等，MJ/kg。

☞ **17. 什么叫燃料的发热值?什么叫燃料的高发热值和低发热值?**

工程上将1kg 燃料[气体燃料以标立方米(Nm^3)计]完全燃烧时所放出的热量(kJ/kg 或 kJ/Nm^3)定义为燃料的发热值。发热值一般分为高发热值和低发热值两种。1kg 燃料(或 $1Nm^3$)完全燃烧后，在燃烧产物中的水不是气态而呈液态时所放出的热量，称为高发热值；若产物中的水是气态放出的热量称为低发热值。

☞ **18. 什么是理论空气用量?如何计算?**

① 根据燃料各组成元素的化学平衡方程式，并以干空气为基准导出的空气量就叫理论空气用量，单位 kg 空气/kg 燃料。

② 计算：

燃料油：$L_o = 0.116 W_C + 0.348 W_H + 0.0435(W_S - W_O)$

燃料气：$L_o = 0.0169/\rho \times [0.5 W_{H_2} + 0.5 W_{CO} + \sum (m+4/n) W_{C_mH_n} + 1.5 W_{H_2S} - W_{O_2}]$

式中　　C、H、S、O——各元素的质量分数；

$W_{C_mH_n}$、W_{H_2}、W_{O_2}、W_{CO}、W_{H_2S}——燃料气中各组分的体积分数；

ρ——气体燃料的密度 kg/Nm^3。

☞ **19. 什么叫过剩空气系数?如何计算?影响过剩空气系数的因素有哪些?**

① 实际空气量与理论空气用量之比称为过剩空气系数 γ，

($\gamma = L/L_o$)。

② 计算：

$\gamma = [100 - W_{CO_2} - W_{O_2}]/[100 - W_{CO_2} - 4.76W_{O_2}]$ 或 $\gamma = 21[21 - 79(W_{O_2}/W_{N_2})]$

式中　　W_{CO_2}、W_{CO}、W_{N_2}——烟气中 CO_2 和 O_2、N_2 的体积分数，%。

③ 影响因素：a. 燃料的品种；b. 燃烧器的操作（即燃料的燃烧情况）；c. 空气量（风量）；d. 烟道挡板的开度。

☞ **20. 测定烟气中含氧量的方法有几种？过剩空气系数如何确定？**

测定烟气中的含氧量通常有两种方法。一种是将烟气抽出，用奥氏气体分析器进行分析；另一种是利用氧化锆直接插入烟气中进行在线分析。

将烟气抽出分析时，因烟气中所含水分冷凝，基本为干烟气。而利用氧化锆在线分析时，因烟气中含有水蒸气，故氧在烟气中所占份额会不相同。因此在按烟气含氧量确定过剩空气系数时，应根据烟气分析方法的不同，分别按干烟气和湿烟气进行确定。

烟气含氧量与过剩空气系数的关系与燃料组分和完全燃烧程度等因素有关。

☞ **21. 什么叫加热炉热效率？影响加热炉热效率的主要因素有哪些？**

加热炉炉管内物料所吸收的热量占燃料燃烧所发出的热量及其他供热之和的百分数即为加热炉的热效率。它是表明燃料有效利用率的一个指标，是加热炉操作的一个主要工艺参数。通常以符号"η"表示。

加热炉热效率 η 随烟气排出温度的高低、过剩空气系数大小、炉体保温情况及燃料完全燃烧程度而不同，变化范围很大。

在常用的过剩空气系数条件下，根据经验一般排烟温度每降低17～20℃，则炉效率可提高1%。因此采取冷进料或采用空气预热器等是降低排烟温度、提高炉效率的有效措施。过大的过剩空气系数同样也要严重地影响炉效率。排烟温度愈高，其影响也就愈大。在排烟温度为200～500℃范围内时，过剩空气系数每下降0.1，可提高炉效率0.8%～1.9%，这就是人们目前普遍强调的严格调节"三门一板"、控制适量的过剩空气系数的原因所在。炉体散热量约占燃料总发热量的2%～4%，在当前节能要求日趋提高的形势下，如何进一步适当加强炉子系统的隔热保温，也普遍引起人们的重视。

☞ **22. 什么叫冷油流速？计算公式怎样？**

油品在15℃或常温下，在炉管内的流速(m/s)。

冷油流速大可以提高传热系数和装置处理量，降低管壁温度防止结焦。但过大则会使炉管压降大。一般为0.5～3m/s。

计算公式如下：

$$V = G_T / d_{15.6} \times 0.785 \times D^2 \times 3600 \text{m/s}$$

式中　D——炉管直径；m；

　　　G——质量流量；kg/s；

　　　V——冷油流速，m/s。

☞ **23. 烟囱的作用是什么？**

空气流经火嘴、烟气通过辐射室、对流室、空气预热系统和挡板等时有流动阻力。由于烟气比外界空气温度高。所以其密度比空气都起着抽吸作用，使空气进入炉膛并使烟气克服阻力并经烟囱排入大气。在自然通风条件下，空气即可借助烟囱抽力进入炉内，供燃料燃烧之用。烟囱抽力的大小和烟气与外界空气温度之差以及烟囱的高度有关。

烟囱高度除满足炉子抽力要求之外，有时还为了使烟气中的有害组分尽量在高空处扩散，以降低地面有害物的浓度，达到环保要求。所以有时将烟囱设计得很高，其具体高度是根据建厂的位置、气象条件、烟气排放量及有害气体的多少等因素通过计算确定的。

☞ **24. 影响加热炉平稳操作的因素有哪些？**

① 原料入炉流量、温度及组分变化；②燃料的组分及压力变化；③"三门一板"的开度状况；④大气温度及压力变化，排烟温度变化；⑤空气入炉的流量及温度的变化；⑥火焰的稳定性。

☞ **25. 什么是二次燃烧？如何判断二次燃烧？怎样避免二次燃烧？**

① 燃料不完全燃烧时，产生的 CO 在对流室又重新燃烧的现象称之为二次燃烧。②判断：其他操作条件稳定，炉膛温度变化不大，对流段温度直线上升，此时烟气中的 CO 含量上升。③要避免二次燃烧，就要保持足够的空气量，避免燃料的不完全燃烧现象。

☞ **26. 什么是一次风、二次风？其作用是什么？**

① 供给一次火道的风是一次风(一次火道靠近火嘴，二次火道连着一次火道)。一次风的作用是供给燃烧用的空气，使燃料完全燃烧及减少炭黑的生成。②供给二次火道的风称之为二次风，其作用是在一次风不够燃烧用时，起补充作用，并能调节火焰的角度。

☞ **27. 铜网式阻火器的构造及作用原理是什么？**

阻火器是阻断燃烧的气体串入燃料气管线的安全设备。它主要由铜丝网和外壳组成，铜丝多层叠放在一起，用螺拴固定在阻火器的外壳中。当喷嘴"回火"时，铜丝网被迅速加热多次分割以至消失，防止"回火"回串引起爆炸。

☞ **28. 正确的看火姿势是怎样的？**

① 稍开一点看火门，将纸条或头发放到看火门处判断炉膛

压力情况；②断定炉膛呈负压时，可开看火门，直接用肉眼观察，但头与看火门不应靠得太近，以免炉膛压力波动时高温烟气撩伤面部；炉膛正压时，应戴上防护镜在较远的距离观察。

☞ **29. 如何启用瓦斯加热器？**

先将蒸汽引入加热器，后将瓦斯引进加热器，瓦斯通入时应加强排凝，避免瓦斯带入大量的油汽化而破坏加热器，同时通入蒸汽量也要视加热器的温度情况而定，不能使加热器温度高于100℃，避免瓦斯中的水汽化影响燃烧。在以液态烃为燃料时，要注意进换热器的蒸汽不能断。启用时也要少量地通入液态烃，由于热膨胀的作用，容易破坏加热器，停工时先停液态烃后停蒸汽。

☞ **30. 影响炉管使用寿命的因素有哪些？**

① 长期高温下使用，特别是超过设计温度下使用，会大大降低炉管的使用寿命，使炉管发生蠕变；②炉管冷热波动引起热应力，开停工次数过频，特别是事故停车降温过急，开车升温过快，会使炉管变形损坏；③管材腐蚀，如氧化、渗碳、积灰结垢等；④安装维修的原因，如热膨胀余量不够，焊接条件及质量不合要求等。

☞ **31. 为什么开车过程中要控制加热炉的升温速度？**

① 由于钢材的热胀冷缩，控制升温速度可以使加热炉钢结构、耐火材料、应力均匀变化，避免设备损坏；②控制升温速度可避免由于温度变化以及由此带来的压力变化造成的密封垫片损坏，热油喷出自燃着火；③控制升温速度，可使保温耐火材料水分均匀汽化；④控制升温速度，还可有利于平稳脱除进料中的水分。

☞ **32. 炉管烧焦的原理及方法是什么？**

① 原理：炉管内的焦子在一定的温度下，受到高温蒸汽-空气冲击而迸裂、粉碎和燃烧，燃烧后的产物和未燃烧的焦粉一

齐被气流带走。烧焦的主要化学反应是 $C + O_2 \longrightarrow CO_2$。②烧焦方法：a. 炉出口改放空线；b. 炉管通入蒸汽放空；c. 炉子点火升温至炉出口温度 150~400℃，升温速度 60℃/h；d. 炉膛温度 500℃，辐射出口温度 400℃时，开始通少量非净化风；e. 通风 15min 后停止，切换为蒸汽，通汽约 10min 左右；f. 通风与通汽交替进行；g. 当放空出口无焦粉和烟冒出后，便可结束烧焦；h. 降温，速度控制在 50~70℃/h，出口温度达 350℃后熄火。

33. 加热炉内为什么会积灰？

加热炉的积灰主要来自燃料油中的灰分（灰分不可燃烧），其次来自燃料中的硫，这些硫在燃烧过程中没有被氧化，另外还来自不完全燃烧时产生的固体颗粒。

34. 积灰有什么危害？

①增加了传热热阻，造成排烟温度上升；②烟气流动阻力增加，造成炉膛压力上升，高温烟气泄漏；③加剧了露点腐蚀。

35. 加热炉吹灰器有哪几种形式？操作方法如何？

常用吹灰器有固定回转式和可伸缩喷枪式两种，前者又分为手动和电（或气）动两种。固定回转式吹灰器伸入炉内，吹灰时可利用手动装置使链软弱回转，或开动电动机械，或用风动马达使之回转。在炉外装有阀门和传动机构。吹灰器的吹灰管穿过炉墙处设有防止空气漏入炉内的密封装置。这种吹灰器结构较简单，但由于吹灰管长期在炉内，管子易于损坏，蒸汽喷孔易于堵塞，故不如可伸缩式好用。

可伸缩式吹灰器的结构比固定回转式复杂，它的喷枪只在吹灰时才伸入炉内，吹毕又自行退出，故不易烧坏，这种吹灰器一般在高温烟气区使用。吹灰器主要用于对流室采用钉头管或翅片管的部位。

36. 加热炉火盆外壁温度过高是什么原因造成的？

①原因：a. 二次风门关得太小；b. 火嘴安装高度、角度不

对；c. 火盆隔热砖沟缝没处理好。②处理：a. 开大二次风门，关小一次风门；b. 重心校正；c. 检修时修补。

37. 氧化锆测氧仪的工作原理是什么？

氧化锆测氧仪是将氧化锆探头直接插入烟气中。探头是一个氧化锆小磁管，管内、外壁的某相对应处涂上并烧结一层多孔的铂电极，管内通以标准气（空气）。这样管外气体（烟气）和管内标准气之间氧浓度差构成一个氧浓度差电池，使铂电极输出电讯号而测出烟气中的氧含量。由于氧化锆氧浓度差电池的内阻随温度的降低而升高，因此氧化锆探头的工作温度一般在600℃以上。

38. 为什么要控制排烟温度？

排烟温度过高会增加热损失，降低热效率，甚至损坏烟道及设备；排烟温度低于露点温度易腐蚀设备，所以在高于露点温度的前提下，尽量降低排烟温度，提高热效率。

39. 怎样控制排烟温度？

排烟温度的高低主要取决于设备（空气预热器）的状况，另外加热炉负荷、烟道挡板开度、过剩空气系数等都对排烟温度有影响。一般来说，使用烟道挡板是小范围内调整排烟温度的主要手段。

40. 炉膛内燃料正常燃烧的现象是什么？正常燃烧取决于哪些条件？

燃料在炉膛内正常燃烧的现象：燃烧完全，炉膛明亮；烧燃料油时，火焰呈黄白色；烧燃料气时，火焰呈蓝白色；烟囱排烟呈无色或蓝色。

为了保证正常燃烧，燃料油不得带水、带焦粉及油泥等杂质，温度最好保持在130℃以上，且压力要稳定。雾化蒸汽用量必须适当，且不得带水。供风要适中，勤调风门、汽门、油门和挡板（即"三门一板"），严格控制过剩空气系数。燃用瓦斯时，必须充分切除凝缩油。

☞ **41. 为什么烧油时要用雾化蒸汽?其量多少有何影响?**

使用雾化蒸汽的目的是利用蒸汽的冲击和搅拌作用,使燃料油成雾状喷出,与空气得到充分的混合而达到燃烧完全。

雾化蒸汽量必须适当。过少时雾化不良,燃料油燃烧不完全,火焰尖端发软,呈暗红色;过多时火焰发白,虽然雾化良好,但易缩火,破坏正常操作。雾化蒸汽不得带水,否则火焰冒火星、喘息,甚至熄火。

☞ **42. 雾化蒸汽压力高低对加热炉的操作有什么影响?**

雾化蒸汽压力过小,则不能很好地雾化燃料油,燃料油就不能完全燃烧,火焰软而无力,呈黑红色,烟囱冒黑烟,燃烧道及火嘴头上容易结焦。雾化蒸汽压力过大,火焰颜色发白,火焰发硬且长度缩短、跳火、容易熄灭,炉温下降,仪表风风压相应增高,燃料调节阀开度加大,在提温时不易见效,反应缓慢,同时也浪费蒸汽和燃料。

雾化蒸汽压力波动,火焰随之波动,时长时短,燃烧状况时好时坏或烟囱冒黑烟,炉膛及出口温度随之而波动。通常蒸汽压力比燃料油压力大 0.07~0.12MPa 为宜。

☞ **43. 燃料油性质变化及压力高低对加热炉操作有什么影响?**

① 燃料油重黏度大,则雾化不好,造成燃烧不完全,炉膛内烟雾大甚至因喷嘴喷不出油而造成炉子熄火,同时还会造成燃料油泵压力升高,烟囱冒黑烟,火嘴结焦等现象。

② 燃料油轻则黏度过低,造成燃料油泵压力下降,供油不足,致使炉温下降或炉子熄火,返回线凝结,打乱平稳操作。

③ 燃料油含水时会造成燃料油压力波动,炉膛火焰冒火星,易灭火。含水量大时会出现燃料油泵抽空,炉子熄火,燃料油冒罐等现象。

④ 燃料油压力过大,火焰发红,发黑,长而无力,燃烧不

完全，特别在调节温度和火焰时易引起冒黑烟或熄火，燃料油泵电机易跳闸；燃料油压力过小，则燃料油供应不足，炉温下降，火焰缩短，个别火嘴熄灭。

总之燃料油压力波动，炉膛火焰就不稳定，炉膛及出口温度相应波动。

44. 火嘴漏油的原因是什么？如何处理？

火嘴漏油时要找出原因，然后采取必要的相应措施：

① 由于火嘴安装不垂直，位置过低，喷孔角度过大以及连接处不严密而产生火嘴漏油时，应及时将火嘴拆下进行修理，并将火嘴安装位置调整对中。

② 由于雾化蒸汽与油配比不当或因燃料油和蒸汽的压力偏低而产生的火嘴漏油，必须调节油汽配比或压力，到火焰颜色正常为止。

③ 由于油温过低而产生的火嘴漏油，应采用蒸汽套管加热，使油温加热到130℃以上。油温太低时雾化不好，火嘴漏油。油温太高时，喷头容易结焦堵塞。

④ 由于雾化蒸汽带水或燃料油带水而产生的火嘴漏油，应加强脱水。

⑤ 火嘴结焦致使不能正常燃烧亦会造成漏油，应进行清焦处理。

45. 燃料油中断的现象及其原因是什么？怎样处理？

现象：炉子熄火，炉膛温度和炉出口温度急剧下降，烟囱冒白烟。

原因及处理：①燃料油罐液面低，造成泵抽空：应控制好液面。②燃料油泵跳闸停车，或泵本身故障不上量：立即启动备用泵，如备用泵也起不到备用作用，应改烧燃料气。③切换燃料油泵和预热泵时，造成运转泵抽空：应注意泵预热要充分，切换泵时要缓慢。④燃料油计量表或过滤器堵塞：应改走副线，修计量表或清理过滤器。

☞ **46. 炉用瓦斯入炉前为什么要经分液罐切液?**

炼油厂各装置的瓦斯排入瓦斯管网时往往含有少量的液态油滴。在寒冷季节,系统管网瓦斯温度降低,其中重组分会冷凝为凝缩油。当瓦斯带着液态油进入气嘴燃烧时,由于液态油燃烧不完全,导致烟囱冒黑烟,或液态油从气嘴处滴落炉底以致燃烧起火,或液态油在炉膛内突然猛烧产生炉管局部过热或正压而损坏炉体。因此炉用瓦斯入炉前必须经过分液罐充分切除凝缩油,确保入炉瓦斯不带油。为使瓦斯入炉不带油,不少炼油厂还采取了在瓦斯分液罐安装蒸汽加热盘管的措施。

☞ **47. 多管程的加热炉怎样防止流量偏流?偏流会带来什么后果?**

多管程的加热炉一旦物料产生偏流,则小流量的炉管极易局部过热而结焦,致使炉管压降增大,流量更小,如此恶性循环直至烧坏炉管。因此,对于多管程的加热炉应尽量避免产生偏流。

防止物料偏流的简单办法是各程进出口管路进行对称安装,进出口加设压力表、流量指示仪表,并在操作过程中严密监视各程参数的变化。要求严格时应在各程加设流量控制表。

☞ **48. 加热炉有可能发生哪些事故?**

对于各类油品加热炉,管道破裂泄漏会发生沸腾液体膨胀气化爆炸着火的事故;而对于氢气加热炉则存在喷射式火灾爆炸事故的可能。

☞ **49. 加热炉在哪些情况下需要紧急停炉?**

① 工艺介质进料流量过低或中断;进料泵或进料管道故障;加热炉管内结焦;仪表失灵;燃料气大量带油等。在此情况下,炉管表面温度超过设计温度或炉管的进口压力高于操作压力,有可能导致炉管破裂。

② 加热炉内发生爆炸或着火。如炉管破裂,燃烧不完全,

燃烧系统设备或火嘴不完善及故障。

③ 加热炉外壁金属温度过高。

④ 反应温度超高或装置紧急停工。

50. 如何搞好"三门一板"操作？它们对加热炉的燃烧有何影响？

油门：调节燃料进炉膛量；汽门：调节蒸汽量使燃料油达到理想雾化状态；风门：调节入炉空气量，使燃料燃烧完全；烟道档板：调节炉膛负压(抽力)。

"三门一板"决定了燃料油蒸汽雾化的好坏，供风量是否恰当等重要因素对燃料的完全燃烧有很大作用，直接影响到加热炉的热效率。因此司炉工应勤调"三门一板"，搞好蒸汽雾化，严格控制过剩空气系数，使加热炉在高效率下操作。

正常操作时应通过调节烟道挡板，使炉膛负压维持在 1~3mm 水柱(9.8~29.4Pa)。当烟道挡板开度过大时，炉膛负压过大，造成空气大量进入炉内，降低了热效率；同时使炉管氧化剥皮而缩短使用寿命。烟道挡板开度过小而炉子超负荷运转时，炉膛会出现正压，加热炉容易回火伤人，不利于安全生产。对流室长期不清灰，积灰结垢严重，阻力增加，也会使炉膛出现正压。故加热炉在检修时应彻底清灰，并在运转过程中加强炉管定期吹灰，以减少对流室的阻力。

烟气氧含量决定了过剩空气系数，而过剩空气系数是影响炉热效率的一个重要因素。烟气氧含量太小，表明空气量不足，燃料不能充分燃烧，排烟中含有 CO 等可燃物，使加热炉的热效率降低。烟气氧含量太大，表明入炉空气量过多，降低了炉膛温度，影响传质传热效果，并增加了排烟热损失。因此要根据烟气含氧量，勤调风门，控制入炉空气量。

为了完全燃烧，除适量调节空气量外，燃料油和雾化蒸汽也必须调配得当，使燃料雾化良好，充分燃烧。

☞ **51. 加热炉进料中断的现象、原因有哪些？**

现象：火墙烟气温度、炉管油出口温度急剧直线上升。

原因：进料泵抽空；操作失误导致进料控制阀全关；进料泵坏；管线阀门堵塞。

☞ **52. 加热炉炉墙坍塌如何处理？**

① 一旦发生加热炉炉墙坍塌事故，操作人员需要立即向装置相关技术人员和领导汇报，确认炉墙坍塌的严重程度并做相应处理。② 小面积的炉墙坍塌可通过调整火焰、配风等措施进行临时保护；③ 如发生大面积炉墙坍塌，必须进行紧急熄炉处理，防止钢结构被烧毁，发生炉体坍塌事故。熄炉时必须将瓦斯火嘴全部关闭，炉膛自然通风，开大烟道挡板，对炉膛进行降温；④ 停炉过程反应分馏系统按停工方案进行停工处理；⑤ 事故处理过程中如发生火焰外漏，必须注意禁止周围进行瓦斯排放作业。

☞ **53. 日常操作中采取哪些措施防止加热炉发生火灾和爆炸？**

加热炉是装置的主要工艺设备之一，是一个直接热源。火焰在炉管外燃烧，管内为流动的高温油，一旦泄漏就会发生火灾或爆炸，因此加热炉的安全操作十分重要。采取的防火和爆炸主要措施：

① 炉管、弯头要保证质量，严格质量验收标准。在检修中及时更换掉管壁减薄、弯曲、变形、鼓包严重的炉管，弯头检修后保证不漏。

② 炉管系统要严格进行试压检查，保证各连接处不发生泄漏。

③ 加热炉的防爆门要动作灵活，灭火蒸汽及紧急放空线要完备好用。

④ 燃烧时要防止直接接触炉管，以免炉管局部过热烧穿。

⑤ 加热炉点火前一定要用蒸汽吹扫炉膛，排除炉膛内积存的可燃气体，防止点火时发生爆炸。如果一次点火不成，不允许

接着再点，应再次排除可燃气体后，方可二次再点火。规定点火前向加热炉炉膛吹蒸汽15min。

⑥ 当遇有停电、停风、停汽、停燃料时，应进行紧急停炉熄火处理，防止着火。

⑦ 加热炉操作时一定要保持平稳，炉膛内要保持负压。烟道挡板要有一个安全限位装置确保安全。

⑧ 在运行中发现炉管泄漏，应立即停炉进行处理；如果弯头箱发现漏油着火，要用蒸汽掩护，然后再做停炉处理。加热炉的停炉应按操作规程进行。

⑨ 油气联合火嘴和瓦斯火嘴的阀门检修时要强制更换，管线中杂物要吹扫干净，确保阀门严密不内漏，开关灵活好用。

⑩ 炉用瓦斯要有切水罐及加热器，以使切水脱凝，解决瓦斯带油问题，防止瓦斯带油串入炉内造成事故。

54. 加热炉负压过大或过小有何危害？造成压力增高的原因有哪些？如何调节？

因为燃料燃烧时是需要一定的空气量的，而我们的炉子燃烧时所需空气是靠炉膛内有一定的负压自然吸进去的，如果负压很小，则吸入的空气就少，炉内燃料燃烧不完全，热效率低，冒黑烟，炉膛不明亮，甚至往外喷火，会打乱系统的操作。

危害：加热炉炉膛负压太小或出现正压会导致炉膛的火焰经看火孔、点火孔等部位外喷，容易造成伤人或火灾、爆炸事故。

造成加热炉炉膛内压力增高的原因：调风门开得过大，过量空气太多；烟道挡板调节不当；余热锅炉引风机故障等。可以通过调节加热炉烟道挡板或烟道气引风机入口挡板的开度来调整炉膛负压。

55. 当鼓风机发生故障时，应如何处理？

① 如果各烧嘴还未熄灭，则应迅速打开热风道的快开门，采取自然通风，根据通风能力确定加热炉的负荷。② 如果烧嘴已

熄灭(包括长明灯)，则应立即切断燃料，并向炉内吹入灭火蒸汽。直至烟囱见汽 3~5min 后才能重新点火。③当长时间停炉时，应保持工艺介质继续流通，直到各炉内部温度低于 180℃ 为止，然后用蒸汽吹扫炉管，再用氮气置换。

56. 烟道引风机停运原因及处理方法是什么？

原因：①停动力电。②操作负荷过大造成跳闸。处理：①联系电力部门恢复供电，重新启动引风机。②启动备用引风机。③如无法启动则全开烟道挡板，降低处理量。④如果客观原因造成引风机无法启动，装置按停工处理。

57. 加热炉的炉墙外壁温度一般要求不超过多少度？

为了减少加热炉辐射室及对流室的炉壁散热损失，要求加热炉的炉墙外壁温度不超过 80℃。

58. 加氢反应炉炉管破裂的处理步骤是什么？

① 如炉管裂开程度较严重，立即报火警，同时联系生产管理部门、部门领导和值班人员。

② 内操按装置紧急停工处理。按下紧急泄压按钮，原料泵和反应炉联锁停，炉膛内暂不通灭火蒸汽，待炉管泄漏的物料烧完。由于泄漏气体含有硫化氢，进行火灾扑救和事故处理时要注意防硫化氢中毒，同时要掌握硫化氢中毒人员的抢救方法。

③ 外操到现场去停新氢压缩机，关闭压缩机出入口阀门。

④ 外操到现场引管网氮气在压缩机出口向系统内充氮气置换、降温。

⑤ 外操到现场关闭燃料气阀和长明灯阀，停空气预热器，打开快开门和烟道挡板。

⑥ 系统充氮时要保持正压，要求将系统内油气置换干净。

⑦ 分馏系统和脱硫系统按正常停工处理。

⑧ 如炉管裂开不严重，则停原料泵，熄灭反应炉主火嘴，待反应器床层温度下降后，再缓慢泄压，其余按正常停工处理步

骤进行。

☞ **59. 加氢分馏炉炉管穿孔如何处理？**

① 在确认炉管破裂的情况下，应马上熄灭加热炉的所有火嘴和长明灯（现场和调节阀相配合），停运塔底泵，停止加热炉的循环，开炉子吹扫蒸汽帮助灭火。如果是减压炉炉管泄漏着火，则立即恢复减压系统为常压。

② 关烟道挡板，防止火势进一步扩大同时防止烧坏烟道挡板，如现场情况无法关闭烟道挡板，可关总的烟道挡板。

③ 切断塔进料，上游塔塔底高温物料经紧急放空线和尾油冷却后排出装置，低压分离器来的物料经液体放空线排出。各塔液位尽可能控制在低位。

④ 其他分馏炉降温，联系生产管理部门将各产品改不合格线。

⑤ 其余按正常停工处理，反应按"新鲜进料中断"处理。

☞ **60. 炉膛内局部过热的原因及处理方法是什么？**

原因：①各火嘴火焰长短不齐，或点燃的火嘴分布不均；②各风门开度不均；③烟道挡板开度不当；④炉管破裂。

处理：①及时调整火嘴；②应调整各风门开度，尽量一致；③应适当调节挡板开度；④按事故停炉处理，更换炉管。

☞ **61. 正常生产中清理瓦斯阻火器如何操作？要注意些什么？**

在正常生产中清理瓦斯阻火器，先将操作室仪表自动改手动操作，在现场先慢开副线阀并同时关调节阀前后截止阀，尽量保持原瓦斯量，在关截止阀瓦斯量不变时，绝对关死截止阀，打开低点放空，放净瓦斯，卸法兰，卸下过滤器，接蒸汽管至低点放空，引蒸汽吹扫，清干净过滤器，装好法兰，然后按规程改回调节阀操作。注意：①要防止炉子熄火或引起的回火；②要防止炉子的温度太低或太高；③要防止瓦斯中有害气体中毒。

62. 瓦斯控制阀后压力很高,炉温上不去是什么原因?如何处理?

原因:①瓦斯性质改变,轻组分增加,热值降低;②阻火器堵塞;③提原料量过快而瓦斯量跟不上。

处理:①继续增加瓦斯入炉量,联系有关单位保证瓦斯组分;②改副线清扫阻火器;③提原料要缓慢,先提温后提原料量。

63. 引起炉膛爆炸的原因是什么?如何避免?

炉膛内吹扫置换不干净,内有易燃气体,点火发生爆炸,所以点火前必须用蒸汽吹扫置换10min,烟道见汽。

64. 传热的三种基本方式是什么?

传热的三种基本方式:热传导、对流和辐射。

热量从物体中温度较高的部分传递到温度较低的部分或者传递到与之接触的温度较低的另一物体的过程称为热传导,简称导热,在纯导热过程中,物体的各部分之间不发生相对位移。

对流是指流体各部分质点发生相对位移而引起的热量传递过程,因而对流只能发生在流体中,在化工生产中常遇到的是流体流过固定表面时,热能由流体传到固体壁面,或者由固体壁面传入周围流体,这一过程称为对流传热。若用机械能(例如搅拌流体或用泵将流体送经导管)使流体发生对流而传热的称为强制对流传热。若流体原来是静止的,因受热而有密度的局部变化,遂导致发生对流而传热的,则称为自然对流传热。辐射是一种以电磁波传递能量的现象,物体会因各种原因发出辐射能,其中因热的原因而发生辐射能的过程称为热辐射。物体在放热时,热能变为辐射能,以电磁波的形式发射而在空间传播,当遇到另一物体,则部分地或全部地被吸收,重新又转变成了热能。因而,辐射不仅是能量的转移,而且伴有能量形式的转化,这是热辐射区别于热传导和对流的特点。因此,辐射能可以在真空中传播,不需要任何物质做媒介，物体虽能以辐射能的方式传递热量，但是，只有在高温下辐射才能成为主要的传热方式。

☞ **65. 加热炉的热负荷是怎样分配的？以什么方式传热？**

加热炉的热负荷或有效传热量，一般说辐射室占全炉总的热效率的 70%～80%，而对流室占 20%～30%，辐射室占传热的主要地位。

辐射室的传热方式以辐射传热为主，对流室的传热方式以对流为主。

☞ **66. 加热炉结构由哪些部件组成？**

加热炉的主要部件：烟囱、烟道挡板、对流管、回弯头、防爆门（球）、辐射管、炉膛、壳体、炉墙和油气联合燃烧器、底座。

☞ **67. 加热炉是如何分成上、中、下三部分的？每部分各有哪些主要部件组成？**

加热炉一般可分为上、中、下三部分。下部为辐射室，中部为对流室，上部为烟囱。

辐射室通常也称作炉膛，在炉膛内布置着辐射炉管，在炉膛的底部或侧部分布一定数量的燃烧器。

对流室在辐射室的上部，一般由对流管、空气预热器所组成。某些加热炉的对流室设有余热锅炉，往往由余热锅炉的过热段、蒸发段、省煤器所组成。

烟囱在对流室之上，由烟道挡板和烟囱组成。

☞ **68. 加热炉为什么要设置防爆门？**

当炉膛内充满易燃气体和没有完全燃烧的气体时，一遇火就会发生体积骤然膨胀，压力增高或炉子超负荷炉内压力增大，防爆门能自动顶开，这样不会损坏炉体，为保护设备安全起见，安装防爆门。

69. 烟囱为什么会产生抽力?

烟囱抽力的产生是由于烟囱内烟气温度高,密度小,而烟囱外空气温度低,密度大,从而使得冷空气与热烟气之间形成压力差,即烟囱底部外界空气的压力高于烟囱内同一水平面的烟气压力,这个压力差就是使空气进入炉内并使烟气排出的推动力。理论推导得出,烟囱抽力等于烟囱高度乘以空气和烟气的密度差。显然,当烟囱高度一定时,烟囱抽力会因大气温度和季节的不同有较大的变化,因而在烟囱入口处往往设置烟道挡板,用来调节排烟能力,使烟囱的抽力保持一定。如冬天气温低,抽力大,夏天抽力小,所以,在工艺条件不变时,夏天应将烟道挡板开大些,冬天则应关小些。

70. 加热炉的负压是怎样产生的?为什么在负压下操作?

由于炉内烟气密度与空气密度差别借助高大的烟囱而引起抽力,在此抽力的作用下,使炉内产生负压。负压大小对操作影响很大,负压过大,入炉空气量多,使烟气氧含量增加,降低了炉子的热效率,且炉管氧化加剧,负压过小,空气入炉量过小,导致燃烧不完全,也降低了炉子的热效率,因此,要在适当的负压下操作。

71. 一座合理的加热炉设计有何要求?

①辐射管表面热强度要合乎最佳值;②炉膛体积要小;③辐射室与对流室传热分配比要合适;④炉内结构要简易实用;⑤炉管的尺寸、壁厚、材质等选用要合理。

72. 加热炉烘炉的操作要点是什么?

①注意安全,做好检查,做好燃料气系统、蒸汽和其他动火施工设备的隔离。火嘴要检查、炉膛要吹扫。烟道挡板、快开风门、仪表、控制系统全面检查确认。炉管内通好蒸汽或氮气,安装好消音器。②分暖炉和烘炉两个阶段。③按供应商提供的烘炉曲线或设计要求升温烘炉,升温速度控制 $<15℃/h$。④加热炉火嘴要按对称均匀,要求 4h 一次进行轮换。⑤炉管出口温度,碳

钢管不大于350℃，不锈钢管不大于480℃。⑥烘炉后应对炉墙进行全面检查，作好记录。如有损坏，按设计规范及时修补。⑦反应加热炉的烘炉与反应系统烘炉、烘器同时进行。注意检查管线的热膨胀变形。

☞ **73. 加热炉烘炉的目的是什么？**

① 新建的加热炉因耐火材料里含水很多，为防止因温度突然上升使炉子耐火材料里水分急剧汽化体积膨胀，使耐火衬里和耐火砖产生龟裂、脱落，所以必须先烘炉，脱尽炉体内耐火砖、衬里材料内的自然水和结晶水，烧结以增强材料强度和使用寿命。②通过烘炉，考验炉体钢结构及风门、气门、火嘴、阀门等安装是否灵活好用；考察系统仪表是否好用。③通过烘炉，熟悉和掌握加热炉的操作。

☞ **74. 加热炉的烘炉步骤是什么？**

① 临氢系统氮气气密初步合格后，工艺流程经三级检查准确无误，高分压力控制在1.5MPa，启动压缩机全量循环，并启动空冷风机和投用换热器。②按炉子操作规程，点火前用蒸汽吹扫炉膛合格。③烟道挡板打开至1/3~1/2开度，稍开风门，在炉外点燃点火棒，通过点火孔送入点火棒，至长明灯附近。慢慢地打开长明灯手阀，点燃长明灯，用风门调节好火焰，然后根据需要增点主火嘴。根据火焰燃烧情况调节风门及烟道挡板。在点火嘴过程中，应有专人观察，避免因燃料气管线管网压力不稳，造成回火等情况。④加热炉温度控制指标见表5-5。⑤炉膛温度在500℃恒温，24h结束后以10℃/h的降温速度降至150℃后熄火，停运鼓风机，将风道挡板及烟道挡板调至关的位置，焖炉一天。炉膛降温至100℃时，可打开人孔、看火窗及烟道挡板，自然通风至常温。⑥当炉膛温度达到400~500℃时，为防止炉子干烧、烧坏炉管，可将炉管内通上流体（如蒸汽、氮气）。流体的流量，根据管壁温度来决定。⑦熄火焖炉时可停止氮气循环。⑧在降温过程中，应将每个火嘴试点一下，看是否好用。

表 5-5 加热炉温度控制表

温度范围/℃	升温速度/(℃/h)	恒温时间/h	目　的	备　注
常温~150	5~6			点长明灯
150		48	脱表面水	
150~320	7			增点火嘴
320		48	脱结晶水	
320~500	7~8			
500		24	烧结	
降温 500~100				降温熄火焖炉
<100				自然通风

☞ **75. 加热炉烘干后的处理?**

①烘炉结束后应开炉检查,并做好记录,对脱落部位及可能脱落部位进行修补。②若衬里表面龟裂缝宽度小于 3mm,且不贯通耐火层的可不予修补。龟裂缝宽度等于或大于 3mm,长度小于 1m 且无脱落可能时,可由施工单位进行修补。③衬里表面脱落深度超过 15mm 或耐火层厚度的 1/5 者要进行凿洞修补。④陶瓷纤维的检查:外观检查有无破损及松弛部位,检查陶瓷纤维间的结合部分,保温钉的角缝是否符合施工要求。

☞ **76. 烘炉分几阶段?每个阶段温度控制在多少? 时间多长?**

烘炉分为自然通风养护、暖炉升温、脱水和烧结、焖炉 4 个阶段:①首先打开烟道挡板、看火孔、风门、人孔,自然通风 2~3 天,然后关好人孔、看火孔及风门,烟道挡板开度为 1/2;②炉管通蒸汽暖炉 1~2 天(对蒸汽烘炉而言);③升温速度为 5℃/h;④130℃恒温 2 天,除去自然水;⑤每小时升温 7℃,升至 320℃;⑥320℃恒温一天,除去结晶水;⑦每小时升温 10℃,升至 500℃;⑧500℃恒温一天,进行烧结;⑨然后以每小时 15℃降温至 250℃熄火焖炉;⑩当炉膛温度降至 100℃时,打开风门,烟道挡板自然通风冷却,烘炉整个过程,大约需要 10

天左右。

77. 加热炉操作的原则及要求是什么?

加热炉操作的原则:①采用多火嘴、短火焰、齐火苗、火焰不扑炉管,严防局部过热。②严格按照工艺指标控制炉出口温度,在操作上做到勤检查、细分析、稳调节。③根据炉子负荷及时调整火嘴数量及阀位开度,使燃料气阀后压力大于0.07MPa,防止回火或自动联锁熄炉。④炉膛保持合适的负压,同时清晰明亮,火焰正常。⑤在烧油时冒黑烟、火焰无力,应适当开大雾化蒸汽。火焰忽大忽小,可开大油阀,或减少雾化蒸汽。⑥在烧燃料气时火焰无力摆来摆去,颜色暗红,需增大烟道挡板或风门。若火焰过长,可适当增大风门或关小烟道挡板。⑦检查炉管、弯头箱是否变形,炉墙、管架、管钩的颜色是否基本一致,如有局部发红是局部过热的表现。

78. 加热炉的"三门一板"是指什么?加热炉的烟道挡板和风门开度大小对操作有何影响?

加热炉的"三门一板"是指油门(包括燃料气)、汽门、风门和烟道挡板。

加热炉烟道挡板和风门开度大小影响炉膛内烟气的流量,影响炉内抽力大小。开度大,抽力大,热量带走多,损失大,效率低,同时过剩空气量大。过多的空气进入炉膛,造成炉管氧化剥皮现象,缩短炉管使用寿命;挡板开度太小,燃烧不完全,炉膛内出现烟雾,甚至造成正压回火。风门开得过小,使入炉空气量减少,火焰软而散,燃烧不充分,烟气含一氧化碳多,燃料消耗大,炉子热效率低。因而,在实际操作中,加热炉的风门和烟道挡板要密切配合调节,保证一定的抽力,控制一定过剩空气系数,提高热效率,延长加热炉管的使用寿命。

79. 在什么情况下调节烟道挡板及火嘴风门?

①火焰燃烧不好,炉膛发暗,这样的情况下烟道挡板及风门

开大点。②炉膛特别明亮，发白，烟道气温低，这说明过剩空气系数太大，热量从烟囱跑出，炉管易氧化剥皮，这种情况下烟道挡板及风门要关小些。③火焰扑炉管、发飘、火焰燃烧不完全，发白、闪火、火焰冒火花，这样的情况适当调节火嘴风门，刮大风时应适当将风门和烟道挡板关小些。

☞ **80. 点火操作应注意什么？如何避免回火伤人？**

①烟道挡板必须安装正确，保持一定的开度(1/3)；②点火前向炉膛吹汽 10~15min，直到烟囱冒汽为止；③用点火棒点火，点火时人必须站上风，自置一侧，面部勿对准火嘴，防止回火伤人；④先点长明灯，再点主火嘴，点火时炉膛要保持有一定的负压；⑤如火熄灭重点时应立即关闭火嘴燃料气阀，向炉膛吹蒸汽 5~10min，再重新点；⑥点火后，火嘴燃烧正常方能离开。

☞ **81. 在燃料气管网中为什么要设阻火器？阻火器分为哪几类？**

因燃料气管线如果发生泄漏，则在有热源的情况就会引起着火，并可能蔓延至整个管网，随之而来的是压力升高引起爆炸，在燃料气管网上设置阻火器，就可以阻止火焰蔓延，防止不幸事故的发生。

阻火器按作用原理可分为干式阻火器和安全水封式阻火器两种，管式炉燃料气管线上一般采用多层铜丝网或不锈钢网的干式阻火器。阻火器应尽可能设置在靠近燃烧器的部位。

☞ **82. 加热炉回火的原因有哪些？**

① 点火时回火往往因炉膛有易燃气体，燃料气阀关不严或烟道挡板忘了开或开得过小，或因开燃料气阀过猛；②在点燃料气火及灭燃料气火时，一次风门大易造成回火，燃料气压力高也易产生回火；③炉子超负荷运行，烟道气排不出去，变为正压操作；④燃料油大量喷入炉内，或燃料气和液态烃大量带油。

83. 如何防止加热炉发生回火?

①严禁燃料气大量带油;②搞清烟道挡板的位置,严防在调节烟道挡板时将烟道挡板关得太小;③不能超负荷运行,燃烧正常,炉膛明亮,使炉内始终保持负压操作;④加强设备修理,对于燃料气阀门不严密的要及时更换和修理,阻火器也要经常检查,如有失灵要及时修理更换;⑤开炉点火前应注意检查,炉膛必须用蒸汽吹扫 10~15min,到烟囱冒汽为止,点火熄灭后一定要先用蒸汽吹扫后再重新点火。

84. 炉子为什么会出现正压?其原因如何?

①当炉膛里充满油气的情况下,一点火油气积聚膨胀,出现正压并回火;②一般炉膛是负压(-40~-20Pa),当燃烧不好、烟气不能及时排除时,则炉膛负压就渐渐地变为正压,使空气无法进入,燃烧无法正常进行;③炉子超负荷;④燃料气带油或燃料油突然增大;⑤烟道挡板或风门开得太小造成抽力不够。

85. 加热炉正常操作时,检查和维护内容有哪些?

①检查炉子火嘴燃烧情况以及火焰、炉膛、炉管颜色是否正常;②检查炉子各点温度是否平稳,是否在指标内;③检查燃料气罐脱油、脱水情况。④检查燃料气罐压力以及炉用瓦斯阀后压力是否平稳;⑤检查仪表指示是否准确,控制阀是否灵活好用;⑥检查炉子及各部件、配件是否完好;⑦做好炉子、燃料罐、管线阀门等设备的维护、保养工作,搞好平稳操作,及时准确填写操作记录和交接班日志,搞好卫生。

86. 在操作中加热炉的过剩空气系数一般控制在多少?过剩空气系数大小对加热炉有何影响?

加热炉的过剩空气系数,烧燃料气时一般控制在 1.1%~1.25% 之间,烧油时过剩空气系数控制在 1.2%~1.5% 之间。过剩空气系数太小,燃烧不完全,浪费燃料,过剩空气系数太大,入炉空气太多,炉膛温度下降,传热不好,烟气带走热量多，炉管易氧化剥皮。过剩空气系数过大，可适当关小烟道挡板和风门。过剩空气系数过小，可适当开大烟道挡板和风门。

87. 空气量及气候变化时对炉子操作有何影响（考虑火焰、热效率、炉管氧化）？

气候变化直接影响到空气量的变化和炉体散热量的变化。当刮风下雨时，空气量增大，火焰发白，出口温度下降。当炉出口温度保持不变时，烟道温度上升，炉体散热量也增大，炉子热效率低，炉管容易氧化剥皮，所以空气量大会影响炉子操作。但空气量太小，火焰燃烧不完全，火焰发红，炉膛发暗，当炉出口温度维持不变时，炉膛温度上升，热效率降低。

88. 怎样判断加热炉燃烧的好坏？

燃烧完全，炉膛明亮，烧燃料气时火焰呈蓝白色，烧燃料油时火焰呈黄白色。各火嘴火焰大小一样，互不干扰，做到多火嘴、短火焰、齐火苗。火焰不扑炉管，烟囱冒出的烟无色，从仪表盘上看出口温度记录曲线近似于直线，波动范围±1℃，炉子声音为轰轰的均匀声。以上现象说明炉子是烧得好的。

89. 提高炉子热效率有哪些手段？

①保持完全燃烧；②在保证完全燃烧的情况下，降低过剩空气系数，将三门一板调节恰当；③操作好烟气余热回收设施，如空气预热、余热锅炉等；④加强设备管理，炉体严密，勿使炉壁耐火层有裂缝、塌陷等，经常保持完整。减少下回弯头箱及人孔、看火窗等处漏进空气，减少热损失，露出部分（包括对流转辐射部分和下部回弯头部分）要加强保温，防止热损失过大；⑤防止炉管结焦；⑥对流室加强吹灰（对烧燃料油的加热炉而言），辐射室大检修时烧焦和洗盐垢，提高传热效率。

90. 测量烟道气温度和烟道压力有什么作用？

①能知道烟气带走热量的多少，为节约燃料、减少热损失、防止炉管氧化脱皮提供依据；②能知道火焰燃烧情况是否有二次

燃烧；③能预知炉管是否结焦和对流室结灰情况。

☞ 91. 炉出口温度如何控制？

①保证燃料油、燃料气及蒸汽压力平稳；②稳定进料和进料温度；③高压燃料气罐、低压燃料气罐应定期切水；④调节火焰时要"小调慢调多观察"，避免火焰之间互相干扰，保证火焰正常燃烧，炉内受热均匀；⑤控制好仪表的参数，调节要勤，变动时，调节及时准确无误；⑥雷雨时要注意操作上各种因素的变化，及时调节。

☞ 92. 影响炉温波动的原因有哪些？

原因：①燃料气(或燃料油与雾化蒸汽)压力波动、组成变化及燃料气带液；②进料量、温度、燃料性质变化，原料油带水；③空气及气候变化；④仪表有误，参数不佳或失灵；⑤火嘴结焦造成火熄灭。

处理：控制好燃料、雾化蒸汽压力的平稳，调整燃料用量，加强燃料气罐脱液，搞好平稳操作，稳定工艺参数。根据气候变化及时调整加热炉操作，联系仪表工修理仪表，调整仪表参数，清火嘴，重新点燃火嘴。

☞ 93. 进料量及进料温度变化时对炉子的操作有什么影响？

正常生产情况下，进料量突然增大，出口温度立即下降；进料量变小，出口温度上升；进料温度上升，出口温度上升；进料温度下降，出口温度下降(进料量及进料温度变化直接影响炉子的炉膛温度和出口温度)。

☞ 94. 燃料气切水不净会产生什么现象？

燃料气切水不净会产生缩火、回火、闪火，加热炉各点温度尤其炉膛和出口温度急剧下降，火焰发红、带水过多火焰熄灭。

☞ 95. 烧燃料气为什么不能带油？如何防止燃料气带油？

燃料气带油直接影响到炉膛和出口温度，严重时炉子大量冒烟，炉子产生正压回火，炉底漏油着火。

燃料气罐做到勤检查液位、定期切水，燃料气罐加伴热管给上蒸汽，防止瓦斯带油。

96. 烧燃料气与烧燃料油如何相互切换？

当加热炉在燃烧燃料气要切换到烧燃料油时，先把燃料油伴热线打开，燃料油罐切水后，把燃料油引到炉前，同时把雾化蒸汽也引到炉前，将炉出口温度由自动控制切至手动控制，并将温控切换开关由燃料气切换至燃料油，然后加热炉开少量的雾化蒸汽，先关一些瓦斯量，再打开燃料油阀，注意要慢关、慢开，尽量控制炉出口稳定，直至燃料气阀全关为止，最后仪表主调节器由手动改为自动控制。

当加热炉在烧燃料油要切换燃料气时，将炉出口温度由自动改为手动控制。把燃料气引至炉前，保证燃料气的氧含量小于1%。这时先关小燃料油和雾化蒸汽量，再开燃料气阀，一个慢关，一个慢开，尽量控制炉出口温度稳定，此时将温控切换开关切换到燃料气位置，使至燃料油雾化蒸汽阀全关为止，最后仪表改为串级控制。

97. 加热炉进料中断怎样处理？

① 立即将燃料阀门关小，控制小火苗；② 加强观察炉膛及炉出口温度，防止炉膛温度超温；③ 尽可能快地恢复进料，条件许可的话，要保持工艺介质的流动；④ 当进料恢复后，按正常升温速度提至工艺指标。

98. 加热炉燃料气不足或中断如何处理？

① 联系生产管理部门，尽快恢复系统燃料气管网压力的平稳；② 调整自产燃料气量，尽可能多产燃料气，必要的话可调整工艺操作，增加自产燃料气量；③ 如加热炉已熄火，则关闭各火嘴阀，用蒸汽吹扫炉膛后再点火。

99. 加热炉负荷变化怎样调节？

在保证炉出口温度平稳的前提下，炉膛四角的温度要随负荷的变化而恢复均匀的变化，严禁急骤变化。炉子降量，根据降量幅度的大小，逐渐关小火嘴，关到极限时，为防止缩火，应停掉多余的火嘴，同时对风门和烟道挡板也及时进行调节。炉子提量，要根据提量幅度的大小，逐渐开大火嘴或增点火嘴数量。风门、烟道挡板都应配合调节，以满足提量的要求。

100. 为什么规定加热炉炉膛温度 ≯ 800℃？

因为炉膛温度 >800℃时，辐射管传热量大，热强度大，管内油品易结焦，另外，炉管材质受到限制 ≯800℃，否则炉管容易烧坏。

101. 炉膛负压过大或出现正压怎样处理？

炉膛负压过大是由于烟道挡板开度太大，使炉膛负压过大，造成空气大量漏入炉内，热效率低，又易使炉管氧化剥皮，从而减少炉管寿命，应及时关小烟道挡板，使炉膛负压值维持在2~4mm水柱为好。

出现正压是由于烟道挡板开度小或炉子超负荷运转而使炉膛出现正压，炉子焖烧易产生不安全现象，应及时开大烟道挡板，使负压值达到标准。有时由于对流室长期不清灰，积灰结垢严重，也易使炉膛出现正压，这就应采取吹灰措施，减少对流室阻力。

102. 对流室压降太大怎样处理？

对流室压降太大主要由于对流管积灰严重造成的，应及时吹灰，对没有吹灰措施的加热炉，可以用临时蒸汽管送入对流室吹灰，减少对流室的压降。

103. 烟气中一氧化碳含量过高怎么办？

对于燃烧完全的炉子，烟气中不应有一氧化碳存在，若在烟气分析中出现了一氧化碳,说明燃烧不完全,存在不完全燃烧现象,这主要是由于火嘴雾化不好、供风量不足所造成的。若炉膛发暗、火焰发红或者烟囱冒黑烟时,烟气中必有一氧化碳存在,必须调节"三门一板",改善雾化条件,使火嘴达到完全燃烧。

当存在化学不完全燃烧时,烟气中就产生可燃气体,这些可燃气体大部分是 CO 和 H_2,还可能有少量的 CH_4。在未完全燃烧的烟气中 CO 与 H_2 有一定的结构关系,不可能只有其中一种可燃气体单独出现。若烟气中有 CO 存在就必定有 H_2 存在。

一般 CO 含量小于 1% 时,$CO/H_2 = 3.6$;CO 含量大于 1% 时,$CO/H_2 = 2$。

☞ **104. 烟气中氧含量和一氧化碳含量都高怎样处理?**

这种现象出现是由于火嘴处供风不足、雾化不好、燃烧不完全而产生一氧化碳。而烟气中氧含量高是由于炉体的上部堵漏不好,而使空气漏入炉内造成的。

必须首先解决燃烧问题,适当加大供风量,使火嘴得到完全燃烧。再就是要加强堵漏,减少不必要的空气漏入炉内。

☞ **105. 炉子壁温超高的原因及处理方法是什么?**

由于烟道挡板开度太小,炉膛负压值偏低,而造成壁温超高,就必须调节"三门一板",维持炉膛负压在 2~4mm 水柱。

由于炉体保温不好引起壁温超出,在检修时应对炉体重新保温,或在砖缝、膨胀处塞耐火陶纤,使炉壁温降到 40℃ 以下为宜。

☞ **106. 加热炉冒烟反映出操作上什么问题?**

炉子冒小股烟,烧油时是蒸汽量不足,雾化不好,燃烧不完全或是个别火嘴油汽比例不当。大量冒黑烟是油量太大,仪表失灵或蒸汽压力下降,或因炉管烧穿引起;冒黄色烟是操作不当,时而熄火,燃烧不完全;冒灰色烟是燃料气带油或突然增大引起的。

☞ **107. 火焰发飘、轻而无力是什么原因?**

火焰发飘、轻而无力原因是空气量不足,应开大一、二次风门。

☞ **108. 火焰发白、硬、闪光、火焰跳动,都是什么原因?**

火焰发白、硬是蒸汽太大和空气量大。闪火、火焰跳动的原因:①油气阀开度过大;②燃料压力有规则的急剧变化。

☞ **109. 炉膛内颜色过于暗,并且烟很多如何调节?**

在观察炉膛颜色时很暗,说明燃烧不充分;烟很多说明烟囱抽力太小和炉内空气量小,此时应适当开大风门或烟道挡板。

☞ **110. 炉膛内火焰上下翻滚如何处理?**

① 将风门开大,使空气量增加,燃烧完全;②适当开大烟道挡板,带走烟气多,也能使燃烧完全;③降低燃料气流量;④若是燃料气带油造成这种现象,应加强燃料气脱油。

☞ **111. 加热炉烟囱冒黑烟是什么原因?如何处理?**

原因:①加热炉炉管烧穿;②加热炉进料量突然增加;③加热炉抽力小,过剩空气不足;④燃料油压力突然上升,油汽比例失调,燃烧不完全;⑤燃料油性质发生变化,如黏度增高,雾化不好;⑥雾化蒸汽压力下降或中断。

处理:①炉管烧穿,按炉管破裂处理;②进料量突然增加,联系操作员调整操作,使流量稳定;③过剩空气系数不足,开大风门或烟道挡板,增加过剩空气系数;④燃料油压力上升,如果是仪表问题,则将仪表由自动改为手动控制;⑤燃料油性质变化,则适当调整油汽比例,使雾化正常,并提高燃料油温度;⑥雾化蒸汽压力下降或中断,加热炉改烧外来燃料气或拔头油、戊烷油、液化气。

☞ **112. 引起炉管结焦的原因是什么?**

① 炉管受热不均匀,火焰扑炉管,炉管局部受热;②进料量过小,在炉管内停留时间太长;③炉膛温度过高,引起油品结

焦；④炉管内有残焦，起诱导作用，促使新焦生成。

113. 什么是局部过热？局部过热有什么危害？

当炉管出现剥皮、白点、斑点等现象时属于局部过热。局部过热容易发生炉管破裂，油气大量外流，使炉管发生爆炸。

114. 加热炉炉管破裂如何处理？

① 加热炉立即熄火，关闭燃料阀，开大烟道挡板，关闭风门；②停止进料，尽可能将炉管内介质外排；③系统降压；④情况严重时报火警。

115. 炉管更换的标准是什么？

① 炉管鼓泡、裂纹或网状裂纹；②若是横置炉管，相邻两支架的弯曲度大于炉管外径的 1.5~2 倍；③炉管由于严重腐蚀剥皮，管壁厚度小于计算允许值；④外径大于原外径的 4%~5%；⑤胀口在使用中反复多次胀接，超过规定胀大值；⑥胀口腐蚀、脱落、胀口露头低于 3mm；

116. 燃料气火嘴点不着的原因及处理方法怎样？

原因：①抽力太大；②燃料气含氮气太多。
处理：①关小烟道挡板及风门；②置换不燃气，提高瓦斯浓度。

117. 刮大风或阴天下雨加热炉如何操作？

如风小，对加热炉操作影响不大，但风大时，必须适当关小烟道挡板和风门，以免因风大形成抽力过大，使加热炉熄火，影响操作。

阴天下雨时，气压低，烟囱抽力受影响，必须适当开大烟道挡板，增加烟囱抽力，才能保证操作正常。

118. 雷雨天操作要注意什么？

雷雨天刮风下雨打雷时，易发生停电事故，对操作上有很大影响，操作时应特别注意，作好事故预想，准备应急措施。

119. 回收加热炉烟气余热的途径有哪些？

加热炉烟气余热的回收是利用低温热介质吸收烟气的热量，

可以大幅度地提高加热炉的热效率,具有显著的节能效果。具体有以下三种方法:①充分利用对流室加热工艺介质;②通过空气预热器预热炉用燃烧空气;③采用余热锅炉发生蒸汽。

☞ 120. 空气预热器的作用是什么?

空气预热器的主要作用是回收利用烟气余热,减少排烟带出的热损失,减少加热炉燃料消耗,同时采用空气预热器还有助于实行风量自动控制,使加热炉在合适的过剩空气系数范围内运行,减少排烟量,相应地减少排烟热损失和对大气的污染。由于采用空气预热器,需强制供风,整个燃烧器封闭在风壳之内,因而噪音也较少,同时也有利于高效新型火嘴的采用。使炉内传热更趋均匀,并提高了燃烧空气的温度,使热效率大大提高。

☞ 121. 如何判断加热炉的操作好坏?

加热炉操作好坏可按照以下几个方面来判断:①介质出口温度在工艺指标范围内。②各路介质流量及温度必须均匀。③各路炉管受热均匀,管内不结焦;④燃料耗量低,热效率高。⑤炉膛温度控制在工艺指标范围内。⑥辐射出口处负压在 $-19.6 \sim -39.2$ Pa之间。⑦辐射室的过剩空气系数(α):油气混烧时 $\alpha = 1.20\%$;全部烧油时 $\alpha = 1.25\%$;全部烧气时 $\alpha = 1.15\%$。⑧火焰的颜色为橘黄色,火焰成形稳定。⑨炉子的烟囱看不见冒黑烟。⑩燃烧器的噪音在85dB以下。

☞ 122. 加热炉的低温露点腐蚀是怎样发生的?有何危害?

加热炉所用的燃料油或燃料气中均含有少量的硫,这些硫在加热炉中燃烧后生成 SO_2。由于加热炉设计和操作中要求有一定的过剩空气系数,使得燃烧室中有过量的氧气存在,在通常的过剩空气系数条件下,燃烧生成的全部 SO_2 中约有 $1\% \sim 3\%$ 的 SO_2 进一步与这些过剩氧化合形成 SO_3。在烟气温度高时,SO_3 气体不腐蚀金属,但当烟气温度降至400℃以下,SO_3 将与水蒸气化合生成硫酸蒸气，其反应式如下：

$$SO_3 + H_2O \xrightarrow{400℃以下} H_2SO_4$$

当加热炉排烟温度降低，使得生成的硫酸蒸气凝结到炉子尾部受热面上，继后便发生低温硫酸腐蚀。而 SO_2 与水蒸气化合生成的亚硫酸气，其露点温度低，一般不可能在炉内凝结，对炉子无害。

SO_3 需在 400℃ 以下才与水蒸气发生反应生成 H_2SO_4 蒸气，由于在加热炉节能工作的不断向前发展，要求加热炉的排烟温度越来越低，给硫酸蒸气的产生和凝结提供了条件。往往在空气预热器、余热锅炉等余热回收设备的换热管面上产生强烈的低温露点腐蚀，甚至在不到一年的运转时间内，换热管束就严重腐蚀穿孔，使加热炉不能正常运行。由此可见，低温露点腐蚀已成为降低加热炉排烟温度、提高热效率的主要障碍。

123. 影响低温露点腐蚀因素有哪些？

影响低温露点腐蚀因素有以下几点：①影响烟气中 SO_3 的过剩空气系数和燃料中的硫含量。过剩空气系数越大，燃料中的硫含量越高，则 SO_3 流量越大，烟气的露点温度越高；②烟气中水蒸气的含量。水蒸气含量越高，则烟气露点温度越高，越容易产生低温露点腐蚀；③露点温度还跟受热温度有关。

124. 防止和减轻加热炉低温露点腐蚀有哪些措施？

由于低温露点腐蚀已成为进一步降低加热炉排烟温度和提高热效率的主要障碍，所以，防止和减轻低温露点腐蚀已成为普遍关心的问题。目前，通常有以下几种措施：①提高空气预热器入口的空气温度或在设计中控制换热面的壁温；②采用耐腐蚀的材料；③采用低氧燃烧，控制燃烧过剩空气量，减少 SO_3 的生成量；④使用低硫燃料，降低烟气露点温度，减少低温腐蚀。

☞ **125. 影响加热炉热效率的因素有哪些？**

影响加热炉的热效率有以下几个因素：①炉子排烟温度越高，热效率越低；②过剩空气系数越大，热效率越低；③化学不完全燃烧损失越大，即排烟中的 CO 和 H_2 越多，热效率越低；④机械不完全燃烧损失越大，即排烟中的未燃尽炭粒子含量越多热效率越低；⑤炉壁散热损失越大，热效率越低。

☞ **126. 如何判断炉管是否结焦？造成结焦的原因是什么？有什么防止措施？**

炉管结焦可以从下面几个方面去判断：①在进料不变的情况下，炉管进出口压差是否增大，若有变化应及时分析原因。②炉出口温度下降，增大燃料量也很难提上来。③炉管表面有无发红现象，由于管内结焦，热阻增大，热量传不开去，于是管壁局部温度升高，使管壁发红。

造成炉管结焦的原因：①火嘴燃烧不良，火焰直扑炉管，造成炉管局部过热。②炉管内油流速过小，介质停留时间过长或进料中断造成干烧。③仪表失灵，不能及时准确反映各点温度，造成管壁超温。

防止措施：①保持炉膛温度均匀，防止炉管局部过热，应采用多火嘴、齐火苗、短火焰、炉膛明亮的燃烧方法。②操作中对炉子进料量、压力及炉膛温度等参数加强观察、分析和调节。③严防物料偏流。

☞ **127. 如何判断炉子烧得好坏？**

炉子烧得好坏可以从以下几方面去判断：①从仪表上判断：烧得好的炉子出口温度应是一条直线，其变化范围在 ±1℃ 以内。②从加热炉声音来判断：第一种是加热炉的正常声音，响声一致均匀。第二种是轰隆一声便熄灭，这是忽然停电、停汽或自保系统起作用。第三种是有规则的来回轰喘声，是仪表比例、积分调节不当。第四种是无规则的来回轰喘声，是司炉调节不当，或是燃料压力变化或燃料气带油。③从加热炉火焰上判断燃烧的标准要达到：多火嘴、短火焰、齐火苗、火焰不扑炉管，烧油时火焰呈杏黄色，烧燃料气时火焰呈天蓝色。炉膛明亮燃烧完全，烟囱不见冒黑烟，违反上述标准的都属不正常。

火焰燃烧不正常现象大体有以下几种：①燃烧不完全，火焰发飘，软而无力，火焰根部是深黑色甚至冒黑烟，原因是燃料油及蒸汽配比不当，蒸汽量过小雾化不良。②火焰燃烧不完全，火焰四散乱飘软而无力。颜色为黑色或冒烟，系蒸汽、空气量过小。③炉膛火焰容易熄灭，散发火星，燃料油黏度大或带水，或者是油量少蒸汽量过大并含水。④燃料喷出后离开燃烧道燃烧，是燃料油轻、蒸汽量大，油阀开度过大，三通阀不严，油气相串。空气量不够。⑤火焰不成形，是火嘴堵塞或结焦。⑥所有火焰时长时短，是仪表比例、积分调节不当。⑦火焰发白、硬、跳动，蒸汽、空气量过大。⑧闪火，是蒸汽开度过大，燃料压力有规则急剧变化。

从加热炉排烟上判断：①烟囱肉眼看不见冒烟为正常。②间断冒小股黑烟，为蒸汽量不足，雾化不好，燃烧不完全，或是个别火嘴油汽配比不当造成，熄火，加热炉负荷过大等。③冒大黑烟是燃料突增，仪表失灵，蒸汽压力突然下降，炉管严重烧穿或破裂。④冒灰黑色大烟，是燃料气突增或带油。⑤冒白烟，过热蒸汽管子破裂。⑥冒黄烟，操作忙乱，造成时而熄火，燃烧不完全。

☞ 128. 加热炉系统有哪些安全防爆措施？

为确保加热炉安全运转，主要安全防爆措施：①炉膛设有蒸汽吹扫线，供点火前吹扫炉膛内可燃物；②在对流室管箱里设有消防灭火蒸汽线，一旦弯头漏油或起火时起掩护或灭火之用；③在炉用燃料气线上设阻火器以防止回火爆炸；④在燃气的炉膛内设长明灯，以防因仪表等故障断气后再进气时引起爆炸。⑤在炉体上根据炉膛容积大小，设有数量不等的防爆门，供炉膛突然升压时泄压用，以免炉体爆坏。

129. 空气预热器有哪几种形式？

空气预热器有多种形式：①按传热方式分：有间壁换热式和蓄热换热式两种。管壳式和板式预热器属间壁换热式，它们是通过两个固定的隔离壁进行热量传递的；回转式空气预热器属蓄热换热式，它是通过由转子带动旋转的蓄热面不断经过烟气侧和空气侧，利用蓄热面的吸热和放热将烟气热量传递给空气。②按结构形分：有管壳式和板式两种结构。管壳式又分钢管、玻璃管、热管、铸铁翅管等几种。

130. 扰流子空气预热器有什么结构特点？

扰流子空气预热器由管束、管板和壳体及其他连接部件组成，管束采取了强化表面换热的结构。一是在管子表面有翅片，可增加管子外表面的传热面积；二是在管子表面内部安装有扰流片来增加管内湍流度以改进传热。烟气从管子外面通过，空气从管子内部通过进行换热，其换热效果较好。

131. 加热炉火焰调节原则是什么？

加热炉火焰调节原则：①操作正常时，炉膛各部温度均在指标范围内，以多火嘴、短火焰、齐火苗为原则。②燃烧正常时，炉膛明亮、火焰呈淡蓝色、清晰明亮、不歪不散为佳。③严禁火焰调节过长，直扑炉管或炉墙。

132. 加热炉燃料气烧嘴调节方法是什么？

加热炉燃料气烧嘴调节方法：①稳定明亮的火焰：良好燃烧。②拉长的绿色火焰：不正常。一般是空气过量，应减少入炉空气量。③光亮发飘的火焰：不正常。一般是空气量不足，应增加入炉空气量。④熄灭：抽力过大，应重新调整负压；火嘴喷头堵塞，应卸下清洗。⑤回火：抽力不够，应重新调整负压；空气量不足，应增加入炉空气量；火嘴喷头已烧坏，重新更换；燃料气压力大幅波动。⑥火焰长、软，呈红色，炉膛不明，冒黑烟，炉膛温度上升。原因是燃料气严重带油，应加强燃料气罐脱油，启用蒸汽加热器。⑦火焰冒火星、缩火。原因是燃料气带水严重，应加强燃料气罐脱水。

☞ **133. 如何做好加热炉火嘴的燃烧控制？**

加热炉的大多数故障是因燃烧控制而引起的，必须加强控制、维护和管理，具体要求如下：①火焰形状应稳定、多火嘴、短火焰、齐火苗。②火焰不应触及管壁和炉墙。③火嘴的燃料气压力和温度应适当。④火嘴口不得积焦和堵塞，如有积焦和堵塞则要清理干净。⑤应通过风门和挡板调节适当的氧含量，以保证最佳燃烧。如果氧含量过大，即空气量过大，热效率就会降低，炉内压力增高，就会导致加热炉回火。如果空气量太小，则燃烧不完全，一氧化碳和未燃烧的燃料气就会在炉膛内和烟道内产生二次燃烧。⑥若燃料气带凝缩油，则要加强燃料气分液罐的排凝和加热炉的平稳操作。

☞ **134. 加热炉烟道挡板的调节原则是什么？**

加热炉烟道挡板的调节原则：①根据炉膛内负压值大小，调节挡板开度，使炉膛的负压在 $2\sim4mmH_2O$ 之间。②根据火焰燃烧情况、排烟温度、过剩空气系数来调节挡板开度。

☞ **135. 加热炉烟道挡板的调节方法是什么？**

加热炉烟道挡板的调节方法：①炉膛负压值太大，关小烟道挡板。②火焰燃烧不好，排烟温度过低，过剩空气系数太小，开大烟道挡板。③开关烟道挡板时动作要慢，以免炉膛负压急剧波动。

☞ **136. 如何控制炉管表面温度？**

炉管壁温是衡量炉管表面受热强度的重要参数，对于炉管来说，壁温超高炉管的使用寿命将缩短。在操作过程中，特别是在炉子升温和降量的过程中，应密切注视壁温和目测炉管的颜色，避免超温操作。

☞ **137. 加热炉出口温度波动的原因是什么?如何处理?**

加热炉出口温度必须按工艺要求严格控制,炉出口温度的平稳程度直接体现炉子操作水平的高低。温度是通过炉出口的热电偶来监测控制的。原因:①燃料气压力波动。②燃料气组分变化。③炉膛负压变化。④燃料燃烧不充分。⑤喷嘴堵塞。⑥燃料气带油。⑦仪表失灵。⑧进料量波动。⑨进料温度变化。⑩进料组分变化。

处理方法:①加强与生产管理部门的联系,保证燃料气压力的平稳,同时加强炉子燃料气压力的调节。②根据炉膛温度的变化增加或减少燃料气量。③调节供风和挡板,控稳负压。④增大供风量。⑤拆下火嘴并清洗。⑥加强燃料气罐的脱液、排凝,严重时可降量处理。⑦联系仪表工处理。⑧查明流量不稳原因,用出口控制阀调整稳定出口流量,同时调节燃料气量。⑨稳定进料温度,同时调节燃料气量。⑩依据进料组分的轻重调节燃料气量。

☞ **138. 炉膛温度的控制指标如何确定?**

炉膛温度是加热炉的最高温度点,也是变化最灵敏的温度,在操作中可参考炉膛的温度变化来稳定炉出口温度,同时还要控制炉膛温度<750℃,奥氏体不锈钢炉管炉膛温度≯800℃,防止烧坏炉子。

☞ **139. 加热炉空气预热系统的操作步骤是什么?**

① 调整鼓风机的入口风道挡板,开度为5%,然后盘车,并打开各火嘴风门。②启动鼓风机运转,待运转正常后逐步打开风道挡板(此时快开风门自然关闭),投入运转。③空气预热系统应在加热炉全部停运后才能停下来。在停鼓风机时,由于联锁,快开风门会自动打开,使炉子处于自然通风状态下。

☞ **140. 加热炉的正常停炉步骤是什么?**

加热炉的正常停炉步骤:①根据反应系统、分馏系统的降温要求,逐步降低加热炉的出口温度。②当温度降到适当值以后,将自动燃料控制转换成手动控制。③熄火时应先关燃料气,然后关风门。④主火嘴熄灭后再灭长明灯。⑤熄火后如炉膛温度大于400℃时,可开大烟道挡板开度通风降温。⑥停炉后关闭燃料气及蒸汽所有阀门,全开烟道挡板。⑦风机停运,然后将快开风门打开,炉子内自然通风。⑧炉子长时间停运,应将所有喷嘴拆下浸泡在煤油中,清除积炭和杂物。

141. 加热炉紧急停炉的步骤是什么?

加热炉紧急停炉的步骤:①立即熄灭所有火嘴(包括长明灯),打开烟道挡板,停空气预热器,炉膛内吹入蒸汽降温。②若炉管及高温部位破裂,则按紧急泄压按钮,停原料泵、反应进料加热炉、新氢压缩机,如需要还要停循环压缩机。系统泄压,压力较低时,充氮置换,保持临氢系统微正压,炉膛内通入灭火蒸汽。③其他按正常停炉处理。

142. 高压燃料气带油的现象是什么?如何处理?

现象:①烟囱冒黑烟。②主火嘴燃料气压力急剧上升。③炉膛温度急剧升高。④炉出口温度急剧升高。⑤由看火孔可看出有油滴,炉膛正压,看火窗向外喷火喷黑烟,严重时有将炉体烧坏的可能。

处理方法:①立即降低炉膛温度,改手控,适当降低燃料气用量,防止炉温升得太高。②注意燃料气罐脱液,开大加热蒸汽。③联系生产管理部门,要求燃料气系统加强脱油。④如炉底发生火灾,关闭燃料气阀,火灾排除后重新点火。

143. 加热炉熄火的原因是什么?如何处理?

原因:①加热炉负荷过小,负压值较大抽灭。②入炉燃料气流量忽大忽小,大幅度波动。③阻火器堵塞。

处理方法:①适当降低炉膛负压。②稳定燃料气压力,稳定入炉燃料气量,仪表改手动操作。③切断阻火器操作,堵塞的阻火器拆下来清扫。

144. 炉出口温度烧不上去的原因是什么？如何处理？

原因：①瓦斯压力低。②阻火器部分堵塞。③火嘴部分喷嘴结焦堵塞。④烟道挡板风道蝶阀开度不适当。⑤控制阀杂物堵塞。⑥加热炉超负荷。

处理方法：①按工艺指标控制高压燃料气分液罐燃料气压力，加大燃料气量。②切换并清洗阻火器。③如有火嘴熄灭，拆下疏通火嘴孔。④调节烟道挡板。⑤改副线操作，清理疏通控制阀。⑥适当降低处理量，减少热负荷。

145. 炉膛温度不均匀的原因是什么？如何处理？

原因：①火嘴偏。②各火嘴火焰长短不齐。③热电偶位置或插入深度问题。④各炉管流量太小不够均匀。

处理方法：①校正处理。②调整火焰使之正常。③联系仪表工处理。④控制各路入炉流量稳定。

146. 加热炉回火的原因是什么？如何处理？

原因：①抽力不够。②空气量不足。③燃料气喷嘴已烧坏。④点火时炉膛内有残余燃料气。⑤燃料气压力大幅度波动。

处理方法：①调节烟道档板开度，调整负压。②开大进炉空气量。③重新更换已烧坏的火嘴。④关闭燃料气阀门，炉膛吹入蒸汽15min左右重新点火。⑤加强对高压燃料气分液罐平稳操作，使之压力平稳。

147. 加热炉炉管结焦的原因是什么？有什么现象？如何处理？

原因：①由于操作不稳，火焰过长，局部过热。②各炉炉管内流量分布不均匀。③进炉流量中断或偏低。④原料性质变差。

现象：①炉管阻力大，各路进料压力升高。②炉膛温度上升。③分支炉管出口温差大。④炉出口温度下降。⑤严重时炉管发生剥皮，出现纹路，变为粉红色。

处理方法：①加强平稳操作，严格控制多火嘴、短火焰、齐火苗。②严格控制分支炉管进料均匀，确保各分支出口温度的均衡。③如进炉介质流量偏低，应降温操作。④如结焦严重时，则汇报部门管理人员，按正常停炉处理。

☞ **148. 加热炉炉管烧穿的现象是什么？原因？如何处理？**

现象：①炉管烧穿呈小孔时，炉管上出现火苗。②严重烧穿时，烟囱冒黑烟，炉出口压力下降，炉膛温度及出口温度升高。

原因：①炉管严重结焦。②炉膛温度过高。③炉火直扑炉管，造成局部过热。④炉管质量不好。

处理方法：①烧穿呈小孔时，进行降温停炉。②严重烧穿时，需要紧急停炉。

第四节　反应器及其操作

☞ **1. 何为压力容器？其压力来源于什么？**

压力容器也叫承压容器，从广义上讲是指所有承受压力载荷的密闭容器。从狭义上说是指那些比较容易发生事故，而且事故的危害比较大的承压器。

它的压力来源于器外产生的压力和容器内气体的压力。

☞ **2. 按压力容器的设计压力可分为哪几类压力等级？如何表示？**

可分为低压、中压、高压和超高压四类。具体如下所示：①低压容器：$0.1MPa \leq P < 1.6MPa$，表示为"L"；②中压容器：$1.6MPa \leq P < 10MPa$，表示为"M"；③高压容器：$10MPa \leq P < 100MPa$，表示为"H"；④超高压容器：$P \geq 100MPa$，表示为"U"。

☞ **3. 压力容器有哪几种破坏形式？**

压力容器一般有下列五种破坏形式：①韧性破坏；②脆性破坏；③疲劳破坏；④腐蚀破坏；⑤蠕变破坏。

☞ **4. 什么叫反应器?如何分类?**

反应器是石油化工过程中主要用来完成介质的化学反应的设备。①按反应器的器壁温度可分为热壁和冷壁反应器。②按反应器内介质流向又可分为径向和轴向反应器。③按反应器内催化剂床层的状态可以分为固定床、流动床反应器等。

☞ **5. 何为轴向和径向反应器?其各有什么优缺点?**

① 顾名思义轴向反应器就是反应介质顺着反应器轴向通过催化剂床层而完成反应的反应器。②径向反应器就是反应介质顺着反应器半径方向通过催化剂床层而完成反应的反应器。特点：由于反应器轴向高度比半径长，因此，介质通过轴向反应器时的压力降比流过径向反应器催化剂床层时要大，因此就要增加动力设备的功耗。但是轴向反应器的结构简单，制造方便，而径向反应器要包括很多内件(如中心管、帽罩、扇形筒等)，使得结构复杂，制造安装不便，但可以减少动力设备的功耗。

☞ **6. 反应器的结构设计应满足哪几个条件?**

反应器的结构设计应满足下面几个条件：①由于反应器放出或吸收热量，因此，要求反应器能及时的提供或导出反应器热，尽可能使反应在一定的恒温条件下进行。②由于反应一般是在催化剂的作用下完成的。为了能使两种介质均匀混合，并且在催化剂床层上均匀分布，保证介质与催化剂良好接触，更好发挥催化剂作用，要求设计结构合理、分配均匀的分配盘、扩散器等。③在反应均匀分布的情况下，必须考虑反应器有合理的压力降，为此除了正确解决反应器的长径比以外，还应防止催化剂粉碎。④要保证催化剂能顺利的装卸。⑤为了测量催化剂床层的温度，必须设计合理的热电偶测点。

☞ **7. 什么叫热壁和冷壁反应器?它们各有什么优缺点?**

热壁和冷壁反应器是从设备的壁温来区分的。壁温与反应温度相差较大,即没有内隔热层的叫热壁反应器。由于内隔热层的作用,使反应器壁温远小于反应温度的叫冷壁反应器。

它们各有优点,冷壁反应器由于存在内隔热层,因此检修施工比较复杂,同时内壁检查也不方便,但是由于反应器壁温度较低,H_2 和 H_2S 对反应器筒体的腐蚀很少,这样对材料的要求低,可以用一般的碳钢。但当内隔热层破裂则会对筒体造成很大的腐蚀。

热壁反应器由于没有隔热层,因此施工检修方便、简单,内壁检查也方便。但是器温度高,存在着高温 H_2-H_2S 系统腐蚀,因此对材料的要求很高。

8. 热壁反应器可能发生的损伤有哪些?分别发生在什么部位?

热壁反应器可能发生的损伤和部位见表 5-6。

表 5-6 热壁反应器可能发生的损伤和部位

损伤类型	主要损伤部位
氢腐蚀	母材及焊缝
奥氏体不锈钢焊缝金属的氢脆	内件支持圈连接部位的不锈钢焊接金属和法兰金属环垫片密封槽不锈钢堆焊层槽底的拐角处
硫化物(连多硫酸)应力腐蚀开裂	奥氏体不锈钢构件和堆焊层
21/4Cr-1Mo 钢的回火脆性	21/4-1Mo 钢的母材和焊缝金属
奥氏体不锈钢堆焊层的剥离现象	堆焊层与母材的界面部位

9. 反应器有哪些类型?

反应器可以分为固定床反应器、沸腾床反应器、浆液床反应器(或悬浮床反应器)和移动床反应器,这四种反应器应用于不同的加氢工艺,操作条件有很大不同。

固定床反应器是指在反应过程中,气体和液体反应物流经反应器中的催化剂床层时,催化剂床层保持静止不动的反应器。固定床反应器按反应物料流动状态又分为鼓泡床、滴流床和径向床反应器。①鼓泡床反应器适用于少量气体和大量液体的反应,有很高的液-气比,气体以气泡形式运动,气体与液体混合充分,温度分布均匀,适合温度敏感的反应的进行;②滴流床反应器适用于多种气-液-固三相反应,在石油加氢装置大量应用;③径向床反应器适用于气-固反应过程,在催化重整、异构化等石油化工应用较多。

沸腾床反应器是石油加氢工业中除固定床以外应用最多的反应器形式,可以加工杂质含量高、性质劣质的原料,可以根据情况从底部排出旧催化剂,从顶部补充新鲜催化剂,保持器内催化剂稳定的活性,主要用于劣质渣油加氢过程。浆液床反应器(悬浮床反应器)中催化剂是细小颗粒,均匀悬浮在油、氢混合物中,形成气、固、液三相浆液态反应体系,反应后催化剂同反应产物一同流出反应器,不再重复利用,应用于渣油加氢或煤液化装置。移动床反应器是在固定床反应器基础上开发应用的反应器,可以实现催化剂的在线更新,从而保证反应器内催化剂的活性,应用于渣油加氢装置。

从反应器器壁形式可分为冷壁式和热壁式。冷壁式反应器制造成本较低,但在介质冲刷、腐蚀和温度波动中易损坏,维修费用高;热壁反应器制造费用较大,长周期运行安全性高。现在设计的加氢装置均为热壁式反应器。

从制造上可以分为煅焊式和板焊式反应器。板焊式反应器比煅焊式反应器制造难度小,工艺简单,制造成本低。一般板焊式只能制造壁厚小于140mm的反应器,壁厚大于140mm反应器利用煅焊的方法制造。

☞ **10. 反应器的基本结构是怎样的?各内构件有什么作用?**

用于反应器本体上的结构有两大类:一是单层结构,二是多层结构。在单层结构中又有钢板卷焊结构和锻焊结构两种。多层结构也有绕带式、热套式等多种形式。至于选择哪种结构,主要取决于使用条件、反应器尺寸、经济性和制造周期等诸多因素。

多层结构具有合金钢用量少，设备一旦破坏，其本身的危害程度相对较小以及制造条件比较容易达到等优点；但是由于它结构上的不连续性，同时也存在着层间的空气层可能会使反应器壁温差过大而造成热应力增大，纵向和环向连接处的间隙的缺口效应也会使疲劳强度下降以及给制造中的无损检测带来困难等缺点，从20世纪70年代中期以后在加氢反应器上几乎就没有使用多层结构。

在单层结构中，以锻焊结构的优点明显多。锻件的纯洁性高，材料的均质性和致密性较好，制造周期短，制造和使用过程中对焊缝检查的工作量少。但由于从钢锭锻造到机加工成型的过程中材料的利用率要比板焊结构低，在反应器壁较薄时，其制造费用相对较高。直径越大，壁厚越厚，锻造结构的经济

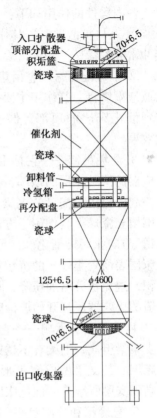

图 5-11 反应器结构图

性更优越。采用钢板卷焊结构还是锻焊结构，主要取决于制造厂的加工能力与条件以及经济上的合理性和用户的需要。

在反应器的外表面过去曾将保温支持圈、管架、平台支架、反应器本体表面热电偶等外部附件与其相焊接。由于结构上的原因，这些部位的焊缝很难焊透，这对于安全使用极为不利。因此，近一二十年以来，一般是另设钢结构支承。保温支承结构也多改为不直接焊于反应器外部而是披挂其上的鼠笼式结构。见图 5-11 所示。

各内构件的作用如下:

① 入口扩散器——其作用是把物料初步进行扩散,防止直接冲击分配盘。

② 上分配盘——它由塔盘板、下降管和帽罩等组成,其形状似泡帽塔盘,其作用主要是把进料充分地混合,然后均匀地分布到催化床层的顶部,保证物料与催化剂充分接触,提高反应效果。

③ 防垢吊篮——它是用不锈钢丝网做的圆筒状的篮筐装在反应器的第一床层的顶部,三个一组,呈三角形排列,用链条连在一起,栓于分配盘的支梁下面,防垢篮一部分埋在催化剂里,周围填充瓷球。其作用一方面可捕集进料带进来的机械杂物(如铁锈等)防止污染催化剂,另一方面扩大反应物的流通面积。即使床层表面聚集较多的沉积物,也能保证反应物料有更多的流通面积,避免过分增加压降,从而可保证较长的开工周期。目前新制造的反应器逐步开始取消防垢吊篮。

④ 催化剂支承栅——它是由扁钢和元钢焊成的格栅和倒T形支架梁组成,上梁有不锈钢丝网和瓷球,它的作用是支承上催化床层。其支梁做成倒T形,截面呈锥形,主要是最大限度地提高因支梁所减少的催化床层的流率面积。

⑤ 急冷箱和分配盘——它在急冷管正下方,由三块受液板组成,第一受液板的作用主要是汇集上一床层下来的反应物料,并在此与冷氢混合,再通过两个圆孔流入第二受液板,反应物料与冷氢在第二受液板的急冷箱中进一步混合,然后通过第二受液板上的筛孔喷洒到第三受液板上,第三受液板又称再分配盘,它上面有许多下降管和帽罩。作用和上分配盘一样,把物料均匀分布到第二床层。

⑥ 出口收集器——它是用不锈钢板卷制的圆形罩,侧面有许多条形开孔,顶部有圆形开孔,周围和顶部用钢丝网包住,固定在反应器出口处。其作用是支承下催化剂床层和导出反应物

料,并阻止瓷球及催化剂的跑损。

⑦ 冷氢管——是一根不锈钢管,内有隔板、冷氢分两路从开口排出,它的作用是导入冷氢,取走反应热,控制反应温度。

⑧ 热电偶——其作用是测量反应器床层各点温度,给操作和控制提供依据。

☞ **11. 什么是氢腐蚀?什么叫潜伏期?影响氢腐蚀的因素有哪些?如何防止?**

在高温高压下氢分子会分解成为原子氢或离子氢,它们的原子半径十分微小,可以在压力作用下通过金属晶格和晶界向钢内扩散,这些氢和钢材中的碳产生化学反应生成甲烷,即:$Fe_3C + 2H_2 \longrightarrow 3Fe + CH_4$,并且使钢材脱碳,使其机械性能下降。而甲烷在钢中的扩散能力小,就会在晶界原有的微观孔隙(或亚微观孔隙)内结聚,形成局部高压,造成应力集中。使晶界变宽,发展为内部裂纹,这些裂纹起先很小,但到后来越来越多,形成网络,使钢的强度和韧性有明显的下降。再加上由于钢材脱碳造成的机械性能下降,导致钢材脆或突然破裂,这就是氢腐蚀。

钢材承受氢腐蚀,这种破坏往往不是突然发生的,而经历一个过程。在这个过程中,钢材的机械性能并无一个明显的变化。这个过程就称为潜伏期或孕育期。潜伏期的长短与钢材的类型和暴露的条件有关,条件苛刻,潜伏期就短,有的甚至几小时就破坏。在温度压力较低的条件下,潜伏期就可能很长,可以使用很长一段时间。潜伏期的长短,决定了钢材在氢气中的安全年限。

影响氢腐蚀的因素很多,主要有:①操作条件。氢分压和温度越高,氢腐蚀速度越快。②钢材的化学组成。加入能与碳形成稳定碳化物的合金元素,(如Cr、Ti、M、V、M等),可大大提高钢材的抗氢腐蚀能力。③加工条件。回火可细化组织,提高钢的抗氢腐蚀能力。④应力影响。⑤固溶体中碳和原子氢的含量等。防止腐蚀的措施有：a. 采用内保温、降低筒壁温度。b. 采用耐氢蚀的合金钢作反应器筒体。c. 采用抗氢蚀的衬里(如18-8不锈钢)。

12. 如何防止连多硫酸对奥氏体不锈钢设备的腐蚀?

需要防护设备：精制反应器内壁、反应加热炉炉管、高温部位的高压换热器管壳程及奥氏体不锈钢管线。

防止连多硫酸腐蚀有下面几个措施：①氮气封闭。即在装置停工后，对不需检修的奥氏体不锈钢设备或管线阀门加盲板封闭起来，内充氮气保持正压，使其隔绝空气，若温度低于38℃会生成液态水时，则要将无水氨注入系统中，浓度大约为5000μL/L。②保持温度。特别是加热炉管，在停止检修期间，保持其温度在149℃以上，使其干燥。③中和清洗。对于打开的设备、管线需要清洗的奥氏体不锈钢管线和不能保持149℃以上的加热炉炉管，应用纯碱溶液进行中和清洗，之后还应用尽量不含氯化物的水清洗。以防止残碱留在表面上造成碱脆和在开工时被带到催化剂，影响活性。

13. 什么叫应力腐蚀?它是怎样产生的?有什么预防措施?

金属材料在静拉应力和腐蚀介质同时作用下所引起的破坏作用，称应力腐蚀。

产生应力腐蚀的原因，首先是由于内应力使钢材增加了内能，处于应力状态下的钢材的化学稳定性必然会降低，从而降低了电极电位。内应力愈大，化学稳定性越差，电极电位愈低。所以，应力大的区域就成为阳极，其次应力(特别是拉应力)破坏了金属表面的保护膜，钝化膜破坏后形成的裂纹，裂纹处就成为阴极，其他无应力的区域就成为阴极，形成腐蚀电池，加速腐蚀，奥氏体不锈钢对应力腐蚀是比较敏感的，较易发生，这可能是和它容易产生滑移及孪晶有关。在滑移带和孪晶界应力集中，易受腐蚀破坏。由于这种应力腐蚀所产生的裂纹呈刀口状，所以也称"刀口腐蚀"。奥氏体不锈钢形成刀口腐蚀的原因,除了焊缝的不均匀应力以外,还由于焊后的冷却过程中从奥氏体中析出了铬的碳化物,使晶界贫铬。刀口腐蚀就发生焊缝区域或热影响区,而热影响区内某一段的温度很可能就是奥氏体中铬的碳化物析出的敏化温度(450~850℃),这样就使得晶界贫铬,发生晶间裂缝。在有 Cl^- 存在时,18-8型奥氏体不锈钢产生的点蚀,也是应力腐蚀中的一种特殊情况。

防止应力腐蚀的方法有以下几种:①利用热处理消除焊接和冷加工过程中的残余应力,进行稳定化和固溶处理。②采用超低碳(<0.03%)不锈钢或用含铌、钛稳定的不锈钢,焊接时采用超低碳或含铌的焊条进行焊接。③设计合理的结构,避免产生应力集中区域。

☞ **14. 反应器内的奥氏体不锈钢堆焊层,为什么要控制铁素体含量?指标是多少?**

因为铁素体在焊后热处理时可能转变成 δ 相,其结果会使焊接金属发生硬化和脆化,使耐蚀性下降,对氢脆也有很大影响,为避免在奥氏体不锈钢的焊接部位出现细微的高温裂纹,且保护焊接接头的足够抗腐蚀能力,焊接时应规定其最小铁素体含量。一般希望奥氏体不锈钢焊接金属中只有 5%~10% 的铁素体。

☞ **15. 防止 $2\frac{1}{4}Cr-1Mo$ 钢制设备发生回火脆性破坏的措施?**

加氢装置所选用的铬-钼钢,以 $2.25Cr-1Mo$ 钢为多,而它是几种铬-钼钢中回火脆性敏感性较大的。防止产生回火脆性的措施:①尽量减少钢中能增加脆性敏感性的元素,尤其对焊缝金属加强关注;②制造中要选择合适的热处理工艺;③采用热态型的开停工方案。当设备处于正常的操作温度下时是不会发生由回火脆性引起的破坏的。因为这时的温度要比钢材的脆性转变温度高得多,但是像 $2.25Cr-1Mo$ 钢制设备在经长期的使用后,若有回火脆化,包括母材、焊缝金属在内,其转变温度都有一定程度的提高。在这种情况下，于开停工过程中就有可能产生脆性破坏。因此，在开停工时必须采用较高的最低升压温度，这就是热态型的开停工方法。即在开工时先升温后升压，在停工时先降压后降温。在20世纪70年代中期，根据当时生产2.25Cr–1Mo钢的实际水平，曾有人提出先将温度升到93℃（200℉）以后再升压的建议。近年来由于钢材和焊材的冶炼制造技术都有很大进步，材料的纯洁度大有提高，所以最低的升压温度还有可能适当降低。④控制应力水平和开停工时的升降温速度。已脆化了的钢材要发生突然性的脆性破坏是与应力水平和缺陷大小两个因素有关的。当材料中的应力值很高时，即使很小的缺陷也可以引起脆断。因此应将应力控制在一定的水平以内。另外在开停工时也要避免由于升降温的速度过大，使反应器主体和某些关键构件形成不均匀的温度分布而引起较大的热应力。当温度小于150℃时，升降温速度以不超过25℃/h为宜。

☞ **16. 什么是堆焊层的氢致剥离？其主要原因是什么？影响堆焊层氢致剥离的主要因素是什么？**

加氢装置中用于高温高压场合的一些设备（如反应器），为了抵抗H_2S的腐蚀，在内表面都堆焊了几毫米厚的不锈钢堆焊层（多为奥氏体不锈钢）。在十多年前曾在此类反应器上发现了不锈钢堆焊层剥离损伤现象。

堆焊层剥离现象有如下主要原因：堆焊层剥离现象也是氢致延迟开裂的一种形式。高温高压氢环境下操作的反应器，氢会侵入扩散到器壁中。由于制作反应器本体材料的Cr–Mo钢（如2.25Cr–1Mo钢）和堆焊层用的奥氏体不锈钢（如Tp.309和Tp.347）的结晶结构不同，因而氢的溶解度和扩散速度都不一样，使堆焊层界面上氢浓度形成不连续状态，当反应器从正常运行状态下停工冷却到常温状态时，氢在母材中溶解度的过饱和度要比堆焊层大得多，使在过渡区（系堆焊金属被母体稀释引起化学成分变化的区域)附近吸收的氢将从母材侧向堆焊层侧扩散移动。而氢在奥氏体不锈钢中的扩散系数却比 Cr–Mo 钢小。所以，氢在堆焊层内的扩散就很慢，导致在过渡区界面上的堆焊层侧聚集大量的氢而引起脆化。另外，由于母材和堆焊层材料的线膨胀系数差别较大，过饱和溶解氢结合成分子形成的氢气压力也会产生很高的应力。上述这些原因就有可能使堆焊层界面发生剥离，剥离并不是从操作状态冷却到常温时就马上发生，而是要经过一段时间以后(需要一定的孕育期)才可观察到这种现象。从宏观上看，剥离的路径是沿着堆焊层和母材的界面扩展的，在不锈钢堆焊层与母材之间呈剥离状态，故称剥离现象。

在众多影响堆焊层剥离的因素中，操作温度和氢气压力是最重要的参数。氢气压力和操作温度越高，越容易发生剥离。因为它与操作状态下侵入到反应器器壁中的氢量有很大关系。氢气压力越高、温度越高侵入的氢量越多。

在高温高压氢气中暴露后，其冷却速度越快，越容易产生剥离。因为冷却速度的快慢将对堆焊层过渡区上所吸收的氢量有很大影响。

当堆焊层过渡区吸藏有氢的情况下，反复加热冷却的次数越多，越容易引起剥离和促进剥离的进展。因为堆焊层材料与母材之间的线膨胀系数差别很大，反复地加热冷却会引起热应变的累积。

焊后热处理对剥离也是一个很重要的影响因素。

☞ 17. 在操作中如何防止堆焊层出现剥离？

堆焊层剥离的基本因素归结为：①界面上存在很高的氢浓度；②有相当大的残余应力存在；③与堆焊金属的性质有关。因此凡是采取能够降低界面上的氢浓度，减轻残余应力和使熔合线附近的堆焊金属具有较低氢脆敏感性的措施，对于防止堆焊层的剥离都是有效的。在操作中应严格遵守操作规程，尽量避免非计划的紧急停车，在正常停工时要采取使氢尽可能释放出去的停工条件(恒温脱氢)，以减少残留氢量。

在操作中要严格遵守升温、升压和降温、降压规定,并且控制一定的降压速度(通常为 1.5~2.0MPa/h)这有利于钢材中吸收气的溢出,减少内应力,在一定程度上对控制剥离有积极作用,同时严禁超温、超压操作,并且对反应器内壁要作定期检查。

第五节 塔及其操作

☞ **1. 什么叫亨利定律?**

当温度一定时,气体在液体中的溶解度和该气体在气相中的分压成正比,这一规律称为亨利定律。其表达式如下:

$$P = E \cdot x$$

式中 x——气体在液相中的摩尔分率;

P——平衡时组分的气相分压,Pa;

E——组分的亨利常数,Pa。

☞ **2. 什么是油品的泡点和泡点压力?**

多组分流体混合物在某一压力下加热至刚刚开始沸腾,即出现第一个小气泡时的温度。泡点温度也是该混合物在此压力下平衡汽化曲线的初馏点,即 0 馏出温度。泡点压力是在恒温条件下逐步降低系统压力,当液体混合物开始汽化出现第一个气泡的压力。

☞ **3. 什么是油品的露点和露点压力?**

多组分气体混合物在某一压力下冷却至刚刚开始冷凝,即出现第一个小液滴时的温度。露点温度也是该混合物在此压力下平衡汽化曲线的终馏点,即 100% 馏出温度。露点压力是在恒温条件下压缩气体混合物,当气体混合物开始冷凝出现第一个液滴时的压力。

☞ **4. 泡点方程和露点方程是什么?**

石油精馏塔内侧线抽出温度可近似看作为侧线产品在抽出塔板油气分压下的泡点温度。塔顶温度则可以近似看作塔顶产品在塔顶油气分压下的露点温度。

泡点方程是表征液体混合物组成与操作温度、压力条件关系的数学表达式，其计算式如下：

$$\sum K_i x_i = 1$$

露点方程是代表气体混合物组成与操作温度、压力条件关系的数学表达式，其计算式如下：

$$\sum (y_i / K_i) = 1$$

式中，x_i、y_i 分别代表 i 组分在液相或气相的摩尔分率，i 代表系统中的组分数目。

☞ **5. 什么是拉乌尔定律和道尔顿定律？它们有何用途？**

拉乌尔研究稀溶液的性质，归纳了很多实验的结果，于 1887 年发表了拉乌尔定律。在定温定压下的稀溶液中，溶剂在气相的蒸气压等于纯溶剂的蒸气压乘以溶剂在溶液中的摩尔分率。其数学表达式如下：

$$P_A = P_A^o \cdot x_A$$

式中　P_A——溶剂 A 在气相的蒸气压，Pa；

　　　P_A^o——在定温条件下纯溶剂 A 的蒸气压力，Pa；

　　　x_A——溶液中 A 的摩尔分率。

以后大量的科学研究实践证明，拉乌尔定律不仅适用于稀溶液，而且也适用于化学结构相似、相对分子质量接近的不同组分所形成的理想溶液。

道尔顿根据大量试验结果，归纳为"系统的总压等于该系统中各组分分压之和"。

道尔顿定律有两种数学表达式：

$$P = P_1 + P_2 \cdots\cdots + P_n$$

$$P_i = P \cdot y_i$$

式中　P_1、$P_2\cdots\cdots P_n$——代表下标组分的分压，Pa；

　　　　　　y_i——任一组分 i 在气相中的摩尔分率。

经过大量科学研究证明,道尔顿定律能准确地用于压力低于0.3MPa的气体混合物。

当我们把这两个定律进行联解时,很容易得到以下算式:
$$y_i = P_A^o/P \cdot x_i$$

根据此算式很容易由某一相的组成,求取与其相平衡的另一相的组成。

☞ **6. 什么叫饱和蒸气压?饱和蒸气压的大小与哪些因素有关?**

在某一温度下,液体与在它表面上的蒸气呈平衡状态时,由此蒸气所产生的压力称为饱和蒸气压,简称为蒸气压。蒸气压的高低表明了液体中的分子离开液体汽化或蒸发的能力,蒸气压越高,就说明液体越容易汽化。一般用蒸气压确定发动机燃料的起动性能、生成气阻倾向和在储运过程中损失轻质馏分的倾向。

在炼油工艺中,经常要用到蒸气压的数据。例如,当计算平衡状态下烃类气相和液相组成、以及在不同压力下烃类及其混合物的沸点换算或计算烃类液化条件等,都以烃类蒸气压数据为基础。

蒸气压的大小首先与物质的本性(相对分子质量大小、化学结构)等有关,同时也和体系的温度有关。在低于0.3MPa的压力条件下,对于有机化合物常采用安托因方程来求取蒸气压,其公式如下:
$$\ln P_i^o = A_i - B_i/(T + C_i)$$

式中　　P_i^o——i 组分的蒸气压,Pa;
A_i、B_i、C_i——安托因常数;
　　　　T——系统温度,K。

安托因常数 A_i、B_i、C_i 可由有关的热力学手册中查到。对于同一物质其饱和蒸气压的大小主要与系统的温度 T 有关,温度越高、饱和蒸气压也越大。

☞ **7. 什么是传质过程?**

物质以扩散作用,从一相转移到另一相的过程,即为传质的过程。因为传质是借助于分子扩散运动,使分子从一相扩散到另一相,故又叫扩散过程,两相间传质过程的进行,其极限都要达到相同的平衡为止。但相同的平衡只有两相经过长时间的接触后才能建立。因为相间的接触时间一般是有限的,故而在塔内不能达到平衡态。

☞ **8. 气液相平衡以及相平衡常数的物理意义是什么?**

相就是指在系统中具有相同的物理性质和化学性质的均匀部分,不同相之间往往有一个相界面把不同的相分开,例如液相和固相,液相和气相之间。在一定的温度和压力下,如果物料系统中存在两个或两个以上的相,物料在各相的相对量以及物料中各组分在各相中的浓度不随时间变化,我们称此状态叫相平衡。在蒸馏过程中,当蒸气未被引出前与液体处于某一相同的温度和压力下,并且相互密切接触,同时气相和液相的相对量以及组分在两相中的浓度分布都不再变化,称之为达到了相平衡(气－液相平衡)。

相平衡时系统内温度压力和组成都是一定的,一个系统中气液相达到平衡状态有两个条件:①液相中各组分的蒸气分压必须等于气相中同组分的分压,否则各组分在单位时间内气化的分子数和冷凝的分子数就相等;②液相的温度必须等于气相的温度,否则两相间会发生热交换,当任一相的温度升高或降低时,势必引起各组分量的变化。这就说明在一定温度下,气液两相达到相平衡状态时,气液两相中的同一组分的摩尔分数比衡定。相平衡方程如下式:

$$y_A = k_A x_A$$

式中　y_A——A 组分在气相中的摩尔分率;
　　　x_A——A 组分在液相中的摩尔分率;
　　　k_A——A 组分的平衡常数。

气液两相平衡时,两相温度相等,此温度对气相来说,代表露点温度;对液相来说,代表泡点温度。

气液平衡是两相传质的极限状态。气液两相不平衡到平衡的原理,是汽化和冷凝、吸收和解吸过程的基础。例如,蒸馏的最基本过程,就是气液两相充分接触,通过两相组分浓度差和温度差进行传质传热,使系统趋近于动平衡。这样经过塔板多级接触,就能达到混合物组分的最大限度分离。

气液相平衡常数 K_i 是指气液两相达到平衡时,在系统的温度、压力条件下,系统中某一组分 i 在气相中的摩尔分率 y_i 与液相中的摩尔分率 x_i 的比值。即:

$$K_i = y_i/x_i$$

相平衡常数是石油蒸馏过程相平衡计算时最重要的参数,对于压力低于 0.3MPa 的理想溶液,相平衡常数可以用下式计算:

$$K_i = P_i^o/P$$

式中 P_i^o ——i 组分在系统温度下的饱和蒸气压,Pa;

P ——系统压力,Pa。

对于石油或石油馏分,可用实沸点蒸馏的方法切割成为沸程在 10~30℃ 的若干个窄馏分,把每个窄馏分看成为一个组分——假组分,借助于多元系气液相平衡计算的方法,进行石油蒸馏过程中的气液相平衡的计算。

👉 9. 气-液两相达到平衡后是否能一直保持不变?为什么?

平衡是相对的,不平衡是绝对的;平衡是有条件的,任何平衡都遵循这一基本规律。因此,处于某一温度下的相平衡体系,如果温度再升高一些,液体就多汽化一些,而其中轻组分要汽化得多一些,此时又建立了新的气液相平衡。相反,如果温度降低,则蒸汽就冷凝,且重组分较轻组分要冷凝得多些,此时又建立了新的气液相平衡。

👉 10. 什么叫一次汽化,什么叫一次冷凝?

液体混合物在加热后产生的蒸气和液体一直保持相平衡接触,待加热到一定温度直至达到要求的汽化率时,气液即一次分离。这种分离过程,称为一次汽化(或平衡汽化)。如果把混合蒸气进行部分冷凝所得的液体和剩余的蒸气保持相平衡接触状态,直到混合物冷却到一定温度时,才将冷凝液体与剩余气体分离,这种分离过程叫一次冷凝(或称平衡冷凝)。可以看出一次冷凝和一次汽化互为相反的过程。

11. 什么是塔?其主要包括哪几个部分?

塔是炼油厂的主要工艺设备之一,它是用来完成混合物分离的设备。主要包括以下几个部分:①塔体。包括筒体、端盖(主要是椭圆形封头)及连接法兰等。②内件。指塔板或填料及其支承装置。③支座。支撑塔体的底座,一般为裙式支座,即常说的裙座。④附件。包括人孔、进出料接管,各类仪表接管,液体和气体的分配装置,以及塔外的扶梯、平台、外保温等。

12. 按结构分塔设备可分为几大类?

按结构分塔可分为以下两大类:①板式塔。塔内有一层层相隔一定距离的塔板,气液两相就在塔板上互相接触,进行热和质的传递。然后气相继续上升到上一层塔板,液体流到下层塔板上。根据塔板形式的不同,板式塔板又有:圆泡帽塔、槽形塔板塔、S形塔板塔、浮阀塔、喷射塔、筛板塔等。②填料塔:塔内充填着各种形式的填料,液体自上往下流,气体自下往上流,在填料表面上进行接触,完成传质传热过程。填料的形式繁多,有拉西环、鲍尔环、波纹填料、鞍型填料、丝网填料等。

13. 什么叫板效率?它有哪些影响因素?

在实际生产中,由于接触时间有限,液(雾)沫夹带的原因,还有制造和安装的关系,气液两相不能达到平衡状态,使实际的板塔数大于理论的塔板数。理论塔板数跟实际塔板数的比就是塔板效率。它主要有下列几个影响因素。①气液两相的物理性质,如扩散系数、相对挥发度、黏度等。②操作参数,如气液两相的流速、回流比、压力、温度等。③塔的结构,希望能提供良好的两相接触，如大的截面、激烈的湍流等。

☞ **14. 什么是雾沫夹带？与哪些因素有关？**

在板式分馏塔操作中，塔内上升蒸气穿过塔板上的液层鼓泡而出时，由于上升蒸气有着一定的动能，于是夹带一部分液体雾滴向上运动，当液体雾滴在重力能克服气流动能时，则返回到塔板上，但当气流上升的动能大于液滴本身的重力时，则被带到上一层塔板，这种现象称为雾沫夹带。雾沫夹带的多少对分馏影响很大，雾沫夹带会使低挥发度液体进入挥发度较高的液体内，降低塔板效率。一般规定雾沫夹带量为10%（0.1kg/kg 蒸气）。按此来确定蒸气负荷上限，并确定所需塔径。

影响雾沫夹带量的因素：①处理量的大小，处理量大，气相负荷也增大，塔内气速变大，雾沫夹带也变得严重。②塔板间距不能太小，否则雾沫夹带量也大。③塔板结构，好的塔板结构，能控制雾沫夹带量。

☞ **15. 什么叫液泛？产生的原因是什么？怎样防止？**

液泛又称淹塔，是带溢流塔板操作中的一种不正常现象，会严重降低塔板效率，使塔压波动，产品分割不好。表现为降液管内的液位上升和板上泡沫层提升至使塔板间液流相连。造成液泛的原因是液相负荷过大，气相负荷过小或降液管面积过小。为防止液泛现象发生，在设计和生产中必须进行一层塔板所需液层高度以及板上泡沫高度的计算来校核所选的板间距，并对液体在降液管内的停留时间及降液管容量进行核算。

当液泛开始时，则塔的压降急剧减小，正常的操作就被打破，其产生原因有下几个方面：①气相量过大，使得大量液滴从泡沫层中喷出到达上层塔板，冷凝回流后增大了降液管负荷及塔板的压力降，便产生淹塔现象。②液体流量过大，降液管面积不足，以使液体不能及时通过，也会产生淹塔。液泛的产生主要是第一个原因，有时降液管堵塞也会产生液泛。

其主要的防止方法：①尽量加大降液管截面积，但会减少塔板开孔面积。②改进塔板结构，降低塔盘压力降。③控制液体回流量不太大。

☞ **16. 浮阀塔板的结构有何特点？**

浮阀塔盘是气液两相进行传质和传热的场所，其上面布满浮阀。浮阀从大体上分为两大类：①盘状浮阀——浮阀是圆盘形，塔板上开孔是圆孔，其中一种 F1 型浮阀是最常用的一种。②条状浮阀——浮阀是带支腿的长条片，塔板上开的长条孔。如图 5-12。

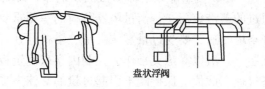
盘状浮阀

图 5-12　浮阀的结构

☞ **17. 浮阀塔的工作原理是什么？**

浮阀塔的工作原理是在浮阀塔上开有许多孔，每个孔上都装有一个阀，当没有上升气相时，浮阀闭合于塔板上；当有气相上升时，浮阀受气流冲击而向上开启，开度随气相的量增加而增加。上升气相穿过阀孔，在浮阀片的作用下向水平方向分散，通过液体层鼓泡而出，使气液二相充分接触，达到理想的传热传质效果。

☞ **18. 从塔板上溢流方式分，塔板可分为哪几种？**

从塔板上液流方向分，可分为单溢流式和双溢流式。其中单溢流式又有中间降液和两边降液之分。一般来说，塔径在 $\phi 800mm \sim \phi 2400mm$ 间的可用单溢流塔盘，塔径在 $\phi 2000mm$ 以上者可用双溢流式塔板。其流动方式如图 5-13 所示。

331

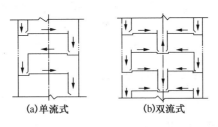

图 5–13 塔板的溢流方式

19. 什么是空塔气速?

空塔气速通常指在操作条件下通过塔器横截面的蒸气线速度(m/s)。由蒸气体积流量除以塔器横截面积而得,即等于塔器单位截面上通过的蒸汽负荷,是衡量塔器负荷的一项重要数据。板式塔的允许空塔气速,要受过量雾沫夹带、塔板开孔率和适宜孔速度等的控制。一般以雾沫夹带作为控制因素来确定板式塔的最大允许空塔气速,此值应保持既不引起过量的雾沫夹带,又能使塔上有良好的气液接触。

20. 什么是液相负荷?

液相负荷又称液体负荷,对有降液管的板式塔来说,是指横流经过塔板,溢流过堰板,落入到降液管中的液体体积流量(m^3/h 或 m^3/s),也是上下塔板间的内回流量,是考察塔板流体力学状态和操作稳定性的基本参数之一。液相负荷过大,在塔板上因阻力大而形成进出塔板堰间液位落差大,造成鼓泡不匀及蒸气压降过大,在降液管内引起液泛,此时液相负荷再加大,即引起淹塔,塔板失去分馏效果。塔内的板面布置,液流长度,堰板尺寸,降液管形式,管内液体停留时间、流速、压降和清液高度等都影响塔内稳定操作下的液相负荷。

21. 什么是液面落差?

液面落差又称液面梯度。指液体横流过带溢流塔板时,为克服塔板上阻力所形成的液位差。液面落差过大,会导致上升蒸气分配不匀,液体不均衡泄漏或倾流现象,使气液接触不良,塔板效率降低,操作紊乱。泡罩塔板的液面落差最大,喷射型塔板最小,筛板和浮阀塔板液面落差只在塔径较大或液相负荷大时才增大。

☞ **22. 什么是清液高度?**

清液是指塔板上不充气的液体。清液高度是塔板上或降液管内不考虑存在泡沫时的液层高度,用以衡量和考核气液接触程度、塔板气相压降,并可用它的 2~2.5 倍作为液泛或过量雾沫夹带极限条件。塔板上的清液高度是出口堰高 + 平均板上液面落差。降液管内清液高度是由管内外压力平衡所决定,包括板上清液压头,降液管阻力头及两板间气相压降头。

☞ **23. 什么叫冲塔?淹塔?泄漏和干板?**

冲塔:由于气相负荷过大,使塔内重质组分携带到塔的顶部,从而造成产品不合格,这种现象称为冲塔。

淹塔:由于液体负荷过大,液体充满了整个降液管,而使上下塔板,液体连成一体,分馏效果完全被破坏,这种现象称之为淹塔。

泄漏(漏液):当处理量太小时,塔内的气速很低,大量液体由于重力作用,便从阀孔或舌孔漏下,这种情况称之为泄漏。

干板:塔板无液体存在时称干板;干板状态下塔板无精馏作用。

☞ **24. 什么叫回流比?它的大小对精馏操作有何影响?**

回流比是指回流量 L_o 与塔顶产品 D 之比,即:

$$R = L_o/D$$

回流比的大小是根据各组分分离的难易程度(即相对挥发度的大小)以及对产品质量的要求而定。对于二元或多元物系它是由精馏过程的计算而定的。对于原油蒸馏过程,国内主要用经验或半经验的方法设计,回流比主要由全塔的热平衡确定。

在生产过程中精馏塔内的塔板数或理论塔板数是一定的，增加回流比会使塔顶轻组分浓度增加、质量变好，对于塔顶、塔底分别得到一个产品的简单塔，在增加回流比的同时要注意增加塔底重沸器的蒸发量，而对于有多侧线产品的复合原油蒸馏塔，在增加回流比的同时要注意调整各侧线的开度，以保持合理的物料平衡和侧线产品的质量。

👉 25. 什么叫最小回流比？

一定理论塔板数的分馏塔要求一定的回流比来完成规定的分离度。在指定的进料情况下，如果分离要求不变，逐渐减小回流比，则所需理论塔板数也需要逐渐增加。当回流比减小到某一限度时，所需理论塔板数要增加无限多，这个回流比的最低限度称为最小回流比。最小回流比和全回流是分馏塔操作的两个极端条件。显然，分馏塔的实际操作应在这两个极端条件之间进行，即采用的塔板数要适当地多于最少理论塔板数，回流比也要适当地大于最小回流比。

👉 26. 什么是理论塔板？

能使气液充分接触而达到相平衡的一种理想塔板的数目。计算板式塔的塔板数和填料塔的填料高度时，必须先求出预定分离条件下所需的理论塔板数，即假定气流充分接触达到相平衡，而其组分间的关系合乎平衡曲线所规定关系时的板数。实际板数总是比理论板数多。

👉 27. 什么是内回流？

内回流是分馏塔精馏段内从塔顶逐层溢流下来的液体。各层溢流液即内回流与上升蒸气接触时，只吸取汽化潜热，故属于热回流。内回流量决定于外回流量，而且由上而下逐层减少（侧线抽出量也影响内回流量）；内回流温度则由上而下逐层升高，即液相组成逐层变重。

28. 分馏的依据是什么?

利用混合溶液中组分之间的沸点或者饱和蒸气压的差别,即挥发度不同,在受热时低沸点组分优先汽化。在冷凝时高沸点组分优先冷凝,这就是分馏的根本依据。

29. 分馏塔塔板或填料的作用是什么?

分馏塔板或填料塔板或填料在分馏过程中主要提供气液良好的接触场所,以便于传热、传质过程的进行。在塔板上或填料表面自上而下流动的轻组分含量较多,温度较低的液体与自下而上流动的温度较高的蒸气相接触。回流液体的温度升高,其中轻组分被蒸发到气相中去,高温的蒸汽被低温的液体所冷凝,其中重组分被冷却下来转到回流液体中去。从而使回流液体经过一块塔板重组分含量有所上升,而上升蒸气每经过一块塔板轻组分含量也有所上升,这就是塔板或填料上传质过程也称提浓效应。液相的轻组分汽化需要热量——汽化热,这热量是由气相中重组分冷凝时放出的冷凝热量直接供给的。因此,在蒸馏塔板上进行传质过程的同时也是进行着热量传递过程。

30. 采用蒸汽汽提的作用原理是什么?

在一定的温度下,当被蒸馏的油品通入蒸汽时,油气形成的蒸气分压之和高于设备的总压时,油品即可沸腾,吹入水蒸气量越大,形成水蒸气的分压越大,相应需要的油气分压越小,油品沸腾所需的温度就越低。

31. 分馏塔顶回流作用?塔顶温度与塔顶回流有何关系?

塔顶回流作用:①提供塔板上液相回流,造成气液两相充分接触达到传热、传质的目的;②取走进入塔内的多余热量,维持全塔热平衡,以利于控制产品质量。

塔顶温度用塔顶回流量控制,塔顶温度高,产品偏重,应加大回流量控制质量。但回流量不宜过大,以防止上部塔板及塔顶系统超负荷。

☞ **32. 圆形浮阀塔有哪些优缺点?**

优点:① 处理量较大,这是因为气流水平喷出,减少了雾沫夹带,以及浮阀塔顶具有较大的开孔率的缘故,②操作弹性大,这是因为浮阀的开启程度随气体负荷的变化而变化。塔内各板上保持了良好的泡沫状态,使塔板能在较大的气体负荷范围内保持较高的效率,每层塔板的气相压降也较低。③因为塔板上没有复杂的障碍物,所以液面落差小,塔板上的气流分布较均匀。④塔板结构简单,易于制造。

缺点:①不宜用于易结焦的介质系统;②浮阀处于中间位置(最大开度以下)是不稳定的,造成气流通道面积的变化,加压降;③气速很小时不仅浮阀开不起来,而且容易从阀孔漏液,降低传质效果。

☞ **33. 圆形泡罩塔板有哪些优缺点?**

优点:①泡罩塔操作稳定可靠,泡罩塔板有一定的升气管及溢流堰,因此能保持塔板上有固定的液层高度,不易产生漏液现象;②塔板操作弹性大、板效率较高,气速可在较宽的范围内变动,不致使板效率下降,特别是在气相负荷小的情况下,比其他板式塔更有优越性。

缺点:①泡罩塔板的阻力降大;②雾沫夹带现象严重;③结构复杂,造价高。

☞ **34. 只有轻重两组分的体系在发生一次汽化后,轻重两组分的浓度是怎样变的?**

液相中轻组分的浓度降低,重组分浓度升高;气相中重组分浓度降低,轻组分的浓度升高。

☞ **35. 精馏的必要条件是什么?**

①气液两相必须充分接触;②气液两相接触时,上升的油气中轻组分的浓度要低于下降的液相中轻组分的浓度,而上升的油气温度要高于下降的液相,即气液两相接触前要存在温度差和浓

度差。③塔内要装设有塔板或填料，使下部上升的温度较高、重组分含量较多的蒸气与上部下降的温度较低、轻组分含量较多的液体相接触，同时进行传热和传质过程。蒸气中的重组分被液体冷凝下来。其释放出的热量使液体中的轻组分得以汽化。塔内的气流自下而上经过多次冷凝过程，使轻组分浓度越来越高，在塔顶可以得到高浓度的轻质馏出物，液体在自上而下的流动过程中，轻质组分不断被汽化，轻组分含量越来越低，在塔底可以得到高浓度的重质产品。

36. 为什么在精馏塔上回流是必不可少的？

精馏过程是在塔盘上气液两相多次逆向接触传质传热的过程，必须有气液两相同时参加，因此在塔顶要提供液相回流，而在塔底提供气相回流，否则进入分馏塔气液混合物在进料段分离后，气相在塔顶冒出，而液相从塔底流出，不会有任何分馏作用。

37. 在分馏塔内的分馏过程是怎样的？

不平衡的气液两相在塔盘上逆向接触，发生部分冷凝和部分汽化，气相中轻组分浓度不断升高，同时液相中重组分浓度也不断升高，在多块塔盘上进行多次部分冷凝和部分汽化的过程，就可以达到使轻重组分分离的目的，这样的过程就是分馏过程。

38. 什么是分馏塔产品的重叠和脱空(间隙)？

分馏塔生产的相邻的两个产品，若轻的一个产品的干点大于重的一个产品的初馏点，称之为重叠；反之，若轻的一个产品的干点小于重的一个产品的初馏点，称之为脱空。

39. 分馏塔中吹入水蒸气为什么会降低油气分压？

由于水的相对分子质量只有18，远比油气的相对分子质量低，因此在气相中水蒸气的摩尔浓度相对较高，由道尔顿分压定理，油气的分压就相应降低。

40. 分馏塔的双溢流和单溢流有什么区别？

单溢流也叫直经流，指塔盘只有一个降液管的溢流方式；同理双溢流为塔盘交替设置一个和两个降溢管的溢流方式。

41. 造成分馏塔冲塔的原因及处理方法是什么？

由于原料带水或原料变得太轻，造成塔盘上气速急剧升高，气相通过液相层时由气泡形式变为汽流形式，塔盘的传质传热恶化，塔盘的分馏效果迅速下降，塔顶及塔底油重叠大，重则塔底产品冲入塔顶，在操作上表现为塔顶温度、压力急剧升高，塔顶产品干点上升。冲塔时塔顶压力、温度都急剧升高，此时若简单地提高塔顶回流量，反而会使塔顶压力加剧上升，原因在于加大回流量后，回流在塔盘下降过程中又变成气相，反而使塔上部的几层塔盘的气相负荷更大，这时应采取的措施是控制原料带水或切换原料，稍降塔顶回流，另外应视塔顶压力的大小泄压。

42. 分馏塔淹塔的现象、原因及处理措施是什么？

现象：分馏塔液位迅速上升直到漫塔，液面波动大；塔顶温度波动，突然上升或下降；塔顶压力突然增长。

原因：进料量过大，原料带水，汽提蒸汽量偏高。

处理方法：处理量过大则降低处理量；汽提塔减小塔顶回流量并避免带水；加大汽提塔底流量；保持进料温度平稳；高分加强脱水；降低汽提蒸汽量。

43. 板式塔在操作中会出现哪些不正常的现象？

了解蒸馏塔塔板的流体力学特性对于提高塔的处理能力、改善产品分割具有重要的意义。随着塔内气液相负荷的变化，操作会出现以下不正常的现象：

① 雾沫夹带：雾沫夹带是指塔板上的液体被上升的气流以雾滴携带到上一层塔板，从而降低了塔板的效率、影响产品的分割。塔板间距增大，液滴沉降时间增加，雾沫夹带量可相应减少，与现场生产操作有关的是气体流速变化的影响，气体流速越

大、阀孔速度（或网孔气速）、空塔气速均相应上升会使雾沫夹带的数量增加。除此之外雾沫夹带量还与液体流量、气液相介质黏度、密度、界面张力等物性有关。

② 淹塔：淹塔是在塔内由于气液相流量上升造成塔板压降随之升高，由于下层塔板上方压力提高，如果要正常地溢流，入口溢流管内液层高度也必然升高。当液层高度升到与上层塔出口持平时，液体无法下流造成淹塔的现象。淹塔一般是在塔下部出现，也就是最低的一条抽出侧线油品颜色变黑。它与处理量过高、原油带水、汽提蒸汽量过大等因素有关。

③ 漏液：塔板漏液的情况是在塔内气速过低的条件下产生的。浮阀、筛孔、网孔、浮喷等塔板当塔内气速过低板上液体就会通过升气孔向下一层塔板泄漏，导致塔板分离效率降低。漏液现象往往是在开、停工低处理量操作时出现，有时也与塔板设计参数选择不当有关。

④ 降液管超负荷及液层吹开：液体负荷太大而降液管面积太小，液体无法顺利地向下一层塔板溢流也会造成淹塔。液体流量太小，容易造成板上液层被吹开气体短路影响分离效果。这些现象在生产操作中极少发生。

☞ **44. 填料塔内气液相负荷过低或过高会产生哪些问题？**

在填料塔内随着气相流速的增加，床层的阻力降增加、填料层中的持液量也相应增大。当气流流速增加到某一特定数值时液体难以下流、产生液泛的现象，塔的操作完全被破坏，此时的气速称为泛点气速。填料塔适宜的操作气速一般为泛点气速的60%～80%。填料塔泛点气速的高低主要和气液相介质的物性、密度、黏度、两相的流量以及填料层的空隙率等因素有关。

液相流量太小则可能使部分填料的表面没有被充分地润湿，填料塔内气液相的传热和传质过程主要是通过被液体浸湿的填料表面来进行的，如果部分填料没有被润湿，也就意味着传热、传质的表面积相应减小，必然会使分离的效果降低。填料塔内的液相流量太低时应设法增加该段循环回流的流量。

45. 原料性质变化对分馏塔操作有什么影响？如何处理？

原料性质变化，通常指所加工的原料组成发生变轻或变重。原料性质变轻时，分馏塔塔顶压力上升，塔顶不凝气量增加，塔顶冷却负荷增加，冷后温度升高，分馏塔液面下降，塔顶石脑油产量增加。原料性质变重时，分馏塔塔顶压力下降，冷后温度降低，分馏塔塔底液位上升，石脑油产量减少。

原料性质变化，平稳操作时，变化最明显的为分馏塔顶压力和塔底液面的变化。原料性质变轻时，由于油气分压上升要适当提高塔顶温度，变重时适当降低塔顶温度。原料变轻后，要加大火嘴的供油量，增大加热炉负荷，保证较轻部分油品汽化。原料变重，加热炉负荷减少。原料变轻后汽化率增大，增大了分馏塔汽化段以上热量和油气分压，此时侧线产品的馏出温度也会随之升高，为此应该增大产品抽出量，同时增大中段回流流量，减少塔底吹汽量，以降低塔顶的负荷，侧线汽提塔吹汽量不能降低，以免影响产品闪点。必要时可降低原料处理量和降低加热炉出口温度，来保证平稳操作和安全生产。原料变重后，进塔汽化率减少，侧线馏出口温度随之降低，此时应该减少产品抽出量，保证产品质量合格。

46. 塔顶石脑油干点变化是什么原因？如何调节？

石脑油干点受塔顶温度、压力、进塔原料温度、进塔原料轻重变化、中段回流流量温度变化、侧线产品流量变化、塔底吹汽压力流量大小、塔顶回流油是否带水及塔板堵塞情况的影响。塔顶回流量过少，内回流不足，分馏效果变差，会使石脑油干点发生变化。

塔顶温度是调节石脑油干点的主要手段，当塔顶压力降低时，要适当降低塔顶温度；压力升高时，要适当提高塔顶温度。

进塔原料变轻时，石脑油干点会降低，应当提高塔顶温度。

中段回流流量突然下降,回流油温度升高,使塔中部热量上移,石脑油干点升高,应平稳中段回流流量。常一线馏出量过大,内回流油减少分馏效果不好,可引起石脑油干点升高,应稳定常一线馏出量,塔底吹汽压力高或吹汽阀门开度大吹汽量大,蒸汽速度高,塔底液位高,会使重组分携带引起各侧线变重,塔顶石脑油干点会变重。回流油带水可引起塔顶石脑油干点升高,要切实做好回流油罐脱水工作。塔板压降增大堵塞,应洗掉堵塞物,提高分馏效果。塔顶回流量过少,内回流不足,可使塔顶石脑油干点升高,应适当降低一二中段回流量,增大顶回流或循环回流流量,改善塔顶的分馏效果,使塔顶石脑油干点合格。

进料含水量增加时,虽然塔顶压力增大,但由于大量水蒸气存在降低了油气分压,塔顶石脑油干点也会提高,应切实搞好反应脱水工作。

47. 举例说明浮阀塔盘型号表示方法是什么意思?

答:浮阀塔盘的型号表示方法如下例所示:

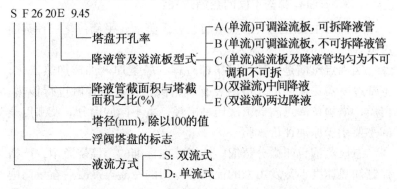

上面的型号表示为:塔径为 2600mm 的双溢流中间降液式塔盘,塔盘开孔率为 9.45% 左右,降液管与塔截面积之比为 20%。

48. 什么叫挥发度和相对挥发度?

液体混合物中任一组分汽化倾向的大小可以用挥发度 V_i 来

表示,其数值是相平衡常数与压力的乘积。即:

$$V_i = K_i \cdot P = (y_i/x_i)P$$

对于理想体系 $K_i = (P_i^o/P)$,液体混合物中 i 组分的挥发度显然就等于它的饱和蒸气压,即 $V_i = P_i^o$。

相对挥发度 a_{ij} 是指系统中、任一组分 i 与对比组分 j 挥发度之比值、即:

$$a_{ij} = \frac{V_i}{V_j} = \frac{K_i}{K_j}$$

对于理想体系:

$$\alpha_{ij} = \frac{P_i^o}{P_j^o}$$

对于低压非理想溶液物系:

$$\alpha_{ij} = \frac{y_i P_i^o}{P_j^o}$$

式中　y_i——i、j 组分在系统组成及温度条件下的活度系数。

49. 石油有哪些不同的蒸馏过程?

炼油厂主要应用实沸点蒸馏、恩氏蒸馏、平衡汽化三种蒸馏过程。

实沸点蒸馏是一种间歇精馏过程。塔釜加入油样加热汽化,上部冷凝器提供回流,塔内装有填料供气、液相接触进行传热、传质,塔顶按沸点高低依次切割出轻、重不同的馏分。实沸点蒸馏主要用于原油评价试验。

恩氏蒸馏也叫微分蒸馏。油样放在标准的蒸馏烧瓶中,严格控制加热速度,蒸发出来的油气经专门的冷凝器冷凝后在量筒中收集,以确定不同馏出体积所对应的馏出温度。恩氏蒸馏试验简单、速度快,主要用于石油产品质量的考核及控制上。

平衡汽化也称为一次汽化,在加热的过程中油品紧密接触处于相平衡状态,加热终了使气、液相分离。如加热炉出口以及应用理论塔板概念进行精馏过程设计时的理论塔板,都可以视为平衡汽化过程。在石油蒸馏过程设计时还用它来求取进料段、抽出侧线以及塔顶的温差。

☞ 50. 不同类型的塔板，它们气、液传质的原理有何区别？

塔板是板式塔的核心部件，它的主要作用是造成较大的气－液相接触的表面积，以利于在两相之间进行传质和传热的过程。

塔板上气、液接触的情况随气速的变化而有所不同，大致可以分为以下四种类型：

① 鼓泡接触：当塔内气速较低的情况下，气体以一个个气泡的形态穿过液层上升。塔板上所有气泡外表面积之和即该塔板上气、液传质的面积。

② 蜂窝状接触：随着气速的提高，单位时间内通过液层气体数量增加，使液层变成为蜂窝状况。它的传质面积要比鼓泡接触大。

③ 泡沫接触：气体速度进一步加大时，穿过液层的气泡直径变小，呈现泡沫状态的接触形式。

④ 喷射接触：气体高速穿过塔板，将板上的液体都粉碎成为液滴，此时传质和传热过程则是在气体和液滴的外表面之间进行。

前三种情况在塔板上的液体是连续的，气体是分散相；喷射接触在塔板上气体处在连续相，液体变成了分散相。

在小型低速的分馏塔内才会出现鼓泡和蜂窝状的接触情况。原油蒸馏过程中气速一般都比较大，常压蒸馏采用浮阀或筛孔塔板，以泡沫接触为主的方式进行传热、传质。减压蒸馏的气体流速特别高，通常采用网孔或浮喷塔板，以喷射接触的方式进行传热和传质。经高速气流冲击所形成液滴的流速也很大，为避免大量雾沫夹带影响传质效果，塔板上均装设有挡沫板。

☞ 51. 在蒸馏过程中经常使用哪些种类的填料？如何评价填料的性能？

填料是最早在蒸馏塔内用来进行传热、传质的核心部件，由于炼油厂蒸馏塔处理能力不断增大，填料塔在当时未能很好地解决气、液分布的技术关键问题，而被板式蒸馏塔取代。由于填料塔有着阻力降小，可以根据介质具体情况选择合适的材料制作填料，较容易解决塔内腐蚀等优点而受到工程界的重视，20世纪70年代以来由于较好地解决了液体在塔内均匀分配的技术关键，炼油厂蒸馏塔尤其是减压蒸馏塔相继出现由填料取代塔板的发展趋势。国内炼油厂首先在减压塔上部缩径部位用金属填料取代了塔板，进一步出现了全填料干式减压蒸馏塔，有利于提高我国炼油工业的生产技术水平。

填料根据其填装特点的不同分为规整填料和乱堆填料。乱堆填料是采用颗粒填料乱堆于塔中，常用颗粒填料有拉西环（Raschig Ring）、鲍尔环（Pall Ring）、矩鞍环亦为英特洛克斯填料（Intalox Saddle），尤其在1977年底美国诺顿公司（Norton）开发的金属矩鞍环（Intalox Metal）受到炼油、化工界人士重视，近年来我国炼油厂的减压塔的填料较多数都采用英特洛克斯填料。在塔内整齐堆砌的规整填料具有大通量、低压降、高效率的优点，愈来愈引起公众的注意，在大型蒸馏塔中格里希（GlitCH）格栅型填料、孔板常驻纹填料、丝网波纹填料已得到广泛的应用。

填料的主要性能：

① 比表面积（m^2/m^3）：单位体积的填料堆集空间中，填料所具有的表面积的总和。比表面积越大，对传热、传质也越有利。

② 空隙率（%）：指填料外的空间与堆积体积的百分比，空隙度越高、阻力降越小。英特洛克斯填料的空隙率为97%~98%。

③ 当量理论板高度：指相当一块理论塔板分离能力所需填料层的高度。当量理论板高度越小分离效能越高、炼油厂常用50mm英特洛克斯填料的当量理论板高度为560~740mm。填料尺寸越大则其当量理论板高度也增加。

☞ **52. 板式塔的溢流有哪些不同的形式？适用于什么场合？**

板式塔溢流设施的形式有多种，以适应塔内气、液相负荷变化，传热传质方式的不同以及塔径大小不同等因素，保证提供最佳的分离效果。对于液体在塔板上呈连续相、气体呈分散相的情况下，液体从进口堰往出口堰方向流动。为保证流动顺利进行，塔板上必然存在着液面的落差，即进口堰附近的液面比出口堰附近的液面高。液面落差的大小与液体流量、塔径以及液体黏度等因素有关，如果液流量加大、液体黏度加大，或在塔板上液体流程增大都会相应导致落差的加大。液面落差太大时会使进口堰附近的气体流量急剧减少、漏液严重，大量气体在出口堰一侧穿过液层，流速加大会导致雾沫夹带增加，这些因素都会使塔板的分离效率下降。为了合理地进行塔板结构的设计，有四种形式的溢流方式供选择：

① U形流：对直径在 0.6~0.8m 的小型蒸馏塔，而且塔内液体流量很小，在 5~12m^3/h 以下，塔板上的进、出口堰在同侧相邻布置，液体在板上从入口经 U 形流动在出口溢流。

② 单溢流：适用于液体量在 120m^3/h 以下，塔径 <2.4m 的蒸馏塔，进口堰和出口堰对称地设置在塔的两侧，液体沿直径方向一次流过塔板。

③ 双溢流：对于液流量在 90~280m^3/h，塔径在 1.8~6.4m 的条件下，为了避免在塔板上液面落差过大而采用双溢流的塔板结构形式。双溢流的蒸馏塔是由两种结构形式的塔板依次交替组合起来的。一种是进口堰在塔的两侧，出口堰在塔的中部，液体由两侧向中间流动经出口堰流往下一层塔板。另一种是进口堰在塔的中部出口堰在塔的两侧，流体由塔板当中往两侧流动。

④ 阶梯式流：对于液流量在 200~440m^3/h，塔径在 3.0~6.4m 的情况下，为避免液面落差过大，板面设计成阶梯式，自进口往出口方向逐渐降低，每一阶梯上都有相应的出口堰以保证每一小块塔面上液层厚度大致相同，从而使各部分的气流比较均匀。

炼油厂常减压蒸馏装置中绝大多数塔采用的是单液流和双溢流两种溢流方式。

对于喷射接触、板上液体呈分散相的网孔、浮喷塔板，由于板上没有液层存在、因此不存在液面落差的问题。这样的塔在直径高达6.4m，采用单溢流的塔板结构仍然可以得到较好的分离效果。

☞ **53. 如何确定填料塔的填料层高度？**

塔的填料层高度严格来讲应该保证传质和传热两个方面的要求。从传质的角度来年要完成一定的分离任务，塔内就应该保证具有一定理论塔板数的分离能力，对于某一型号的填料当量理论板高度也是一定的，相应地可以确定其填料层高度。但是国内炼油设计目前没有开展求取各段理论塔板数的工作，因此很难从传质角度来确定填料层高度。在塔的设计时每一个填料段都要进行严格的热量衡算，从而确定通过填料表面的传热量。选取一定的传热系数，再依据该段气、液相的平均温差很容易确定提供传热应用的填料的表面积和填料的总体积。塔径是参照泛点气速确定的，塔径一定的前提下每段填料层高度相应地可以定下来了。

为了防止填料层过高之后液体在塔内分布不均匀影响传热、传质的效果，大型石油蒸馏塔每段填料层高度一般不超过5.5m。如果需要的填料层高太大时，可分为若干段在中间加设液体再分布器。

☞ **54. 塔的安装对精馏操作有何影响？**

对于新建和改建的塔希望能满足分离能力高、生产能力大、操作稳定等要求。为此对于安装质量要求做到：

① 塔身：塔身要求垂直。倾斜度不得超过千分之一，否则会在塔板上造成死区，使塔的精馏效率降低。

② 塔板：塔板要求水平，水平度不能超过±2mm，塔板水平度若达不到要求，则会造成板面上的液层高度不均匀，使塔内

上升的气相易从液层高度小的区域穿过，使气液两相在塔板上不能达到预期的传热和传质要求，使塔板效率降低。筛板塔尤要注意塔板的水平要求。对于舌形塔板、浮动喷射板、斜孔塔板等还需注意塔板的安装位置，保持开口方向与该层塔板上的液体流动方面一致。

③ 溢流口：溢流口与下层塔板的距离应根据生产能力和下层塔板溢流堰的高度而定，但必须满足溢流堰板能插入下层受液盘的液体之中，以保持上层液相下流时有足够的通道和封住下层上升气流的必需的液封，避免气相走短路。另外，泪孔是否畅通、受液槽、集油箱、升气管等部件的安装、检修情况都是需要注意的。

对于各种不同的塔板有不同的安装要求，只有按要求安装才能保证塔的生产效率。

55. 精馏塔的操作中应掌握哪三个平衡？

精馏塔的操作应掌握物料平衡、气液相平衡和热量平衡。

物料平衡指的是单位时间内进塔的物料量应等于离开塔的诸物料量之和。物料平衡体现了塔的生产能力，它主要是靠进料量和塔顶、塔底出料量来调节的。操作中物料平衡的变化具体反应在塔底液面上。当塔的操作不符合总的物料平衡式时，可以从塔压差的变化上反映出来。例如进得多，出得少，则塔压差上升。对于一个固定的精馏塔来讲，塔压差应在一定的范围内。塔压差过大，塔内上升蒸气的速度过大，雾沫夹带严重，甚至发生液泛而破坏正常操作；塔压差过小，塔内上升蒸气的速度过小，塔板上气液两相传质效果降低，甚至发生漏液而大大降低塔板效率。物料平衡掌握不好，会使整个塔的操作处于混乱状态，掌握物料平衡是塔操作中的一个关键。如果正常的物料平衡受到破坏，它将影响热平衡，即：气液相平衡达不到预期的效果，热平衡也被破坏而需重新予以调整。

气液相平衡主要体现了产品的质量及损失情况。它是靠调节塔的操作条件(温度、压力)及塔板上气液接触的情况来达到的。只有在温度、压力固定时，才有确定的气液相平衡组成。当温度、压力发生变化时，气液相平衡所决定的组成就发生变化，产品的质量和损失情况也随之发生变化。汽液相平衡与物料平衡密切相关，物料平衡掌握好了，塔内上升蒸汽速度合适，气液接触良好，则传热传质效率高，塔板效率亦高。当然，温度、压力也会随着物料平衡的变化而改变。

热量平衡是指进塔热量和出塔热量的平衡，具体反应在塔顶温度上。热量平衡是物料平衡和气液相平衡得以实现的基础，反过来又依附于它们。没有热的气相和冷的回流，整个精馏过程就无法实现；而塔的操作压力、温度的改变(即气液相平衡组成改变)，则反映在每块塔板上气相冷凝的放热量和塔顶取热发生变化上。

掌握好物料平衡、气液相平衡和热量平衡是精馏操作的关键所在，三个平衡之间相互影响、相互制约。在操作中通常是以控制物料平衡为主，相应调节热量平衡，最终达到气液相平衡的目的。

要保持稳定的塔底液面的平衡必需稳定：(1)进料量和进料温度；(2)塔顶、侧线及塔底抽出量；(3)塔顶压力。要保持稳定的塔顶温度，必需稳定：①进料量和进料温度；②顶回流、循环回流各中段回流量及温度；③塔顶压力；④汽提蒸汽量；⑤原料及回流不带水。只要密切注意塔顶温度、塔底液面，分析波动原因，及时加以调节，就能掌握塔的三个平衡，保证塔的正常操作。

56. 分馏塔底泵密封泄漏应急处理预案是什么？

塔底一般都是热油泵，工作介质温度高，如发生密封大量泄漏，就可能发生火灾爆炸，严重威胁装置安全。塔底泵如发生轻度泄漏，马上采用蒸汽掩护，切换备用泵，停在运泵更换密封。如果塔底泵大量泄漏着火，则按以下方法处理：

① 采用蒸汽灭火,第一时间停运在运泵,同时起动备用泵,如有必要,马上降低炉子温度,以防炉管结焦。

② 如果火势大,现场不能停运在运泵,马上通知电工停在运泵,立即降低炉子温度,以防炉管结焦。在停下泄漏泵后,同时开起备用泵恢复生产。

③ 如两台泵都发生泄漏,无法维持生产,则马上熄灭炉火,降低炉子温度,从低分过来的油则通过事故线排出装置,平衡好各塔液位、压力。

④ 产品质量难以保证时,应联系生产管理部门改变产品流程,配合作好改流程工作。

⑤ 反应视情况降量生产或打循环,等待塔底泵处理好后恢复生产。

57. 注缓蚀剂时要注意什么?

注缓蚀剂时要注意用量适宜。若用量不足时有加重腐蚀的作用,这是由于量小,形成的保护膜不完整所引起的;同时加注量也不能太大,因为缓蚀剂是表面活性物质,容易产生油水乳化,所以要有合适的注入量。

第六节 冷换设备及其操作

1. 传热系数 K 的物理意义是什么?强化传热应考虑以下哪些方面?

传热系数 K 用下式计算:

$$K = \frac{q}{F \cdot \Delta t_m}$$

式中 K——传热系数,W/(m²·K);

q——传热速率,J/h;

F——传热面积,m²;

Δt_m——温度差,K。

传热系数 K 的物理意义是指流体在单位面积和单位时间内，温度每变化 1℃ 所传递的热量。传热系数 K 还可以用下式计算：

$$K = \frac{1}{\frac{1}{\alpha_1} + R_1 + \frac{\delta}{\lambda} + \frac{1}{\alpha_2} + R_2}$$

式中　K——传热系数，$W/(m^2 \cdot K)$；

　　　α_1——热流体侧的传热分系数，$W/(m^2 \cdot K)$；

　　　R_1——热流体侧的污垢热阻，$m^2 \cdot K/W$；

　　　α_2——冷流体侧的传热分系数，$W/(m^2 \cdot K)$；

　　　R_2——冷流体侧的污垢热阻，$m^2 \cdot K/W$；

　　　λ——管壁材料的导热系数，$W/(m \cdot K)$；

　　　δ——管壁厚度，m。

从上述的关系式可以看出：要提高 K 值，必须设法提高 α_1、α_2，降低 δ 值。在提高 K 值时应增加 α 较小的一方。但当 α 值相接近时，应同时提高两个 α。对流传热的热阻主要集中在靠近管壁的滞流层，在滞流层中热量以传导方式进行传递，而流体的导热系数又很小。所以强化传热应考虑以下几个方面：

① 增加湍流程度，以减小滞流层内层厚度。方法有：a. 增大流体流速。如列管换热器的管程可用增加管程数来提高管内流速，壳程可加挡板等来提高传热速率。b. 改变流动条件，使流体在流动过程中不断改变流动方向，促使其形成湍流。例如，在板式换热器中，当 $Re = 200$ 时，即进入湍流状况。

② 增大流体的导热系数。如在原子能工业中采用液态金属作载热体，其导热系数比水大十多倍。

③ 除垢。当换热器使用时间长后垢层变厚，影响传热，应设法除垢，如在线清洗技术，可在换热器使用过程中清除垢层。

☞ **2. 什么叫对数平均温差？**

对数平均温差的计算式如下：

$$\Delta t_m = \frac{(T_1 - t_2) - (T_2 - t_1)}{\ln \dfrac{T_1 - t_2}{T_2 - t_1}} = \frac{\Delta t_h - \Delta t_c}{\ln \dfrac{\Delta t_h}{\Delta t_c}}$$

式中 　T_1——热流进口温度,℃;

　　　T_2——热流出口温度,℃;

　　　t_1——冷流进口温度,℃;

　　　t_2——冷流出口温度,℃;

　　　Δt_h——热端温差,℃;

　　　Δt_c——冷端温差,℃;

　　　Δt_m——对数平均温差,即热端温差与冷端温差的对数平均值,℃。

☞ **3. 什么叫换热器?按用途可分为哪几类?**

换热器就是不同温度的物质流经过设备的两侧进行热量交换的设备,按其用途可分为下面几类:①换热器。两种不同温度的流体进行热量交换,一种升温、一种降温。②冷凝器。两种不同温度的流体进行热量交换,一种流体从气态被冷凝成液态。③蒸发器。与冷凝器相反,其中一种流体由液体被蒸发成气体。④冷却器。不回收热量,只单纯为了工艺需要用来冷却流体。常用水或空气。⑤加热器。利用废热,只单纯用来使一种流体升温。

☞ **4. 炼油厂常用的间壁式换热器按结构分为哪几类?**

间壁式换热器种类繁多,从间壁表面的特征来看,可分为管式换热器和板式换热器,其中管式换热器又包括管壳式换热器、套管式换热器、水浸式冷却器和空冷器。板式换热器又包括板式换热器、伞板式换热器、螺旋板式换热器和板壳式换热器。

在炼油厂用到的主要是管式换热器。

☞ **5. 常用的管式换热器有哪几种?它们各有什么特点?**

常用的管式换热器主要有固定管板式、浮头式、U 形管式、套管式换热器、水浸式冷却器以及空气冷却器等,它们的特点如下:

① 固定管板式换热器。其管束两端的管板固定在壳体上，因此结构简单，造价低，但由于两端管板是固定的，当两种介质温差大时会引起管子拉脱或变形，并且管外不能清洗，只能适用于温差小(一般不大于 50℃)介质比较洁净的场合。当温差较大($>50℃$)，而壳体承压不高时，可以在壳体上加膨胀节以消除过大的热应力。

② 浮头式换热器。它是目前炼油厂内使用最多的换热器。由于它的管板一端固定，一端自由，因此受热时可在壳体内自由膨胀，不受温差的限制。同时其管束可以抽出，清洗方便，不受介质条件的限制。但它结构复杂，并且小浮头漏了也不宜发现，造价也比较高。

③ U形管式换热器。换热器中有一个管板，固定在管箱和壳体之间，另外一端没有管板，可以在壳体内自由伸缩，由于它采用了U形换热管，没有小浮头，因此不存在小浮头漏的情况，减少了泄漏点。同时管束可以抽出，便于清洗，且结构简单，制造方便，但管子内壁U形弯头处清洗比较困难，中心部位的管子不易更换。因此适用于温度差大，压力较高的场合。

④ 套管式换热器。是由两种直径大小不同的直管同心相套，再由弯管连接而成。冷热两种流体分别由内管和管间相互逆向通过进行热量交换。它结构简单，制造方便；但管子内壁和U形弯头清洗比较困难，中心部位的管子不易更换，因此，适用于温差大，压力较高的场合。

⑤ 水浸式冷却器。由风机、管束等组成，用空气作为冷却剂而不用水，可减少环境污染。由于空气干净不结垢，停风机时空气自然对流，也可以冷却能力达到设计能力的25%左右，因此，使用非常普遍。但由于空气温度一年之内变化较大，所以它的最终冷却温度不能太低，有时还要加水冷却器。

☞ **6. 换热器壳程为什么要加折流板？有什么作用？**

加折流板主要是引导壳程的流体，避免短路，同时使其速度

(在允许压降范围内)尽可能加快,以获得较高的传热效果和减少结垢。在卧式换热器中,也起着支撑管子防止下垂和振动损坏的作用。

☞ **7. 常见的换热管规格为多少?**

常见的换热管其管径有 $\phi19mm \times 2mm$ 和 $\phi25mm \times 2.5mm$ 两种规格,在固定管板式换热器中为 $\phi25mm \times 2.5mm$,以三角形排列。在浮头式换热器中两者均有,其长度系列有 1.5m、2m、3m、6m 几种,其中 3m 和 6m 用得最为普遍。

☞ **8. 换热设备的工作原理如何?重要的工艺指标有哪些?有哪些因素影响?**

换热设备的传热主要有三种:传导、对流和辐射。在间壁式换热器中,主要是传导和对流两种传热方式,其工作原理如图 5-14 所示。紊流体(温度为 t_1)先用对流传热方式将热量传给管壁一侧(温度为 t_2);再以传导方式将热量传过管壁(从 $t_2 \to t_3$);最后管壁另一侧又将热量以对流方式传给冷流体($t_3 \to t_4$),这样完成了一个传热过程。

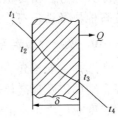

图 5-14 换热器间壁两侧温度变化

换热器的重要工艺指标主要是总传热系数和压力降。

① 总传热系数 $K = Q/F \cdot \Delta t$,或 $Q = KF \cdot \Delta t$

式中 K——总传热系数,$kJ/(m^2 \cdot h \cdot ℃)$;

Q——热负荷,kJ/h;

F——传热面积,m^2;

Δt——换热器的平均温差,$℃$。

由此可见,在相同的传热面积和平均温差下,总传热系数 K 越大,则传递的热量 Q 越大。也就是说,在相同的传热量和平均温差下,总传热系数越大,则所需的传热面积越小。换热器也越小。

② 压力降：换热器的压力降是由两种损失造成的；即流体流动时的摩擦损失和改变流向的损失，提高流体流速虽然提高传热系数和减少传热面积，但压力降增大。其影响因素有：

① 总传热系数。增加管壁两侧的传热系数，减少壁厚，提高管壁的导热系数能提高传热系数。其方法有提高流速，减少管壁的结垢，选用导热性能好的材料等措施。

② 压力降的影响因素主要有流速及流动方式。

☞ **9. 换热器中何处要用密封垫片？一般用什么材料？**

换热器中所有用螺栓连结的两个金属表面之间都必须使用密封垫片。这些结合处大多是壳体管箱、管箱与管箱端盖、接管处及小浮头处等。密封垫片一般有金属齿形垫、膨胀石墨垫、耐油橡校石棉垫及铁包石棉垫等，视介质及压力等级来确定。

☞ **10. 换热介质走壳程还是走管程是如何确定的？**

在选择管壳程介质时，应按介质性质、温度、压力、允许压力降、结垢以及提高传热系数等条件综合考虑。①有腐蚀、有毒性、温度或压力很高的介质，还有很易结垢的介质均应走管程，其理由是有腐蚀性介质走壳程，管壳材质均会遭到腐蚀。因此，一般腐蚀的介质走管程可以降低对壳程的材质要求；有毒介质走管程时泄漏机会较少，温度、压力高走管程可以降低对壳程的材质要求，积垢在管内容易清扫。②着眼于提高总传热系数和最充分的利用压降。液体在壳程流道截面和方向都在不断变化且可设置折流板，容易达到湍流，$Re \geqslant 100$ 即达到湍流，而管程 $Re \geqslant 10000$ 才是湍流，因而把黏度高或流量小即 Re 较低的流体选在壳程。反之，如果在管程能达到湍流条件，则安排它走管程比较合理。从压力降角度来选择，也是 Re 小的走壳程有利。③从两侧膜传热系数大小来定，如相差很大，可将膜传热系数小的走壳程，以便采用管外强化传热设施，如螺纹管或翅片管等。

11. 换热器管束一般有几种排列方式？各有什么特点？

一般正三角形、正方形直列、正方形错列、同心圆形排列三种排列，其各有特点：

① 三角形排列比较紧凑，在一定的壳程内可排列较多的管子，且传热效果好，但管外清洗比较困难。② 方形直列排列，管外清洗方便，适用流经壳体的流体易结垢的场合，其传热效果要比三角形排列差，因为其管子背侧有死角，并且排管也少。正方形错列排列，就是把正方形直列排列旋转45°，由于流动情况改善，因而其传热效果也改善，清洗方便，但仍比正三角形排列的传热效果差。如图 5-15 所示。

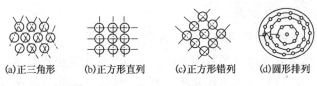

(a)正三角形　(b)正方形直列　(c)正方形错列　(d)圆形排列

图 5-15　换热器管束的排列方式

12. 重沸器有什么作用？有哪些形式？一般用什么加热介质？

重沸器也称再沸器，是换热器的一种带有蒸发空间的特殊形式，它是有相变化的一种传热过程，一般位于蒸馏塔底部，产生蒸气回流。

根据循环形式分类：可分为强制循环和自然循环。强制循环是用泵强制把流体从塔中抽出，送入再沸器加热循环；自然循环是靠再沸器中气液两相的密度差来循环的，气相返回塔底，塔底液体进入重沸器进行加热蒸发。

一般用的加热介质有水蒸气、高温水、高温油、液态金属或熔盐、热烟气、专用换热介质。

13. 换热器在使用中应注意什么事项？

换热器在运行中需注意事项：①换热器在新安装或检修完之

后必须进行试压后才能使用。②换热器在开工时要先通冷流后通热流，在停工时要先停热流后停冷流，以防止不均匀的热胀冷缩引起泄漏或损坏。③固定管板式换热器不允许单向受热，浮动式换热器管、壳两侧也不允许温差过大。④启动过程中，排气阀应保持打开状态，以便排出全部空气，启动结束后应关闭。⑤如果使用碳氢化合物，在装入碳氢化合物之前应用惰性气体驱除换热器中的空气，避免发生爆炸的可能性。⑥蒸汽加热器或停工吹扫时，引汽前必须切净冷凝水，并缓慢通汽，防止水击。换热器一侧通汽时，必须把另一侧的放空阀打开，以免憋压损坏。关闭换热器时，应打开排气阀及疏水阀，防止冷却形成真空损坏设备。⑦空冷器使用时要注意各部分流量均匀，确保冷却效果。⑧经常监视其运行防止泄漏。

☞ **14. 换热器如何进行泄漏检查？**

换热器泄漏检查的基本方法：①对于固定管板式换热器拆下端盖后，把试验水压入到壳体，若有管子流出水来，证明该管子已泄漏，然后进行堵管处理。重复进行上述步骤直到所有泄漏消除为止。②对于浮头式换热器拆下端盖后，装上一个适合换热器尺寸的试验环，使管子和壳体密封。其他步骤与固定管板换热相同。③对于U形管换热器，试漏方法浮头式换热器相似。

☞ **15. 如何确定在工作的换热器中，管子、管子与管板的连接处是否泄漏？**

有下列一种或几种现象表明存在泄漏：①高压流体进入低压流体内，这种情况可用肉眼观察或用化学方法分析。在流体具有危险性时要连续进行监测。②压力降或出口处温度突然变化。③流体进、出口流量不同。

☞ **16. 高压换热器的密封结构和原理如何？**

高压换热器的密封结构如图5-16所示。

① 程与壳程之间的密封：管程与壳程之间的密封是通过定

位环4、四合环5、内部螺栓6、环垫18和壳程垫片3实现的,当内部螺栓6向里拧进时,顶在环垫18上。当继续拧进时定位环4便有一个向后退的趋向,但它被四合环5顶住,因此螺栓6只有一个向前的推力,把环垫18、分程箱和管板2向前推进,使壳程垫片3得到一定的比压力,而起密封作用。

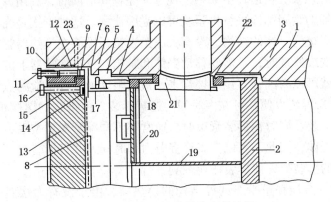

图5-16 高压换热器的密封结构

1—壳体;2—管板;3—壳程垫片;4—定位环;5—四合环;6—内部螺栓;7—垫片;8—密封盘;9、14—压环;10—螺纹锁环;11、16—螺栓;12—顶销;13—管箱盖板;15—定位杆;17—支持圈;18—垫环;19—管箱隔板;20—手孔盖;21—填料压盖;22—填料;23—检漏孔

② 箱的密封:管箱的密封主要是通过垫片7、密封盘8、压环9、螺纹锁紧环10、顶销12、螺栓11及管箱盖板13来实现的。把这些构件按次序装上去后,当拧紧螺栓11时,顶销12位就往里推进顶在压环9上,这时则会有一个反作用力,使螺纹锁紧环10有一个向后退的趋向,由于螺纹锁紧环10是用螺纹固定在壳体上的,不能往后退。所以,给压环9一个向前的推力,紧紧地压在密封盘8和垫片7上,由于垫片7的接触面积较小,比压力较大,因此,起到较好的密封作用。管箱盖板13是一整块的,它被螺纹锁环扣住,密封盘8也是整块的。所以,只要垫片7处密封很好是不会漏的。

☞ **17. 高压换热器采用螺纹形锁紧式密封结构有何特点？**

① 密封可靠性好，表现在于因它本身结构的特点，由内压引起的轴向力通过管箱盖和螺纹锁紧环而有管箱本体来承受，这样加给密封垫片的面压就小，使螺栓变小，便与拧紧，很容易发挥密封效果。在运转中如果发现管、壳程间泄漏时，利用露在外部的辅助紧固螺栓进行再紧就可以克服泄漏。这种形式是壳体和管箱焊接为一体的结构，没有大法兰连接，因而在换热器管束进行清洗或修理时，不需要移动壳体和管箱。这样换热器上的开口接管就可以与配管直接焊接起来，最大限度地减少了泄漏点。

② 拆装方便，可在短时间内进行拆装。由于它的螺栓很小，易于拆装。同时在拆装管束时，通常都不和配管发生关系，不用移动壳体，因此，可以节省许多劳力和时间，并且拆装时可利用专用的拆装架，使拆装作业顺利进行。

③ 金属耗量少。这种结构的换热器，由于没有大法兰，紧固螺栓又很小，且开口接管与配管连接处也可省去许多法兰，从而降低了金属的耗量。同时由于该换热器为一体结构，壳程开口接管就可设置在尽可能靠近管板的地方，这样使在普通法兰型换热器上靠近管板端有相当长度范围内不能有效利用的传热管（死区），在这种形式换热器中就可以充分发挥传热作用。换句话说，单位换热面积所耗的金属重量相应下降了。另外，由于此种换热器的管束部分是按差压设计的，所以当管壳程的压力越高时，而且他们之间的差压又越小时，其经济性比起普通法兰型的换热器就越加显著。

☞ **18. 换热器为什么开始时换热效果好，后来逐渐变差？**

因为换热器在使用过程中，管子内外壁的表面上会逐渐积累沉积物（如污泥、水垢、结焦以及铁锈等），这些结垢多是疏松的并有孔隙的物质，导热系数小，降低了总传热系数，因此换热效果逐步变差。

19. 空气冷却器由哪几部分组成?

如图 5-17 所示,一台空气冷却器的基本部件。

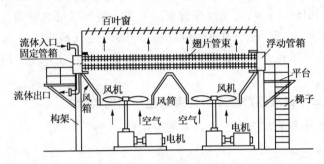

图 5-17 空气冷却器的基本部件

管束:包括管箱、换热管、管束侧梁及支持梁等;
风机:包括轮毂、叶片、支架及驱动机构等;
百叶窗:包括窗叶、调节机构及百叶窗侧梁等;
构架:用于支撑管束、风机、百叶窗及其附属件的钢结构;
风箱:用于导流空气的组装件;
附件:如蒸汽盘管、梯子、平台等。

20. 空气冷却器的调节方法有哪些?

空气冷却器的调节主要是通过调节风机的叶片角度来调节风量,对有百叶窗的空冷器也可以通过调节百叶窗的开度来调节风量,调节方法有手动和自动两种,对于有几台空冷器并联运行的,也可以通过停运其中一台或几台来调节。

21. 空冷器为什么要用翅片管?

因为空冷器采用的是空气作冷却剂,但空气的传热系数很小,一般只有 $15 \sim 50 kcal/(m^2 \cdot h \cdot ℃)$($1cal = 4.184J$,下同,不再另注),而液体的传热系数高,因此要想达到良好的传热效果,必须采取强化措施,采用翅片管的目的就是增大传热面积,提高传热系数,增强传热效果。

22. 空冷器是如何使空气流过管子的?

一般把风吹过管子,进行换热,它包括引风式和送风式两种。①引风式:风机安放在管束的上方,将空气抽离管束,结果在风机的下方产生一个微弱真空,周围的空气被吸入并流过管束。②送风式:风机装在管束下方,由于风机产生风压,迫使空气流过管束。

23. 标准国产空冷器管束的型号如何表示?

型号表示方法由下面几个部分组成:

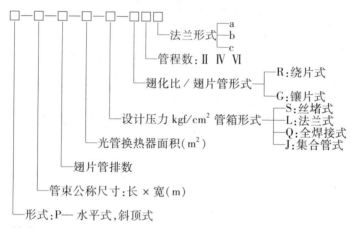

其中:法兰形式的 a 为平面型　b 为凹凸面型　c 为榫槽面型

如:P9×3—4—128—64J—23.4/RLL—IIb 表示为:水平式,管束长 9m,宽 3m,4 排翅片管,光管换热面积为 128m²,设计压力为 64kgf/cm²,集合管型管箱,翅片比为 23.4,采用 L 形绕片式翅片管,二管程,凹凸面法兰。

24. 空冷器风机的型号如何表示?

风机的型号表示方法如下:

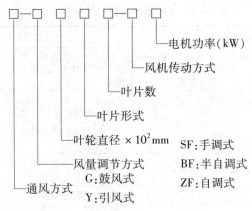

如 G—SF36B4—e22 表示为：

鼓风式，停机手调角风机；叶片直径 3600mm，B 型叶片，4 片叶片，e 型传动，电机功率 22kW。

25. 比较空冷器和水冷器有什么优缺点？

① 空气冷却器与水冷却器的比较见表 5-7。

表 5-7 空气冷却器与水冷却器的比较

空气冷却的优点	水冷却的缺点
空气可以免费取得，不需各种辅助费用	冷却水一般是难于取得的，即使可以取得，也必须设置各种泵站和各种管线
采用空冷，厂址选择不受限制	特别是大厂的厂址，取决于水源的条件
空气腐蚀性低，不需采用任何清垢和清洗的措施	水有腐蚀，需要进行处理，以防止结垢及脏物的淤积
由于空冷器的压降损失为 10~20mm 水柱左右，所以空冷器运行费用低	水的运行费用较高，循环水泵压头高（取决于冷却器和冷水塔位置）
空冷系统的维护费用一般为水冷系统维护费用的 20%~30%	由于水冷却设备多，易于结垢需要停下设备清除，因此，水系统维护费用高

② 水冷却器与空气冷却器的比较见表 5-8。

表5-8　水冷却器与空气冷却器的比较

水冷却器的优点	空气冷却器的缺点
水冷却通常能将工艺流体冷却到比空气低3~6℃，且循环水在冷水塔中可被冷却到接近环境湿球温度	由于空气比较低，且冷却效果决定于空气干球温度，通常不能将流体冷却到低温
水冷却器的冷却面积比空气冷却器要少得多	由于空气侧膜传热系数及比热容低，所以空冷器需要较大面积
水冷却对环境气温变化不敏感	空气温度的季节性变化会影响到空冷器的性能
水冷却器可以设置在其他设备之间	空冷器不能靠近所有障碍物，因为这会引起热空气再循环
一般的管壳式换热器即可满足要求	空冷器需要一种有特殊工艺技术要求的翅片管

26. 换热器操作的注意事项是什么？

换热器操作的注意事项：①冷换设备的投用要先通冷流，后通热流；先开出口，后开入口，防止存有空气，造成介质短路或气阻。②冷换设备停用要先停热流，后停冷流，先关入口，后关出口；停用后放掉设备存水。③加强检查，防止泄漏与憋压，特别是分馏塔进料与产品换热器，因为泵在换热器前，控制阀在换热器后，如控制阀突然关闭，很容易造成物流中断，压力急速超高，导致换热器憋漏事故。④平时要经常检查换热器前后设备的物料平衡和化验分析数据，防止管束内漏发生。⑤对于蒸汽发生器，必须确保汽包水位正常，严防发生干锅，烧穿管束事故。⑥对于螺纹锁紧环高压换热器，平时要经常检查漏气孔，防止发生泄漏。

27. 空气冷却器操作的注意事项是什么？

空气冷却器操作的注意事项：①投用和停用要按空冷器的操作要求进行。②要经常检查法兰、接头有无泄漏。③对停用风机要定期进行盘车。④定期清除风机上的污垢。⑤反应系统的高压空冷，因为反应产物中含有高浓度的H_2S、NH_3和Cl^-，在低温下很容易结晶堵塞管束。因此，必须维护好空冷前的注水泵，不要随意停运或大幅度降低注水量,避免管束被堵塞。

28. 空气冷却器的操作要点是什么?

空气冷却器的操作要点:①启用前要仔细检查,清除空冷器上及周围的杂物,风机盘车,检查润滑油(脂)是否充足,皮带是否牢固。②启用后要注意检查风机运转情况、电机电流、温度、转速和润滑情况。③有介质通过后,应常检查空冷器的管箱、管束进出口法兰有无泄漏。

29. 水冷却器的操作方法是什么?

水冷却器的操作方法:①在启用冷却器前应首先检查放空阀是否关闭。②启用,应先开冷却水,后开热油气;停用时,先停热流,后停冷流。③冷却器投用后,应根据实际情况调节冷却水量,以求节约用水。④要经常检查冷却器的温度、压力是否正常,头盖、丝堵、法兰、放空阀等有无渗漏。⑤检查循环水进出温度及回水情况。

30. 水冷却器水量是控制入口好还是出口好?

对油品冷却器而言,用冷却水入口阀控制弊多利少,控制入口可节省冷却水,但入口水量限死可引起冷却器内水流短路或流速减慢,造成上热下凉。采用出口控制能保证流速和换热效果。一般不宜使用入口控制。

31. 换热器的操作方法是什么?

换热器的操作方法:①在启用换热器前应首先检查放空阀是否关闭。②投用换热器时应先开冷流,后开热流。停用时应先停热流,后停冷流。③在开工中,热流未启用而冷流温度升高,应打开热流放空阀或热流的进口或出口阀,预防受热憋压。④用蒸汽吹扫换热器时,吹扫管程,要将壳程放空阀或进出口阀打开;吹扫壳程,要将管程放空阀或进出口阀打开,防止介质受热膨胀而憋压。进蒸汽要缓慢,以防水击。⑤要经常检查换热器的温度、压力是否正常,管、壳程是否有内漏,头盖、丝堵、法兰、放空阀等有无渗漏。

☞ **32. 如何正确安装法兰？**

法兰连接前，应仔细检查并除去法兰密封面上的油污、泥垢、缺陷等。法兰垫片应按设计规定使用，垫片和螺栓丝扣部分的两表面应涂上一层石墨粉与机油的调合物。垫片放在法兰中心，不得偏斜，梯形槽和凹凸面法兰的垫片应嵌入凹槽内，不得同时用两层垫片。在管道吹扫和试压后还要拆卸的法兰，可用临时垫片。拧紧时应先把间隙较大的一边拧紧，再按对称的顺序拧紧所有螺栓，不得遗漏，法兰拧紧后，螺栓要露出螺母 2~3 扣，螺栓头和螺母的支撑面都应与法兰紧密配合，发现有间隙，应取下进行检查、修理或更换。注意：高温反应区高温高压系统必须采用 25CrMoA 双头螺栓，其他采用 35Cr2MoA 合金螺栓，后者不能代替前者。

☞ **33. 如何进行法兰换垫检修？**

① 垫片材质、形式、尺寸要符合要求；②拆下螺栓后检查法兰密封面不得有缺陷，密封面要搞干净；③螺栓穿法兰螺孔的 1/2 或能放进垫片为准；④把垫片放进法兰面内；⑤两法兰必须在同一中心线上；⑥对角上紧螺栓，螺栓两端突出 1.5cm 为好；⑦检查法兰面的四周间隙要一样大。

☞ **34. 阀门的盘根泄漏怎么处理？**

阀门的盘根一般有两种压紧方式，一是由盘根压盖通过两个螺栓压紧，另一种是由螺帽直接压紧（小阀门用）。阀门盘根泄漏时，可以均匀地上紧两个螺栓压紧压盖，再压紧盘根填料起到密封作用，但盘根不宜压得太紧，否则阀门无法开关，如果盘根压盖已压到最低位置还有泄漏，这只能更换盘根了。对于螺帽压紧盘根阀，可直接上紧螺母即可。

☞ **35. 如何选择液体走管程还是走壳程？**

总原则是有利于传热，防止腐蚀，减少阻力，不易结垢，便于清扫。

走管程的有：①有腐蚀性，有毒流体；②易沉淀，易结垢流体；③高温高压流体；④冷却水、流量较小的流体；⑤含有未冷凝气体的流体。

走壳程的有：①塔顶冷凝蒸汽；②流量大的流体；③黏度大、压降大的流体；④温度变化大的流体。

☞ **36. 如何投用高压空冷器？应注意什么？**

首先检查电机是否送电，如遇装置开工，还要检查反应流出物空冷器停运按钮是否复位，在启动电机前还应先盘车，检查其转动是否正常。投用高压空冷后，应检查各路分支温度是否一致，若出现偏流现象应及时处理。运行的空冷风机应尽可能保持均匀分布。对于单台空冷检修后投用，应尽快投用注水，防止铵盐析出影响冷却效果和流通量，避免加剧设备的腐蚀。

一般易发生腐蚀部位是形成湍流区弯头等处，若有 Cl^- 及氧气的存在，会加速腐蚀。腐蚀的速度与介质的流速也有关系，速度过慢，腐蚀介质易集存加剧腐蚀；流速过快，冲刷与 NH_4HS 共同作用腐蚀也会加剧。因此，要选择合适的流速而且一定要避免偏流，在投用时就应注意。碳钢内介质流速为 $4.3 \sim 6.1 m/s$。下面是高压空冷发生腐蚀的条件：

摩尔浓度 $[H_2S] \cdot [NH_3] < 0.07$，不会发生腐蚀；

当介于 $0.07 \sim 0.2$ 之间时也能出现腐蚀；

当大于 0.5 时，肯定发生腐蚀；

高分酸性水中 NH_4HS 浓度 $\geqslant 4\%$，出现腐蚀的可能性较小。

对于在高温部位注软化水，在保证注水量足够的前提下要保证总注水量的20%在该部位为液态。这是为了避免所有的水都被汽化而使环境变成酸性，或者防止当第一滴水开始冷凝时盐的局部浓度过高，结晶析出。

高压空冷一般选用 16MnR (HIC) 或碳钢，碳钢使用温度应 $<200℃$，不然会发生氢腐蚀（纳尔逊曲线）。

第六章　装置事故处理

☞ **1. 原料带水的危害是什么?如何处理?**

原料带水的危害主要有三点：一是引起机泵抽空，进料流量不稳。加热炉操作波动，炉出口温度随之波动。二是引起系统压力波动，各控制回路控制不稳。三是对催化剂造成危害。高温操作的催化剂长期和水接触，容易引起催化剂表面活性金属组分的老化聚集，活性下降，强度下降，催化剂崩裂粉碎，造成反应器床层压降增大。

处理：①加强原料罐脱水；②通知罐区换罐、脱水；③如原料继续带水，则降反应器入口温度，装置改闭路循环，待原料合格后重新进料。

☞ **2. 原料油缓冲罐进料中断如何处理?**

处理：①启动备用泵；②联系有关单位恢复正常供应原料；③液控故障时，用副线调节并联系仪表工处理。④若以上措施无效且原料油缓冲罐液面过低，无法维持生产时，加氢改循环操作：内操通知外操分馏系统改循环操作，关闭精制柴油出装置阀门，改走不合格线出装置。循环氢脱硫塔将原料气切出，脱硫系统保持溶剂循环。内操将反应炉出口温控改手动，反应器入口温度降至230℃。内操视高分废氢排放量，逐渐减少新氢流量，维持系统压力正常或稍低。通知外操关闭汽提塔蒸汽阀门，打开放空排凝。外操停汽提塔顶注水泵，关闭出入口阀门，冬季做好防冻防凝工作。内操控制好各容器的压力、液面、界面。

☞ **3. 原料罐底部泄漏事故如何处理?**

① 立即汇报生产管理部门、部门领导、值班；装置按紧急

停工处理。②联系油品车间停付加氢原料泵，内操将原料罐液控阀改手动操作，关闭原料液控阀，并通知外操去现场关闭原料液控阀前后截止阀。③通知外操关闭罐区明沟排水闸阀和下水井闸阀，防止泄漏油品外流。④联系生产管理部门，加氢反应生成油改去不合格线，分馏系统改循环降温操作。内操视原料罐液面，将反应炉出口温控改手动，逐渐降反应炉出口温度。通知外操停加氢原料泵，同时停反应注水泵，关闭泵出入口阀门，打开反应生成油去油品不合格线阀，同时打开分馏系统循环阀，关闭精制柴油出装置线阀。循环氢脱硫塔将原料气切出，脱硫系统循环降温操作。⑤内操视高分废氢排放量，并逐渐减少新氢流量，维持系统压力正常或稍低。⑥当反应器床层温度低于200℃时，反应炉熄火，通知外操关闭燃料气流控阀及火嘴阀，长明灯也熄灭，停空气预热器，打开烟道扫板和风道快开门。停新氢压缩机，关闭压缩机出入口阀门，循环氢压缩机继续循环降温。⑦分馏系统改循环操作后，根据情况可适当降分馏炉出口温度，内操要调整好各塔、容器液面、压力的稳定。⑧做好油品回收工作，有必要时联系消防人员配合。

☞ **4. 循环氢脱硫塔发生循环氢带液严重如何处理？**

一旦发生循环氢脱硫塔带液严重，将威胁压缩机的运行安全和富液低压系统的安全，必须采取果断的措施进行处理：①立即对循环压缩机入口分液罐进行脱液，防止满罐，或液位超过联锁值跳车；②内操立即手动控制脱硫塔塔底液位，防止液位抽空。此时塔底紧急切断阀联锁必须投用；③立即将脱硫塔跨线打开，降低进入脱硫塔气体量，减轻带液程度。如果跨线打开速度较慢，需要先降低压缩机转速，待正常后恢复；④必要时停止贫液进料，关闭贫液和富液进出阀门，暂时停止脱硫；⑤溶剂再生系统根据循环氢脱硫塔的操作变动情况，平衡好物料和蒸汽量，保持平稳操作。

5. 加热炉进料中断如何处理?

① 内操立即将反应炉燃料气流控改为手动操作,关闭反应炉燃料阀门,同时通知外操到现场关闭反应炉燃料气流控阀及主火嘴阀,长明灯不熄灭。② 联系生产管理部门、油品车间停供加氢原料,内操将原料罐液控阀改手动操作,关闭原料液控阀,通知外操分馏改循环,循环氢脱硫塔将原料气切出,脱硫系统循环降温操作。打开分馏循环线阀门,关闭精制柴油出装置阀门。③ 内操加强观察反应炉膛及炉出口温度,防止炉膛温度超温。④ 尽可能快地恢复进料,条件许可的话,要保持工艺介质的流动。⑤ 当进料恢复后,按正常升温速度提至工艺指标。

6. 加热炉事故紧急停炉程序是怎样的?

① 如果加热炉发生爆炸(或着火),炉管破裂,应立即切断进料,再进行下列操作:切断所有的燃料系统;停炉进料,并用蒸汽吹扫;停运鼓风机;用蒸汽吹扫加热炉。② 如果烧嘴发生故障,应将故障烧嘴切断熄火。③ 如果工艺进料不正常,炉管过热,炉管金属表皮温度过高,首先减少烧嘴数,使加热炉处在安全温度范围内,然后查明故障原因,否则按正常停炉。

7. 加热炉炉墙坍塌如何处理?

① 一旦发生加热炉炉墙坍塌事故,操作人员需要立即汇报装置相关技术人员和领导进行现场确认,确认炉墙坍塌的严重程度;② 小面积的炉墙坍塌可通过调整火焰、配风等措施进行临时保护;③ 如发生大面积炉墙坍塌,必须进行紧急熄炉处理,防止钢结构被烧毁,发生炉体坍塌事故。熄炉时必须将燃料气火嘴全部关闭,炉膛自然通风,开大烟道挡板,对炉膛进行降温;④ 停炉过程,反应、分馏系统按停工方案进行停工处理;⑤ 事故处理过程,如发生火焰外漏,必须注意禁止周围进行燃料气排放作业。

8. 流淌式火灾如何处理？

① 流淌式火灾首先要防止其流动扩大，尽量用干粉灭火器进行灭火；② 可以靠近泄漏源时要立即关闭泄漏源，防止事故扩大；③ 可采用沙包围堵等措施控制其蔓延。下水井等可充水形成水封，地漏要堵上。

9. 反应器床层飞温如何处理？

① 反应器床层飞温首先可采取提高冷氢量的办法；② 适当降低炉入口温度，提高循环氢压缩机排量；③ 仍无法控制要立即联系切换原料，停止劣质油进装置；④ 事故严重时需要熄灭加热炉火嘴，开大热高分旁路等措施，高分系统要开大空冷，防止超温满液位，同时要防止高分液体起泡，形成假液位；⑤ 压缩机入口要加强脱液，循环氢脱硫塔最好切出，避免溶剂污染；⑥ 新氢压缩机手动控制，防止系统氢气管网压力大幅波动。

10. 反应器顶头盖大面积泄漏着火如何处理？

工艺措施：① 事故后应立即启动 0.7MPa/min 紧急泄压按钮，反应系统按紧急停工处理。切断进料、熄灭炉子，泄压退送物料；② 分馏系统改循环，熄炉；③ 立即通知生产管理部门、部门领导，装置根据生产管理部门和领导指示做进一步处理。

设备措施：① 立即停运新氢压缩机，按照部门领导要求停运循环压缩机，熄灭加热炉；② 安全措施：如泄漏点可以靠近，应立即打开消防蒸汽、高压氮气进行初期火灾的扑灭和掩护。应注意救火人员带好空气呼吸器和 H_2S 报警仪；③ 通知消防大队抢救，气防队进行 H_2S 中毒防护；④ 注意事项：事故处理过程要防止事故扩大和 H_2S 中毒，注意不能用冷水直接喷淋反应器和高压换热器，只能用蒸汽和干粉灭火器扑救。

11. 反应炉炉管破裂的处理步骤是什么？

① 如炉管裂开程度较严重，立即报火警，同时联系生产管理部门、部门领导和值班。② 内操按装置紧急停工处理。按下紧

急泄压按钮，原料泵和反应炉联锁停，炉膛内暂不通灭火蒸汽，待炉管泄漏的物料烧完。由于泄漏气体含有硫化氢，进行火灾扑救和事故处理时要注意防硫化氢中毒，同时要掌握硫化氢中毒人员的抢救方法。③外操到现场去停新氢压缩机，关闭压缩机出入口阀门。④外操到现场引管网氮气在压缩机出口向系统内充氮气置换、降温。⑤外操到现场关闭燃料气阀和长明灯阀，停空气预热器，打开快开风门和烟道挡板。⑥系统充氮时要保持正压，要求将系统内油气置换干净。⑦分馏系统和脱硫系统按正常停工处理。⑧如炉管裂开不严重，则停原料泵，熄灭反应炉主火嘴，待反应器床层温度下降后，再缓慢泄压，其余按正常停工处理步骤进行。

12. 加氢装置事故处理原则是什么？

① 装置一旦发生事故，岗位人员必须立即通知部门领导、装置主管技术人员、值班、当班班长、生产管理部门、消防、气防，按照岗位操作法和事故处理预案进行紧急初步抢救，控制事故状况，防止事故扩大；②当领导到现场后，在领导的统一指挥下全力抢救；③无论是着火、爆炸、中毒事故，第一步必须想办法切断危险源，将受伤、中毒人员移至安全地带，进行急救；④抢救过程必须首先保证抢救人员本身的安全，避免事故扩大。装置停电、停机、停水等生产事故应按照"熄炉、停止进料、泄压、首先保设备、保催化剂"的处理原则，沉着冷静处理；⑤当班人员要按重要操作规定中的要求，联系相关人员指导，填写确认记录单。

13. 加氢装置紧急停工如何处理？

① 如发生高压串低压事故严重，反应器床层飞温不可控制，临氢系统超压而压力泄不下来或装置临氢系统发生裂纹泄漏等极端严重事故，启动系统紧急泄压按钮，反应进料加热炉熄火，进料泵停车，泄压阀自动泄压。否则，一般不启动紧急泄压系统，

按一般事故处理,切断进料熄炉停工;②到现场关闭反应进料加热炉的燃料气阀,长明灯视炉膛温度及现场情况决定熄灭与否,关进料泵的出口阀;③停新氢压缩机、停注水泵、阻垢剂泵;④临氢系统继续泄压,如果催化剂床层温度较高,当临氢系统压力低于3.5MPa时可向系统中充入氮气降温置换;⑤分馏系统改内部循环,停止汽提蒸汽,放空,如果装置发生大面积氢气或油气泄漏,分馏炉也完全熄火;⑥循环氢脱硫塔将原料气切出,改走跨线,溶剂保持循环;⑦内操要加强与外操的联系,控制好高压容器如高分、循环氢脱硫塔等的液面,防止由于高分液面过低,导致高压窜低压事故的发生;⑧注意在打开紧急泄压系统前要通知生产管理部门,保持火炬系统畅通。注意与低压燃料气系统相连的其他低压设备如原料罐等,防止压力超压,必要时关闭其分程控制压控阀的放空阀。

☞ **14. 加氢装置停仪表风如何处理?**

① 一般净化风供风压力在0.50MPa左右,仪表发生停风,因仪表用风量并不是很大,一套装置用风量只150Nm^3/h左右,一般可以维持10多分钟,当仪表风压力下降时,应及时联系生产管理部门,问清原因,要求尽快恢复正常供风。同时要求外操对装置现场仪表风压力低进行确认检查,如氮气系统压力高,可立即接胶皮管向净化风系统补氮,维持操作。②若是由于仪表风线破裂或阀门误开、法兰误松开而引起风压下降,则应安排外操将破损处切除,该供风区域按停工处理,其他部位尽量维持正常生产。③若由于供风系统问题,风压继续下降,导致液面、压力、流量控制失灵,则按紧急停工处理。风压低于仪表要求最低风压后,风开阀全关、风关阀全关,装置将处于停工状态,外操需要到现场关闭高压进料泵、注水泵、溶剂进料泵等出口阀,关闭反应加热炉和分馏加热炉入炉燃料气阀,现场稍打开废氢进行排放,保持系统介质流动,避免床层局部过热和飞温。如供风时间短,可以将高压进料泵、注水泵、溶剂进料泵等最小流量线打

开，维持运行，供风恢复立即启动。如仪表供风时间太长，需要将高压进料泵、注水泵、溶剂进料泵等全部停运。其他机泵全部停运。④注意监控高分、循环氢脱硫塔等液位、压力，视液面情况关闭现场紧急切断阀和控制阀截止阀。⑤安排外操对装置各塔、容器的液位、压力进行全面检查，严防窜油、窜压。⑥联系部值班、领导、生产管理部门，产品改线。

15. 加氢装置瞬间停电如何处理？

① 内操要密切注意反应器床层温度，高分液面严密监控，防止液面压空、满罐；内操联锁复位后，外操首先紧急启动循环氢压缩机、进料泵，恢复氢气循环，保护催化剂；②如长明灯未熄灭，加热炉重新点炉升温；③紧急启动新氢压缩机、泵、空冷和风机，将各控制点改手动；④及时调节各容器和塔的压力及液面；⑤将产品改走不合格线。

16. 加氢装置长时间停电如何处理？

① 装置发生停电后，要求外操有专人对循环氢压缩机进行盘车，保护大机组的安全；打开排废氢的阀门，保持反应器床层有气体流动，如果反应器床层温度得到控制，系统泄压至 3.5MPa 停止排放废氢和新氢的补入；内操在主控室内将温控改手动操作，把燃料气控制阀关死，同时告知外操，现场关炉子燃料气火嘴、长明灯的阀门，开大烟道挡板降温，如果炉膛温度过高，通入 1.0MPa 蒸汽降温；②内操要加强与外操的联系，控制好热高分、冷高分的液面，循环氢脱硫塔底液面，防止由于高分、循环氢脱硫塔液面过低，导致高压窜低压事故的发生；③内操要控制好各塔、容器的液位，根据实际情况判断是否关闭各塔、容器的液控阀，避免塔、容器的液位有大的波动，如各回流罐液面超高，可排地下罐，排液时应注意安全，人站上风口。④外操有专人盯高分现场的实际液位，加强与内操的联系，调节高分液位，搞好高分液位的平稳，外操到现场关闭各停运泵的出

口阀，进料泵、贫溶剂泵、注水泵应优先；⑤内操联系硫磺回收装置，通知外操将酸性气改去火炬线，循环氢、低分气、燃料气改走跨线，低分气、燃料气放火炬，并保持各脱硫塔内压力和液面；⑥外操停汽提蒸汽，就地放空，关闭精制柴油出装置阀门，改走不合格线出装置；⑦联系生产管理部门，了解停电原因，根据停电时间长短决定采取停工措施，还是等待来电；⑧当恢复来电之后，要先将反应系统用氮气充压到 3.5MPa，再开循环压缩机。

17. 停循环氢压缩机的现象有哪些？如何处理？

停循环氢压缩机的现象：①装置事故报警声响，相关联锁动作。②循环氢流量指示为零。③反应炉出口温度迅速上升，燃料气量大幅下降。④反应器床层温度上升。

处理方法：①循环氢压缩机停后，联锁动作，反应进料加热炉熄主火嘴，进料泵停，及时将信息通报给生产管理部门。②到现场关闭反应进料加热炉的燃料气主火嘴前的截止阀，原料泵出口阀。③迅速重新启动一次，如果启动成功则立即启动进料泵恢复进料和点火升温，恢复正常。④注意热高分、冷高分压力和液位、界位，手动控制，严防高压窜低压。⑤如果无法启动则保持新氢机运行，手动操作，维持系统有氢气流动，防止床层超温。注意反应器床层温度，保持床层内有气体流过，以免超温，通过排废氢的阀门泄压。⑥关精制柴油、粗汽油出装置阀门，改走不合格线，适当降低分馏塔的塔底温度，停注水泵、阻垢剂泵，停脱硫化氢汽提塔的汽提蒸汽。⑦将酸性气改走火炬，循环氢、低分气、燃料气改走跨线，维持溶剂循环，低分气、燃料气放火炬，并保持各脱硫塔内压力和液面。⑧蒸汽发生器放空阀打开，将蒸汽改出管网，防止蒸汽带水。⑨当床层温度平稳后，停止降低反应系统压力。

18. 停新氢压缩机事故的现象有哪些？如何处理？

停新氢压缩机事故的现象：①新氢流量指示为零。②反应器入口温度波动，有所上升。③系统压力下降。

处理方法：①如果是某台压缩机故障，可通过切换备用机来恢复正常生产。②如果二台新氢压缩机全都故障，其他新氢也无法供应时，则按以下步骤处理。a. 内操将反应炉温控改手动操作，降低反应器入口温度、降低装置进料量。b. 通知外操去现场装置改大循环操作，打开产品改去不合格线阀门，关闭精制柴油出装置阀门。c. 降低脱硫化氢汽提塔的汽提蒸汽量，停注水泵、阻垢剂泵。d. 循环氢继续循环，尽量维持系统压力，如压力下降至循环氢的最低运行压力时，系统充氮气维持操作。e. 循环氢改走跨线，维持溶剂循环，脱前低分气、脱前燃料气放火炬，保证脱硫系统的正常运转。f. 蒸汽发生器的放空阀打开，防止蒸汽带水。g. 如果新氢长时间供应不上，联系生产管理部门装置停工处理。

☞ **19. 装置循环水中断如何处理？**

① 汇报生产管理部门、部领导、值班装置按停工处理。②内操将反应炉、分馏炉温控改手动操作，关闭燃料气流控阀。通知外操到现场关闭反应炉、分馏炉燃料气流控阀及主火嘴阀门、同时关闭长明灯阀，停空气预热器，打开加热炉烟道挡板和风道快开门，炉膛内吹入蒸汽降温。③外操去现场停用所有运行泵，关泵出口阀。④外操将脱硫塔的原料气甩开，保持各塔液面不要被压空。⑤内操监控临氢系统压力要保持正压，如压力较低，床层仍有较高温度，则通知外操在压缩机入口可充入 N_2 降温。⑥装置泄压后，内操要注意高分、低分的压力和液面，防止液面过高或被压空，防止高压串低压。⑦待公用工程部供水作业区恢复循环水后，按正常开工步骤先开分馏，后开反应，再开脱硫系统。

☞ **20. 停 1.0MPa 蒸汽如何处理？**

① 内操在主控室内将反应炉温控改手动操作，把燃料气控

制阀关死，反应炉熄火，同时将反应进料流控、加氢高分压控改手动操作，关闭加氢进料流控阀，联系生产管理部门、油品车间停止向加氢供料。稍打开高分排废氢阀，保持反应系统有气体流动降温，同时告知外操现场高分压控处有人监控高分实际压力及液位，加强与内操联系及时调整高分压力、液位的稳定。②通知外操到现场关闭燃料气流控阀，检查反应炉炉膛情况，保持长明灯燃烧，同时关闭主火嘴手阀，关闭加氢进料泵出口阀。③新氢压缩机连续运行，系统适当泄压，待反应器床层温度下降后，停新氢压缩机。④内操要注意热高分压力和液位，严防高压串低压或生成油满至冷高分。⑤通知外操分馏系统改循环操作，关闭精制柴油出装置阀门，改走不合格线出装置，关闭汽提塔底汽提蒸汽阀门，打开放空阀排凝。循环氢脱硫塔将原料气切出，脱硫系统保持溶剂循环。⑥联系生产管理部门查明停汽原因，如果长时间不能恢复供汽，则按停工步骤处理。

☞ **21. 仪表 UPS 失电如何处理？**

① 联系电气维修工检查 UPS，尽快恢复仪表供电；②要求外操关闭紧急泄压阀的上、下游截止阀，保持排废氢的副线阀打开，保证床层的流动，同时向生产管理部门及时汇报；③装置按紧急停工处理，外操要密切注意高分的液位、界位，防止高压串低压；④UPS 送电后逐渐恢复正常操作；⑤在事故处理过程中，要防止冒罐、满塔、循环氢带液、高分液面压空等事故的发生。

☞ **22. DCS 故障如何处理？**

① 当 DCS 因各种原因造成操作工无法看到操作画面进行调节时，一方面要迅速联系仪表工处理，另一方面要马上报告生产管理部门，更重要的是各岗位要采取灵活有效的处理措施；②如果仅仅是几台 DCS 不能显示，可切换到其他屏幕操作；③外操加强重要参数的检查校对；④如果发生 DCS 死机，操作系统崩溃，控制阀失灵，应立即采取紧急停工处理，按紧急泄压阀，熄

炉、停进料、停循环氢压缩机和新氢压缩机；⑤现场有专人监测高分的液面及压力，严防超压和反应器超温，要保持催化剂床层有气体流动。

☞ 23. 装置紧急泄压阀打开后，除临氢系统压力急剧下降外，还将发生哪些现象？

① 因循环压缩机入口压力急剧下降，循环氢排量应该急剧下降。但因进料泵同时停运，系统压力降减小，循环机出口流量可能不会出现大幅下降的现象，甚至可能上升；② 因系统急速泄压，气流速度加快，反应器、换热器等内部的液体被高速带出，同时高分压力下降，高分等部位会出现瞬间的液位超高，随进料中断，后又逐渐下降；③ 高压空冷器出口温度因气流速度太快，无法及时冷却，循环机入口也因高分等部位停留时间短、液位高等原因，导致分液罐液位快速上升，甚至带液；④ 除反应系统外，和低压燃料气管线相连的压力容器因后路压力急剧上升，将发生排气困难，甚至压力倒串现象；⑤ 紧急泄压后路管线如不畅通，将发生憋压超压事故。在畅通的情况下，如果管线弯头过多，原管线存在积液现象，则将发生严重的液击现象，管线振动，异常噪声，管线移位等。

☞ 24. 紧急泄压阀误动作如何处理？

① 立即通知生产管理部门和有关领导和技术人员；② 装置紧急卸压阀误动作后的处理首要的工作是内操联锁复位后手动关闭该阀，如为现场误动作，外操现场关闭紧急卸压阀，避免压力进一步下降；③ 高分压力控制系统改手动控制，防止新氢量大幅上升后引起氢气管网压力波动，扩大事故范围；④ 如果发生机泵和加热炉联锁熄炉，要按规程先关闭进料控制阀和加热炉主燃料气阀及现场泵出口阀和入炉切断阀，确认循环压缩机运行正常后紧急启动进料泵，并对加热炉进行点火，紧急恢复生产；⑤ 在外操恢复生产时，内操需要注意循环压缩机的运行工况，防止发生

因入口压力急剧降低产生的压缩机喘振；⑥高分等液位要手动控制，防止出现满罐或高压串低压，冷高分等部位注意不要超温，压缩机不要带液，转速太高，可适当降低转速；⑦分馏系统在反应系统恢复生产时可部分循环，等待高分正常后打通流程。一般这类事故处理很快，可视处理速度决定是否改循环；⑧如该阀放空时间长，需要注意防止各低压系统通过压控串压憋压，注意低压燃料气系统管线的振动情况，低压燃料气缓冲罐有液位需要立即拉空。发现有液击现象要立即排凝。

第七章 安全环保

☞ **1. 一级(厂级)安全教育的主要内容是什么?**

① 认识安全生产的重要性,学习党和国家的安全生产方针政策,明确安全生产的任务;② 了解工厂概况、生产特点及其通性的安全守则;③ 初步掌握防火和防毒方面的基础知识和器材使用与维护;④ 重点介绍工厂安全生产方面的经验和教训。

☞ **2. 车间安全教育的主要内容是什么?**

① 了解车间情况、车间生产特点及其在全厂生产中的地位和作用;② 学习车间生产工艺流程、工艺操作、生产设备和维护检修方面共同性的安全注意要求与注意事项;③ 学习本单位安全生产制度及安全技术操作规程;④ 了解安全设施、工具及个人防护用品、急救器材、消防器材的性能,使用方法等;⑤ 历年来事故及其应吸取的深刻教训。

☞ **3. 班组安全教育的主要内容是什么?**

① 学习岗位的生产流程及工作特点和注意事项;② 了解岗位的安全规章制度、安全操作规程;③ 了解岗位设备、工具的性能和安全装置的作用、防护用品的使用、保管方法等;④ 了解岗位发生过的事故、应吸取的教训及预防措施;⑤ 发现紧急情况时的急救、抢救措施及报告方法。

☞ **4. "三级安全教育"的程序如何进行?**

新工人经厂级安全教育、考试合格后,由厂安全部门填写安全教育卡交厂劳动人事部门作分配到车间的依据;经车间级安全教育考试合格后,由车间安全员填写好安全教育卡,由车间分配到班组进行班组安全教育;由班组安全员填写好安全教育卡,交车间安全员汇总,再交厂安全部门存档备查。

5. 安全活动日的主要内容是什么?

①学习安全文件、通报和安全规程及安全技术知识;②讨论分析典型事故,总结吸取事故教训,找出事故原因,制订预防措施;③开展事故预想和岗位练兵,组织各类安全技术表演,交流安全生产经验;④检查安全规章制度执行情况和消除事故隐患,表扬安全生产的好人好事;⑤开展安全技术座谈,研究安全技术革新项目和其他安全活动。

6. 工人安全职责是什么?

① 认真学习和严格遵守各项安全生产规章制度,熟练掌握本岗位的生产操作技能和处理事故的应变能力;②遵守劳动纪律,不违章作业,对他人的违章行为加以劝阻和制止;③上班精心操作,严格工艺纪律,认真做好各项记录,交接班必须交接安全生产情况,交班要为接班创造安全生产的良好条件;④按时认真进行巡回检查,发现异常情况及时处理和报告;⑤正确分析、判断和处理各种事故苗头,尽一切可能把事故消灭在萌芽状态。一旦发生事故要果断正确处理,及时如实向上级报告,并保护现场,作好详细记录;⑥加强设备维护,保护作业场所整洁,搞好文明生产;⑦上岗必须按照规定着装,爱护和正确使用各种消防用品,生产及消防工器具;⑧积极参加各种安全活动,提出安全生产,文明生产的合理化建议;⑨有权拒绝违章作业的指令,并越级向上级汇报。

7. 在事故的成因中,人本身错误有哪些表现?

① 思想不重视:当生产与安全发生矛盾时,往往是先考虑生产。在不少关键时刻,以生产压安全,甚至有"影响生产要安全员负责"等言论。具有这种思想的人中,领导者往往占多数。

② 思想麻痹:总认为讲不讲安全没有关系。用以往没有按照安全规定行事也没有发生事故为理由,工作马马虎虎,把"安

全"二字抛在一边。

③ 存有侥幸心理：总认为按安全措施，既麻烦又花钱，只要干起来小心点就行了。以小聪明、侥幸心理做事。

④ 考虑不周：这部分人思想上倒是重视的，由于经验或知识上的原因，考虑问题往往不全面，有时也因为粗心，最后虽采取了措施，但终因措施不周到而造成事故。

⑤ 责任心不强：工作人员不负责任或失职，该做的事不是踏踏实实地做，而是草草了事。对自己负责的工作敷衍了事，或者弄虚作假，比如记录不真实。

⑥ 其他。除此以外，还有如下诸因素技术文化水平低；能力差、操作死板、不灵活、无判断能力；责任心不强、工作随便、思想不集中、缺乏主人翁责任感；学习少、主观性强、凭老经验、老习惯行事；判断错误、缺少周密思考、调查分析不深入、经验不足；生理有缺陷，如色盲、耳聋等；精神不好、身体有病、情绪不稳定。

☞ **8. 何谓安全技术作业证？**

安全技术作业证是对职工进行安全教育和职工安全作业情况的考核证。新工人入厂经三级安全教育和考试合格后方准其上岗学习，经上岗学习期满后，由班组鉴定学习情况和车间组织考试合格，方可持安全教育卡到安全部门办理领取安全技术作业证，取得安全技术作业证后才具备独立上岗操作资格。

☞ **9. 什么叫燃烧？燃烧必须具备哪些条件？**

燃烧是一种放热发光的化学反应，在燃烧过程中，物质会改变原有的性质而生成新的物质，如木材燃烧后生成二氧化碳和水分，并剩下炭和灰。

燃烧必须具备三个条件：①要有可燃物质，如木材、天然气、石油等；②要有助燃物质，如氧气、氯酸钾等氧化剂；③要有一定的温度，即能引起可燃物质燃烧的热能，这就是燃烧三个条件，并且三个因素相互作用就能产生燃烧现象。

☞ **10. 什么叫"燃点"、"自燃点"、"闪点"？**

"燃点"也称着火点，火源接近可燃物质能使其发生持续燃烧的最低温度。

"自燃点"即可燃物质与空气混合后共同均匀加热到不需要明火而自行着火的最低温度。

"闪点"是指可燃液体的一种最低闪燃温度。在该温度下，液体挥发出的蒸气和空气混合与火源接触能够发生闪燃的最低温度。

☞ **11. 引起着火的直接原因有哪些？**

① 明火——如焊炬、炉火、香烟等；

② 明火花——如电气开关的接触火花、静电火花；

③ 雷击——云层在瞬间高压放电引起的火；

④ 加热自燃起火——如熬沥青加热引起自燃；

⑤ 可燃物质接触被加热体的表面——如油棉纱接触高温介质的管道引起自燃；

⑥ 辐射作用——衣服挂在高温炉附近引起着火；

⑦ 摩擦作用——如轴承的油箱缺乏润滑油发热起火；

⑧ 聚焦及高能作用——使用老花眼镜、铝板等对日光的聚焦作用和反射作用引起着火，激光照射引起的着火；

⑨ 对某些液态物质施加压力进行压缩，产生很大的热量，也会导致可燃物着火，如柴油发动机起火的工作原理；

⑩ 与其他物质接触引起自燃着火，如钾、钙等金属与水接触；可燃物体与氧化剂接触，如木屑、棉花、稻草与硝酸接触等。

☞ **12. 引起火灾的主要原因有哪些？**

归纳有以下几方面：①对防火工作重要性缺乏认识，思想麻痹是发生火灾事故的主要思想根源；②对生产工艺、设备防火管理不善是导致发生火灾事故的重要原因；③设计不完善，为防火工作留下隐患，成为火灾事故的根源；④对明火、火源、易燃易爆物质控制不严、管理不严是引起火灾事故的直接原因；⑤防火责任制不落实，消防组织不健全，不能坚持防火检查，消防器材管理不善及供应不足是导致火灾蔓延扩大的重要原因。

☞ **13. 常见物质的自燃点是多少？**

常见可燃物质的自燃点见表7-1。

表7-1 常见可燃物的自燃点

物质名称	自燃点/℃	物质名称	自燃点/℃
二硫化碳	102	硫化氢	260
乙醚	170	乙炔	305
煤油	380~425	氢	560
汽油	280	石油气	446~480
重油	380~420	乙烯	420
原油	380~530	甲烷	537
甲醇	455	水煤气	550~600
乙醇	422	天然气	550~650
甲胺	430	一氧化碳	605
乙酸	485	焦煤气	640
苯	555	氨	630
乌洛托品	680	半水煤气	700

☞ **14. 做好防火工作的主要措施有哪些？**

①建立健全防火制度；②建立健全防火组织；③加强宣传教育与技术培训；④加强防火检查，消除不安全因素；⑤认真贯彻防火责任制度；⑥配合好适合的足够的灭火器材。

☞ **15. 影响燃烧性能的主要因素有哪些？**

①燃点：燃点越低，火灾危险性越大；②自燃点：自燃点越低，火灾危险性越大；③闪点：闪点越低，火灾危险性越大；④挥发性：密度越小，沸点越低，其蒸发速度越快，火灾危险性越大；⑤可燃气体的燃烧速度：单位时间内被燃烧掉的可燃物的质量或体积。燃烧速度越快，引起火灾危险性越大；⑥自燃：自

热燃烧，堆放越多，越易引起燃烧；⑦诱导期：在自引着火前所延滞的时间称为诱导期，时间越短，火灾危险性越大；⑧最小引燃量：所需引燃量越小，引起火灾危险性越大。

☞ **16. 灭火的基本原理及方法是什么？**

燃烧必须同时具备三具条件，采取措施以至少破坏其中一个条件则可达到扑灭火灾的目的。

灭火的基本方法有三个：①冷却法。将燃烧物质降温扑灭，如木材着火用水扑灭；②窒息法。将助燃物质稀释窒息到不能燃烧反应，如用氮气、二氧化碳等惰性气体灭火；③隔离法。切断可燃气体来源，移走可燃物质，施放助燃剂，切断助燃物质，如油类着火用泡沫灭火器。

☞ **17. 什么叫爆炸？什么叫爆破？**

物质猛烈而突然急速地进行化学反应，由一种相状态迅速地转变成另一种相状态，并在瞬间释放出大量能量的现象，称为爆炸，又称化学爆炸，如炸药爆炸。

由于设备内部物质的压力超过了设备的本身强度，内部物质急剧冲击而引起，纯属物理性的变化过程，这种现象称爆破，又称为物理性的爆炸，如蒸汽锅炉超压爆炸。

☞ **18. 发生爆炸的基本因素是什么？**

造成爆炸的基本因素：①温度；②压力；③爆炸物的浓度；④着火源。

☞ **19. 什么是爆炸极限？**

可燃气体、蒸气或可燃粉尘与空气组成的爆炸混合物，遇火即能发生爆炸。这个发生爆炸的浓度范围，叫爆炸极限，最低的爆炸浓度叫下限，最高的爆炸浓度叫上限，通常用可燃气体、蒸气、粉尘在空气中的体积百分比表示。

☞ **20. 常见物质的爆炸极限是多少？**

一些常见物质的爆炸极限见表 7-2。

表7-2　常见物质的爆炸极限

物质名称	爆炸极限 下限	爆炸极限 上限	爆炸危险度	物质名称	爆炸极限 下限	爆炸极限 上限	爆炸危险度
氢	4.0	75.6	17.9	甲烷	5.0	15.0	2.0
氨	15.0	28.0	0.9	乙烷	3.0	15.5	4.2
一氧化碳	12.5	74.0	4.9	丙烷	2.1	9.5	3.5
二氧化碳	1.0	60.0	59.0	丁烷	1.5	8.5	3.5
乙炔	1.5	82.0	53.7	甲醛	7.0	73.0	9.4
氰化氢	5.6	40.0	6.1	乙醚	1.7	48.0	27.2
苯	1.2	8.0	5.7	丙酮	2.5	13.0	4.2
甲苯	1.2	7.0	4.8	汽油	1.4	7.6	4.4
甲醇	5.5	36.0	5.5	煤油	0.7	5.0	6.1
乙醇	3.5	19.0	4.4	乙酸	4.0	17.0	3.3
硫化氢	4.3	45.0	9.5	水煤气	7.0	72.0	9.3
乙烯	2.7	34.0	11.6	城市煤气	5.5	32.0	4.8

21. 影响爆炸极限的主要因素有哪些？

爆炸极限随着原始温度、原始压力、介质、容器的尺寸和材质、着火源等因素而变化。

① 原始温度：原始温度越高，爆炸极限越大，即爆炸下限降低，上限升高。②原始压力：压力增高，爆炸极限越大，即爆炸下限降低，上限升高。③介质的影响：爆炸混合物加入惰性气体，爆炸范围将缩小，当惰性气体达到一定的浓度时，可使混合物不能爆炸。④容器尺寸和材质：容器尺寸减小，爆炸范围缩小。⑤着火源：着火源的能量，热表面面积及着火源与混合物接触时间对爆炸极限均有影响。⑥其他因素：如光的影响，表面活性物质的影响等。

22. 爆炸破坏作用的大小与哪些因素有关？

①爆炸物的数量和爆炸物的性质；②爆炸时的条件，如震动大小、受热情况、初期压力和混合的均匀程度等；③爆炸位置，如在设备内部或在自由空间，周围的环境和障碍物的情况等。

☞ **23. 爆炸的破坏力主要有哪几种表现形式?**

①震荡作用:在遍及破坏作用的区域内有一个使物体震荡,使之松散的力量;②冲击波:随着爆炸的出现,冲击波最初出现正压力,而后又出现负压力。负压力就是气压下降后的空气振动,称为吸收作用。爆炸物质的数量与冲击波的温度成正比例,而冲击波压力与距离成反比例关系。③碎片的冲击:机械设备爆炸以后,变成碎片飞出,会在相当广的范围内造成危害,碎片一般在100~500m内飞散。④造成火灾:一般爆炸气体扩散只发生在极其短促瞬间。对一般物质来说,不足以造成火灾。但是在设备破坏之后,从设备内流散到空气中的可燃气体或液体的蒸气将遇其他火源(电火花、碎片打击金属的火花等)而被点燃,在爆炸现场燃起大火,加重爆炸的破坏力。

☞ **24. 石油化工原料及产品的特点是什么?**

①易燃烧;②易爆炸;③易蒸发;④易产生静电;⑤易流动扩散;⑥易沸腾突溢。

☞ **25. 有火灾、爆炸危险的石油化工原料和产品可分为哪几类?**

从安全消防的角度出发,有火灾、爆炸危险的石油化工原料和产品,可分为爆炸性物质、氧化剂、可燃气体、自燃性物质、遇水爆炸物质、易燃与可燃液体、易燃与可燃固体七大类。

☞ **26. 爆炸危险物质怎样分类?**

一般的爆炸危险物质:①可燃液体;②闪点低于或等于现场环境温度的液体;③爆炸下限小于或等于$66g/m^3$的悬浮状可燃粉尘、可燃纤维。

危险性较大的爆炸物质:①闪点≤28℃液体和爆炸下限≤10%的可燃气体;②爆炸混合物的级别为四级,组别为d级、e级的可燃物,如二硫化碳等;③导电性的金属粉尘,如镁粉、铝粉等。

27. 什么是安全装置？

安全装置是为预防事故所设置的各种检测、控制、联锁、防护、报警等仪表、仪器装置的总称。

28. 安全装置如何进行分类？

按其作用的不同，可分为以下七类：①检测仪器。如压力表、温度计等；②防爆泄压装置。如安全阀、爆契片等；③防火控制与隔绝装置。如阻火器、安全液封等；④紧急制动，联锁装置。如紧急切断阀、止逆阀等；⑤组分控制装置。如气体组分控制装置、液体组分控制装置等；⑥防护装置与设施。如起重设备的行程和负荷限制装置、电气设备的防雷装置等；⑦事故通讯、信号及疏散设施。如电话、报警等。

29. 为什么在易燃易爆作业场所不能穿用化学纤维制作的工作服？

炼油厂的易燃易爆工作场所，不能穿化纤衣服的一个重要原因是化纤衣服和人体或空气摩擦，会使人体带静电，一般可以达数千伏甚至上万伏，这么高的电压放电时产生的火花，足以点燃炼油厂的可燃性气体，从而造成火灾或爆炸。

另外，化学纤维是高分子有机化合物，在高温下（如锦纶为180℃左右、腈纶为190～240℃、涤纶为235～450℃、维纶为220～230℃）便开始软化，温度再升高20～40℃就会熔融而呈黏流状态。而当装置发生火情或爆炸时，由于温度一般都在几百度以上，所以化学纤维会立即熔融或燃烧。熔融物黏附在人体皮肤上，必然会造成严重烧伤。而棉、麻、丝、羊毛等天然纤维的熔点比分解点高，一旦遇高温即先分解或炭化了。所以，这类衣物着火就不会黏附在人体上，容易脱落或扑灭，不会加重烧伤。从大量烧伤事故看出，凡是穿用化学纤维的烧伤人员，其伤势往往较重，且不易治愈。因此，炼油厂工作服均采用棉布类天然纤维，而不能穿化学纤维服装。

30. 装置区内加热用明火应如何控制？

① 加热易燃液体时，应尽量避免用明火。加热时可采用蒸汽或其他热载体。如果必须明火，设备应严格密闭，燃烧室应与设备分开建筑或隔离。设备应定期检验，防止泄漏。② 装置中明火加热设备的布置，应远离可能泄漏易燃气体或蒸气的工艺设备的储罐区，并应布置在散发易燃物料设备的侧风向或上风向。有两个以上的明火设备，应将其集中布置在装置的边缘。

31. 在易燃易爆的生产设备上动火检修，应遵守哪些安全要求？

① 切断与生产设备相连通部分，关闭阀门，加上盲板，做好隔离防火措施；② 用惰性气体进行置换，分析易燃易爆气体含量小于 0.5%，氧含量 <0.5%，用空气置换惰性气体，氧含量大于 20% 小于 22%，以动火前 30min 分析数据为准；如果要进入容器内动火，有毒气体应符合卫生浓度，氧含量大于 20% 小于 22%；③ 经有关主管领导人签字批准，超过动火时间，必须重新进行取样分析，合格和批准后方可再次动火。

32. 用火监护人的职责是什么？

用火监护人职责：对用火现场安全措施落实后的用火安全负责。

① 用火监护人员必须掌握当前的工艺条件和生产工艺情况，熟悉动火现场环境；② 用火监护人必须熟悉初期火灾的扑救方法，熟练使用各种消防器材；③ 接到火票后，应逐条检查各项安全措施的落实情况，核实具体动火部位，确认无疑后在火票上签名允许动火；④ 监护人应做到持票监护，动火期间不得离开现场，要随时注意现场情况，遇有险情，立即采取有效措施，防止事故发生；⑤ 在动火结束或中断时，监护人应协助用火人清除火种，对现场进行检查确认后方可离开。

33. 动火设备置换合格的标准是什么？

① 爆炸下限不大于 10% 的乙类可燃气体浓度低于 1%（体

积)为合格;②爆炸下限>4%的甲类可燃气体,浓度<0.5%(体积)为合格;③爆炸下限<4%的甲类可燃气体,浓度<0.2%(体积)为合格;④存在两种以上可燃气体的混和物,以爆炸下限低者为准;⑤进入有毒有害物质的设备、容器、下水井(道)内动火时,其内部空气中氧含量应控制在20%~21%范围内(含20%及21%),有毒有害物质浓度应符合国家职业安全卫生标准。

34. 如何预防摩擦与撞击?

机器中轴承等转动部分的摩擦、铁器的相互撞击或铁器工具打击混凝土地面等,都可能产生火花,当管道或铁容器裂开物料喷出时,也可能因摩擦而起火。①轴承应保持良好的润滑,并经常清除周围的可燃油垢;②凡是撞击的部分,应采用两种不同的金属制成,例如黑色金属与有色金属;③不准穿带钉子的鞋进入易燃易爆区。不能随意抛掷、撞击金属设备、管线。

35. 灭火的基本方法有哪些?

根据物质燃烧原理,灭火的基本方法就是破坏燃烧必须具备的基本条件和燃烧的反应过程采取的一些措施。具体说来有以下几种:①冷却灭火法,如用水、二氧化碳进行冷却;②隔离灭火法;③窒息灭火法;④抑制灭火法,采用这种方法的灭火剂有干粉、"1211"等。

36. 常用的灭火物质有哪些?

① 固体:砂、土、石棉粉、石棉毡、碳酸氢纳粉等;②液体:水、溴甲烷、四氯化碳、二氯化碳、泡沫等;③气体:氮气、二氧化碳气、水蒸气等。

37. 常用的灭火装置有哪些?

① 各类灭火器:泡沫器、二氯化碳灭火器、四氯化碳灭火器、干粉灭火器、"1211"(二氟一氯一溴甲烷CF_2ClBr)灭火器等;②各类消防车:水车、泡沫车、干粉车、氮气或二氧化碳车等;③各类灭火工具:消防栓、铁钩、石棉布、湿棉被等。

38. 泡沫灭火器的结构、灭火原理、使用方法及其注意事项是什么？

泡沫灭火器由内筒、外筒组成，内筒为玻璃筒或塑料筒，筒内装有硫酸或硫酸铝等酸性溶液；外筒为铁筒，筒内装有碳酸氢钠溶液和泡沫剂。

使用时颠倒过来，两种药液混合而发生化学反应，产生带压的二氧化碳泡沫，一次有效，其反应式：

$$2NaHCO_3 + H_2SO_4 \longrightarrow Na_2SO_4 + 2H_2O + 2CO_2 \uparrow$$

$$6NaHCO_3 + Al_2(SO_4)_3 \cdot 18H_2O \longrightarrow 3Na_2SO_4 + 2Al(OH)_3 + 18H_2O + 6CO_2 \uparrow$$

其喷射距离约8m，喷射时间约1min，拿取泡沫灭火器必须保持平衡，勿倾斜或背在肩上。使用时一手提环，一手握底边。将灭火器颠倒过来，对准着火点，即可喷出二氧化碳泡沫，其喷嘴易被堵塞，故应挂通竿，经常保持畅通无阻。冬季注意防冻，零度以下药剂失效，药剂有效期为一年。泡沫灭火器适用于木材、棉花、纸张、油类着火，不适用于电气、忌水的化学品（钾、钠、电石等）、带压气体着火。

39. 二氧化碳灭火机的结构、灭火原理、使用方法及注意事项是什么？

二氧化碳灭火机为耐高压钢瓶，瓶内装有6~9MPa的液态二氧化碳，其喷射距离约2m左右。

使用时先拔出设有铅封的保险销子，喷射喇叭对准着火点，一手持喷射喇叭木柄，一手揿动鸭舌开关或旋转开关，即可喷出雪花状的二氧化碳。温度可以为-78℃，液态体积变为气态体积增大760倍。二氧化碳是一种惰性气体，不燃爆，当空气中的浓度为30%~35%时，燃烧就会停止。

使用中注意不要喷到手上、身上，也不能手握喇叭筒，以防冻伤；人站在上风向，不要站在逆风向，以防窒息；放置地点温度应低于35℃，不要曝晒或靠近高温设备，钢瓶每3年检验一次。

适用于扑救可燃气体、电气、珍贵文件、仪表及忌水物质等的着火，不适用于碱金属着火（钾、钠、镁、铝粉及铅锰合金）。

☞ **40. 四氯化碳灭火机的结构、灭火原理、使用方法及注意事项是什么？**

四氯化碳是一种不会燃烧也不导电的液体，容易挥发，1L可气化成145L蒸气。四氯化碳灭火机的筒体是由钢或铁制成，常用的有泵浦式、气压式、储存式三种。泵浦式是一种双作用的活塞泵浦，旋开手柄，推动活塞，四氯化碳即可喷出；打气式的内部有压气和储气筒，使用时一手握住机身下端，并用手指按住喷嘴，另一手旋开手柄，前后抽动，打足气以后放开手指，四氯化碳即可喷出。

四氯化碳适用于电气设备、内燃机、丙酮等发生的火灾，忌用于金属钾、钠、镁、铝粉等灭火，也不适用于电石、乙炔起火。

四氯化碳达到250℃时，能与水蒸气发生作用，分解出有毒气体。因此，人们在高温作业和空气不流通的场合使用时要注意防止中毒。四氯化碳灭火时，能分解出有毒气体——光气，为防止中毒，现在国内外基本上不生产。

☞ **41. "1211"灭火器的结构、灭火原理、使用方法及注意事项是什么？**

"1211"灭火器主要由筒体和筒盖两部分组成。筒盖装上喷嘴、阀门和虹吸管，有的筒盖则装有压把、压杆、弹簧、喷嘴、密封圈、虹吸管和安全销等。

"1211"即二氟一氯一溴甲烷（分子式为CF_2ClBr），是一种低毒、不导电的液化气体灭火剂。常温常压下是一种无色、略带甜味的气体，比空气重5倍。"1211"灭火剂与火焰接触时，受热产生溴离子与燃烧过程中产生的活性氢基化合，使燃烧火焰中的连锁反应停止，致使火焰熄灭，同时兼有冷却、窒息作用。因此，"1211"灭火剂仅适用于扑灭易燃、可燃气体或液体，一般可燃物（如纸、木材、纤维）以及易燃固体物质的火灾。不宜使用扑灭含氧的化学药品、活性金属以及金属氢化物火灾。

使用时将手提式"1211"灭火器拿到起火地点，手提灭火器上部（不要颠倒），用力紧握压把，开启阀门，储存在钢瓶内的灭火剂即可喷出。灭火时必须将喷嘴对准火源，左右扫射，并向前推进，将火扑灭。如果遇零星小火时，可重复开启灭火器阀门，点射灭火。

手提式"1211"灭火器应放在干燥的地方。每半年要检查一次灭火器的总重量，如果减少十分之一时，应灌药充气。

42. 干粉灭火机的结构、灭火原理、使用方法及注意事项是什么？

干粉灭火机由两部分组成，一是装有碳酸氢钠等盐类和防潮剂、润滑剂的钢筒；二是工作压力为 14MPa 的二氧化碳钢瓶，钢瓶内的二氧化碳是作为喷射动力用。

干粉喷出，盖在固体燃烧物上，能够构成障碍燃烧的隔离层；而且通过受热，还会分解出不燃气体，稀释燃烧区域中的氧含量；干粉还有中断燃烧连锁反应的作用，灭火速度快。

使用时，在离火场几米远时将灭火机立于地上，用手握紧喷嘴胶管，另一手拉住提环，用力向上拉起并向火源移近，这时机内就会喷出一股带大量白色粉末的强大气流。

干粉灭火机适用于扑灭油类、电气设备和遇水燃烧的物质，存放处保持 35℃ 以下，钢瓶内 CO_2 不少于 250g，严防漏气失效，有效期为 4～5 年。

43. 工厂一般灭火方法及注意事项是什么？

① 气体着火：立即切断气源，通入氮气、水蒸气，使用二氧化碳灭火机，用湿石棉布压盖，必要时进行停车处理；②油类

着火：使用泡沫灭火机效果最好；油桶、储罐、油锅可用湿石棉袋、石棉板覆盖，禁止用水扑灭；③电气着火：使用四氯化碳、二氧化碳、干粉灭火剂，应先切断电源，禁止使用水和泡沫灭火机扑灭；④木材、棉花、纸张着火：可用泡沫灭火机、水；⑤文件、档案、贵量仪表着火：可用二氧化碳、干粉和"1211"灭火器扑灭。

☞ **44. 生产装置初起火灾的扑救方法是什么？**

当生产装置一旦发生火灾爆炸事故时，一般情况下在场的全体操作人员，应迅速采取如下措施对初起火灾进行扑救，将其消灭在初起阶段或有效地控制其发展，待专业消防队到达现场后，及时扑灭火灾。

① 应迅速查清着火的部位、着火物质及物料的来源，及时关闭阀门，切断物料，这样做便可有效地控制火势，利于灭火。这是当事人和在场人员必须首先采取的关键性措施。如果不迅速切断物料来源，火是很难扑灭的，尤其是气体可燃物料。

② 带有压力的设备泄漏着火后，物料不断喷出。此时除立即切断进料外，还应立即打开泄压阀门，进行紧急放空；同时将物料放入火炬或其他安全部位，火势可因此减弱，便于扑灭。

③ 根据火势大小和设备、管道的损坏程度，现场当班人员应迅速果断做出是否需要全装置切断进料以进行紧急停工，或局部切断进料进行局部紧急停工的决定。如果火势很大，一时又难以控制，加之设备管道受损严重，即便火扑灭后，也无法维持正常生产，此时应尽早停工。这样可以减少损失，而且有利于火灾扑救。

④ 装置发生火灾时，除应立即组织现场人员积极扑救外，同时应立即打火警电话报告消防队，以便及时赶赴现场进行扑救，"报警早，损失小"。在报警时要沉着，以免拨错电话号码影响时间，讲清着火单位、部位和着火物质，最后报告自己的姓名，以便准确到达火场。

⑤ 装置发生火灾后,车间领导和当班班长应根据火势,利用装置内的消防设施及灭火器材,迅速组织人力进行扑救,若火势不大,应奋力将其扑灭;若火势很大,一时难以扑灭,则要以防止火灾蔓延为主。如防止火势在装置之间、楼层之间、泵房之间以及操作室、配电室、排水沟和下水井等的蔓延。

⑥ 装置着火,专业消防队接到报警后,应立即出动赶赴火场。为在扑救过程中不发生失误,生产装置的负责人或了解情况的生产工人,应主动向消防指挥员介绍情况,说明着火部位、介质、温度、压力和已经采取的措施。

生产装置发生火灾,情况十分紧急,上述各项工作应同时进行,万万不可贻误战机。

45. 高压高温设备着火后,救火应注意什么?

迅速查清发生泄漏着火的部位,一般来说高压高温设备泄漏着火的通常是高温氢气的泄漏着火,应立即报告有关部门同时立即启动紧急泄压系统,使压力迅速下降,以减少氢气的泄漏量,同时降温并切断原料油和新鲜氢气进入系统。

消防车在现场就位,准备好干粉灭火机和灭火器。一旦氢气泄漏量减少,火势减弱,即可对火源处喷射灭火剂灭火。不能使用二氧化碳和高压水等具有冷却作用的灭火剂来扑救高温、高压临氢设备、管道泄漏的火灾。因为高温部位的一些密封面可能会因不同材质在急剧降温时收缩程度不同引发更大的泄漏,使火情加重,甚至酿成灾难性后果。高压水在救火过程中仅限于用来保护其他冷态的设备,以减少火源产生的热辐射对它们的影响。

大量的高温氢气泄漏火灾事故的后果非常严重,并且难以确定其发展方向。如果火灾持续扩大可能发生爆炸,应做好人员撤离工作。

46. 当人身着火时应如何扑救?

① 人身着火的自救:一般情况下,当衣服着火时,应立即

扑灭，防止烧伤皮肤，应迅速将衣服撕脱掉。若着火面积很大，来不及或无力解脱衣物，应就地打滚，用身体将火压灭，且不可跑动，否则风助火势便会造成更严重的后果。当衣服着火，就地用水灭火效果会更好。如果皮肤被烧伤，要防止感染。

② 如果人身上溅上油类着火，其燃烧速度快，火苗较长，温度较高，人体的裸露部分如手、脸和颈部等也会被烧着。尤其在夏季，衣服单薄，一旦着火便会直接烧到肉体。在这种情况下，伤者精神过度紧张而不能自救，因疼痛难忍便本能地以跑动来逃脱。发生此种情况，在场的同志应立即制止跑动或将其按倒，可用毛毡、海草、石棉布或棉衣、棉被等，用水浸湿盖在着火人的身上，使之空气不足而灭火，也可使用"1211"或干粉灭火器灭火（不要对面部）。女同志身上着火，也不要有其他顾虑，该脱衣服的应立即脱掉，不得迟疑，以减轻伤者痛苦。

③ 化纤衣服要比其他布料衣服着火危害更大。它不但燃烧速度快，而且容易粘在皮肤上，给治疗带来困难，给伤者增加更大的痛苦。在危险场所穿脱化纤衣物，会因静电放电造成爆炸着火事故。因此，从事石油化工生产的企业，上班时不宜穿此类服装。

④ 在现场抢救烧伤患者，应特别注意保护烧伤部位，不要将皮肤碰破，以防感染。尤其对大面积烧伤的患者，因伤势过重会出现休克。此时，伤者的舌头容易收缩而堵塞咽喉，发生窒息死亡，在场人员应将伤者嘴巴撬开，把舌头拉出，保证呼吸畅通，同时用被褥将伤者轻轻地裹起，送往医院治疗。

☞ **47. 引起电动机着火的原因主要有哪些？**

① 电动机过负荷运行：如发现电动机外壳过热，电动机电流表所指示超过额定电流值，说明电动机已超载，必须迅速查明原因。

请注意如果电网电压过低，电动机也会产生过载。当电源电压低于额定电压80%时，电动机的转矩只有原转矩的64%，在这种情况下运行，电动机就会产生过载，引起绕组过热，烧毁电动机或引起周围可燃物着火。

② 电动机匝间或相间短路或接地（碰壳）：由于金属物体或其他固体掉进电动机内，或在检修时绝缘受损，绕组受潮，以及遇到过高电压时将绝缘击穿等原因，会造成电动机的相间短路或接地。

③ 电动机接线处各接点接触不良或松动：接触电阻增大引起接点发热，接点越热氧化越迅速，接触电阻越大发热越严重。如此恶性循环，最后将电源接点烧毁产生火花电弧，损坏周围导线绝缘，造成短路，同时可将周围易燃易爆物品引燃引爆。

④ 三相电动机单机运行：危害极大，轻则烧毁电动机，重则引起火灾。

⑤ 机械摩擦：电动机在旋转过程中存在着轴承摩擦。轴承最高允许温度：滑动轴承不超过 80℃，滚动轴承不超过 100℃，否则轴承会被磨损。轴承磨损后使转子定子互相摩擦发生扫膛，这时摩擦部位温度可达 1000℃ 以上，而使定子和转子的绝缘破坏，造成短路，严重时可产生火花电弧。

⑥ 电动机接地不良：电动机正常运行时，机壳必须装有良好的接地保护。如无可靠的接地保护，电动机外壳就会带电，万一操作人员不慎触及外壳，会造成触电伤亡事故。

☞ **48. 为什么硫化亚铁渣能引起火灾？**

硫化亚铁是在储存、输送含硫石油过程中形成的，硫化铁与空气接触便会很快氧化，同时放出大量的热，由于热量增加，温度升高，氧化的速度随之加快，如此继续下去，它就会逐渐变成褐色，随后出现淡青色烟，当温度升至 600~700℃ 时，氧化的地方便会燃烧起来，其热量足以使石油蒸气起火。对于加氢装置，存在硫化亚铁的部位很多，其中量较大的部位有高低压分离器、分馏塔塔顶、填料塔、各塔顶回流罐及放空罐等。还有使用过的刚卸出的硫化态的催化剂，因含有硫化铁等金属硫化物，这些硫化物与空气接触极易被氧化而生成金属氧化物，同时，放出大量热量，生成的氧化硫也污染环境。因此，使用过的催化剂卸出后应隔绝空气密封保存。而对于存在硫化亚铁较多的部位，在停工时全部经过钝化处理，彻底清除硫化亚铁形成的安全隐患。

49. 触电后的急救原则是什么？

触电后急救的要点是动作迅速，救护得法，切不可惊惶失措，束手无策。发现有人触电，首先要尽快使触电者脱离电源，然后根据触电者的情况，进行相应的救治。

人触电后，会出现精神神经麻痹、呼吸中断、心跳停止等症状。如呈现昏迷不醒的状态，不应认为是死亡，而应看作是假死，并且迅速而持久地进行抢救。一般来说抢救越快，救活率越高，如果触电后12h以上者，救活者可能性很小。现场急救方法是人工呼吸法和胸外心脏挤压法。在医生指导下可慎用肾上腺素，因为肾上腺素有使停止跳动的心脏恢复跳动的作用，但如果心脏已跳动者则不能使用。只有在证实心脏确实停止跳动时，才允许使用肾上腺素。如果在触电的同时发生外伤伤口出血，应予以止血。为了防止伤口感染，最好予以包扎，其他对症处理。

50. 电流对人体有哪些危害？

防止人身触电是安全用电的重要内容之一。医学界有大量试验证明，人体通过电流后，首先会感到不同程度的刺痛和麻木，随后会出现不自觉的肌肉收缩。这时触电者往往会紧握带电体，而不能自主地摆脱电源。此外，肌肉收缩时，胸肌、隔肌和声门肌的强烈收缩会阻碍呼吸，进而使触电者窒息死亡。

一般电流对人体的伤害分为电伤和电击伤两种。

电伤：指电流以对人体外部造成的局部伤害，如电流引起人体外部的烧伤等。

电击伤：指电流通过人体内部，破坏人体的心脏、肺部及神经系统的正常工作，乃至危及生命。

人体触电绝大部分是电击伤。

电击伤程度和通过人体的电流强度、电流持续时间、电压高低、触电者本身的电阻及触电者本身的健康状态等因素有关。

51. 加氢精制装置紧急泄压联锁系统内容是什么?

根据工艺特点,即反应热不是太猛烈,床层温升一般不会出现徒然上升的情况,装置紧急泄压设计为手动遥控方式(HIC),即在反应器超温或循环氢压缩机停车使反应器温升超高限,或其他危及安全装置安全的情况时,由人工判断,如需要紧急泄压时,则由人工启动紧急泄压按钮。

装置泄压时连锁内容如下:紧急泄压阀自动打开;高压进料泵停;反应进料加热炉熄火(长明灯不灭)。

52. 环境保护中的"环境"指什么?

环境指大气、水、地、矿藏、森林、草原、野生动物、水生生物、名胜古迹、风景旅游区、温泉疗养区、自然保护区、生活居住区等。

53. 水污染指什么?

水污染是指水体因某种物质的介入,而导致其化学、物理、生物或者放射性等方面特性的改变,从而影响水的有效利用,危害人体健康或者破坏生态平衡,造成水质恶化的现象。

54. "三废"指的是什么?

"三废"是指废水、废气、废渣。

55. 为有效防止污染,炼油厂要做到的"五不准"是什么?

① 生产装置的采样口均应设置集中回收样品的设施,废物和物料不准排入下水道;②设备检修时,由设备、容器管道中排出的物料及其他单位排出的废油及有毒药剂均应集中分类回收处理,不准随意倾倒或排入下水道;③清洗设备的含酸、含碱等废液,要进行回收利用或中和处理,不准随意排放;④以各类油罐

中脱除的含油量较高的污水,必须预先隔油,才能进入污水处理场,不准就地排放;⑤装置的塔区、反应区、炉区、换热器区、机泵区应设围堰,被油品或有毒物料污染的雨水,必须进入污水处理场,不准直接排放。

56. 车间空气中有毒物质的最高允许浓度是多少?

车间空气中有毒物质的最高浓度见表7-3。

表7-3 车间空气中有毒物质的最高浓度

编号	有毒物质名称	最高允许浓度/(mg/m³)	编号	有毒物质名称	最高允许浓度/(mg/m³)
1	一氧化碳	30	11	氧化氮(换算成NO_2)	5
2	二甲苯	100	12	酚	5
3	二氧化硫	15	13	硫化氢	10
4	二硫化碳	10	14	硫酸及三氧化硫	2
5	甲苯	100	15	氯	1
6	苯	40	16	氯化氢及盐酸	15
7	苯及其同系物的硝基化合物	5	17	二氯乙烷	25
8	苛性碱(换算成NaOH)	0.5	18	四氯化碳	25
9	氟化氢及氟化物(换算成F)	1	19	溶剂汽油	350
10	氨	30	20	甲醇	50

57. 工业企业噪声卫生标准是什么?

工业企业噪声卫生标准见表7-4。

表7-4 工业企业噪声卫生标准

接触噪声的工作时间/h	8	4	2	1	1/2	1/4	1/6
允许噪声/dB	85	88	91	94	97	100	103

注:最高噪声不能超过115dB。

☞ **58. 污染事故的定义是什么？**

凡是由于生产装置、储运设施和"三废"治理设施排放的污染物，严重超过国家规定而污染和破坏环境或引起人员中毒伤亡，造成农、林、牧、副、渔业较大的经济损失的事故，均称为污染事故。

☞ **59. 何为环境保护？**

运用现代环境科学的理论和方法，在更好地利用自然资源和经济建设的同时，深入认识和掌握污染和破坏环境的根源和危害，有计划的保护环境，促进环境质量的协调发展，提高人类的环境质量和生活质量。

☞ **60. 水污染主要有哪几类物质？**

水污染主要有油的污染，酚、氰化物、硫化物的污染，酸碱的污染，重金属的污染，固体、悬浮物的污染，有机物的污染，营养物质的污染和热污染。

☞ **61. 噪声对人体有何影响？**

噪声是指一切对人们生活、生产和工作有妨碍的声音，如机器的隆隆声、汽车的喇叭声、公共场所人群的噪杂及叫卖声等。

☞ **62. 加氢装置设计中如何防止噪声？**

装置内的噪声源主要有：压缩机及其相应的驱动机、机泵、空冷器及加热炉等。相应采取以下措施降低噪声：①机泵尽量选用噪声低的增安型电机。②空气冷却器选用低转速风机，使噪声控制在 85dB 以下。③加热炉选用低噪声燃烧器，风道部分采用保温隔声材料。④加氢进料泵、新氢压缩机配用的大型电机均加消音罩。⑤凡易产生噪音的各排放点均设置消音器。

☞ **63. 加氢装置的废渣如何处理？**

柴油加氢精制部分正常生产过程中不产生废渣。由于催化剂采用器外再生技术，装置部分不存在催化剂再生时对废碱液的处理；根据催化剂研究单位提供的资料，催化剂的寿命估计为6年。废弃的催化剂及瓷球从反应器中卸出后桶装深埋或送废催化剂处理厂。

64. 什么是职业病？

职业病系指劳动者在生产劳动及其他职业活动中，接触职业性有害因素引起的疾病。

65. 国家规定的职业病范围分哪几类？

职业病范围：①职业中毒；②尘肺；③物理因素职业病；④职业性皮肤病；⑤职业性传染病；⑥职业性眼病；⑦职业性耳鼻喉疾病；⑧职业性肿瘤；⑨其他职业病。

66. 什么是中毒？

毒物侵入人体后，损坏身体的正常生理机能，使人体发生各种病态，这就叫中毒。

67. 毒物是如何进入人体的？

一般毒物进入人体的途径有三条：①呼吸道。呈气体、蒸气、气溶胶（粉尘、烟、雾）状态的毒物可以经呼吸道进入人体。进入呼吸道的毒物，一般可通过肺泡直接进入血液循环，其毒作用大，毒性发作快。如硫化氢、一氧化碳、铅烟等毒物均可通过呼吸道进入人体。②皮肤。脂溶性大的毒物可经皮肤吸收。因为脂溶性大的毒物可透过表皮屏障到达真皮，从而进入血液循环。另外，有些金属如汞也可透过表皮屏障而被吸收；当皮肤有病损时，一些不被完整皮肤吸收的毒物也可被大量吸收；一些气态毒物如氰化氢，在浓度较高时也可经皮肤吸收。③消化道。因消化道进入人体而致职业中毒的较少，一般是误服或个人卫生习惯不好而进入口腔吸收的。

68. 硫化氢中毒的原因及作用机理是什么？

硫化氢是一种无色有特殊臭味（臭鸡蛋味）的气体，剧毒。

空气中允许浓度是 10mg/m³，人吸入浓度达 884～6340mg/m³ 的硫化氢气体，历时 1min 就能引起急性中毒。

69. 硫化氢中毒的症状及急救办法有哪些？

症状：根据浓度不同，可发生各种症状，人吸入低浓度的硫化氢，会出现喉痒、咳嗽、胸部有压迫感、眼睛怕光流泪等。这些症状有时在脱离接触数小时后出现，病人常感到灯光周围呈现有色光环，这是角膜水肿的一种表现；人吸入高浓度的硫化氢时，可在数秒钟到数分钟后即可发生头昏、心跳加快，甚至意识模糊、昏迷、像触电一样昏倒，很快死亡。

急救方法：①救护者进入毒区抢救中毒病人必须带防毒面具；②迅速将中毒病人转移到空气新鲜的地方，有窒息症状时应进行人工呼吸，在病人没有好转之前，人工呼吸不可轻易放弃；③迅速向厂医院打急救电话，并报告生产管理部门；④医生赶到后，协助医生抢救。

70. 炼油企业常用防毒器材有哪些？

炼油企业常用的气防器材：防毒口罩、过滤式防毒面具、2h 氧气呼吸器和空气呼吸器。

71. 过滤式防毒面具的组成、使用范围及如何维护保养？

① 组成：由滤毒罐、导气管、背包、面具四部分组成。②使用范围：根据毒物对象选择相应型号的滤罐，但有毒环境中氧气占总体积18%以下，有毒气体浓度超过2%以上，则不能使用，过滤罐的型号及防护范围见表7–5。

表7–5 过滤罐的型号及防护范围

型号	颜色	防护对象
1L1	草绿+白道绿	综合防毒，氰氢酸，氯化氢，砷化氢、苯、二氯甲烷、磷化氢
2L	橘红	综合防毒，一氧化碳，各种有机蒸气，氰氢酸及其衍生物

续表

型号	颜色	防护对象
3L 3	褐+白道 褐色	防有机气体、氯、苯、醇类、氨基及硝基烃化合物
4L 4	灰+白道 灰	防氨和硫化氢
5	白	专防一氧化碳
6	黑+黄道	防汞蒸汽
7L 7	黄+白道 黄	防酸性气体、二氧化硫、氯、硫化氢、氮的氧化物、光气等

注：型号中加"L"者兼防烟雾。

③ 使用与维护保养。

使用前的质量检查：使用前首先要确认使用范围，进行气密检查，检查面具、导气管的质量问题，滤毒罐的检查（有无锈痕、表面破裂、螺纹是否完好，罐盖、底塞是否齐全，用力摇动时，如有响声，则不能使用）。

正确佩戴：面罩的选型要适当，部件要正确装接，保证连结紧密，佩戴前要先拔去滤毒罐底部进气孔的胶塞，否则，容易发生窒息事故。

滤毒罐失效的简易判断方法：称重法。当滤毒罐的质量增加50g后即为失效；登记法。卡片上登记作业场所的毒物浓度和累积时间，计算剩余的有效时间。

维护与保养：头面罩在使用前后要进行消毒、灭菌；使用后的滤毒罐应将顶盖、底塞分别盖上堵紧，防止罐内滤毒剂受潮。

☞ **72. 空气呼吸器的组成、使用方法和注意事项是什么？**

空气呼吸器是由背板、钢瓶、供量需求阀、面罩组成。

使用方法：①穿戴装具。背上装具，通过拉肩带上的自由端调节肩带的松紧直到感觉舒适为止。②扣紧腰带。插入带扣收紧腰带，将肩带的自由端系在背带上。③佩戴全面罩。打开瓶阀门，关闭需求阀，观察压力表读数，气瓶压力不低于24MPa；放松头带,拉开面罩头带,从上到下把面罩套在头上;调整面罩位置,使下巴进入面罩体凹形处;先收紧颈带,然后收紧边带,如果不适可调节头带松紧。④检查面罩泄漏及呼吸器的性能。将气瓶阀关闭,吸气直到产生负压,空气应不能从外面进入面罩内,如能进入,再收紧扣带;面罩的密封件与皮肤紧密粘合是面罩密封的唯一保证,必须保证密封面没有头发等毛状物;通过几次深呼吸检查供气阀性能,吸气和呼气都应舒畅,没有不适的感觉;装具投入使用。⑤注意事项。使用呼吸器时应经常观察压力表读数,压缩空气用至5MPa达报警器报警压力时,报警器不断发出声音;信号发出声响时必须立即撤离。

73. 什么是高温作业?

高温作业系工矿企业和服务行业的工作地点具有生产性热能,当室外实际出现本地区夏季室外通风设计计算温度的气温时,其工作地点气温高于室外气温2℃或2℃以上的作业。

74. 发现中暑病人以后如何抢救治疗?

① 先兆中暑:在高温环境劳动中,若出现轻度头晕、头痛、大量出汗、口渴、耳鸣、恶心、四肢无力、体温正常或稍高(大于37.5℃)应视为先兆中暑。发现病人后应将患者移至良好的荫凉处休息,擦去汗液,给予适量的浓茶、淡盐水或其他清凉饮料,也可口服人丹、藿香正气丸。短时间内症状即可消失。

② 轻症中暑:除有先兆中暑症状外,还出现体温高于38.5℃,面部潮红,皮肤灼热或出现面色苍白、大量出汗、恶心呕吐、血压下降脉搏快等呼吸循环衰竭的早期症状时,需立即离开高温环境,除按先兆中暑处理外,应急送医院,静脉滴注5%葡萄糖生理盐水补充水盐损失,并给予对症治疗。

③ 重症中暑:除具有轻症中暑症状外,在劳动中突然晕到或痉挛,或皮肤干燥无汗,体温超过40℃时应立即送到医院抢

救。可采用物理降温和药物降温，补充足量水分和钠盐，以纠正电解质混乱。必要时还应及时应用中枢兴奋剂，以抢救生命。

☞ **75. 惰性气体的特性和毒害原因是什么？**

这里讲到的惰性气体通常是指氮气和二氧化碳。

特性：氮气为无色无臭而又难溶于水的气体，相对密度0.97，比空气略轻，不助燃，不易燃，不导电，化学性质稳定。

二氧化碳为无色无臭可溶于水的气体，相对密度1.53，比空气重得多，可以像倒水一样从这里倒到那里而不跑掉。不助燃、不易燃、不导电，化学性质稳定。

氮气、二氧化碳本身并无毒性，进入惰性气体浓度很高的设备里，由于缺氧使人很快就窒息，产生所谓中毒。

☞ **76. 预防惰性气体中毒的措施有哪些？**

① 停工检修，凡是用惰性气体置换过的设备应当设法再用空气置换几次，使氧含量（体积分数）不低于20%。② 需要进行检修的设备，事先应将上下人孔（法兰、阀门）打开，构成气体对流条件，保持自然通风良好。③ 自然通风不良的设备，进入工作前应用胶皮带向里面吹压缩空气，或戴长管防毒面具进入。④ 进入容器设备要身系安全带和绳，外面有人监护，并规定好联络信号，隔几分种联络一次，以防意外。

☞ **77. 遇到惰性气体中毒如何急救？**

① 接到不正常信号或联络不通，监护人员要设法迅速将工作者从设备里救出，移至空气新鲜的地方。② 如挽救有困难，应立即报告求援，严禁未采取安全措施情况下进去抢救。③ 若发生窒息，要立即进行人工呼吸，并向医院打急救电话，报告生产管理部门。

☞ **78. 如何预防氮气中毒？**

氮气本身并无毒性，但人一进入高浓度惰性气体设备等环境中会因缺氧而窒息，如不及时抢救会导致死亡。进入有氮气的设备作业时应佩戴空气呼吸器或供风式、长管式防毒面具。如发现有人窒息，应立即向设备里吹入压缩空气，并佩戴空气呼吸器或长管式防毒面具迅速将窒息者从设备中救出，移到空气新鲜的区域，如发生呼吸困难或停止呼吸者应进行人工呼吸，并向医院打急救电话。

☞ **79. 什么叫人工呼吸？什么叫现场急救方法？中毒应如何急救？**

人工呼吸就是在中毒者呼吸停止时，救护者对病人口对口（鼻）进行人工呼吸的急救方法。现场急救方法：主要是对患者进行人工呼吸和胸外心脏挤压法的急救方法。

人工呼吸操作步骤：首先将中毒者转移到安全地带，解开领扣，使其呼吸畅通，让病人呼吸新鲜空气，若出现呼吸困难或呼吸停止，应立即进行人工呼吸。病人仰卧，面部敷以二层纱布或一层手帕，急救者一手托起病人下颌使头后仰，口张开，另一手捏紧病人鼻孔，以防止气体由鼻孔溢出。术者深吸一口气，紧贴病人口部用力吹入，然后立即松开病人鼻孔，以使其胸部和肺自行回缩将气体排出，反复进行，每分钟12次。如吹气时病人胸廓扩张，并能听到肺泡性呼吸音，说明是有效。心脏骤停应立即进行胸外心脏按摩术。

☞ **80. 氢气燃烧的特点是什么？**

①燃烧速度快，氢气爆炸速度与氢气浓度的关系近似高斯曲线，其定向最大传播速度（也称氢焰速度）$V_{max}=167.7\text{m/s}$；出现最大氢焰速度时的浓度值 $D_{max}=33.5\%$。氢气在管道内的火焰速度受点火位置影响，在管道内设置阻火器的开口管道进行的火焰速度试验表明，当距阻火器的管道点火点达到1.5m点火距离即发生爆轰，其在管道内的火焰速度可达到2133m/s。闭口一端的点火的火焰速度大于开口一端点火的火焰速度，是同样条件下丙烷和空气混合气体火焰速度的20~30倍。②燃烧温

度高，燃烧时发出青色火焰并产生爆鸣。燃烧温度可达2000℃。氢氧混合燃烧的火焰温度为2100~2500℃。③熄灭直径小，仅为0.3m，最小点火能量为0.019MJ。④爆炸范围宽，其爆炸的上下限范围为4.1%~74.2%。⑤爆炸威力大，最大爆炸压力为0.74MPa。

第八章 仪表和电气

1. 什么是测量误差?

检测仪表所获得的被测值与实际被测变量真实值之间存在一定的差距,称为误差。测量误差分绝对误差和相对误差。绝对误差指仪表指示值 X 与被测量的真值 X_0 之间的差值,即:

$$\Delta = | X - X_0 |$$

但实际上被测量的真值 X_0 是无法真正得到的,因而要引入相对误差。相对误差指与测量标尺范围之比,这时绝对误差用标准校验表与待检表对同一变量测量时得到的两个读数值之差。表达式:

$$\delta = \pm (X - X_0)/(标尺上限 - 标尺下限) \times 100\%$$

2. 什么是精度?

精度即仪表的精确度,用来表示仪表测量结果的可靠程度。我国仪表精度等级有 0.005、0.02、0.05、0.1、0.2、0.4、0.5、1.0、1.5、2.5、4.0 等。精密度等是将仪表允许误差的"±"和"%"去掉后的数值,这时当数值处于两个等级划分值之间时取最大值。反过来,精度等级为 1.0 则表示该仪表的允许误差为 ±1.0%。炼油生产用压力表大多数要求精度为 1.5 级。

3. 什么是仪表的灵敏度和分辨率?

灵敏度是指仪表输出变化量与引起此变化的输入变量之比。对模拟表而言,输出变化量是仪表指针的角位移或线位移。分辨率又称仪表的灵敏限,是仪表输出能响应和分辨的最小输入变化量。一般来说,灵敏度越高,则分辨率越高。

☞ **4. 什么是基地式仪表?**

把变送、调节、显示等部分有机地组合成一个整体,装在一个表壳内的仪表。

☞ **5. 弹簧体压力计的工作原理是什么?**

弹簧体压力计是根据弹性元件的变形和所受压力成一定比例关系来测定压力的,它结构简单,造价低廉,安装方便。弹簧体压力计有膜片式、波纹管式和弹簧管式三种,它们的工作原理相同。以弹簧管式为例,弹簧管式压力计由测量元件、放大机构和指示机构三部分组成。①测量元件-弹簧管。它是一根弯成270°的圆弧形截面的空心金属管,一端封闭,另一端固定在接头上。当接头引入被测压力时,弹簧管内部有受压变圆的趋势,弹簧管要伸直,圆心角变小,自由端产生位移。②放大机构。利用杠杆原理,弹簧管自由端通过一个连杆带动一个扇形齿轮转动,扇形齿轮又带动小齿轮转动,小齿轮上的指针同时转动。经过三次放大,就可以在表面上进行读数,精度可达0.15级。

☞ **6. 压力变送器的工作原理是什么?**

压力变送器又称压力传感器,指能够检测压力并提供远传信号的装置。常见压力变送器的工作原理:

① 应变片式。应变片是由金属导体或半导体材料制成电阻体,基于应变效应工作。电阻体受外力作用时,电阻体发生变化,其电阻值随之发生变化。即:

$$\Delta R/R = k \cdot \varepsilon$$

式中,ε 是材料的轴向长度相对变化量,称为应变;k 为材料的电阻应变系数。

② 压电式。利用压电效应,即某材料受某一方向的压力作用而发生变形,内部产生极化,在它的表面上产生符号相反的电荷的现象,所产生的电荷量经放大转换成电压或电流输出。

③ 压阻式。压阻式变送器是基于压阻效应，即当它受压时，其电阻值随电阻率的改变而变化。压阻元件为半导体基础上用集成电路工艺制成的扩散电阻。

④ 电容式。其测量原理是将弹性元件的位移转换成电容的变化。将测压膜片作为电容器的可动极板，它与固定极板组成可变电容器，当被测压力变化时，由于测压膜片的弹性变形产生位移而改变极板间距离，造成电容发生变化，变化信号经处理转换成电流输出 4~20mA 标准信号，精度可达 0.2 级。

⑤ 集成式。将微机械加工技术和微电子集成工艺相结合，将差压、静压、温度等检测融为一体。

☞ **7. 流量检测有哪些主要方法？**

（1）体积流量：①容积法。在单位时间内以标准固定体积对流动介质进行连续不断的测量。该法受流体流动状态影响小，适用于测量高黏度、低雷诺数的流体。基于该法的流量计主要有椭圆齿轮流量计、腰轮流量计和皮膜流量计。②速度法。通过测量管道内的平均流速来计算流体的体积流量。该法可用于各种工况下的流速检测，但受管道条件影响较大，涡流及截面上流速分布不对称影响测量精度。主要流量计有节流式流量计、靶式流量计、弯管流量计、转子流量计、电磁流量计、旋涡式流量计、涡轮流量计、超声波流量计等。

（2）质量流量：①直接法。直接测量质量流量，不受流体物理性质和条件影响。流量计有科里奥利力流量计、量热式流量计、角动量式流量计等。②间接法。间接法又称推导法，测出流体体积流量、密度或温度、压力，经过运算得到质量流量。主要有压力温度补偿式质量流量计。

☞ **8. 节流式流量计在使用过程中开孔截面积出现变化时对流量测量有何影响？**

由于介质流量实际不发生变化，当由于腐蚀、磨损等原因开

孔截面积 F_0 增大时，流量计压力差 ΔP 减小。但在计算过程中，F_0 是作为一个恒量，故显示的流量比实际流量偏小；而当由于堵塞等原因造成开孔截面积 F_0 减小时，流量计压力差 ΔP 增大，会导致显示的流量比实际流量偏大。

9. 节流式流量计使用和安装有哪些注意事项？

① 介质条件发生变化时，要进行密度修正；② 节流装置前后均应有一定长度的直管段；③ 流向要正确；④ 要装在充满流体的管道内，水平安装；⑤ 不能有相变；⑥ 介质为液体时，差压变送器应安装在节流装置下方，取压点在管线中心线以下，若差压变送器在上方则应加装储气罐；⑦ 介质为气体时，差压变送器安装在节流装置上方，取压点在工艺管道上半部引出；⑧ 介质为蒸气时，要在取压点出口处装凝液罐，以使导压管内充满凝液；⑨ 介质有腐蚀性时，节流装置与变送器之间设隔离罐，内放不与介质互溶的隔离液，也可以在两者间采用喷吹法。

10. 转子流量计的工作原理是什么？

转子流量计是一根上粗下细的锥形管和一个能上下浮动的转子所组成。流体从转子和锥形管内壁之间的环隙中通过。由于转子在不同的高度时，环隙面积不同，所以它是一个截面积可变的节流元件。由于流体通过环隙时突然收缩，所以在转子的上下两侧产生了压差。当压差所形成的力恰好与转子在流体中的重量相等时，转子就不再上下浮动，达到平衡，稳定在某一高度上。我们知道，转子的重量是恒定的，因此在平衡时的压差也是恒定的。换句话说它是一个定压降式流量计根据转子的高度来测出流量。

转子流量计是一种非标准化仪表，制造厂生产的转子流量计都是个别进行流量标定的。液体用20℃的水标定，气体用20℃、常压的空气标定。

一般的转子流量计采用玻璃锥形管，结构简单，价格低廉，广泛用于小流量测量。但因玻璃管不耐高压,工作压力只能在0.3MPa以下,而且只能就地指示,不适于远传、记录和调节。近年来已有带电远传和气远传装置的转子流量计,可与单元组合式仪表配套应用。

☞ **11. 涡轮流量计测流量的原理是什么?**

在流体流动的管道里,安装一个可以自由转动的叶轮,当流体通过叶轮时,流体的动能使叶轮旋转,流体的流速越高,动能就越大,转速也就越高。因此,测出叶轮的转数或转速,就可确定流过管道的流量。我们在日常生活中,使用的某些自来水表、油量计等,都是利用类似的原理制成的。这种仪表结构简单、原理清晰,但是它也有很大的缺点:由于仪表表面必须用密封装置与被测介质隔开,这就使它们不能用在高压介质的管道内;叶轮是通过齿轮传到显示表面上的,这种摩擦的影响使它们不能应用在精确测量的场合;流体要求不含污物及固体杂质,否则涡轮被磨损或卡住,涡轮流量计正是利用相同的原理,在结构上加以改进后制成的。

在涡轮流量计中,测量元件涡轮将流量 Q 转换成涡轮的转数 ω,磁电装置又把转数 ω 转换成脉冲数 N,通过放大后送入二次仪表进行显示和计数。单位时间内的脉冲数和累积脉冲数,就分别反映了瞬时流量和累积流量。由于涡轮流量计的转数是以频率信号输出的,所以可制成数字仪表,也便于与数控装置相配合。

涡轮流量计测量精度高,反应快,紧固耐用,体积紧凑,能在高温下使用。它可以很方便地安装在任何形式的管道里,因而可以适用于火箭和喷气发动机中的高速管道,进行燃料流量测量。所以这种流量计不仅在一般工业上,而且在国防上也有很大意义。不过涡轮流量计对介质的清洁度要求很高,因而它在工业上的应用范围受到很大的限制。

12. 电磁流量计的工作原理是什么？

电磁流量计的工作原理是基于电磁感应定律，即导电液体在磁场中作垂直方向流动切割磁力线时，会产生一个感应电势，感应电势与流速成正比。通过在管道垂直方向设置一个电磁场，感应电势从管道两侧的两根电极引出，感应电势转换成标准电信号。这种流量计的特点是阻力损失小（管道无节流元件）、动态响应快、耐腐蚀及耐磨，可用于测量强酸强碱溶液，且不受客观存在液体物性和操作条件影响。要求介质必须是导电液体，导电率不能小于 $20\mu S/cm$，且介质不应有较多的铁磁物质及气泡。

13. 旋涡流量计的工作原理是什么？

旋涡流量计又称涡街流量计，其测量原理是基于流体力学中的卡门涡街原理，即把一个如圆柱形或三角柱体等非流线形对称物体作为旋涡发生体垂直插入管道中，当流体绕过旋涡发生体时，在其两侧后方交替产生旋涡，且左右两侧旋涡方向相反。当旋涡列保持稳定时，旋涡的频率 f 与流体平均流速 v 及旋涡发生体的宽度 d 有如下关系：

$$f = S_t \cdot v/d$$

S_t 为斯特劳哈尔系数，与旋涡发生体宽度 d 和流体雷诺数 Re 有关。当 Re 在 20000～70000 范围内时，其为一个常数。故在此范围内，旋涡产生的频率 f 与流体流速成正比，因此，可得出流体流量 q_v 与旋涡频率 f 之间的关系：

$$q_v = f/K$$

K 为流量计流量系数，其物理意义是每升流体的脉冲数。故通过测定旋涡频率，可得管道中流体的流量。旋涡流量计输出信号是与流量成正比的脉冲频率信号或标准电流信号，可实现远距离传输，其信号不受客观存在流体操作条件和物性影响。这种流量计结构简单、精度高、使用寿命长。

14. 超声波流量计的工作原理是什么？

超声波流量计是根据声波在静止流体与流动流体中的传播速度差异而工作的。在管道中安装两对与接受器距离均为 L 的声波传播方向相反的超声波换能器，当换能器 T_1、T_2 发出声波时，经过 t_1、t_2 时间后，接受器 R_1、R_2 分别接受到声波。两者接受时间与距离 L、声波在静止流体传播速度 c 和在流体流中速 v 有如下关系：

$$t_1 = L/(c+v)$$
$$t_2 = L/(c-v)$$

两者时间差：

$$\Delta t = 2L \cdot v/(c^2 - v^2)$$

由于 $v \ll c$，故 $\Delta t \approx 2L \cdot v/c^2$，因而，通过测出两者时间差就可测出流体流速，进而求得流量。超声波流量计是非接触测量，不破坏管道，不对流体流动产生影响，特别适合大口径管道流体流量的检测。由于流速沿管道分布的不均匀性，其测量结果需修正。

15. 椭圆齿轮流量计的工作原理是什么？

椭圆齿轮流量计是用容积法来测量流量的，当液体通过时，利用进出口压差所产生的力矩使两个椭圆齿轮转动，每转一周排出一定量的液体，测得旋转频率就可以求出体积流量。其适用于高黏度液体介质。由于机械杂质易磨损齿轮，故其入口前要安装过滤器。

16. 热电偶测温度的原理是什么？

用热电偶测量温度的基本原理是基于两种不同成分的导体连接处所产生的热电效应。

取二根不同材料的金属导线 A 和 B，将其两端焊在一起，这样就组成一个闭合回路。如将其一端加热，使其一个接点处的温度 t 高于另一个接点处的温度 t_0。那么在此闭合回路中就有热电势产生。

当 A、B 材料固定后,热电势是温度 t 和 t_0 的函数之差。如果一端温度 t_0 保持不变,则热电势就成为温度 t 的单值函数,而和热电偶的长短及直径无关。这样只要测出热电势的大小,就能判断测温点温度的高低,这就是利用热电效应来测量温度的原理。

☞ **17. 普通型热电偶由哪些部件组成?各部件有何作用?**

普通型热电偶由热电极、绝缘管、保护套管、接线盒、接线端子组成。绝缘管用于防止两根热电极短路,其材质由测量范围决定;保护套管的作用是保护热电偶电极不受化学腐蚀和机械损伤,其材质要求耐高温、耐腐蚀、不透气和具有较高导热系数,但热电偶装上套管后动态响应变慢;接线盒主要供热电偶参比端与补偿导线连接用。

☞ **18. 铠装热电偶由哪些部件组成?有何特点?**

铠装热电偶用金属套管、陶瓷绝缘材料和热电极组合加工而成。其具有能弯曲、耐高压、热响应时间快和坚固耐用等优点,可适用于复杂结构的安装要求。

☞ **19. 热电偶为什么要进行补偿?其补偿原理是什么?**

热电偶测温时要求参比端温度恒定,但由于热电偶工作端与参比端靠得近,热传导、辐射会影响参比端温度;此外,参比端温度还受周围环境温度的影响。这些因素使参比温度难以保持恒定。因此,使用专用补偿导线将热电偶参比端延伸出来,到远离热源、温度较恒定又较低的地方(如主控室),使参比端温度保持恒定。

其补偿原理是当热电偶工作端温度为 t,参比端温度为 t_0 时,热电偶产生的热电势:

$$E(t,t_0) = E(t) - E(t_0) = E(t,0) - E(t_0,0)$$

这就是说要使热电偶的热电热符合分度表,只要将热电偶测

得的热电势加上 $E(t_0, 0)$ 即可,这就是热电偶的补偿原理。

☞ **20. 热电阻测温度的原理是什么?**

热电阻温度计是利用金属导体的电阻值随温度的变化而改变的特性来测量温度的。

热电阻的电阻值与温度的关系,一般可用下式表示:

$$R = R_0[1 + \alpha(t - t_0)]$$

$$或 \Delta R = \alpha R_0 \Delta t$$

式中 R_0——温度为 t_0(通常为 0℃)时的电阻值,Ω;

α——电阻温度系数,%/℃;

Δt——温度的变化,℃;

ΔR——电阻值的变化,Ω。

可见由于温度的变化,导致了金属导体电阻的变化。实验表明大多数金属在温度升高 1℃ 时,电阻值增加 0.46% ~ 0.6%。设法测出电阻值的变化,就可达到温度测量的目的。

☞ **21. 差压式液位计的工作原理是什么?**

差压式液位计是利用静压原理来测量的。当容器内的液面高度改变时,液柱重量所产生的静压也相应改变,液位 h 与差压 ΔP 之间存在以下关系:

$$\Delta P = \rho \cdot g \cdot h$$

式中,ρ 为介质的密度。

为了使液位从零高度到最大高度所对应的气动差压式液位计输出信号为 20 ~ 100kPa,差压式液位计取压口应与容器底部安装在同一水平面上。如果不在同一水平面上,这时就应调整仪表的迁移弹簧的张力,以抵消由此所带来的静压力。经调整后,这时液位计所显示的液位高度实际上是液面到容器底部的高度。对于有腐蚀的介质,液位计正、负压室与到压点间应分别装有隔离室,同时通过调整迁移弹簧张力,可克服由此带来的误差。

☞ **22. 浮球式液位计的工作原理是什么?**

浮球式液位计是一种恒浮力式的液位计,可用于温度高、黏度大的液体介质的液位测量。在浮球上安装一根拉杆,拉杆上某个位置安装一个转动轴,当容器内液位稳定时,浮球所受的浮力和重力所产生的力矩平衡。当液位升高时,浮力增大,破坏力矩平衡,浮球上升,带动拉杆一端向上移动,直到新的力矩平衡。液位下降时,则作相反方向运动。在平衡拉杆另一端安装一个指针,即可指示液位,同时用差压变送器等方法实现信号远程传输。

☞ **23. 沉筒式液位计的工作原理是什么?**

沉筒式液位计也称浮筒式液位计,是一种变浮力式的液位计。这种液位计有一个质量为 G 的圆筒形的金属浮筒,被弹簧悬挂着。浮筒浸在液体中,受到浮力 F 和弹力 CX。当液位稳定时,三者作用力平衡,即

$$CX = G - F = G - S \cdot h \cdot \rho g$$

式中　C——弹簧刚度,$N \cdot mm$;

　　　X——弹簧被压缩位移,mm;

　　　S——浮筒截面积,m^2;

　　　h——浮筒被液体浸没的深度,即液位高度,m;

　　　ρ——液体密度,kg/m^3。

当液位变化时,即 h 发生变化,这时弹簧的压缩位移也发生变化:

$$\Delta h = [1 + C/(A \cdot r)]\Delta X$$

浮筒位移变化量与液位变化量成正比,故在浮筒上安装一个带指针的连杆,可指示液位。常用的扭力管沉筒式液位计是通过杠杆和扭力弹簧管,把浮力的变化转化成角位移来指示液位的。

☞ **24. 超声波液位计的工作原理是什么?**

超声波在介质中传播的过程中被吸收而衰减,在气体中衰减

最大，在固体中最小，且穿越两种不同介质时在分界面发生反射和折射，两种介质声阻抗相差越大，反射越大。在容器底部安装一个带有超声波发射和接收装置的探头，当发射装置发出超声波时，接收时间与液位有如下关系：

$$H = v \cdot t/2$$

式中　H——液位高度，m；

　　　v——超声波在液体中的传播速度，m/s；

　　　t——发射器发出超声波至接收器接收到的间隔时间，s。

超声波在介质中的传播速度受介质温度、成分影响较大，出现变化时要进行补偿或较正。这种液位计为非接触式测量，适用于液体、颗粒状、粉状物以及黏稠介质的测量，对有毒介质能实现防爆。但不能用于对超声波吸收能力强的介质。

☞ **25. 磁翻转式液位计的工作原理是什么？**

磁翻转式液位计带有一个与容器相连的用非导磁的不锈钢制成的浮子室，浮子室内装有一个带磁铁的浮子，紧贴浮子室的外壁装有带磁铁的两面颜色分明的翻板或翻球标尺。当浮子随管内液位变化时，利用磁性吸引，使翻板或翻球产生翻转指示液位。这种液位计直观、简单、不受容器高度限制，指示机构不与介质接触，可用于高温、高压、高黏度、有毒、有害、强腐蚀的介质，且安全防爆，加装设备后还可实现信号远程传输。

☞ **26. 执行器有什么作用？**

执行器在自动控制系统中的作用是接收控制器输出的控制信号，改变操作变量，使生产过程按预定要求正常进行。执行器由执行机构和调节机构组成，按能源形式分气动、电动和液动三大类。

☞ **27. 什么叫阀门定位器？它在什么场合使用？**

阀门定位器是气动执行器的辅助装置，它与气动执行机构配套使用。它可以使阀门位置按调节器来的信号正确定位，使阀杆位移与送来的信号压力保持线性关系。它的使用场合大体如下：

① 阀门的两端压降大于 1.0MPa 或大口径 DN100mm 以上的调节阀。

② 为了防止泄漏，使阀杆的填料压得很紧，摩擦力增大的场合，如高压、高温、低温、有毒、易燃易爆的介质。

③ 含悬浮颗粒物、高黏度或呈胶状的流体，使阀杆移动产生阻力的场合。

④ 滞后大的调节系统，如温度和 pH 值调节系统或气动调节器与调节阀之间距离大于 100m 以上。

⑤ 隔膜阀、蝶阀、三通阀、大口径（DN50mm 以上）的单阀座等不平衡力大的场合。

⑥ 一个调节器可控制两个定位器而实现分程控制。控制两个调节阀，分别在 20～59kPa 及 59～99kPa 的信号范围内作全行程移动。

⑦ 阀门定位器可实现正反作用，即定位器输入信号为 20～99kPa 时，输出可为 20～99kPa（正作用）或 99～20kPa（反作用）。这样正作用的调节阀就可不必改变阀芯、阀座的位置，通过配用定位器就可实现反作用了。

⑧ 定位器可用来改变调节阀的流量特性。这是通过定位器反馈凸轮来实现的，例如线性阀可通过定位器凸轮改为等百分比特性。

☞ **28. 气动薄膜调节阀结构和动作原理是什么？**

气动薄膜调节阀由两部分组成，上部为驱动机构（也称膜头）产生推力，下部为阀门调节机构（也称阀体），调节介质流量。

在结构形式中，当调节器来的风压信号 P 增大时，作用在橡胶膜片上的向下推力就增大，通过托板压缩弹簧，使阀杆下移，直至与弹簧反作用力相平衡为止。也就是说，阀杆下移的距离和信号压力 P 成比例。这样当 P 增大时，阀杆下移使调节阀关小，反之则开大，当信号压力在 20～99kPa 范围内变化时，阀杆作全行程动作,阀门则从全开到全关。

☞ **29. 什么叫单座阀和双座阀?其优缺点是什么?**

只有一个阀芯的阀叫做单座阀。当流体流过时,阀杆会受到由于阀芯前后的压差所产生的附加作用力(即上下方向的不平衡力),而使阀杆产生附加位移。所以,单座阀一般用在小口径的场合($DN<25mm$)。有两个阀芯的阀,叫做双座阀,流体在阀芯前后产生的压差作用在上下阀芯上,向上和向下的作用力方向相反而大致抵消(不平衡力小),故大口径的调节阀都做成双座的。但双座调节阀的缺点是关闭时泄漏量较大,因为上下阀芯不易保证同时关闭。由于单座阀是单座阀芯,在结构上容易保证关闭,所以泄漏量可小些。

☞ **30. 调节阀的"风开"和"风关"是怎么回事?如何选择?**

有信号压力时阀关,无信号压力时阀开的为风关阀。反之,为风开阀。风关、风开的选择主要从生产安全来考虑,当信号压力中断时,应避免损坏设备和伤害操作人员,如此时阀门处于打开位置的危害性小,便应选用风关或气动执行器,反之则选用风开式。例如,调节进入加热炉内的燃料油流量时,应选风开阀。这样当调节器发生故障或仪表供气中断时,便停止了燃料油进入炉内,以免炉温继续升高而烧坏炉子。

☞ **31. 调节阀的"正"、"反"作用是什么意思?调节器的"正"、"反"作用是什么意思?**

当阀体直立,阀芯正装时,阀芯向下位移而阀芯与阀座间流通截面减少的,称为正作用式。反之,称为反作用式。正作用时,正偏差越大则调节器的输出越大;反作用时,负偏差越大则调节器输出越大。

☞ **32. 调节阀的分类有哪些?**

① 依气动调节阀在有信号作用时阀芯的位置可分气关式和气开式两种;② 依阀芯的外形可分柱塞式、窗口式、蝶式等几

种；③依阀芯结构特性可分快开、直线性、抛物线性和对数性（等百分比）；④依阀芯结构可分单芯阀、双芯阀及隔膜片等；⑤依流体的流通情况可分：直通阀、角形阀及三通阀等；⑥依阀的耐温情况可分高温阀、普通阀和低温阀等；⑦依传动机构可分直程式及杠杆式等。

33. 调节阀的作用形式有哪几种？如何选用？

①气开式调节阀：输入风压增大时，阀门开大；②气关式调节阀：输入风压增大时，阀门开小。

根据工艺情况，从安全角度来选用气开或气关式调节阀：①正作用调节阀：气压信号从膜片上部进入，阀杆下移；②反作用调节阀：气压信号从膜片下部进入，阀杆上移。

大口径的调节阀多是正作用，通过改变阀芯的安装方向来确定是气开或气关；小口径的调节阀大多是反作用，通过改变输入信号的方向来确定气开或气关形式。

34. 调节阀的结构形式是什么？

① 直通双座调节阀：双座调节阀阀体内有两个阀芯和阀座。它具有上下两个阀芯，流体作用在上下两个阀芯，流体作用在上下阀芯的推力方向相反而大致抵消。允许压差较大，因此得到广泛应用。双座阀的缺点是关闭时泄漏量大，阀体流路较复杂，使用于高压差时冲蚀严重，同时也不适用于高黏度介质和含有颗粒介质的调节。

② 直通单座调节阀：阀体内只有一个阀芯和阀座。其特点是泄漏量小，容易保证密闭。

③ 角形阀：角形调节阀除阀体为角形外，其他与单座阀类似。由于结构上的特点，使之流程简单，阻力小，特别有利于高压降、高黏度的流体。

④ 三通阀：三通阀有三个出入口，按作用方式分合流和分流两种。三通阀一般用于代替两个直通阀。用来调节热交换器的

温度。

⑤ 隔膜阀：隔膜阀由隔膜调节作用，并用带有耐腐蚀衬里的阀体，同时用耐腐蚀隔膜代替了阀芯阀座的组件。因而可用于腐蚀性，阻力小的流体，但忌高温。

⑥ 笼形阀（套筒阀）：阀内组件采用压力平衡式结构，所以可用较小的执行机构就能适用于高差压和快速响应的节流场合。阀芯位于套筒里，并以套筒为导向，所以具有防振耐磨的特点。拆卸方便，阀内组件的检修和更换也很方便。如需改变阀的流通能力，只更换套筒，而不必更换阀芯，使用寿命长。

☞ **35. 如何根据过渡过程变化曲线调整控制器参数？**

比例度、积分时间、微分时间三者过小均会引起过渡过程的振荡，但由积分时间引起的周期最长，比例度引起的周期次之，微分时间引起的最短。同样，比例度、积分时间过大都会使过渡过程变化缓慢，但由积分时间引起的曲线呈非周期性变化，能缓慢回到设定值，而由比例度引起的曲线虽不很规则，但波浪的周期性较明显。在操作过程中，要根据这些过渡过程的曲线变化特征来调整控制参数。

如某加热炉出口温度要求控 ± 1℃，其仪表曲线呈如下现象，如图 8-1 所示。

曲线（a）平稳，余差小，表示 PID 参数整定正常。

曲线（b）呈有规律振荡，中心线平稳，变化频率慢，表示仪表的比例度过大，作用慢，需减小 P 值。

曲线（c）中心线平稳，振荡有规律且频率快，表示比例积分过小，作用太大，需增加 P 值。

曲线（d）呈直线下降或上升或不变，表示仪表失灵。

☞ **36. 什么叫串级调节系统？**

凡用两个调节器串接工作，主调节器的输出作为副调节器的给定值的系统，称为串级调节系统。

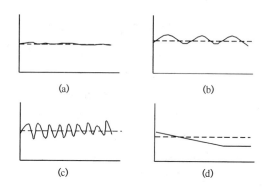

图 8-1 加热炉出口温度曲线图

主参数是工艺控制指标,在串级调节系统中起主导作用的被调参数。

副参数是为了稳定主参数,或因某种需要而引入的辅助参数。

主对象是由主参数表征其主要特性的生产设备。

副对象是由辅助参数表征其特性的生产设备。

主调节器按主参数与工艺规定的给定值的偏差工作,其输出作为副调节器的给定值,在系统中起主导作用。

副调节器按副参数与主调节器来的给定值的偏差工作,其输出直接操纵调节阀动作。

主回路是由主测量变送器、主、副调节器、执行器和主、副对象构成的外回路,亦称外环。

副回路是由副测量变送器、副调节器、执行器和副对象所构成的内回路,亦称内环。

☞ **37. 串级控制系统的特点是什么?**

串级调节系统的特点有三个:

① 在系统结构上组成两个闭合回路。主、副调节器串联,主调节器的输出作为副调节器的给定值。系统通过副调节器控制调节阀动作,达到控制被调参数在给定值上的目的。

② 在系统特性上，由于副回路的作用，有效地克服了滞后，可大大地提高调节质量。

③ 主、副回路协同工作，克服干扰能力强，可用于不同负荷和操作条件变化的场合。

☞ **38. 什么是均匀调节？它与一般的串级控制系统有何异同？**

均匀调节实际上也是一种串级调节，它一般用来保持被调参数和调节参数都缓慢地在一定范围内变化，使两者在干扰作用下都有一个缓慢均匀的变化。

以液位－流量控制为例，液位－流量的串级控制系统的目的，一般是为了快速克服干扰，严格控制液面，确保其无余差。流量是为液位而设置的，允许它在一定范围内波动。主调节器一般选用 PI 调节规律，副调节器也选用 PI 作用。而液位－流量均匀控制系统的目的是为了使液位和流量都在一定范围内均匀缓慢变化。主调节器一般选用比例作用，必要时才引入积分作用，防止偏差过大超出允许范围，副调节器一般用比例作用。

☞ **39. 分程控制的特点是什么？**

分程控制系统的特点是一个调节器的输出同时控制几个工作范围不同的调节阀，分程调节系统方块图 8－2。

图 8－2　分程调节系统方块图

压控分程控制阀位如图 8－3。

原料罐一般使用氮气或燃料气隔离空气，顶部压力控制为分程控制，即进气阀与排气阀为两个控制阀，这两阀共同作用控制原料罐压力。如图 8－3，当调节器输出在 $0.2 \sim 0.6 \text{kg/cm}^2$ 时，

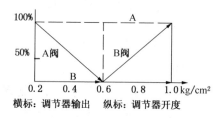

图 8-3 压控分程控制阀位图

进气阀 A 动作，排气阀 B 全关；当调节器输出为 $0.6kg/cm^2$ 时，A、B 两阀全关；当调节器输出在 $0.6\sim1.0kg/cm^2$ 时，排气阀 B 动作，而进气阀 A 全关。

40. 反馈调节是按照什么进行控制的？

反馈调节是按照被调参数与给定值的偏差进行调节的，因有反馈回路而构成了闭环调节系统。调节器接收到偏差信号后进行校正，使调节阀动作，改变调节参数，克服干扰，消除偏差。如果干扰已经发生，而被调参数尚未变化，调节器是不会发生作用的。

41. 前馈调节是按照什么进行控制的？

前馈调节是按照干扰变量进行调节的。由于被调参数不反馈到比较环节，因而是开环调节系统。当干扰一出现，虽然尚未影响到被调参数变化，而干扰测量信号已传送到前馈调节器，前馈调节器就进行校正，克服干扰对被调参数的影响。

42. 什么是选择性控制？

选择性控制是将工艺过程的操作条件所构成的选择性逻辑规律叠加到自动控制系统中去。它的工作过程是这样的，当过程趋近于"危险"极限区，但还未到达危险区（称为安全软限）时，用一个取代调节器（又称为超弛调节器），自动取代正常情况下工作的调节器（称为正常调节器），通过取代调节器的调节作用，使过程脱离危险区而回到安全区，这时取代调节器自动"退出"而变为备用等待状态，正常调节器又重新恢复工作。所以，选择性控制系统也称取代控制，有人也称它为"超弛"控制系统。

这种系统在结构上的特点是使用选择器，它可以接在两个或更多个调节器的输出端，或接在几个变送器的输出端，对信号进行选择，以适应不同情况需要。

☞ **43. 什么是比值调节？**

用来实现两个参数之间保持一定的比值调节系统称比值调节。比值调节系统中起主导作用的参数称为主动量，随主动量进行配比的另一个参数叫从动量，两者间的比值为主动量与从动量之商。

☞ **44. 磁氧分析仪的作用原理是什么？**

氧气有一个特性，即它在磁场中容易被磁化，也就是说它的磁化率比其他气体要大得多，而且磁化率随温度的升高而下降得很快。磁氧分析仪就是根据这个特点工作的，它的发送器是一个有中间通道的环形气室。在中间通道外面均匀地绕以热敏电阻（如铂丝）加热丝，它在发送器中既起电阻加热丝的作用，又起温度变化的感温元件作用。将它分为两部分 r_1 和 r_2，分别作为测量桥路的两个桥臂，以测量中间通道两端的温度差。当中间通道中无气体流过时，两端温度相同，测量桥路无输出信号，当通以被测气体时，中间通道中的气体因被加热，温度就比环室的高，故中间通道的气体磁化率就要比其左边环室的小，受外磁场的吸引力也就小，于是较冷的左环室气体就对中间通道的热气体产生排挤力，把它推向通道右侧，经右环室排出，从而形成磁风。磁风的大小与气体中氧含量有关，氧含量高，磁风就大。由于气体在中间通道中从左向右流通，使电阻 r_1 被气体带走的热量比 r_2 多（因冷气体先经过 r_1，故电阻值随之发生变化，破坏了电桥的平衡，产生输出信号，这信号就反映了气体中氧含量的多少)。

磁氧分析器是一种连续分析的仪器,不过它只能用来分析氧的含量。

☞ **45. 如何用氧化锆测氧含量?**

氧化锆是一种新型的测氧元件,但是在高温下(如高于1150℃)会产生相变。为此掺入一定数量的氧化钇与氧化钙经高温烧结,可以得到一种稳定的结晶体。锆是四价的,被二价的钙或三价的钇置换以后产生氧的空穴,在高温下成为氧离子的良好导体。阴极在一定温度下,氧分子受热变成氧原子,并从铂片夺取自由电子形成氧离子,即:

$$O_2 + 4e \longrightarrow 2O^{2-}$$

这时铂片带正电。若两个铂片处于不同的氧浓度中,则 O^{2-} 可以通过氧化锆中的氧离子空穴到达阳极,并释放出自由电子,还原为氧分子,即:

$$2O^{2-} - 4e \longrightarrow O_2$$

这时阳极与阴极之间产生一个电位差,这就是所谓浓差电池。如果将氧化锆的结构做成内外管壁的形式,内管通以纯净的空气,外管为测量气体介质,则可以用来测量介质的氧含量。

☞ **46. 燃料气报警仪的工作原理是什么?**

国产燃料气报警仪一般都用接触燃烧法和感气半导体法来测量燃料气泄漏量,其原理如下:

① 接触燃烧法的原理。此法是用气敏元件作为检测元件,把精确地相等且固定不变的电阻作为补偿元件,组成惠斯登电桥。

检测元件和空气接触,当空气中无可燃气体时,$r_1 = r_2$,$R_1 = R_2$,检测器输出为零;当空气中含有可燃性气体时,由于催化作用而产生无焰燃烧,元件铂丝温度升高,阻值增大,因此,电桥有偏差信号输出。在一定范围内,此偏差信号的幅值与被测气体的浓度成正比。根据不同的设定值，发出相应的报警信号或开关信号。

② 感气半导体法的原理。在一定的温度下，检测（气敏）元件在清洁空气中的电阻值一定，而当被测气体接触气敏元件时，会在元件表面产生吸附，使元件的电阻随气体浓度发生变化。利用它这种吸附或解吸氧气、蒸气（还原性、氧化性）的不同能力，我们把检测元件信号引入惠斯登电桥，测出元件的电阻变化，用电流表显示出来，再通过放大电路即可发出声光信号或开关信号，这就组成了一种可燃气体报警器。

这类可燃气体报警器的关键部位，采用了半导体气敏元件用作气-电转换器件，制成测量各种不同气体、蒸气的仪表。

47. 什么叫集散控制系统（DCS）？

集散系统，顾名思义就是集中管理，分散控制。它以分散的控制适应分散的过程对象，同时又以集中的监视、操作和管理达到控制全局的目的，既发挥了计算机高智能、速度快的特点，又由于风险分散，大大提高了整个系统的安全可靠性。集散系统可在分散控制的基础上，将大量信息通过数据通讯电缆传送到中央控制室，控制室用以微处理机为基础的屏幕显示操作站，将送来的信息集中显示和记录，同时可与上位监控计算机配合，对生产过程实行集中控制监视和管理，构成分级控制系统。

炼油工业应用集散系统始于20世纪70年代末、80年代初。

集散系统不仅可完成任一物理量的检测，进行自动和手动调节控制，而且可向用户提供多种应用软件，如工艺流程显示、各种报表的制作，还提供过程控制语言，可完成顺序程序控制、数据处理、自适应控制、优化控制等程序编制。系统可采用积木组件式结构，根据用户规模任意组合，从只控制一个回路到控制几百个回路。采用集散控制系统不仅使生产过程实行安全、稳定、长周期运行，而且可实现优化控制和管理。

☞ **48. 什么叫多变量控制？**

所谓多变量控制就是代替通常的一个变量操作一个调节阀的控制方式，同时通过两个或多个相关变量来操作两个或多个调节阀的调节方式。例如，为了控制反应转化率，在调节加热炉燃料气量影响反应温度的同时，进行冷氢量或原料油换热温度等变量的调节，同时对反应温度产生影响，共同保持反应温度稳定，以实现对转化率控制，其效果是把操作的不平稳减小到最低限度。

☞ **49. 什么是专家系统？**

所谓专家系统，是指使用搜索和逻辑法则来解决专门问题的计算机系统，它可以模拟专家解决问题的决策过程，并将此过程转换为经验法则和过程模型储存在专家系统知识库中。专家系统通常由三个部分构成：用户接口、知识库和处理系统。用户接口除了一般的人机对话的输入/输出接口外，还有一个知识的获取部分和说明部分。由知识获取来支持模型，用户可输入新的专家知识或对其进行修改。由推理过程说明模型，使用户懂得解决问题的途径，对系统的结论进行询问。处理系统也称推理机或推论系统，可根据不同的处理对象，从知识库中选择不同的知识，构成不同的程序，适合给定问题的求解。

☞ **50. 什么叫 ESD？**

ESD 是紧急停车系统的英文简称（Emergency Shutdown Devices），是装置安全生产、预防重大事故、保护人身安全的重要设施。主要包括开工、停工和生产过程中可能危及生产安全造成重大设备事故、重大经济损失和人身安全事件的紧急自动保护，特别是反应再生系统的自动保护，大型机组的自动保护，应予精心配置、重点维护和严格管理。

☞ **51. 仪表的信号传输流程是怎样的？**

装置现场的测量设备（如流量、液位和压力），实现远程传输的信号为标准的 4~20mA 直流电流信号，电压为 1~5V 直流电压信号，这些信号经安全栅、I/O 模数转换器，输送到 DCS 控制器；而由 DCS 控制器输出的是标准的 4~20mA 直流电流信号，I/O 模数转换器、安全栅，再至各调节阀的电气转换器，转换成 20~100kPa 的风压信号输送到调节阀的调节机构。

☞ **52. 压缩机防喘振控制有哪几种方法?各自的原理是什么?**

压缩机防喘振控制有固定极限流量法与可变极限流量法两种方法。固定极限流量法是使压缩机的流量始终保持大于某一固定值，即正常可以达到最高转速下的临界流量从而避免进入喘振区，通过调节旁路阀阀位，调节部分气体返回，保证压缩机入口流量达到这一临界流量。这种方法控制简单、可靠、投资少，但能量浪费大。可变极限法同样是设一个旁路控制阀，但为自动控制，只有流量小于设定值时，旁路阀才打开一部分，保证压缩机工作在稳定区。

压缩机防喘振产生条件：

$$P_1/P_2 \leq a + bk_1^2 P_{1d}/(\gamma \cdot P_1 \text{ 或 } P_{1d}) \geq \gamma \cdot (P_2 - a \cdot P_1)/(b \cdot k_1^2)$$

式中　P_1、P_2——压缩机入口、出口绝对压力，Pa；

　　　　P_{1d}——为压差，Pa；

　　　　γ——为气体常数；

　　　　k_1——为孔板的流量系数；

　　　a、b——为常数。

两种方法控制如图 8-4、图 8-5 所示。

☞ **53. 三相异步电动机由哪些主要部件组成?**

主要由定子和转子组成。定子部分包括机座、定子铁心、三相定子绕组及端盖、轴承等部件；转子部分由轴承、转子铁心、转子绕组、风扇等组成，是电动机的旋转部分。

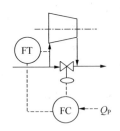

图 8-4 固定极限流量防喘振控制图　　图 8-5 可变极限流量防喘振控制图

☞ **54. 异步电动机的工作原理是什么?**

当定子绕组接通三相电源后,绕组中流过三相交流电,静止的转子与旋转的磁场产生相对运动,于是转子的导体产生感应电势。由于转子电路通过端环连接构成闭合回路,在感应电势作用下产生转子电流,转子导体因处在磁场中,又与磁场做相对运动,转子导体就受到了电磁力的作用,电磁力对转轴形成电磁转矩,驱动转子沿着旋转磁场方向转动。由于转子旋转方向与旋转磁场方向一致,但转子转速不可能达到与旋转磁场相同的转速,否则就没有两者的相对运动,电磁转矩就不能产生,故两者旋转速度存在差异,称为异步。

☞ **55. 三相同步电动机由哪些主要部件组成?**

同步电动机由定子和转子两部分组成。定子包括铁心、定子绕组、机座及端盖等主要部件;转子包括主磁极、装在主磁极上的直流励磁绕组、笼形启动绕组、电刷及集电环等部件。

☞ **56. 三相同步电动机的工作原理是什么?**

定子绕组通过三相交流电后,气隙中产生三相旋转磁场。在转子励磁绕组中通以直流电后,同一气隙中又存在一个大小和极性固定,极对数与定子旋转磁场相同的直流励磁磁场。这两个磁场相互作用,使转子被定子旋转磁场拖着以同步转速一起旋转。

☞ **57. 三相同步电动机有何特性？**

① 恒速性。其转速取决于定子的转速，即只取决于电源频率和极对数，而与负载变化无关。② 功率因数可调性。在一定负载下，电网提供给电动机的有功电流是一定的，调节直流励磁电流，可改变定子电路中无功电流的变化，使定子电流的大小和相位发生变化。当励磁电流调节到某一数值时，可使定子无功电流为零，即 $\cos\phi=1$，称为基准励磁状态；若在基准状态下减小励磁电流，定子的电流就会滞后于电压，它就会从电网中吸取滞后的无功电流，称为欠励磁状态；若调节励磁电流超过基准值，定子电流就超前于电压，它就从电网中吸取超前的无功电流，称为过励磁状态。同步电动机一般运行于过励磁状态，以改善电网功率因数。

☞ **58. 什么是继电保护装置？**

当供电系统发生故障时，继电保护装置发生动作，切除故障，而使其他非故障部分仍能正常运行；或电网或设备发生故障时，能保护设备安全停运，而在故障消失后，又能使设备恢复运行的一种电气设备。低压电器的继电器主要有热继电器，实现电动机的长期过载和断电保护，防止电动机过热而烧毁；还有通电延时或断电延时型的时间继电器等。高压供电系统的继电器有带时限过电流保护继电器等类型。

☞ **59. 交流变频调速器的工作原理是什么？**

异步电动机调速是指在某一转矩下，调节电动机转速使其为某一指定值。异步电动机的转速：

$$n = 60f_1(1-s)/p$$

式中　n——转速，r/min；

　　　f_1——定子供电频率，Hz；

　　　p——极对数；

　　　s——转差率。

通过改变极对数 p、变转差率 s 和变电源频率 f_1 均能调速。通过调节定子电压、转子电阻、转子附加电势及采取电磁离合器均可实现调节转差率。三种方案中，变极对数调速是有级的，转速不能连续调节。变转差率调速时，不调同步速，低速时一般情况转差损耗较大，效率低，而变频调速可调节同步速，效率高、调节范围大、精度高，是交流电动机较理想的调速方案。交流变频调速器是通过调速电路来调节定子供电频率来实现调速的。

60. 什么是功率因数？

功率因数是有功功率和视在功率之比，电动机吸收有功功率变成机械能，吸收无功功率以产生磁场，创造电能转为机械能的条件。

61. 什么是同步电动机？

同步电动机是交流电动机的一种，这种电动机转子的转速和交流电的频率之间保持严格不变的关系，所以称为同步电动机。同步电动机不及异步电动机使用广泛，一般用在要求电机转速恒定的场合。

62. 什么是异步电动机？

异步电动机是一种使用交流电的旋转电机，它与同步电动机的主要区别在于异步电动机的转速与电网的频率之间无严格不变的关系，异步电动机的转速随负荷的大小、电压的波动会有一定的变化。

63. 同步电动机与异步电动机有什么不同？

① 同步电动机有启动绕组，而异步电动机没有。② 同步电动机转子通入直流电，异步电动机转子不通电。③ 同步电动机的转速与定子交变磁场同步，异步电动机转子落后于定子旋转磁场速度。

64. 对运行中的电动机应注意哪些问题？

为了保证电动机的安全运行，日常的监视、维护工作很重要，在运行中应注意以下几点：①电流、电压。正常运行时，电流不应超过允许值。一般电动机只在一相装电流表。电压就可以在额定电压的 +10% ~ -5% 的范围内变动。②温度。除本电机本身有毛病如绕组短路、铁芯片间短路等可能引起局部高温之外，由于负荷过大、通风不良、环境温度过高等原因，也会引起电动机各部分温度升高。③声音、振动、气味。电动机正常运行时，声音应该是均匀的无杂音，振动应根据电动机转速控制在规程规定的范围之内，如果电动机附近有焦臭味或冒烟，则应立刻查明原因，采取措施。④轴承工作情况。主要是注意轴承的润滑情况，温度是否过高，有无杂音。

65. 感应电动机启动时为什么电流大？

感应电动机的定子绕组和转子绕组间无电的联系，只有磁的联系，磁通经定子、气隙、转子铁芯构成闭路。当感应电动机处于停转状态时，合闸的瞬间转子因惯性还未转起来，旋转磁场以最大的切割速度——同步转速切割转子绕组，使转子绕组起感应可能达到的最高电势。因而在转子导件中流过很大的电流。这个电流产生抵消定子磁场的磁通。定子为了维持与该电压相适应的原有磁通，自动增加电流。因此此时转子的电流很大，故定子电流也增加很大，可高达额定电流的 4~7 倍。

66. 感应电动机启动后为什么电流会小于启动电流？

感应电动机启动时电流很大，随着电动机转速的增高，定子磁场切割转子导体的速度减小，转子中感应电势减小，电流也减小，于是定子电流中用来抵消转子电流所产生的磁通的影响那部分电流也减小。所以定子电流从大到小，直至正常。

67. 电压变动对感应电动机的运行有什么影响？

在电机的运行中，常遇到电压升高或降低偏离额定值的情况，对电动机产生影响：①对磁通的影响。电动机铁芯中磁通的大小决定于电压的大小，电压升高，磁通成正比地增大，电压降低,磁通成正比地减小。②对力矩的影响。力矩的大小与电压的平方成正比,电压愈低,力矩愈小,如果电压降低,会使电动机启动时间增长,当电压降低到某一数值时,电动机会启动不起来,运行中的电动机会停转。③对转速的影响。电压的变化对转速影响很小,电压降低,转速也降低。④对功率的影响。电压的变化对功率的影响也很小,但随电压的降低功率也会减小。⑤对电流的影响。电压降低,电流增大,当电压升高时,开始电流略有减小而后上升。此时功率因数变坏。⑥对效率的影响。电压变化,效率降低。⑦对发热的影响。电压在额定值的±5%范围变化时,对电动机影响很小,当电压降低超过5%或升高超过10%时,定子绕组温升将超过允许值。